더 플러스

더 쉽게 더 빠르게 합격 플러스

핵심 위험물 일반화학

공학박사 현성호 지음

BM (주)도서출판 성안당

머리말

　　오늘날의 화학물질은 산업과 과학기술이 발전함에 따라 위험물의 종류도 다양해지고 사용량 증가로 인하여 안전사고도 증가하여 많은 인명 및 재산 상의 손실을 발생시키고 있다. 이와 같은 위험물을 제대로 이해하기 위해서는 화학이란 물질의 본질에서 출발하여 성질·조성·구조 및 그 변화를 다루는 기초화학이 바탕이 되어 있어야 한다. 특히 현대사회에서의 화학교육은 경제성장과 더불어 불가피하게 되었으며 여러 학문에 걸쳐 기초학문이 되는 일반화학은 위험물 학문에서도 중요한 역할을 하고 있다. 그럼에도 불구하고 교육수요자들에게는 과목 특성상 지루하고 재미없다는 선입견으로 인해 쉽게 동화될 수 없는 교과로 자리매김되고 있는 게 현실이다.

　　그동안 시중에는 위험물 산업기사 및 기능장 필기 및 실기 시험에서 일반화학이 차지하는 비중이 높음에도 불구하고 별도의 수험서는 나와 있지 않았으며, 수험생들 또한 일반화학 과목에 대해 부담을 느끼고 있는 것도 사실이다. 또한 대학에서의 교육과정 운영상 위험물 학문 분야에 대한 기초화학으로서 마땅한 지침서가 없었던 것도 사실이다. 이와 같은 견지에서 본 교재는 위험물 분야를 쉽게 이해할 수 있도록 일반화학 과목에 대한 오랜 강의 경험을 통해 위험물이라는 학문 분야를 쉽게 접근할 수 있도록 체계적으로 집필하였으며, 기초실력이 다소 부족한 학생도 본 교재로 공부하면 위험물 산업기사 및 기능장 자격증을 취득할 때 화학 분야에 대해서만큼은 쉽게 이해할 수 있도록 집필하려고 노력하였다. 수험생들은 본 교재를 통해 화학의 이론을 정립하고 이해하는 데 도움이 되기를 바라며, 아울러 위험물 산업기사 및 기능장 자격증 취득을 간절히 기원한다.

　　향후 본 교재 내용의 오류 부분에 대해서는 언제든지 제언해 주시길 바라며, 오류 사항은 shhyun063@hanmail.net으로 신고해 주시면 다음 개정판 때는 독자들에게 보다 정확성 있는 교재로 거듭날 것을 약속드리면서 **본 교재의 특징**을 소개하고자 한다.

1. 새롭게 바뀐 한국산업인력공단의 출제기준에 맞게 구성
2. 최근 출제된 문제들에 대한 분석 및 연구를 통해 이론정리
3. 위험물산업기사 기출문제는 부록으로 구성하였으며, 위험물기능장 기출문제는 내용 중에 예제로 삽입하여 수험생으로 하여금 중요부분에 대한 반복학습 유도
4. 위험물산업기사 및 위험물기능장 시험과 관련하여 최근 출제경향 반영

　　마지막으로 본서가 출간되는 데 많은 지원을 아끼지 않은 성안당 임직원 여러분께 감사의 말씀을 전하고 싶다.

저자 씀

위험물산업기사 출제기준

■ 필기

직무 분야	화학	중직무 분야	위험물	자격 종목	위험물산업기사	적용 기간	2025.1.1.~2029.12.31.

○ 직무내용 : 위험물제조소등에서 위험물을 제조·저장·취급하고 작업자를 교육·지시·감독하며, 각 설비에 대한 점검과 재해
　　　　　　발생 시 사고대응 등의 안전관리 업무를 수행하는 직무이다.

필기 검정방법	객관식	문제수	60	시험시간	1시간

필기 과목명	문제수	주요항목	세부항목	세세항목
물질의 물리·화학적 성질	20	1. 기초 화학	(1) 물질의 상태와 화학의 기본법칙	① 물질의 상태와 변화 ② 화학의 기초법칙 ③ 화학 결합
			(2) 원자의 구조와 원소의 주기율	① 원자의 구조 ② 원소의 주기율표
			(3) 산, 염기	① 산과 염기 ② 염 ③ 수소이온농도
			(4) 용액	① 용액 ② 용해도 ③ 용액의 농도
			(5) 산화, 환원	① 산화 ② 환원
		2. 유기화합물 위험성 파악	(1) 유기화합물 종류·특성 및 위험성	① 유기화합물의 개념 ② 유기화합물의 종류 ③ 유기화합물의 명명법 ④ 유기화합물의 특성 및 위험성
		3. 무기화합물 위험성 파악	(1) 무기화합물 종류·특성 및 위험성	① 무기화합물의 개념 ② 무기화합물의 종류 ③ 무기화합물의 명명법 ④ 무기화합물의 특성 및 위험성 ⑤ 방사성 원소
화재 예방과 소화방법	20	1. 위험물 사고 대비·대응	(1) 위험물 사고 대비	① 위험물의 화재예방 ② 취급 위험물의 특성 ③ 안전장비의 특성
			(2) 위험물 사고 대응	① 위험물시설의 특성 ② 초동조치 방법 ③ 위험물의 화재 시 조치
		2. 위험물 화재 예방·소화방법	(1) 위험물 화재예방방법	① 위험물과 비위험물 판별 ② 연소이론 ③ 화재의 종류 및 특성 ④ 폭발의 종류 및 특성
			(2) 위험물 소화방법	① 소화이론 ② 위험물 화재 시 조치방법 ③ 소화설비에 대한 분류 및 작동방법 ④ 소화약제의 종류 ⑤ 소화약제별 소화원리

필기 과목명	문제수	주요항목	세부항목	세세항목
		3. 위험물 제조소등의 안전계획	(1) 소화설비 적응성	① 유별 위험물의 품명 및 지정수량 ② 유별 위험물의 특성 ③ 대상물 구분별 소화설비의 적응성
			(2) 소화 난이도 및 소화설비 적용	① 소화설비의 설치기준 및 구조 · 원리 ② 소화난이도별 제조소등 소화설비 기준
			(3) 경보설비 · 피난설비 적용	① 제조소등 경보설비의 설치대상 및 종류 ② 제조소등 피난설비의 설치대상 및 종류 ③ 제조소등 경보설비의 설치기준 및 구조 · 원리 ④ 제조소등 피난설비의 설치기준 및 구조 · 원리
위험물 성상 및 취급	20	1. 제1류 위험물 취급	(1) 성상 및 특성	① 제1류 위험물의 종류 ② 제1류 위험물의 성상 ③ 제1류 위험물의 위험성 · 유해성
			(2) 저장 및 취급 방법의 이해	① 제1류 위험물의 저장방법 ② 제1류 위험물의 취급방법
		2. 제2류 위험물 취급	(1) 성상 및 특성	① 제2류 위험물의 종류 ② 제2류 위험물의 성상 ③ 제2류 위험물의 위험성 · 유해성
			(2) 저장 및 취급 방법의 이해	① 제2류 위험물의 저장방법 ② 제2류 위험물의 취급방법
		3. 제3류 위험물 취급	(1) 성상 및 특성	① 제3류 위험물의 종류 ② 제3류 위험물의 성상 ③ 제3류 위험물의 위험성 · 유해성
			(2) 저장 및 취급 방법의 이해	① 제3류 위험물의 저장방법 ② 제3류 위험물의 취급방법
		4. 제4류 위험물 취급	(1) 성상 및 특성	① 제4류 위험물의 종류 ② 제4류 위험물의 성상 ③ 제4류 위험물의 위험성 · 유해성
			(2) 저장 및 취급 방법의 이해	① 제4류 위험물의 저장방법 ② 제4류 위험물의 취급방법
		5. 제5류 위험물 취급	(1) 성상 및 특성	① 제5류 위험물의 종류 ② 제5류 위험물의 성상 ③ 제5류 위험물의 위험성 · 유해성
			(2) 저장 및 취급 방법의 이해	① 제5류 위험물의 저장방법 ② 제5류 위험물의 취급방법
		6. 제6류 위험물 취급	(1) 성상 및 특성	① 제6류 위험물의 종류 ② 제6류 위험물의 성상 ③ 제6류 위험물의 위험성 · 유해성
			(2) 저장 및 취급 방법의 이해	① 제6류 위험물의 저장방법 ② 제6류 위험물의 취급방법
		7. 위험물 운송 · 운반	(1) 위험물 운송 기준	① 위험물 운송자의 자격 및 업무 ② 위험물 운송방법 ③ 위험물 운송 안전조치 및 준수사항 ④ 위험물 운송차량 위험성 경고 표지
			(2) 위험물 운반 기준	① 위험물 운반자의 자격 및 업무 ② 위험물 용기기준, 적재방법 ③ 위험물 운반방법 ④ 위험물 운반 안전조치 및 준수사항 ⑤ 위험물 운반차량 위험성 경고 표지

필기 과목명	문제수	주요항목	세부항목	세세항목
		8. 위험물 제조소등의 유지관리	(1) 위험물 제조소	① 제조소의 위치 기준 ② 제조소의 구조 기준 ③ 제조소의 설비 기준 ④ 제조소의 특례 기준
			(2) 위험물 저장소	① 옥내저장소의 위치, 구조, 설비 기준 ② 옥외탱크저장소의 위치, 구조, 설비 기준 ③ 옥내탱크저장소의 위치, 구조, 설비 기준 ④ 지하탱크저장소의 위치, 구조, 설비 기준 ⑤ 간이탱크저장소의 위치, 구조, 설비 기준 ⑥ 이동탱크저장소의 위치, 구조, 설비 기준 ⑦ 옥외저장소의 위치, 구조, 설비 기준 ⑧ 암반탱크저장소의 위치, 구조, 설비 기준
			(3) 위험물 취급소	① 주유취급소의 위치, 구조, 설비 기준 ② 판매취급소의 위치, 구조, 설비 기준 ③ 이송취급소의 위치, 구조, 설비 기준 ④ 일반취급소의 위치, 구조, 설비 기준
			(4) 제조소등의 소방시설 점검	① 소화난이도 등급 ② 소화설비 적응성 ③ 소요단위 및 능력단위 산정 ④ 옥내소화전설비 점검 ⑤ 옥외소화전설비 점검 ⑥ 스프링클러설비 점검 ⑦ 물분무소화설비 점검 ⑧ 포소화설비 점검 ⑨ 불활성가스 소화설비 점검 ⑩ 할로젠화물소화설비 점검 ⑪ 분말소화설비 점검 ⑫ 수동식 소화기설비 점검 ⑬ 경보설비 점검 ⑭ 피난설비 점검
		9. 위험물 저장·취급	(1) 위험물 저장 기준	① 위험물 저장의 공통 기준 ② 위험물 유별 저장의 공통 기준 ③ 제조소등에서의 저장 기준
			(2) 위험물 취급 기준	① 위험물 취급의 공통 기준 ② 위험물 유별 취급의 공통 기준 ③ 제조소등에서의 취급 기준
		10. 위험물 안전관리 감독 및 행정처리	(1) 위험물시설 유지 관리 감독	① 위험물시설 유지 관리 감독 ② 예방규정 작성 및 운영 ③ 정기검사 및 정기점검 ④ 자체소방대 운영 및 관리
			(2) 위험물안전관리법상 행정사항	① 제조소등의 허가 및 완공검사 ② 탱크안전 성능검사 ③ 제조소등의 지위승계 및 용도폐지 ④ 제조소등의 사용정지, 허가취소 ⑤ 과징금, 벌금, 과태료, 행정명령

■ 실기

직무 분야	화학	중직무 분야	위험물	자격 종목	위험물산업기사	적용 기간	2025.1.1.~2029.12.31.

○ 직무내용 : 위험물제조소등에서 위험물을 제조 · 저장 · 취급하고 작업자를 교육 · 지시 · 감독하며, 각 설비에 대한 점검과 재해 발생 시 사고대응 등의 안전관리 업무를 수행하는 직무이다.

○ 수행준거 : 1. 위험물을 안전하게 관리하기 위하여 성상 · 위험성 · 유해성 조사, 운송 · 운반 방법, 저장 · 취급 방법, 소화 방법을 수립할 수 있다.
     2. 사고예방을 위하여 운송 · 운반 기준과 시설을 파악할 수 있다.
     3. 위험물의 저장취급과 위험물시설에 대한 유지관리, 교육훈련 및 안전감독 등에 대한 계획을 수립하고 사고대응 매뉴얼을 작성할 수 있다.
     4. 사업장 내의 위험물로 인한 화재의 예방과 소화방법에 대한 계획을 수립할 수 있다.
     5. 관련 물질자료를 수집하여 성상을 파악하고, 유별로 분류하여 위험성을 표시할 수 있다.
     6. 위험물 제조소의 위치 · 구조 · 설비 기준을 파악하고 시설을 점검할 수 있다.
     7. 위험물 저장소의 위치 · 구조 · 설비 기준을 파악하고 시설을 점검할 수 있다.
     8. 위험물 취급소의 위치 · 구조 · 설비 기준을 파악하고 시설을 점검할 수 있다.
     9. 사업장의 법적 기준을 준수하기 위하여 허가신청서류, 예방규정, 신고서류에 대한 작성과 안전관리 인력을 관리할 수 있다.

실기 검정방법	필답형	시험시간	2시간

실기 과목명	주요항목	세부항목
위험물 취급 실무	1. 제4류 위험물 취급	(1) 성상 · 유해성 조사하기 (2) 저장방법 확인하기 (3) 취급방법 파악하기 (4) 소화방법 수립하기
	2. 제1류, 제6류 위험물 취급	(1) 성상 · 유해성 조사하기 (2) 저장방법 확인하기 (3) 취급방법 파악하기 (4) 소화방법 수립하기
	3. 제2류, 제5류 위험물 취급	(1) 성상 · 유해성 조사하기 (2) 저장방법 확인하기 (3) 취급방법 파악하기 (4) 소화방법 수립하기
	4. 제3류 위험물 취급	(1) 성상 · 유해성 조사하기 (2) 저장방법 확인하기 (3) 취급방법 파악하기 (4) 소화방법 수립하기
	5. 위험물 운송 · 운반 시설 기준 파악	(1) 운송기준 파악하기 (2) 운송시설 파악하기 (3) 운반기준 파악하기 (4) 운반시설 파악하기
	6. 위험물 안전계획 수립	(1) 위험물 저장 · 취급 계획 수립하기 (2) 시설 유지관리 계획 수립하기 (3) 교육훈련 계획 수립하기 (4) 위험물 안전감독 계획 수립하기 (5) 사고대응 매뉴얼 작성하기

실기 과목명	주요항목	세부항목
	7. 위험물 화재예방・소화방법	(1) 위험물 화재예방 방법 파악하기 (2) 위험물 화재예방 계획 수립하기 (3) 위험물 소화방법 파악하기 (4) 위험물 소화방법 수립하기
	8. 위험물 제조소 유지관리	(1) 제조소의 시설 기술기준 조사하기 (2) 제조소의 위치 점검하기 (3) 제조소의 구조 점검하기 (4) 제조소의 설비 점검하기 (5) 제조소의 소방시설 점검하기
	9. 위험물 저장소 유지관리	(1) 저장소의 시설 기술기준 조사하기 (2) 저장소의 위치 점검하기 (3) 저장소의 구조 점검하기 (4) 저장소의 설비 점검하기 (5) 저장소의 소방시설 점검하기
	10. 위험물 취급소 유지관리	(1) 취급소의 시설 기술기준 조사하기 (2) 취급소의 위치 점검하기 (3) 취급소의 구조 점검하기 (4) 취급소의 설비 점검하기 (5) 취급소의 소방시설 점검하기
	11. 위험물 행정처리	(1) 예방규정 작성하기 (2) 허가 신청하기 (3) 신고서류 작성하기 (4) 안전관리인력 관리하기

위험물기능장 출제기준

■ 필기

직무 분야	화학	중직무 분야	위험물	자격 종목	위험물기능장	적용 기간	2025. 1. 1. ~ 2029. 12. 31.

○ 직무내용 : 위험물의 저장 · 취급 및 운반과 이에 따른 안전관리와 제조소등의 설계 · 시공 · 점검을 수행하고, 현장 위험물 안전관리에 종사하는 자 등을 지도 · 감독하며, 화재 등의 재난이 발생한 경우 응급조치 등의 총괄 업무를 수행하는 직무이다.

필기 검정방법	객관식	문제수	60	시험시간	1시간

필기 과목명	문제수	주요항목	세부항목	세세항목
화재이론, 위험물의 제조소등의 위험물 안전관리 및 공업경영에 관한 사항	60	1. 화재이론 및 유체역학	(1) 화학의 이해	① 물질의 상태 ② 물질의 성질과 화학반응 ③ 화학의 기초법칙 ④ 무기화합물의 특성 ⑤ 유기화합물의 특성 ⑥ 화학반응식을 이용한 계산
			(2) 유체역학 이해	① 유체 기초이론 ② 배관 이송설비 ③ 펌프 이송설비 ④ 유체 계측
		2. 위험물의 성질 및 취급	(1) 위험물의 연소 특성	① 위험물의 연소이론 ② 위험물의 연소형태 ③ 위험물의 연소과정 ④ 위험물의 연소생성물 ⑤ 위험물의 화재 및 폭발에 관한 현상 ⑥ 위험물의 인화점, 발화점, 가스분석 등의 측정법 ⑦ 위험물의 열분해 계산
			(2) 위험물의 유별 성질 및 취급	① 제1류 위험물의 성질, 저장 및 취급 ② 제2류 위험물의 성질, 저장 및 취급 ③ 제3류 위험물의 성질, 저장 및 취급 ④ 제4류 위험물의 성질, 저장 및 취급 ⑤ 제5류 위험물의 성질, 저장 및 취급 ⑥ 제6류 위험물의 성질, 저장 및 취급
			(3) 소화원리 및 소화약제	① 화재 종류 및 소화이론 ② 소화약제의 종류, 특성과 저장 관리
		3. 시설기준	(1) 제조소 등의 위치 · 구조 · 설비 기준	① 제조소의 위치 · 구조 · 설비 기준 ② 옥내저장소의 위치 · 구조 · 설비 기준 ③ 옥외탱크저장소의 위치 · 구조 · 설비 기준 ④ 옥내탱크저장소의 위치 · 구조 · 설비 기준 ⑤ 지하탱크저장소의 위치 · 구조 · 설비 기준 ⑥ 간이탱크저장소의 위치 · 구조 · 설비 기준 ⑦ 이동탱크저장소의 위치 · 구조 · 설비 기준 ⑧ 옥외저장소의 위치 · 구조 · 설비 기준 ⑨ 암반탱크저장소의 위치 · 구조 · 설비 기준

필기 과목명	문제수	주요항목	세부항목	세세항목
				⑩ 주유취급소의 위치·구조·설비 기준
				⑪ 판매취급소의 위치·구조·설비 기준
				⑫ 이송취급소의 위치·구조·설비 기준
				⑬ 일반취급소의 위치·구조·설비 기준
			⑵ 제조소 등의 소화설비, 경보·피난 설비 기준	① 제조소 등의 소화난이도 등급 및 그에 따른 소화설비
				② 위험물의 성질에 따른 소화설비의 적응성
				③ 소요단위 및 능력단위 산정법
				④ 옥내소화전설비의 설치기준
				⑤ 옥외소화전설비의 설치기준
				⑥ 스프링클러설비의 설치기준
				⑦ 물분무소화설비의 설치기준
				⑧ 포소화설비의 설치기준
				⑨ 불활성가스소화설비의 설치기준
				⑩ 할로젠화합물소화설비의 설치기준
				⑪ 분말소화설비의 설치기준
				⑫ 수동식 소화기의 설치기준
				⑬ 경보설비의 설치 기준
				⑭ 피난설비의 설치기준
		4. 위험물 안전관리	⑴ 사고대응	① 소화설비의 작동원리 및 작동방법
				② 위험물 누출 등 사고 시 대응조치
			⑵ 예방규정	① 안전관리자의 책무
				② 예방규정 관련 사항
				③ 제조소 등의 점검방법
			⑶ 제조소 등의 저장·취급 기준	① 제조소의 저장·취급 기준
				② 옥내저장소의 저장·취급 기준
				③ 옥외탱크저장소의 저장·취급 기준
				④ 옥내탱크저장소의 저장·취급 기준
				⑤ 지하탱크저장소의 저장·취급 기준
				⑥ 간이탱크저장소의 저장·취급 기준
				⑦ 이동탱크저장소의 저장·취급 기준
				⑧ 옥외저장소의 저장·취급 기준
				⑨ 암반탱크저장소의 저장·취급 기준
				⑩ 주유취급소의 저장·취급 기준
				⑪ 판매취급소의 저장·취급 기준
				⑫ 이송취급소의 저장·취급 기준
				⑬ 일반취급소의 저장·취급 기준
				⑭ 공통 기준
				⑮ 유별 저장·취급 기준
			⑷ 위험물의 운송 및 운반기준	① 위험물의 운송기준
				② 위험물의 운반기준
				③ 국제기준에 관한 사항

필기 과목명	문제수	주요항목	세부항목	세세항목
			(5) 위험물사고 예방	① 위험물 화재 시 인체 및 환경에 미치는 영향 ② 위험물 취급 부주의에 대한 예방대책 ③ 화재 예방대책 ④ 위험성평가 기법 ⑤ 위험물 누출 시 안전대책 ⑥ 위험물 안전관리자의 업무 등의 실무사항
		5. 위험물안전관리법 행정사항	(1) 제조소 등 설치 및 후속절차	① 제조소 등 허가 ② 제조소 등 완공검사 ③ 탱크안전성능검사 ④ 제조소 등 지위승계 ⑤ 제조소 등 용도폐지
			(2) 행정처분	① 제조소 등 사용정지, 허가취소 ② 과징금 처분
			(3) 정기점검 및 정기검사	① 정기점검 ② 정기검사
			(4) 행정감독	① 출입 · 검사 ② 각종 행정명령 ③ 벌금 및 과태료
		6. 공업 경영	(1) 품질관리	① 통계적 방법의 기초 ② 샘플링 검사 ③ 관리도
			(2) 생산관리	① 생산계획 ② 생산통계
			(3) 작업관리	① 작업방법 연구 ② 작업시간 연구
			(4) 기타 공업경영에 관한 사항	① 기타 공업경영에 관한 사항

■ 실기

직무 분야	화학	중직무 분야	위험물	자격 종목	위험물기능장	적용 기간	2025. 1. 1. ～ 2029. 12. 31.

○ 직무내용 : 위험물의 저장・취급 및 운반과 이에 따른 안전관리와 제조소등의 설계・시공・점검을 수행하고, 현장 위험물 안전관리에 종사하는 자 등을 지도・감독하며, 화재 등의 재난이 발생한 경우 응급조치 등의 총괄 업무를 수행하는 직무이다.

○ 수행준거 : 1. 위험물 성상에 대한 전문 지식 및 숙련 기능을 가지고 작업을 할 수 있다.
　　　　　　 2. 위험물 화재 등의 재난 예방을 위한 안전 조치 및 사고 시 대응조치를 할 수 있다.
　　　　　　 3. 산업 현장에서 위험물시설 점검 등을 수행할 수 있다.
　　　　　　 4. 위험물 관련 법규에 대한 전반적 사항을 적용하여 작업을 수행할 수 있다.
　　　　　　 5. 위험물 운송・운반에 대한 전문 지식 및 숙련 기능을 가지고 작업을 수행할 수 있다.
　　　　　　 6. 위험물 안전관리에 종사하는 자를 지도, 감독 및 현장 훈련을 수행할 수 있다.
　　　　　　 7. 위험물 업무 관련하여 경영자와 기능 인력을 유기적으로 연계시켜 주는 작업 등 현장관리 업무를 수행할 수 있다.

실기 검정방법	필답형	시험시간	2시간

실기과목명	주요항목	세부항목
위험물 취급 실무	1. 위험물 성상	(1) 위험물의 유별 특성을 파악하고 취급하기
		(2) 화재와 소화 이론 파악하기
	2. 위험물 소화 및 화재, 폭발 예방	(1) 위험물의 소화 및 화재, 폭발 예방하기
	3. 시설 및 저장・취급	(1) 위험물의 시설 및 저장・취급에 대한 사항 파악하기
		(2) 설계 및 시공하기
	4. 관련 법규 적용	(1) 위험물제조소 등 허가 및 안전관리법규 적용하기
		(2) 위험물제조소 등 관리
	5. 위험물 운송・운반 기준 파악	(1) 운송・운반 기준 파악하기
		(2) 운송시설의 위치・구조・설비 기준 파악하기
		(3) 운반시설 파악하기
	6. 위험물 운송・운반 관리	(1) 운송・운반 안전 조치하기

표준 주기율표

표기법:

원자 번호
기호
원소명(국문)
원소명(영문)
일반 원자량
표준 원자량

1	2		3	4	5	6	7	8	9	10	11	12	13	14	15	16	17	18
1 **H** 수소 1.008 [1.0078, 1.0082]																		2 **He** 헬륨 helium 4.0026
3 **Li** 리튬 lithium 6.94 [6.938, 6.997]	4 **Be** 베릴륨 beryllium 9.0122												5 **B** 붕소 boron 10.81 [10.806, 10.821]	6 **C** 탄소 carbon 12.011 [12.009, 12.012]	7 **N** 질소 nitrogen 14.007 [14.006, 14.008]	8 **O** 산소 oxygen 15.999 [15.999, 16.000]	9 **F** 플루오린 fluorine 18.998	10 **Ne** 네온 neon 20.180
11 **Na** 소듐 sodium 22.990	12 **Mg** 마그네슘 magnesium 24.305 [24.304, 24.307]												13 **Al** 알루미늄 aluminium 26.982	14 **Si** 규소 silicon 28.085 [28.084, 28.086]	15 **P** 인 phosphorus 30.974	16 **S** 황 sulfur 32.06 [32.059, 32.076]	17 **Cl** 염소 chlorine 35.45 [35.446, 35.457]	18 **Ar** 아르곤 argon 39.95 [39.792, 39.963]
19 **K** 포타슘 potassium 39.098	20 **Ca** 칼슘 calcium 40.078(4)		21 **Sc** 스칸듐 scandium 44.956	22 **Ti** 타이타늄 titanium 47.867	23 **V** 바나듐 vanadium 50.942	24 **Cr** 크로뮴 chromium 51.996	25 **Mn** 망가니즈 manganese 54.938	26 **Fe** 철 iron 55.845(2)	27 **Co** 코발트 cobalt 58.933	28 **Ni** 니켈 nickel 58.693	29 **Cu** 구리 copper 63.546(3)	30 **Zn** 아연 zinc 65.38(2)	31 **Ga** 갈륨 gallium 69.723	32 **Ge** 저마늄 germanium 72.630(8)	33 **As** 비소 arsenic 74.922	34 **Se** 셀레늄 selenium 78.971(8)	35 **Br** 브로민 bromine 79.904 [79.901, 79.907]	36 **Kr** 크립톤 krypton 83.798(2)
37 **Rb** 루비듐 rubidium 85.468	38 **Sr** 스트론튬 strontium 87.62		39 **Y** 이트륨 yttrium 88.906	40 **Zr** 지르코늄 zirconium 91.224(2)	41 **Nb** 나이오븀 niobium 92.906	42 **Mo** 몰리브데넘 molybdenum 95.95	43 **Tc** 테크네튬 technetium	44 **Ru** 루테늄 ruthenium 101.07(2)	45 **Rh** 로듐 rhodium 102.91	46 **Pd** 팔라듐 palladium 106.42	47 **Ag** 은 silver 107.87	48 **Cd** 카드뮴 cadmium 112.41	49 **In** 인듐 indium 114.82	50 **Sn** 주석 tin 118.71	51 **Sb** 안티모니 antimony 121.76	52 **Te** 텔루륨 tellurium 127.60(3)	53 **I** 아이오딘 iodine 126.90	54 **Xe** 제논 xenon 131.29
55 **Cs** 세슘 caesium 132.91	56 **Ba** 바륨 barium 137.33	57-71 **란타넘족** lanthanoids	72 **Hf** 하프늄 hafnium 178.49(2)	73 **Ta** 탄탈럼 tantalum 180.95	74 **W** 텅스텐 tungsten 183.84	75 **Re** 레늄 rhenium 186.21	76 **Os** 오스뮴 osmium 190.23(3)	77 **Ir** 이리듐 iridium 192.22	78 **Pt** 백금 platinum 195.08	79 **Au** 금 gold 196.97	80 **Hg** 수은 mercury 200.59	81 **Tl** 탈륨 thallium 204.38 [204.38, 204.39]	82 **Pb** 납 lead 207.2	83 **Bi** 비스무트 bismuth 208.98	84 **Po** 폴로늄 polonium	85 **At** 아스타틴 astatine	86 **Rn** 라돈 radon
87 **Fr** 프랑슘 francium	88 **Ra** 라듐 radium	89-103 **악티늄족** actinoids	104 **Rf** 러더포듐 rutherfordium	105 **Db** 두브늄 dubnium	106 **Sg** 시보귬 seaborgium	107 **Bh** 보륨 bohrium	108 **Hs** 하슘 hassium	109 **Mt** 마이트너튬 meitnerium	110 **Ds** 다름슈타튬 darmstadtium	111 **Rg** 뢴트게늄 roentgenium	112 **Cn** 코페르니슘 copernicium	113 **Nh** 니호늄 nihonium	114 **Fl** 플레로븀 flerovium	115 **Mc** 모스코븀 moscovium	116 **Lv** 리버모륨 livermorium	117 **Ts** 테네신 tennessine	118 **Og** 오가네손 oganesson

57 **La** 란타넘 lanthanum 138.91	58 **Ce** 세륨 cerium 140.12	59 **Pr** 프라세오디뮴 praseodymium 140.91	60 **Nd** 네오디뮴 neodymium 144.24	61 **Pm** 프로메튬 promethium	62 **Sm** 사마륨 samarium 150.36(2)	63 **Eu** 유로퓸 europium 151.96	64 **Gd** 가돌리늄 gadolinium 157.25(3)	65 **Tb** 터븀 terbium 158.93	66 **Dy** 디스프로슘 dysprosium 162.50	67 **Ho** 홀뮴 holmium 164.93	68 **Er** 어븀 erbium 167.26	69 **Tm** 툴륨 thulium 168.93	70 **Yb** 이터븀 ytterbium 173.05	71 **Lu** 루테튬 lutetium 174.97
89 **Ac** 악티늄 actinium	90 **Th** 토륨 thorium 232.04	91 **Pa** 프로트악티늄 protactinium 231.04	92 **U** 우라늄 uranium 238.03	93 **Np** 넵투늄 neptunium	94 **Pu** 플루토늄 plutonium	95 **Am** 아메리슘 americium	96 **Cm** 퀴륨 curium	97 **Bk** 버클륨 berkelium	98 **Cf** 캘리포늄 californium	99 **Es** 아인슈타이늄 einsteinium	100 **Fm** 페르뮴 fermium	101 **Md** 멘델레븀 mendelevium	102 **No** 노벨륨 nobelium	103 **Lr** 로렌슘 lawrencium

출처_© 대한화학회

* 표준 원자량은 2011년 IUPAC에서 결정한 새로운 형식을 따른 것으로 [ ] 안에 표시된 숫자는 2종류 이상의 안정한 동위원소가 존재하는 경우에 각각 시료에서 발견되는 자연 존재비의 분포를 고려한 표준 원자량의 범위를 나타낸 것임.

전형원소 암기법

원자가	+1	+2	+3	+4	+5 -3	-2	-1	0
족	1	2	13	14	15	16	17	18
족명	알칼리금속족	알칼리토금속족	붕소족	탄소족	질소족	산소족	할로젠족	비활성기체
전자배치	ns^1	ns^2	ns^2np^1	ns^2np^2	ns^2np^3	ns^2np^4	ns^2np^5	ns^2np^6
1	$_1^1H$ 수소							$_2^4He$ 헬륨
2	$_3^7Li$ 리튬(빨2)	$_4^9Be$ 베릴륨	$_5^{11}B$ 붕소	$_6^{12}C$ 탄소	$_7^{14}N$ 질소	$_8^{16}O$ 오산소	$_9^{19}F$ 플루오린	$_{10}^{20}Ne$ 네온
3	$_{11}^{23}Na$ 나트륨(노랑)	$_{12}^{24}Mg$ 마그네슘	$_{13}^{27}Al$ 알루미늄	$_{14}^{28}Si$ 규소	$_{15}^{31}P$ 인	$_{16}^{32}S$ 황	$_{17}^{35.5}Cl$ 염소	$_{18}^{40}Ar$ 아르곤
4	$_{19}^{39}K$ 칼륨(보라)	$_{20}^{40}Ca$ 칼슘	$_{31}Ga$ 갈륨	$_{32}Ge$ 제르마늄	$_{33}As$ 비소	$_{34}Se$ 셀렌	$_{35}Br$ 브로민	$_{36}Kr$ 크립톤
5	$_{37}Rb$ 루비듐(강낭빨2)	Sr 스트론튬	$_{49}In$ 인듐	$_{50}Sn$ 주석	$_{51}Sb$ 안티몬	$_{52}Te$ 텔루륨	$_{53}I$ 아이오딘	$_{54}Xe$ 크세논
6	$_{55}Cs$ 세슘(파랑)	Ba 바륨	$_{81}Tl$ 탈륨	$_{82}Pb$ 납	$_{83}Bi$ 비스무트	$_{84}Po$ 폴로늄	$_{85}At$ 아스타틴	$_{86}Rn$ 라돈
7	$_{87}Fr$ 프랑슘	Ra 라듐						

비금속성 →

금속성 →

질량수 암기법(1~20번까지)

홀수원자번호 × 2+1, 짝수번호 × 2

예외, $_1^1H$, $_4^9Be$, $_7^{14}N$, $_{17}^{35.5}Cl$, $_{18}^{40}Ar$

수 베 질 염 아

원자번호 = 양성자수 = 전자수
질량수 = 양성자수 + 중성자수

$\left(\begin{array}{c}원자량\\원자번호\end{array}X\right)$

※ 화학식 만들기

$A^{+a} + B^{-b} \longrightarrow A_bB_a$
금속 + 비금속 화합
B(는)화A 생략

예) Na^{+1} $Cl^{-1} \longrightarrow$ NaCl(염화나트륨)
Al^{+3} $P^{-3} \longrightarrow$ AlP(인화알루미늄)

※ 1족 원소 표 속의 색상은 각 원소의 불꽃반응 색깔입니다.

비금속 (전자를 받으려는 성질)
금속 (전자를 내놓으려는 성질)

원자가
족
족명
전자배치
주기

이 책의 차례

※ 위험물산업기사 필기시험은 2020년 제4회부터 CBT(Computer Based Test)로 시행되고 있습니다.

화학용어(위험물용어) 변경사항

표준화지침에 따라 화학용어(위험물용어)가 일부 변경되었습니다. 본 도서는 대부분 바뀐 용어로 표기되어 있으나, 시험에 변경 전 용어로 출제될 수도 있어 변경 전/후의 화학용어를 정리해 두었습니다. 학습하시는 데 참고하시기 바랍니다.

변경 전	변경 후	변경 전	변경 후
할로**겐**	할로**젠**	유황	황
실리카**겔**	실리카**젤**	아황산가스	이산화황
알데**히**드	알데**하이**드	전분	녹말
히드라진	하이드라진	염소이온	염화이온
에**테르**	에**터**	아염소산염류	아염소산염
에스테르	에스터	황산제일철	황산철(Ⅱ)
요오드	아이오딘	삼산화제이크롬	산화크로뮴(Ⅲ)
요오드포름	아이오도폼	**니**트로화합물	**나이**트로화합물
불소, 플루오르	플루오린	아크릴로니트릴	아크릴로나이트릴
클로로**포름**	클로로**폼**	염화**비닐**	염화**바이닐**
망간	망가니즈	**이소**부틸렌	**아이소**뷰틸렌
브롬	브로민	이소**시아**눌산	아이소**사이아**누르산
크롬	크로뮴	**트리**클로로에틸렌	**트라이**클로로에틸렌
중크롬산	다이크로뮴산	**디**클로로메탄	**다이**클로로메테인
에**탄**	에**테인**	1,1-디클로로에탄	1,1-다이클로로에테인
메탄	메테인	1,3-**부타**디엔	1,3-**뷰타**다이엔
옥탄	옥테인	**시크로**헥사놀퍼옥사이드	**사이클로**헥산온퍼옥사이드
펜탄	펜테인	디에틸헥실프탈레이트	다이에틸헥실프탈레이트
헵탄	헵테인	N,N-디메틸포름**아미드**	N,N-다이메틸폼**아마이드**
셀렌	셀레늄	과산화지크밀	과산화다이쿠밀
노난	노네인	사불화에틸렌	테트라플루오로에틸렌
데**칸**	데**케인**	인산1수소칼슘2수화물	인산수소칼슘2수화물
알칸	알케인	스틸렌	스타이렌
알킨	알카인	**티**오	**싸이**오
부탄	뷰테인	**시**안	**사이**안
프로**판**	프로**페인**	당해	해당
부틸	뷰틸	종형 / 횡형	세로형 / 가로형
푸란	퓨란	갑종 방화문	60분+방화문 또는 60분 방화문
란**탄**	란**타넘**	을종 방화문	30분 방화문

위험물 산업기사 및 기능장 시험대비

일·반·화·학

① 물질의 특성

(1) 물질과 물체

① **물질** : '공간을 채우고, 질량을 갖는 것이다'라고 정의. 즉 부피와 질량을 동시에 가져야만 물질이라고 정의할 수 있다.

> **●예** 나무, 쇠, 유리 등

② **물체** : '물질로 만들어진 것'. 무게와 형태를 가지고 있는 것을 물체라고 한다.

> **●예** 나무책상, 못, 유리병

(2) 물질의 성질(물리적 성질과 화학적 성질)

① 물리적 성질

물질의 고유특성은 변화없이 상태만 변화할 때 나타나는 성질

> **●예** 밀도, 녹는점, 끓는점, 어는점, 색 및 용해도 등이 있다.
> → 얼음에서 물로 녹을 때의 현상인데 이는 얼음과 물이 상태만 다를 뿐 물질의 고유특성은 같다.

㉠ 물질의 삼상태

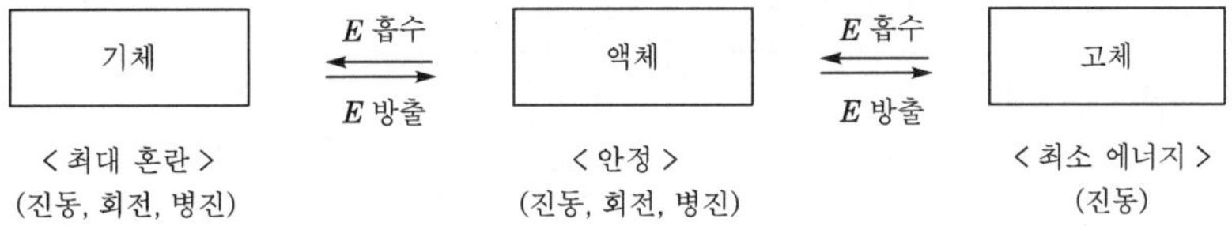

기체	E 흡수 ⇄ E 방출	액체	E 흡수 ⇄ E 방출	고체
< 최대 혼란 > (진동, 회전, 병진)		< 안정 > (진동, 회전, 병진)		< 최소 에너지 > (진동)

■예제 다음을 물질과 물체로 구분하여라.

① 철근　　　　② 얼음　　　　③ 유리　　　　④ 고무

풀이 ① 물체　② 물체　③ 물질　④ 물질

3

ⓛ 물질의 상태변화

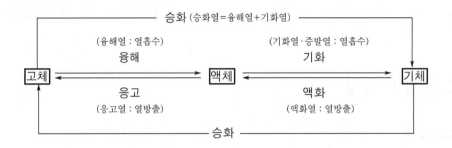

㉮ 융해 : 고체가 액체로 되는 변화

㉯ 응고 : 액체가 고체로 되는 변화

㉰ 기화 : 액체가 기체로 되는 변화

㉱ 액화 : 기체가 액체로 되는 변화

㉲ 승화 : 고체가 기체로 되는 변화 또는 기체가 고체로 되는 변화

 [참고] 물질의 상태와 성질

구분 \ 상태	고체	액체	기체
모양	일정	용기에 따라 다르다.	일정하지 않다.
부피	일정	일정	일정하지 않다.
분자운동	일정 위치에서 진동 운동	위치가 변하며 느린 진동, 병진, 회전운동	고속진동, 병진, 회전운동
분자간 인력	강하다.	조금 강하다.	극히 약하다.
에너지 상태	최소(안정한 상태)	보통(보통 상태)	최대(무질서한 상태)

• 진동운동 : 입자를 구성하는 단위입자 사이의 거리가 늘었다 줄었다하는 운동(고체의 주요 열운동)
• 회전운동 : 입자의 무게중심을 축으로 회전하는 원운동(액체의 주요 열운동)
• 병진운동 : 입자가 평행이동할 때와 같은 직선운동, 즉 평행이동을 하는 운동(기체의 주요 열운동)

다음에 일어나는 현상들은 어떤 물질의 상태변화인지 구분하여라.

① 양초의 촛농이 흘러내리다가 굳는다.
② 풀잎에 맺힌 이슬이 한낮이 되면 사라진다.
③ 차가운 음료수 병 표면에 물방울이 맺힌다.
④ 옷장 속에 넣어둔 좀약의 크기가 작아진다.
⑤ 늦가을 맑은 날 아침, 들판에 서리가 내린다.

풀이 ① 응고 ② 기화 ③ 액화 ④ 승화(고체→기체) ⑤ 승화(기체→고체)

ⓒ 물의 상태변화 및 삼상태

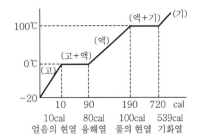

- 물의 현열 : 100cal/g
- 얼음의 융해열(잠열) : 80cal/g
- 물의 기화열(잠열) : 539cal/g
- 물의 비열 : 1cal/g · ℃
- 얼음의 비열 : 0.5cal/g · ℃
- 수증기의 비열 : 0.47~0.5cal/g · ℃

- 현열($Q = mC\Delta t$) : 물질의 상태는 그대로이고 온도의 변화가 생길 때의 열량
- 잠열(숨은열, $Q = mr$) : 온도는 변하지 않고 물질의 상태변화에 사용되는 열량
- 비열($C = Q/m\Delta t$) : 물질 1g을 1℃ 올리는 데 필요한 열량

※ Q : 열량(cal), C : 비열(cal/℃), m : 질량(g), Δt : 온도차(℃), r : 잠열(cal/g)

㉮ 상평형 : 고체, 액체, 기체가 서로 평형
㉯ 삼중점 : 기체, 액체, 고체가 공존하는 것(모든 물질은 삼중점 이하에서 승화성을 가짐.)

- 액화의 조건 : 임계온도 이하, 임계압력 이상
- 기화점 : 증기압＝대기압
- 승화물질 : 아이오딘, 장뇌, 나프탈렌
  ※ CO_2의 삼중점 : −56.5℃ (5.11atm)

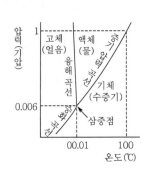

물의 상평형

② 화학적 성질

물질이 화학적 변화를 수반해야지 알 수 있는 성질, 또는 화학적 변화의 결과는 변화 전과
후가 완전히 다르다.

>●예 화합, 분해, 치환, 복분해, 반응열, 엔탈피 등
   → 수소와 산소가 반응하여 물을 만들 때 반응전후의 수소와 산소를 만들 수 없다.

㉠ 화합(combination)

두 가지 또는 그 이상의 물질이 결합하여 전혀 새로운 성질을 갖는 한 가지 물질이 되는
변화를 화합이라 한다.

일반식 : $A+B \longrightarrow AB$

>●예 탄소(C)와 산소(O_2)가 화합하여 이산화탄소(CO_2)로 되는 것
   $(C+O_2 \longrightarrow CO_2)$

㉡ 분해(decomposition)

한 가지 물질이 두 가지 이상의 새로운 물질로 되는 변화를 분해라 한다.

일반식 : $AB \longrightarrow A+B$

>●예 물(H_2O)이 전기 분해하여 산소(O_2)와 수소(H_2)로 되는 것
   $(2H_2O \longrightarrow 2H_2+O_2)$

㉢ 치환(substitution)

어떤 화합물의 성분 중 일부가 다른 원소로 바뀌어지는 변화를 치환이라 한다.

일반식 : $A+BC \longrightarrow AC+B$

>●예 아연(Zn)이 황산(H_2SO_4)과 반응하여 수소(H_2)를 발생하는 것
   $(Zn+H_2SO_4 \longrightarrow ZnSO_4+H_2)$

㉣ 복분해(double decomposition)

두 종류 이상의 화합물 성분 중 일부가 서로 바뀌어서 다른 성질을 갖는 물질을 만드는
변화를 복분해라 한다.

일반식 : $AB+CD \longrightarrow AD+CB$

>●예 염산(HCl)과 가성소다(NaOH)가 반응하여 염화나트륨(NaCl)을 발생하는 것
   $(HCl+NaOH \longrightarrow NaCl+H_2O)$

(3) 물질의 분류

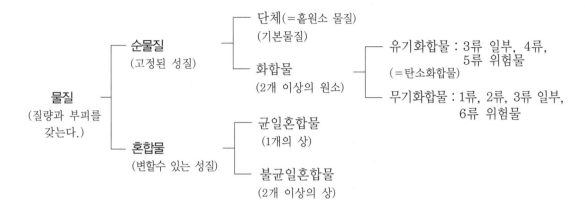

① **순물질** : 조성과 물리적·화학적 성질이 일정한 물질이다.

　㉠ **단체** : 한 가지 성분으로만 된 더 이상 분해시킬 수 없는 물질

　　●예 O_2(산소), Cl_2(염소), He(헬륨), Fe(철) 등

　㉡ **화합물** : 두 가지 이상의 성분으로 되어 있으나 성분원소가 일정한 순물질

　　●예 H_2O(물), CO_2(탄산가스), $C_6H_{12}O_6$(포도당), C_2H_5OH(알코올) 등

② **혼합물** : 두 가지 이상의 순물질로 단순히 섞여 있는 물질이다. 또한 일정한 조성을 갖지도 않고, 혼합된 순물질 간에 화학반응으로 결합되지도 않았다.

　　●예 공기, 음료수, 우유, 시멘트 등

　㉠ **균일혼합물** : 혼합물의 조성이 용액 전체에 걸쳐 동일하게 되는 것이다.

　　●예 소금물, 설탕물, 바닷물, 사이다

　　(해석 : 설탕 한 수저를 컵에 들어 있는 물에 넣고, 잘 저어주어 완전히 녹이면 설탕성분이 용액 전체에 걸쳐 똑같아진다.)

　㉡ **불균일혼합물** : 혼합물이 용액 전체에 걸쳐 일정한 조성을 갖지 못한 것이다.

　　●예 우유, 찰흙, 화강암, 콘크리트

　　(해석 : 물에 고운 모래를 넣은 후 잘 저으면 처음에는 균일하게 보이지만 잠시 후 무게를 갖는 모래는 중력의 영향을 받아 컵 바닥에 가라 앉는다.)

[참고] 순물질과 혼합물의 구별법

- 순물질과 혼합물이 끓을 때의 성질 비교

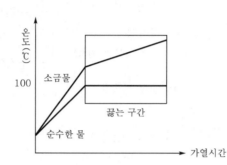

●예 ■ 순수한 물 : 0℃에서 얼고, 100℃에서 끓는다(1기압 상태).
■ 소금물 : 끓는점은 100℃보다 높으며, 끓는 동안 소금물은 계속 농축되므로 시간이 흐를수록 끓는
점은 높아진다.

② 혼합물의 분리방법

혼합물을 분리해서 순물질로 만드는 조작을 정제라 하며, 다음과 같은 여러 가지 방법이 있다.

(1) 기체 혼합물의 분리법

① 액화 분류법

액체의 비등점의 차를 이용하여 분리하는 방법

●예 공기를 액화시켜 질소, 아르곤, 산소 등으로 분리하는 방법

② 흡수법

혼합기체를 흡수제에 통과시켜 성분을 분석하는 방법

●예 오르자트법, 케겔법 등

(2) 액체 혼합물의 분리법

① 여과법(거름)

고체와 액체의 혼합물을 여과지에 통과시켜 분리하는 방법

※주의 : 고체와 액체가 잘 섞이지 않는 것에 사용한다.

●예 흙탕물 등과 같은 고체와 액체를 여과기를 통해 물과 흙으로 분리하는 것.

② 분액깔대기법

액체와 액체가 섞이지 않고 두 층으로 되어 있을 때 비중차를 이용하여 분리하는 방법

> **●예** 물이나 나이트로벤젠 등과 같이 섞이지 않고 비중차에 의해 두 층으로 분리되는 것을 이용하는 방법

③ 증류법

고체와 액체가 균일질로 되어 있을 때 이 혼합물을 끓여서 액체를 증기로 만들어 냉각시켜 순수한 액체로 만들고 고체를 분리하는 방법

> **●예** 소금물을 끓여서 물과 소금을 분리하는 방법

④ 분류법(분별증류)

액체와 액체가 균일질로 되어 있을 때 이 혼합물을 끓는 온도(비등점) 차이를 이용하여 분리하는 방법

> **●예** 알코올과 물의 혼합물을 끓는점 차이에 의하여 분리하는 방법

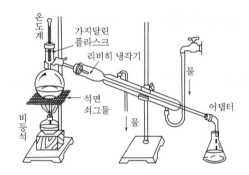

증류의 실험장치 구성

(3) 고체 혼합물의 분리법

① 재결정법

용해도의 차를 이용하여 분리 정제하는 방법

> **●예** 질산칼륨(KNO_3)에 소금($NaCl$)이 불순물로 섞여 있을 때 순수 질산칼륨을 분리하는 방법

② 추출법

특정한 용매에 녹여서 추출하여 분리하는 방법

③ 승화법

승화되는 고체와 승화되지 않는 고체의 혼합물을 가열에 의하여 승화성 물질이 증기가 되어 분리하는 방법

> **●예** 아이오딘과 모래의 혼합물

1. 용해도의 차이를 이용하여 고체혼합물을 분리하는 방법은? (위험물기능장 34회)

① 분별증류　　　② 재결정　　　③ 흡착　　　④ 투석

정답 : ②

 2. 다음 중 비열의 단위는 무엇인가?

① cal　　　② cal/g　　　③ cal/℃　　　④ cal/g · ℃

풀이 $Q = m C \Delta t$에서 비열(C)은 $C = Q/m \cdot \Delta t$　∴ $C = cal/g \cdot ℃$

정답 : ④

 3. 다음을 균일혼합물, 불균일혼합물, 순물질로 구분하여라.

① 소금물　　② 알코올　　③ 도시가스　　④ 콘크리트　　⑤ 우유

풀이 ① 균일혼합물　② 순물질　③ 균일혼합물　④ 불균일혼합물　⑤ 불균일혼합물

(4) 측정

① 밀도 $= \dfrac{질량}{부피}$　　　※ 사랑하는 사람이 나타나면　　　(암기법)
큐피드 화살을 쏜다.

(암기법) $\dfrac{M}{V}$

② 온도

$$℃ = \frac{5}{9}(℉ - 32), \quad ℉ = \frac{9}{5}(℃) + 32, \quad K = ℃ + 273.15$$

 1. 샌프란시스코의 온도가 76℉, 서울의 온도가 25℃가 되겠다고 예보되었다.

① 샌프란시스코의 온도를 섭씨온도로 환산하여라.
② 서울의 온도를 화씨온도로 나타내어라.

풀이 ① $℃ = \frac{5}{9}(℉ - 32) = \frac{5}{9}(76 - 32) = 24.44℃$

② $℉ = \frac{9}{5}(℃) + 32 = ℉ = \frac{9}{5}(25) + 32 = 77℉$

예제 2. 구리선의 밀도는 7.81g/mL이고, 질량이 3.72g 이다. 이 구리선의 부피를 구하여라.

풀이 밀도 $= \frac{질량}{부피}$, 부피 $= \frac{질량}{밀도} = \frac{3.72g}{7.81g/mL} = 0.48mL$

예제 3. 다음 기체 중 표준상태에서 밀도가 가장 큰 것은?

① C_3H_8　　　② O_2　　　③ N_2　　　④ NH_3　　　⑤ SO_2

풀이 표준상태에서의 밀도 $= \frac{분자량}{22.4L}$　∴ 분자량이 큰 것이 밀도가 크다.

① $C_3H_8 = \frac{44g}{22.4L} ≒ 1.96g/L$　　② $O_2 = \frac{32g}{22.4L} ≒ 1.43g/L$

③ $N_2 = \frac{28g}{22.4L} ≒ 1.25g/L$　　④ $NH_3 = \frac{17g}{22.4L} ≒ 0.76g/L$

⑤ $SO_2 = \frac{64g}{22.4L} ≒ 2.86g/L$　　　　　　　　　　정답 : ⑤

예제 4. 표준상태에서 어떤 기체의 밀도가 3(g/L)일 때, 이 기체의 분자량(g)은 얼마인가? (위험물기능장 32회)

① 11.2　　　② 22.4　　　③ 44.8　　　④ 67.2

풀이 밀도 $= \frac{분자량}{22.4L}$ 에서 분자량 $=$ 밀도$\times 22.4L$
$= 3g/L \times 22.4L = 67.2g$　　　정답 : ④

예제 5. 다음 중 증기 비중이 가장 큰 물질은 어느 것인가? (위험물기능장 44회)

① 이황화탄소　　② 메틸에틸케톤　　③ 톨루엔　　④ 벤젠

풀이 ① 이황화탄소(CS_2) $= \frac{76}{28.84} ≒ 2.64$　② 메틸에틸케톤($CH_3COC_2H_5$) $= \frac{72}{28.84} ≒ 2.50$

③ 톨루엔($C_6H_5CH_3$) $= \frac{92}{28.84} ≒ 3.19$　④ 벤젠(C_6H_6) $= \frac{78}{28.84} ≒ 2.70$　　정답 : ③

③ 원자와 분자

(1) 원자의 구조

① 원소와 원자

ㄱ 원소 : 화학적으로 독특한 성질을 갖는 것으로 주기율표에 표시된 것

ㄴ 원자 : 원소를 구성하고 있는 화학적 성질을 유지하는 최소 입자

② 원자의 구조

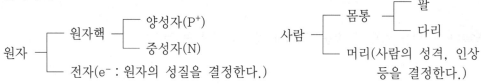

※ 사람에게 가장 중요한 것이 머리이듯, 원자에서는 전자가 가장 중요하다.

■ 원자 : 그 중심부에 (+)전기를 띤 원자핵이 있고, 그 주위에 일정한 궤도에 따라 돌고 있는 (−)전기를 띤 전자가 있다.

■ 원소 : 원자에 붙여진 명칭

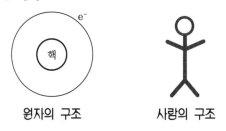

원자의 구조   사람의 구조

┃예제┃ 다음 중에서 질량이 가장 작은 입자는?

① 중성자   ② 수소   ③ 전자   ④ 중간자

풀이 질량의 크기 : 중성자 > 수소 > 양성자 > 중간자 > 전자   정답 : ③

---

(2) 원자핵

질량이 거의 같은 양성자와 중성자로 구성, 원자핵 중의 양성자와 중성자의 합을 그 원자의 질량수(원자량)라 한다.

◉ 원자번호＝양성자수＝전자수

◉ 질량수＝양성자수＋중성자수

$$^{m}_{n}\text{X}$$

- n(원자번호)＝양성자수 또는 전자수
- m(질량수)

---

 1. 다음 원자에 대해서 질량수, 양성자수, 중성자수, 전자수를 쓰시오.

$$^{23}_{11}\text{Na} \qquad\qquad ^{24}_{12}\text{Mg}^{2+}$$

풀이

① 질량수 : 23   ① 질량수 : 24

② 양성자수 : 11   ② 양성자수 : 12

③ 중성자수 : 12   ③ 중성자수 : 12

④ 전자수 : 11   ④ 전자수 : 10

 2. 원자번호 13, 질량수 27인 Al이 3가의 양이온이 되었을 때 전자의 수는?

① 10   ② 11   ③ 14   ④ 18

풀이 원자번호＝전자수

∴ 13－3＝10

정답 : ①

3. 네온(Ne)의 원자량은 20이다.

① 헬륨원자와 비교할 때 어느 것이 더 무거운가?

② 네온보다 2배 무거운 원자의 원자량은 얼마인가?

풀이 ① 네온원자의 질량/헬륨원자의 질량＝20/4＝5 즉, 네온이 5배 무겁다.

② 이 원자의 원자량을 $A \cdot W$이라고 하면 $A \cdot W = 2 \times 20 = 40$

---

(3) 동위원소

양성자수는 같으나 중성자수가 다른 원소, 즉 원자번호는 같으나 질량수가 다른 원소, 또한 동위원소는 양성자수가 같아서 화학적 성질은 같으나 물리적인 성질이 다른 원소이다.

▷수소(H)의 동위원소 ………… $^{1}_{1}\text{H}$(수소), $^{2}_{1}\text{H}$(중수소), $^{3}_{1}\text{H}$(삼중수소)

▷ 염소(Cl)의 동위원소 ············ $^{35}_{17}Cl$, $^{37}_{17}Cl$

▷ 탄소(C)의 동위원소 ············ $^{12}_{6}C$, $^{13}_{6}C$

▷ 우라늄(U)의 동위원소 ············ $^{235}_{92}U$, $^{238}_{92}U$

[참고] 동위원소의 평균 원자량 구하는 법

$$X의\ 원자량 = (A의\ 원자량) \times \frac{(A의\ 백분율)}{100} + (B의\ 원자량) \times \frac{(B의\ 백분율)}{100}$$

∴ 동위원소의 백분율 합은 100이 되어야 한다.

ex) • 탄소 : $^{12}_{6}C = 99\%$ $^{13}_{6}C = 1\%$ 이므로

$$C = 12 \times \frac{99}{100} + 13 \times \frac{1}{100} = 12.01115 ≒ 12$$

• 염소 : $^{34.97}_{17}Cl = 75.5\%$ $^{36.97}_{17}Cl = 24.5\%$

$$Cl = 34.97 \times \frac{75.5}{100} + 36.97 \times \frac{24.5}{100} ≒ 35.5$$

※ 중수(산화중수소, D_2O, M·W=20)
중수소와 산소의 화합물로서 원자로에서 중성자의 속도를 줄이는 감속제로 사용한다.

---

(4) 동중원소

원자번호는 다르나 원자량이 같은 원소, 즉 화학적 성질이 다른 원소

●예 $^{40}_{18}Ar$ 와 $^{40}_{20}Ca$

(5) 동소체

같은 원소로 되어 있지만 원자의 배열이 다르거나, 같은 화학조성을 가지나 결합양식이 다른 물질

동소체의 구성원소	동소체의 종류	연소생성물
산소(O)	산소(O_2), 오존(O_3)	–
탄소(C)	다이아몬드(금강석), 흑연, 숯	이산화탄소(CO_2)
인(P)	황린(P_4, 노란인), 적린(P, 붉은인)	오산화인(P_2O_5)
황(S)	사방황, 단사황, 고무상황	이산화황(SO_2)

※ 동소체 확인방법
연소생성물이 같은가를 확인하여 동소체임을 구별한다.

예제 동소체만으로 짝지어진 것이 아닌 것은?

① 다이아몬드－숯　　　　　② 산소－오존

③ 단사황－고무상황　　　　④ 일산화탄소－이산화탄소

풀이 CO, CO₂는 2가지 원소이다.　　　　　　　　　정답 : ④

(6) 분자

순물질(단체, 화합물)의 성질을 띠고 있는 가장 작은 입자로서 1개 또는 그 이상의 원자가 모여 형성된 것으로서 원자수에 따라 구분된다.

① 분자의 종류

　㉠ 단원자 분자 : 1개의 원자로 구성된 분자

　　예 He, Ne, Ar 등 주로 불활성 기체

　㉡ 이원자 분자 : 2개의 원자로 구성된 분자

　　예 H_2, N_2, O_2, CO, F_2, Cl_2, HCl 등

　㉢ 삼원자 분자 : 3개의 원자로 구성된 분자

　　예 H_2O, O_3, CO_2 등

　㉣ 다원자 분자 : 여러 개의 원자로 구성된 분자

　　예 $C_6H_{12}O_6$, $C_{12}H_{23}O_{11}$ 등

　㉤ 고분자 : 다수의 원자로 구성된 분자

　　예 녹말, 수지 등

② 아보가드로의 분자설

　㉠ 물질을 세분하면 분자가 된다.

　㉡ 같은 물질의 분자는 크기, 모양, 질량, 성질이 같다.

　㉢ 분자는 다시 깨어져 원자로 된다.

　㉣ 같은 온도, 같은 압력, 같은 부피 속에서 모든 기체는 같은 수의 기체 분자수가 존재한다(아보가드로의 법칙).

(7) 이온

중성인 원자가 전자를 잃거나(양이온), 얻어서(음이온) 전기를 띤 상태를 이온이라 하며, 양이온, 음이온, 라디칼(radical)이온으로 구분한다.

① 양이온

원자가 전자를 잃으면 (+)전기를 띤 전하가 되는 것

예
- Na 원자 $\longrightarrow$ $Na^+ + e^-$
  (양성자 11, 전자 11)   (양성자 11, 전자 10개)
- Ca 원자 $\longrightarrow$ $Ca^{2+} + 2e^-$
  (양성자 20개, 전자 20개)   (양성자 20개, 전자 18개)

② 음이온

원자가 전자를 얻으면 (−)전기를 띤 전하가 되는 것

예
- Cl 원자 $+ e^-$ $\longrightarrow$ Cl^- 이온
  (양성자 17개, 전자 17개)   (양성자 17개, 전자 18개)
- O 원자 $+ 2e^-$ $\longrightarrow$ O^{2-} 이온
  (양성자 8개, 전자 8개)   (양성자 8개, 전자 10개)

③ 라디칼(radical : 원자단, 기)이온

원자단(2개 이상의 원자가 결합되어 있는)이 전하를 띤 이온(+, −)으로 되는 것

예 NH_4^+, SO_4^{-2}, OH^-, ClO_3^-, NO_3^-, MnO_4^-, CrO_4^{2-}, $Cr_2O_7^{2-}$, CrO_7^{2-}, BrO_3^- 등

④ 이온화 경향

금속원자가 그 최외각전자(원자가 전자)를 잃고 양이온이 되려는 성질

- 이온화 경향이 큰 금속은 화학적 성질이 크다.
- 이온화 경향이 수소보다 큰 금속은 산화력이 없는 산에 녹아서 수소를 발생한다.
- 이온화 경향이 작은 금속염의 수용액에 이온화 경향이 큰 금속을 담그면, 이온화 경향이 큰 금속은 이온으로 되고 작은 금속이 석출된다.

[참고] 금속의 이온화 경향 서열에 따른 찬물, 뜨거운 물, 산과의 반응범위

K Ca Na	Mg Al Zn Fe	Ni Sn Pb	(H) Cu Hg Ag Pt Au
찬물과 반응하여 수소가스 발생	끓는 물과 반응하여 수소가스 발생	묽은 산과 반응하여 수소가스 발생	반응하지 않음.

* ■는 양쪽성 원소

예제 다음 동소체와 연소생성물의 연결이 잘못된 것은? (위험물기능장 36회)

① 다이아몬드, 흑연 - 일산화탄소

② 사방황, 단사황 - 이산화황

③ 흰인, 붉은인 - 오산화인

④ 산소, 오존 - 없음

풀이 ① 다이아몬드, 흑연 - 이산화탄소 정답 : ①

④ 화학식량(원자량, 분자량, 몰)

(1) 원자량

원자의 질량을 기준원자에 대한 상대적 질량으로 나타낸 값

① 원자량

탄소원자 C의 질량을 12로 정하고 (C의 실제 질량은 1.992×10^{-23}g), 이와 비교한 다른 원자들의 질량비를 원자량이라 한다.

탄소-12원자 1개의 질량=12amu,

$1\text{amu} = \dfrac{\text{탄소}-12\text{원자 1개의 질량}}{12} = 1.992 \times 10^{-23} \times \dfrac{1}{12} = 1.66 \times 10^{-24}$

∴ 따라서 1g을 amu 단위와 관련시키면 다음과 같다.

$1\text{g} = 6.022137 \times 10^{23}$amu (아보가드로수)

예 칼슘(Ca)의 원자량을 40.08로 정한 것은 칼슘이 탄소-12에 비해 40.08/12=3.34배 무겁다는 뜻이 된다.

② g 원자량

- 원자량에 g을 붙여 나타낸 값, 즉 어느 원자 6.023×10^{23}개의 모임을 그 원자의 1g 원자라 한다.

예 탄소(C) 1g 원자는 12g

③ 원자량을 구하는 방법

- 듀롱페티(Dulong – Petit)의 법칙(금속의 원자량 측정)

  원자량×비열 ≒ 6.4

  주로 고체물질의 원자량 측정에 사용되는 근사적인 실험식이다.

- 원자가와 당량으로 원자량을 구하는 법

  당량×원자가＝원자량

(2) 분자량

① 분자량

상대적 질량을 나타내는 분자량도 원자량처럼 수치로 표시한다.

[참고] 분자량

각 분자의 구성원소의 원자량의 총합을 분자량이라 한다.
- H_2 분자량＝2(H의 원자량)＝2×1＝2
- H_2O 분자량＝2(H의 원자량)＋(O의 원자량)＝2×1＋16＝18
- NH_3 분자량＝(N의 원자량)＋3(H의 원자량)＝14＋3×1＝17

---

② g 분자량(mol)

분자량에 g 단위를 붙여 질량을 나타낸 값으로서 $6.02×10^{23}$개 분자의 질량을 나타낸 값이며 1mol이라고도 한다.

- O_2 : 1mol(1g 분자량)＝32g, 2mol(2g 분자량)＝64g
- CO_2 : 1mol(1g 분자량)＝44g, 2mol(2g 분자량)＝88g

(3) 몰(mole)

물질의 양을 표현할 때 사용하는 단위로 1몰이란 원자, 분자, 이온의 개수가 $6.02×10^{23}$개 (아보가드로수)일 때를 말한다.

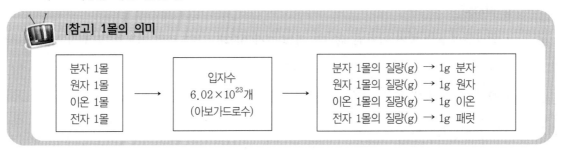

즉, 물질의 수를 세는 단위는 여러 가지가 있다. 예를 들면 마늘 1접은 마늘 100개, 연필 1다스는 연필 12자루라는 약속이다. 원자나 분자는 너무 작아 저울로 측정하기 어려워서 이와 같이 몰이라는 단위로 약속을 정한 것이다. 이는 1몰(mol)은 6.02×10^{23}개의 집단인 것이다.

표. 1

원자	원자량	1g 원자(1몰)	부피	원자수	원자 1개의 실제무게
C	12	12g	22.4L	6.02×10^{23}개	$12g/6.02 \times 10^{23}$개
N	14	14g	22.4L	6.02×10^{23}개	$14g/6.02 \times 10^{23}$개
O	16	16g	22.4L	6.02×10^{23}개	$16g/6.02 \times 10^{23}$개
Na	23	23g	22.4L	6.02×10^{23}개	$23g/6.02 \times 10^{23}$개

→ 원자 1몰의 질량은 그 수치가 원자량과 같다.

표. 2

분자	분자량	1g 분자(1몰)	부피	분자수	분자 1개의 실제무게
O_2	32	32g	22.4L	6.02×10^{23}개	$32g/6.02 \times 10^{23}$개
H_2	2	2g	22.4L	6.02×10^{23}개	$2g/6.02 \times 10^{23}$개
NH_3	17	17g	22.4L	6.02×10^{23}개	$17g/6.02 \times 10^{23}$개
H_2O	18	18g	22.4L	6.02×10^{23}개	$18g/6.02 \times 10^{23}$개

→ 1몰의 질량은 그 물질의 화학식량과 수치가 같다. 화학식량은 그 화학식에 포함된 모든 원자의 원자량을 더한 값과 같다.

① **1몰의 질량**

화학식량에 g을 붙인 값으로 원자, 분자, 이온은 6.02×10^{23}개의 질량이다.

●예 탄소(C)원자 6.02×10^{23}개의 질량은 12g

② **물질의 몰수**

물질의 질량값을 화학식량으로 나눈다(몰수＝물질의 질량/화학식량).

③ **1몰의 부피**

아보가드로 법칙에 의하여 0℃, 1기압에서 기체 1몰의 부피는 22.4L이다.

(기체의 몰수＝표준상태에서의 기체부피(L)/22.4(L))

④ 기체 분자량의 측정

0℃, 1기압에서 1몰의 기체가 22.4L를 차지하므로 0℃, 1기압에서 기체의 부피와 질량을 측정하여 22.4L의 질량을 구한다.

(기체의 분자량＝분자 1L의 질량×22.4L)

---

 1. 40%의 산소와 60%의 질소로 구성되어 있는 기체 혼합물의 평균분자량은 몇 g/mol인가? (위험물기능장 40회)

① 20.1 ② 22.2 ③ 26.4 ④ 29.6

풀이 $32 \times \dfrac{40}{100} + 28 \times \dfrac{60}{100} = 29.6$ 정답 : ④

 2. 공기의 성분이 다음 표와 같을 때 공기의 평균분자량을 구하면? (위험물기능장 43회)

① 28.84
② 28.96
③ 29.12
④ 29.44

성분	분자량	부피함량(%)
질소	28	78
산소	32	21
아르곤	40	1

풀이 $28 \times \dfrac{78}{100} + 32 \times \dfrac{21}{100} + 40 \times \dfrac{1}{100} = 28.96$ 정답 : ②

---

⑤ 실험식과 분자식

(1) 실험식(조성식)

물질의 조성을 원소기호로서 간단하게 표시한 식

물질	분자식	조성식
물	H_2O	H_2O
벤젠	C_6H_6	CH
과산화수소	H_2O_2	HO

※ 조성식을 구하는 방법

화학식 $A_mB_nC_p$라고 하면

$$m : n : p = \frac{A의\ 질량(\%)}{A의\ 원자량} : \frac{B의\ 질량(\%)}{B의\ 원자량} : \frac{C의\ 질량(\%)}{C의\ 원자량}$$

즉, 화합물 성분 원소의 질량 또는 백분율을 알면 그 조성식을 알 수 있으며, 조성식을 정수배하면 분자식이 된다.

예제 1. 아스코르브산(비타민 C)은 질량으로 40.92%의 탄소, 4.58%의 수소, 그리고 54.50%의 산소를 함유한다. 아스코르브산의 실험식을 구하여라.

> **풀이** 탄소 40.92%, 수소 4.58%, 산소 54.50%−100%
> C 40.92g, H 4.58g, O 54.50g−100g
> C의 몰수＝(40.92g)/(12)＝3.41mol
> H의 몰수＝(4.58g)/(1)＝4.58mol
> O의 몰수＝(54.50g)/(16)＝3.406mol
> C : H : O＝3.41 : 4.58 : 3.406
> 정수비로 나타내면 C : H : O＝3 : 4 : 3　　　　∴ 실험식 : $C_3H_4O_3$

예제 2. 식초의 주성분인 아세트산은 탄소, 수소 및 산소로 되어 있다. 이 세 원소의 조성 백분율은 C : 40.0%, H : 6.73%, O : 53.3% 이었다면 이 화합물의 실험식은?

> **풀이** 100g 중 각 원소의 양은 C : 40g, H : 6.73g, O : 53.3g
> C의 몰수 : (40.0g)/(12.01)＝3.33mol
> H의 몰수 : (6.73g)/(1.01)＝6.66mol
> O의 몰수 : (53.3g)/(16)＝3.33mol
> 각 원자 몰수의 비를 간단한 정수비로 나타내면
> C : H : O＝3.33 : 6.66 : 3.33＝1 : 2 : 1　　　　∴ 실험식 : CH_2O

예제 3. 1.59%의 수소, 22.2%의 질소, 76.2%의 산소로 구성되어 있는 화합물이 있다. 이 화합물의 실험식을 구하여라.

> **풀이** H : 1.59/1＝1.59
> N : 22.2/14＝1.59
> O : 76.2/16＝4.76
> H : N : O＝1 : 1 : 3　　　　∴ 실험식 : HNO_3

4. 어떤 화합물을 분석한 결과 질량비가 탄소 54.55%, 수소 9.10%, 산소 36.35% 이고, 이 화합물 1g은 표준상태에서 0.17L라면 이 화합물의 분자식으로 옳은 것은? (위험물기능장 42회)

① $C_2H_4O_2$ ② $C_4H_8O_4$ ③ $C_4H_8O_2$ ④ $C_6H_{12}O_3$

풀이 $C : H : O = 54.55/12 : 9.10/1 : 36.35/16 = 2 : 4 : 1$ ∴ **실험식** : C_2H_4O

$C_2H_4O = 44$ $x : 22.4L = 1 : 0.17$ $x = 131.7$

(실험식) $\times n =$ **(분자식)** 에서 $n = \dfrac{분자식}{실험식} = \dfrac{131.7}{44} = 2.99 ≒ 3$

$(C_2H_4O) \times 3 = C_6H_{12}O_3$ **정답** : ④

(2) 분자식

한 개의 분자를 구성하는 원소의 종류와 그 수를 원소기호로써 표시한 화학식을 분자식이라 한다.

조성식 $\times n =$ 분자식 (단, n은 정수)

분자량 = 실험식량 $\times n$

예 아세틸렌 : $(CH) \times 2 = C_2H_2$, 물 : H_2O, 이산화탄소 : CO_2, 황산 : H_2SO_4

 실험식이 CH인 벤젠의 분자량은 78.12이라고 한다. 벤젠의 분자식을 구하여라.

풀이 **실험식** $\times n =$ **분자식**

CH의 **실험식량** $= 12.01 + 1.01 = 13.02$ **이므로**

$13.02 \times n = 78.12$ ∴ $n = 6$, **분자식** : C_6H_6

(3) 시성식

분자식 속에 원자단(라디칼)의 결합상태를 나타낸 화학식으로 유기화합물에서 많이 사용되며 분자식은 같으나 전혀 다른 성질을 갖는 물질을 구분하는 데 사용한다.

예 아세트산 : CH_3COOH (카르복실기 : 산성을 나타내는 작용기)

폼산메틸 : $HCOOCH_3$, 수산화암모늄 : NH_4OH

 [참고] 원자단(라디칼, 기)

화학변화가 일어날 때 분해되지 않고 한 분자에서 다른 분자로 이동하는 원자의 모임

예 포르밀기($-CHO$), 카르복실기($-COOH$), 하이드록시기($-OH$), 에터기($-O-$),
에스터기($-COO-$), 케톤기($-CO-$) 등

(4) 구조식

화합물에서 원자를 결합선으로 표시하여 원자가와 같은 수의 결합선으로 분자 내의 원자들을
연결해서 결합상태를 표시한 식

 [참고] 각종 화합물 구조식 사례

$$H - N - H$$
$$\overset{\displaystyle |}{}H$$

NH_3(암모니아)의 구조식

$$H \diagdown \overset{O}{\underset{104.5°}{\diagup}} \diagup H$$

H_2O(물)의 구조식

$$O = C = O$$

CO_2(이산화탄소)의 구조식

〈아세트산의 화학식〉

실험식	분자식	시성식	구조식
CH_2O	$C_2H_4O_2$	CH_3COOH	$H - \overset{\displaystyle H}{\underset{\displaystyle H}{\overset{\displaystyle |}{\underset{\displaystyle |}{C}}}} - C \overset{\diagup O}{\diagdown_{O-H}}$

 1. $HCOOCH_3$로 표시된 화학식은?

① 구조식 　　　　　　　　② 시성식

③ 실험식 　　　　　　　　④ 분자식

정답 : ②

 2. 180g/mol의 몰 질량을 갖는 화합물은 40.0%의 탄소, 6.67%의 수소, 53.3%의
산소로 되어 있다. 이 화합물의 화학식을 구하여라.

풀이 C : 40/12＝3.33

H : 6.67/1＝6.67

O : 53.3/16＝3.33

$(CH_2O) \times n = 180$

$n = \dfrac{180}{30} = 6$ 　　　　　　　　∴ $C_6H_{12}O_6$

3. 다음 설명 중 옳은 것은?　　　　　　　　　　　　　　（위험물기능장 39회）

　　① Cu_2O는 산화 제2구리이다.
　　② 산소의 1g 당량은 8g이다.
　　③ 어떤 물질의 화학적 성질을 나타내려면 화학식을 구조식으로 나타내는 것이 가
　　　장 좋다.
　　④ 일정한 압력에서 일정량의 기체 부피는 절대온도에 비례하는 것을 보일의 법칙
　　　이라 한다.

　　　풀이　① Cu_2O는 산화구리이다.
　　　　　② 산소의 1g 당량은 8g이다.
　　　　　③ 어떤 물질의 화학적 성질을 나타내려면 화학식을 시성식으로 나타내는 것이 가장 좋다.
　　　　　④ 일정압력에서 일정량의 기체 부피는 절대온도에 비례하는 것을 샤를의 법칙이라
　　　　　　한다.

　　　　　　　　　　　　　　　　　　　　　　　　　　　　　　　　　　　정답 : ②

⑥ 화학의 기본법칙

(1) 질량보존의 법칙

화학변화에서 생성물질의 총질량은 변화 전 반응물질의 총질량과 같다.

　　$2H_2$　　　+　　O_2　　　──────────→　　　　　$2H_2O$

　　$2 \times 2g$　　　　32g　　　　　　　　　　　　　　　$2 \times 18g$

반응 전 전체질량 : 36g＝반응 후 전체질량 : 36g

(2) 일정성분비의 법칙

화합물을 구성하는 성분요소의 질량비는 항상 일정하다.

　　$2H_2$　　　+　　O_2　　　──────────→　　　　$2H_2O$

　　4g　　　　　　32g　　　　　　　　　　　　　　　36g

　　1　　:　　8　　　　　　:　　　　　9

예제 1. 수소 2g과 산소 21g을 반응시키면 물 몇 g이 생성되겠는가? 또 이중에서 반응하지 않고 남는 것은 무엇이며 몇 g인가?

> **풀이**
> $$2H_2 \quad + \quad O_2 \quad \longrightarrow \quad 2H_2O \qquad x = 16g$$
> $$\quad 4g \qquad\quad 32g \qquad\qquad\qquad 36g \qquad y = 18g$$
> $$\quad 1 \quad : \quad 8 \qquad : \qquad 9$$
> $$\quad 2g \quad : \quad x \qquad : \qquad y$$
>
> $$\therefore \ \text{물 } 18g, \ \text{남는 것은 } O_2 \text{가 } 5g$$

예제 2. 산소 16g과 수소 4g이 반응할 때 몇 g의 물을 얻을 수 있는가? (위험물기능장 38회)

① 9g   ② 16g

③ 18g   ④ 36g

> **풀이**
> $$2H_2 \quad + \quad O_2 \quad \longrightarrow \quad 2H_2O$$
> $$\quad 1 \quad : \quad 8 \qquad : \qquad 9$$
> $$\quad 4g \qquad 16g \qquad\qquad\quad x$$
> O_2가 한계반응물로서 H_2가 2g 남고 18g의 H_2O가 생성
>
> 정답 : ③

예제 3. 120g의 산소와 8g의 수소를 혼합하여 반응시켰을 때 몇 g의 물이 생성되는가?

(위험물기능장 45회)

① 18   ② 36

③ 72   ④ 128

> **풀이**
> $$2H_2 \quad + \quad O_2 \quad \longrightarrow \quad 2H_2O$$
> $$\quad 1 \quad : \quad 8 \qquad : \qquad 9$$
> $$\quad 8g \qquad 120g \qquad\qquad x$$
> H_2가 한계반응물로서 O_2가 56g 남고 72g의 $2H_2O$가 생성
>
> 정답 : ③

(3) 배수비례의 법칙

한 원소의 일정량과 다른 원소가 반응하여 두 가지 이상의 화합물을 만들 때 다른 원소의 무게비는 간단한 정수비가 성립한다.

$$\begin{cases} CO \\ CO_2 \end{cases} \quad \begin{cases} H_2O \\ H_2O_2 \end{cases} \quad \begin{cases} N_2O \\ NO \end{cases} \quad \begin{cases} SO_2 \\ SO_3 \end{cases} \quad (\bigcirc)$$

$$\begin{cases} {}_1^1H \\ {}_1^2H \end{cases} \quad \begin{cases} CH_4 \\ CCl_4 \end{cases} \quad \begin{cases} NH_3 \\ BH_3 \end{cases} \quad (\times) \begin{cases} \text{i) 원소가 한 가지일 때} \\ \text{ii) 한 원소가 결합하는 원소가 다를 때} \end{cases}$$

(4) 기체반응의 법칙

같은 온도, 같은 압력에서 기체가 반응할 때 반응하는 기체와 반응에 의해 생성되는 기체부피 사이에는 간단한 계수비가 나타난다.

$$2H_2 + O_2 \longrightarrow 2H_2O$$
$$2부피 : 1부피 : 2부피$$

[참고] 기체반응의 법칙

1. 원자설에 의한 기체반응의 법칙

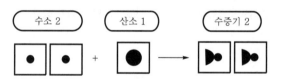

원자설에 의한 기체반응의 법칙 설명 모형

수소 원자 2개와 산소 원자 1개로부터 수증기 원자 2개를 얻기 위해서는 산소 원자가 쪼개져야 한다. 이는 원자설에서 원자는 더 이상 쪼갤 수 없다는 데에 모순이다.

2. 분자설에 의한 기체반응의 법칙

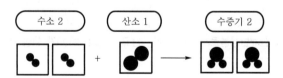

분자설에 의한 기체반응의 법칙 설명 모형

수소나 산소 모두 분자상태로 있다고 가정하면, 분자들이 쪼개져서 생기는 원자들의 재결합으로 생성되는 과정을 설명할 수 있다. 따라서 물질은 자연상태에서 분자로 존재한다.

예제 일정한 온도와 압력에서 수소 15mL와 산소 5mL를 반응시키면 몇 mL의 수증기가 생기는가? 또 남은 것은 무엇이며 몇 mL인가?

> **풀이**
> $$2H_2 \quad + \quad O_2 \quad \longrightarrow \quad 2H_2O$$
> $$2 \quad : \quad 1 \quad : \quad 2$$
> $$10mL \qquad 5mL \qquad\qquad 10mL$$
> $\therefore$ 수증기가 10mL 생기고 수소가 5mL 남는다.

(5) 아보가드로의 법칙(출제빈도 높음)★★★

모든 기체는 같은 온도, 같은 압력, 같은 부피 속에서는 같은 수의 분자가 존재한다.

표준상태에서의
(0℃, 1atm)
모든 기체 → 22.4L 속에는 → 6.02×10^{23}개의 분자

예제 1. 표준상태에서 질량이 0.8g이고 부피가 0.4L인 혼합 기체의 평균분자량(g/mol)은?

(위험물기능장 39회)

① 22.2   ② 32.4   ③ 33.6   ④ 44.8

> **풀이** 아보가드로의 법칙에 의하면 모든 기체 1mol이 차지하는 부피는 표준상태에서 22.4L를 차지한다.
> $$0.8\,g : 0.4\,L = x\,g : 22.4\,L$$
> $$x = \frac{0.8 \times 22.4}{0.4} = 44.8g$$

정답 : ④

예제 2. 3.65kg의 염화수소 중에는 HCl 분자가 몇 개 있는가?

(위험물기능장 42회)

① 6.02×10^{23} ② 6.02×10^{24} ③ 6.02×10^{25} ④ 6.02×10^{26}

> **풀이**
> $$\frac{3.65 \times 10^3\,g - HCl}{} \left| \frac{1mol - HCl}{36.5g - HCl} \right| \frac{6.02 \times 10^{23}\text{개의 } HCl}{1mol - HCl} = 6.02 \times 10^{25}\text{개의 } HCl$$

정답 : ③

3. 64g의 메탄올이 완전연소되면 몇 g의 물이 생성되는가? (위험물기능장 42회)

① 36   ② 64   ③ 72   ④ 144

풀이 $2CH_3OH + 3O_2 \longrightarrow 2CO_2\uparrow + 4H_2O\uparrow$

$$\frac{64g-CH_3OH}{} \left| \frac{1mol-CH_3OH}{32g-CH_3OH} \right| \frac{4mol-H_2O}{2mol-CH_3OH} \left| \frac{18g-H_2O}{1mol-H_2O} \right. = 72g-H_2O$$

정답 : ③

 4. 0℃, 1atm에서 4L 메테인에는 몇 개의 메테인분자가 들어 있는가?

풀이 $\dfrac{4L-CH_4}{} \left| \dfrac{1mol-CH_4}{22.4L-CH_4} \right| \dfrac{6.02\times10^{23}개-CH_4}{1mol-CH_4} = 1.075\times10^{23}개-CH_4$

$$\therefore \ 1.075\times10^{23}개-CH_4$$

 5. $2H_2 + O_2 \rightarrow 2H_2O$의 화학 방정식과 가장 관계없는 법칙은?

① 일정성분비의 법칙   ② 기체반응의 법칙
③ 질량불변(보존)의 법칙   ④ 배수비례의 법칙

풀이   배수비례의 법칙 : 2가지 이상의 화합물이 해당   정답 : ④

 6. 산소기체 64g 속에는 몇 개의 산소분자가 들어 있는가? (위험물기능장 32회)

① 3×10^{23} ② 6×10^{23} ③ 9×10^{23} ④ 12×10^{23}

풀이 $\dfrac{64g-O_2}{} \left| \dfrac{1mol-O_2}{32g-O_2} \right| \dfrac{6.02\times10^{23}개의\ O_2}{1mol-O_2} = 12.04\times10^{23}개의\ O_2$

정답 : ④

7. 같은 온도, 같은 압력하에서 같은 부피 속에 A 기체와 B 기체가 들어 있는 두 용기가 있다. 두 기체가 같은 값을 갖는 것을 보기에서 고르시오.

① 기체의 몰수	② 운동 속도	③ 분자간 평균 거리
④ 밀도	⑤ 평균 운동 에너지	

같은 온도, 같은 압력, 같은 부피에서 분자수가 같으므로 몰수가 같고, 이상 기체는 자체의 부피를 무시하므로 분자간 평균 거리도 같다. 또한 기체분자의 평균 운동 에너지는 온도에 따라 변하므로 온도가 같으면 평균 운동 에너지도 같다. 그러나 기체의 종류가 다르므로 같은 수의 분자라도 밀도, 운동 속도는 다르다.

정답 : ①, ③, ⑤

에제 8. 표준상태에서 산소기체의 부피가 가장 적은 것은?　　(위험물기능장 32회)

① 1mol　　　② 16g　　　③ 22.4L　　　④ 6.02×10^{23}개의 분자

풀이

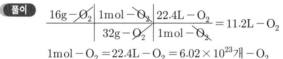

$$\frac{16g - O_2}{} \left| \frac{1mol - O_2}{32g - O_2} \right| \frac{22.4L - O_2}{1mol - O_2} = 11.2L - O_2$$

$$1mol - O_2 = 22.4L - O_2 = 6.02 \times 10^{23}개 - O_2$$

정답 : ②

에제 9. 황린 124g을 공기를 차단한 상태에서 260℃로 가열하여 모두 반응하였을 때 생성되는 적린은 몇 g인가?　　(위험물기능장 46회)

① 31　　　② 62　　　③ 124　　　④ 496

풀이 황린은 260℃에서 가열하면 동소체인 적린으로 변화한다. 여기서, 동소체는 같은 원소를 지니나 그 배열상태가 다른 물질을 말한다.

$$P_4 \xrightarrow{\triangle} 4P$$

$$\frac{124g - P_4}{} \left| \frac{1mol - P_4}{124g - P_4} \right| \frac{4mol - P}{1mol - P_4} \left| \frac{31g - P}{1mol - P} \right. = 124g - P$$

정답 : ③

에제 10. 다음 중 원자의 개념으로 설명되는 법칙이 아닌 것은?　　(위험물기능장 46회)

① 아보가드로의 법칙　　　② 일정성분비의 법칙
③ 질량보존의 법칙　　　④ 배수비례의 법칙

풀이 아보가드로의 법칙 : 같은 온도와 압력하에서 모든 기체는 같은 부피 속에 같은 분자가 있다는 법칙으로, 기체반응의 법칙을 설명한 것이다.

정답 : ①

 화학반응식과 화학양론

(1) 화학반응식

① 화학식

화합물을 구성하는 원소들을 간단한 기호를 이용하여 나타낸 것으로 구성 원소의 수와 종류를 나타낸 식(실험식, 시성식, 분자식, 구조식)

② 화학반응식

화학반응에 참여하는 물질을 화학식으로 표시하여 반응식을 쓰는 표현으로 반응물 (reactans)과 생성물(products)의 관계를 기호법으로 나타낸 식

※ 화학반응식을 통해 알 수 있는 내용

- 반응물(반응하는 물질), 생성물(생성되는 물질)
- 화학반응에 참여하는 물질들의 화학양론적 관계
- 물질의 상태

㉠ 화학반응식에는 반응물을 화살표 왼쪽에 생성물을 화살표 오른쪽에 표기

반응물 → 생성물

㉡ 기본식을 세운다.(반응물과 생성물의 분자식을 표기한다.)

●예 프로페인(C_3H_8)과 산소(O_2)의 반응을 가정한다.

$$C_3H_8 + O_2 \rightarrow CO_2 + H_2O$$

㉢ 양변에 각각의 원자수를 동일하게 계수를 맞춘다.

$$aC_3H_8 + bO_2 \rightarrow cCO_2 + dH_2O$$

$$C : 3a = c$$

$$H : 8a = 2d$$

$$O : 2b = 2c + d$$

미지수가 4이고, 식이 3개이므로 임의로

a를 1로 놓고 계산한다.

$$\therefore \ a = 1, \ b = 5, \ c = 3, \ d = 4$$

㉣ 계수를 정수로 맞춘다.

$$C_3H_8 + 5O_2 \rightarrow 3CO_2 + 4H_2O$$

---

 1. $C_3H_8(g) + 5O_2(g) \rightarrow 3CO_2(g) + 4H_2O(l)$ **반응식에서** 2.30mol**의** C_3H_8**을 연소할 때, 다음 물음에 답하시오.**

① 필요한 O_2의 몰수를 구하시오.

② 생성되는 CO_2의 몰수를 구하시오.

풀이 $C_3H_8(g) + 5O_2(g) \rightarrow 3CO_2(g) + 4H_2O(l)$

① $\dfrac{2.3\text{mol} - \cancel{C_3H_8} \quad | \quad 5\text{mol} - O_2}{1\text{mol} - \cancel{C_3H_8}} = 11.5\text{mol} - O_2 \quad \therefore \ 11.5\text{mol} - O_2$

② $\dfrac{2.3\text{mol} - \cancel{C_3H_8} \quad | \quad 3\text{mol} - CO_2}{1\text{mol} - \cancel{C_3H_8}} = 6.9\text{mol} - CO_2 \quad \therefore \ 6.9\text{mol} - CO_2$

예제 2. 다음 반응식을 이용하여 리튬 6.5몰로부터 생성되는 산화리튬의 질량을 구하여라.

$4Li(s) + O_2(g) \rightarrow 2Li_2O(s)$

풀이 $\dfrac{6.5\text{mol} - \cancel{Li} \quad | \quad 2\text{mol} - Li_2\cancel{O} \quad | \quad 30\text{g} - Li_2O}{4\text{mol} - \cancel{Li} \quad | \quad 1\text{mol} - Li_2\cancel{O}} = 97.5\text{g} \qquad \therefore \ 97.5\text{g}$

예제 3. 다음 화학반응식의 계수는? (위험물기능장 39회)

ⓧ KOH + ⓨ Cl_2 ⟶ ⓐ $KClO_3$ + ⓑ KCl + ⓒ H_2O

① ⓧ=6, ⓨ=3, ⓐ=1, ⓑ=5, ⓒ=3
② ⓧ=3, ⓨ=6, ⓐ=1, ⓑ=5, ⓒ=3
③ ⓧ=1, ⓨ=5, ⓐ=3, ⓑ=3, ⓒ=6
④ ⓧ=6, ⓨ=3, ⓐ=3, ⓑ=1, ⓒ=5

풀이 $6KOH + 3Cl_2 \rightarrow KClO_3 + 5KCl + 3H_2O$

정답 : ①

(2) 화학방정식을 이용한 계산

① 반응물질과 생성물질을 확인한다.
② 반응에 관여한 물질의 화학식과 물질의 상태를 쓴다.
③ 화학반응식을 완성한다.(계수비를 맞춘다.)
④ 분자량과 mole수를 사용하여 mole을 g으로 환산하고 g을 mole로 환산한다.

1. 프로페인(propane) C_3H_8를 산소(O_2) 중에서 연소하면 다음식과 같이 이산화탄소(CO_2)와 물(H_2O)이 생성된다. 다음 물음에 답하시오.

$$C_3H_8 + 5O_2 \longrightarrow 3CO_2 + 4H_2O$$

① 22g의 프로페인이 연소하면 몇 mol의 이산화탄소가 생성되는가?
② 22g의 프로페인이 연소하면 몇 g의 물이 생성되는가?

풀이 ①
$$\frac{22g - C_3H_8}{} \left| \frac{1mol - C_3H_8}{44g - C_3H_8} \right| \frac{3mol - CO_2}{1mol - C_3H_8} = 1.5mol - CO_2$$

②
$$\frac{22g - C_3H_8}{} \left| \frac{1mol - C_3H_8}{44g - C_3H_8} \right| \frac{4mol - H_2O}{1mol - C_3H_8} \left| \frac{18g - H_2O}{1mol - H_2O} \right. = 36g - H_2O$$

 2. ① a) S원자 0.2몰과 b) H_2SO_4 2몰은 각각 몇 g이 되는가?
② C원자 1개 물분자 1개의 질량을 구하여라.
③ OH^- 8.5g 속에 포함된 OH^-의 수는 몇 개나 되는가?

풀이 ① a)
$$\frac{0.2mol - S}{} \left| \frac{32g - S}{1mol - S} \right. = 6.4g - S \qquad \therefore \ 6.4g - S$$

b)
$$\frac{2mol - H_2SO_4}{} \left| \frac{98g - H_2SO_4}{1mol - H_2SO_4} \right. = 196g - H_2SO_4 \qquad \therefore \ 196g - H_2SO_4$$

②
$$\frac{1개 - C원자}{} \left| \frac{1mol - C원자}{6.02 \times 10^{23}개 - C원자} \right| \frac{12g - C원자}{1mol - C원자} = 1.99 \times 10^{-23}g \ - C원자$$

$$\therefore \ 1.99 \times 10^{-23}g - C원자$$

$$\frac{1개 - H_2O분자}{} \left| \frac{1mol - H_2O분자}{6.02 \times 10^{23}개 - H_2O분자} \right| \frac{18g - H_2O분자}{1mol - H_2O분자} = 2.99 \times 10^{-23}g - H_2O분자$$

$$\therefore \ 2.99 \times 10^{-23}g - H_2O분자$$

③
$$\frac{8.5g - OH^-}{} \left| \frac{1mol - OH^-}{17g - OH^-} \right| \frac{6.02 \times 10^{23}개 - OH^-}{1mol - OH^-} = 3.01 \times 10^{23}개 - OH^-$$

$$\therefore \ 3.01 \times 10^{23}개 - OH^-$$

예제 3. 2.48×10³²개의 질소원자의 질량은?

풀이
$$\frac{2.48 \times 10^{32} 개 - N}{} \left| \frac{1mol - N}{6.02 \times 10^{23}개 - N} \right| \frac{14g - N}{1mol - N} = 5.77 \times 10^{9}g - N$$

$$\therefore \ 5.77 \times 10^{9}g - N$$

예제 4. ① 에틸알코올 0.1몰 중의 탄소만의 질량은 몇 g인가? ② 또 에틸알코올 23g은 몇 몰이며 ③ 이 속에는 몇 개의 분자가 들어 있는가?

풀이 ①
$$\frac{0.1mol - C_2H_5OH}{} \left| \frac{2mol - C}{1mol - C_2H_5OH} \right| \frac{12g - C}{1mol - C} = 2.4g - C$$

$$\therefore \ 2.4g - C$$

②
$$\frac{23g - C_2H_5OH}{} \left| \frac{1mol - C_2H_5OH}{46g - C_2H_5OH} = 0.5mol - C_2H_5OH$$

$$\therefore \ 0.5mol - C_2H_5OH$$

③
$$\frac{0.5mol - C_2H_5OH}{} \left| \frac{6.02 \times 10^{23}개 - C_2H_5OH}{1mol - C_2H_5OH} = 3.01 \times 10^{23}개 - C_2H_5OH$$

$$\therefore \ 3.01 \times 10^{23}개 - C_2H_5OH$$

예제 5. 0℃, 1atm에서 프로페인(C_3H_8) 기체 5.6L는 몇 g인가?

풀이
$$\frac{5.6L - C_3H_8}{} \left| \frac{1mol - C_3H_8}{22.4L - C_3H_8} \right| \frac{44g - C_3H_8}{1mol - C_3H_8} = 11g - C_3H_8$$

$$\therefore \ 11g - C_3H_8$$

예제 6. 프로페인가스 3L를 완전연소시키려면 공기가 약 몇 L 필요한가? (단, 공기 중 산소는 20%이다.)

(위험물기능장 42회)

① 15　　　　② 25　　　　③ 50　　　　④ 75

풀이 $C_3H_8 + 5O_2 \rightarrow 3CO_2 + 4H_2O$

$$\frac{3L - C_3H_8}{} \left| \frac{1mol - C_3H_8}{22.4L - C_3H_8} \right| \frac{5mol - O_2}{1mol - C_3H_8} \right| \frac{100mol - Air}{20mol - O_2} \right| \frac{22.4L - Air}{1mol - Air} = 75L - Air$$

정답 : ④

7. **2몰의 메테인을 완전히 연소시키는 데 필요한 산소의 몰수는?** (위험물기능장 45회)

　　① 1몰　　　　　　　　　　② 2몰

　　③ 3몰　　　　　　　　　　④ 4몰

　　풀이 메테인의 연소반응식 : $CH_4 + 2O_2 \rightarrow CO_2 + 2H_2O$

$$\frac{2mol - \cancel{CH_4}}{} \left| \frac{2mol - O_2}{1mol - \cancel{CH_4}} = 4mol - O_2 \right.$$

　　　　　　　　　　　　　　　　　　　　　　　　정답 : ④

(3) 화학양론(한계반응물과 이론적 수득량 및 실제 수득량)

① 화학양론 (stoichiometry)

화합물을 이루는 원소들의 구성비를 수량적 관계로 다루는 이론(반응물과 생성물 간의 정량적 관계)

　㉠ 일정성분비의 법칙(화합물을 구성하는 각 성분원소의 질량의 비는 일정하다.)

　㉡ 배수비례의 법칙(2종의 원소가 2종 이상의 화합물을 형성할 때 한쪽 원소의 일정량과 결합하는 다른 쪽 원소의 질량에는 간단한 정수비가 성립되는 것)

② 과잉반응물 (excess reactant)

한계반응물과 반응하고 남은 반응물, 즉 이론량보다 많은 양의 반응물이 첨가된 반응물

③ 한계반응물 (limiting reactant)

반응을 종료한 후 미반응물이 없는 반응물. 즉, 전부다 반응하는 반응물로 이론량만큼 첨가된 반응물

> ① 반응물질과 생성물질을 확인한다.
> ② 반응에 관여한 물질의 화학식과 물질의 상태를 쓴다.
> ③ 화학반응식을 완성한다.(계수비를 맞춘다.)
> ④ 한계량에 맞추어 구하려는 생성물의 양을 구한다.
> ⑤ 분자량과 mol수를 사용하여 mol을 g으로 환산하고 g을 mol로 환산한다.

1. 16.0g의 CH_4이 48.0g의 O_2와의 반응에 의해 생성되는 CO_2의 양(g)은?

$$CH_4 + 2O_2 \rightarrow CO_2 + 2H_2O$$

풀이 ⟨CH_4의 mol수⟩

$$\frac{16g-CH_4}{} \left| \frac{1mol-CH_4}{16g-CH_4} \right. = 1mol-CH_4$$

→ 과잉
⟨O_2의 mol수⟩

$$\frac{48g-O_2}{} \left| \frac{1mol-O_2}{32g-O_2} \right. = 1.5mol-O_2$$

→ 한계

∴ 생성되는 CO_2의 몰수는 한계반응물인 O_2가 결정
1mol-CH_4와 반응하는 O_2는 2mol이며, 1.5mol-O_2와 반응하는 CH_4는 0.75mol이다.
따라서 한계반응물로 O_2, 과잉반응물은 CH_4이다.
⟨CO_2의 g수⟩

$$\frac{1.5mol-O_2}{} \left| \frac{1mol-CO_2}{2mol-O_2} \right| \frac{44g-CO_2}{1mol-CO_2} = 33g-CO_2$$

2. 메탄올 75kg을 완전연소 시키기 위하여 표준상태에서 몇 m^3의 공기가 필요한가? (단, 질소와 산소의 조성비는 4 : 1이다.)

풀이 $2CH_3OH + 3O_2 \rightarrow 2CO_2 + 4H_2O$

$$\frac{75kg-CH_3OH}{} \left| \frac{10^3g-CH_3OH}{1kg-CH_3OH} \right| \frac{1mol-CH_3OH}{32g-CH_3OH} \left| \frac{3mol-O_2}{2mol-CH_3OH} \right| \frac{22.4L-O_2}{1mol-O_2} \left| \frac{10^{-3}m^3-O_2}{1L-O_2} \right.$$

$$= 78.75m^3-O_2$$

$$78.75m^3 \times \frac{5}{1} = 393.75m^3-Air$$

3. 벤젠 100g이 완전 연소하는 경우 필요한 공기량은 몇 L인가? (단, 질소와 산소의 조성비는 4 : 1이다.)

풀이 $2C_6H_6 + 15O_2 \rightarrow 12CO_2 + 6H_2O$

$$\frac{100g-C_6H_6}{} \left| \frac{1mol-C_6H_6}{78g-C_6H_6} \right| \frac{15mol-O_2}{2mol-C_6H_6} \left| \frac{22.4L-O_2}{1mol-O_2} \right. = 215.38L-O_2$$

$$215.38L \times \frac{5}{1} = 1076.9L-Air$$

(4) 화학방정식으로부터 이론공기량 구하기

연소란 열과 빛을 동반한 산화반응이라고 정의되는 것처럼 연소 및 산화라는 단어는 화재화학영역에서 어느 정도 동의어적 의미로 사용되고 있다. 일반적으로 메테인의 연소상태를 설명할 때 공기 중의 산소와 결합하면서 생성물로서 이산화탄소와 물이 생성되는 화학방정식은 다음과 같이 나타낼 수 있다.

$$CH_4 + 2O_2 \rightarrow CO_2 + 2H_2O$$

이와 같은 화학방정식에서 1몰의 메테인이 2몰의 산소와 반응해서 1몰의 이산화탄소와 2몰의 물이 생성된다는 것을 알 수 있다. 즉, 이론적으로 요구되는 산소량과 공기량을 구할 수 있는 것이다.

만약 16g의 메테인이 연소하는 데 필요한 이론적 공기량을 구하고자 한다면

$$\frac{16g-CH_4}{} \left| \frac{1mol-CH_4}{16g-CH_4} \right| \frac{2mol-O_2}{1mol-CH_4} \left| \frac{100mol-Air}{21mol-O_2} \right| \frac{28.84g-Air}{1mol-Air} = 274.67g-Air$$

이와 유사한 방법으로 아보가드로의 법칙에 의해

각각의 생성되는 CO_2 및 H_2O의 양도 g, L, 분자의 개수 등의 단위로 얼마든지 환산해 낼 수 있다.

$$\frac{16g-CH_4}{} \left| \frac{1mol-CH_4}{16g-CH_4} \right| \frac{2mol-O_2}{1mol-CH_4} \left| \frac{22.4L-O_2}{1mol-O_2} \right. = 44.8L-O_2$$

$$\frac{16g-CH_4}{} \left| \frac{1mol-CH_4}{16g-CH_4} \right| \frac{2mol-O_2}{1mol-CH_4} \left| \frac{6.02 \times 10^{23}개의\ O_2}{1mol-O_2} \right.$$

$$= 12.04 \times 10^{23}개의\ O_2$$

$$\frac{16g-CH_4}{} \left| \frac{1mol-CH_4}{16g-CH_4} \right| \frac{1mol-CO_2}{1mol-CH_4} \left| \frac{44g-CO_2}{1mol-CO_2} \right. = 44g-CO_2$$

$$\frac{16g-CH_4}{} \left| \frac{1mol-CH_4}{16g-CH_4} \right| \frac{1mol-CO_2}{1mol-CH_4} \left| \frac{22.4L-CO_2}{1mol-CO_2} \right. = 22.4L-CO_2$$

$$\frac{16g-CH_4}{} \left| \frac{1mol-CH_4}{16g-CH_4} \right| \frac{1mol-CO_2}{1mol-CH_4} \left| \frac{6.02 \times 10^{23}개의\ CO_2\ 분자}{1mol-CO_2} \right.$$

$$= 6.02 \times 10^{23}개의\ CO_2\ 분자$$

$$\frac{16\text{g}-\text{CH}_4 \quad \Big| \quad 1\text{mol}-\text{CH}_4 \quad \Big| \quad 2\text{mol}-\text{H}_2\text{O} \quad \Big| \quad 18\text{g}-\text{H}_2\text{O}}{16\text{g}-\text{CH}_4 \quad \Big| \quad 1\text{mol}-\text{CH}_4 \quad \Big| \quad 1\text{mol}-\text{H}_2\text{O}} = 36\text{g}-\text{H}_2\text{O}$$

$$\frac{16\text{g}-\text{CH}_4 \quad \Big| \quad 1\text{mol}-\text{CH}_4 \quad \Big| \quad 2\text{mol}-\text{H}_2\text{O} \quad \Big| \quad 22.4\text{L}-\text{H}_2\text{O}}{16\text{g}-\text{CH}_4 \quad \Big| \quad 1\text{mol}-\text{CH}_4 \quad \Big| \quad 1\text{mol}-\text{H}_2\text{O}} = 44.8\text{L}-\text{H}_2\text{O}$$

$$\frac{16\text{g}-\text{CH}_4 \quad \Big| \quad 1\text{mol}-\text{CH}_4 \quad \Big| \quad 2\text{mol}-\text{H}_2\text{O} \quad \Big| \quad 6.02\times10^{23}\text{개의 } \text{H}_2\text{O}}{16\text{g}-\text{CH}_4 \quad \Big| \quad 1\text{mol}-\text{CH}_4 \quad \Big| \quad 1\text{mol}-\text{H}_2\text{O}}$$

$$= 12.04\times10^{23}\text{개의 } \text{H}_2\text{O}$$

이와 같은 방법으로 다른 물질에도 적용해서 풀 수 있다.

즉, 각각의 화학방정식 완결 후 Avogadro의 법칙에 따라 1mol의 기준량대로 요구되는 문제에 대해 풀어나갈 수 있다.

이번에는 에테인(C_2H_6)이 공기 중에서 산화되는 과정에 대해 화학방정식을 통해 이를 산소량, 이론공기량, 생성되는 이론 CO_2량, 이론 H_2O량을 계산해 보고자 한다.

먼저 C_2H_6 연소 화학방정식을 완결한다.

$$C_2H_6 + \frac{7}{2}O_2 \rightarrow 2CO_2 + 3H_2O \times 2$$

$$2C_2H_6 + 7O_2 \rightarrow 4CO_2 + 6H_2O$$

90g의 C_2H_6가 연소하는 데 필요한 이론적 공기량은?

$$\frac{90\text{g}-\text{C}_2\text{H}_6 \;\Big|\; 1\text{mol}-\text{C}_2\text{H}_6 \;\Big|\; 7\text{mol}-\text{O}_2 \;\Big|\; 100\text{mol}-\text{Air} \;\Big|\; 28.84\text{g}-\text{Air}}{30\text{g}-\text{C}_2\text{H}_6 \;\Big|\; 2\text{mol}-\text{C}_2\text{H}_6 \;\Big|\; 21\text{mol}-\text{O}_2 \;\Big|\; 1\text{mol}-\text{Air}}$$

$$= 1442\text{g}-\text{Air}$$

$$\frac{90\text{g}-\text{C}_2\text{H}_6 \;\Big|\; 1\text{mol}-\text{C}_2\text{H}_6 \;\Big|\; 7\text{mol}-\text{O}_2 \;\Big|\; 22.4\text{L}-\text{O}_2}{30\text{g}-\text{C}_2\text{H}_6 \;\Big|\; 2\text{mol}-\text{C}_2\text{H}_6 \;\Big|\; 1\text{mol}-\text{O}_2} = \frac{235.2\text{L}-\text{O}_2 \;\Big|\; 100\text{mol}-\text{Air}}{21\text{mol}-\text{O}_2}$$

$$= 1120\text{L}-\text{Air}$$

$$\frac{90\text{g}-\text{C}_2\text{H}_6 \;\Big|\; 1\text{mol}-\text{C}_2\text{H}_6 \;\Big|\; 7\text{mol}-\text{O}_2 \;\Big|\; 6.02\times10^{23}\text{개}-\text{O}_2}{30\text{g}-\text{C}_2\text{H}_6 \;\Big|\; 2\text{mol}-\text{C}_2\text{H}_6 \;\Big|\; 1\text{mol}-\text{O}_2}$$

$$= \frac{6.32\times10^{24}\text{개}-\text{O}_2 \;\Big|\; 100\text{mol}-\text{Air}}{21\text{mol}-\text{O}_2} = 3.01\times10^{25}\text{개}-\text{Air}$$

$$\frac{90g - C_2H_6}{} \left| \frac{1mol - C_2H_6}{30g - C_2H_6} \right| \frac{4mol - CO_2}{2mol - C_2H_6} \left| \frac{44g - CO_2}{1mol - CO_2} \right. = 264g - CO_2$$

$$\frac{90g - C_2H_6}{} \left| \frac{1mol - C_2H_6}{30g - C_2H_6} \right| \frac{4mol - CO_2}{2mol - C_2H_6} \left| \frac{22.4L - CO_2}{1mol - CO_2} \right. = 134.4L - CO_2$$

$$\frac{90g - C_2H_6}{} \left| \frac{1mol - C_2H_6}{30g - C_2H_6} \right| \frac{4mol - CO_2}{2mol - C_2H_6} \left| \frac{6.02 \times 10^{23}개의\ CO_2}{1mol - CO_2} \right.$$

$$= 3.612 \times 10^{24}개의\ CO_2$$

$$\frac{90g - C_2H_6}{} \left| \frac{1mol - C_2H_6}{30g - C_2H_6} \right| \frac{6mol - H_2O}{2mol - C_2H_6} \left| \frac{18g - H_2O}{1mol - H_2O} \right| = 162g - H_2O$$

$$\frac{90g - C_2H_6}{} \left| \frac{1mol - C_2H_6}{30g - C_2H_6} \right| \frac{6mol - H_2O}{2mol - C_2H_6} \left| \frac{22.4L - H_2O}{1mol - H_2O} \right. = 201.6L - H_2O$$

$$\frac{90g - C_2H_6}{} \left| \frac{1mol - C_2H_6}{30g - C_2H_6} \right| \frac{6mol - H_2O}{2mol - C_2H_6} \left| \frac{6.02 \times 10^{23}개의\ H_2O}{1mol - H_2O} \right.$$

$$= 5.418 \times 10^{24}개의\ H_2O$$

이번에는 주어지는 값이 1.99×10^{23}개의 C_3H_8 분자가 연소하는 데 필요한 이론공기량은 몇 g?

$$C_3H_8 + 5O_2 \longrightarrow 3CO_2 + 4H_2O$$

$$\frac{1.99 \times 10^{23}개의\ C_3H_8}{} \left| \frac{1mol의\ C_3H_8}{6.02 \times 10^{23}개의\ C_3H_8} \right| \frac{5mol - O_2}{1mol - C_3H_8} \left| \frac{100mol\ Air}{21mol\ O_2} \right| \frac{28.84g - Air}{1mol - Air}$$

$$= 226.99g - Air$$

100L의 C_4H_{10}가 연소하는 데 필요한 이론공기량은 몇 g?

$$C_4H_{10} + \frac{13}{2}O_2 \longrightarrow 4CO_2 + 5H_2O$$

$$2C_4H_{10} + 13O_2 \longrightarrow 8CO_2 + 10H_2O$$

$$\frac{100L - C_4H_{10}}{} \left| \frac{1mol - C_4H_{10}}{22.4L - C_4H_{10}} \right| \frac{13mol - O_2}{2mol - C_4H_{10}} \left| \frac{100mol\ Air}{21mol\ O_2} \right| \frac{28.84g - Air}{1mol - Air}$$

$$= 3985.12g - Air$$

> ※ 0℃, 1 atm에서
> 1mol ≡ 22.4L ≡ 6.02×10^{23}개의 집단

예제 1. 에탄올 1몰이 표준상태에서 완전연소 하기 위해 필요한 공기량은 약 몇 L인가?

(위험물기능장 41회)

① 122 ② 244 ③ 320 ④ 410

풀이 $C_2H_6O + 3O_2 \longrightarrow 2CO_2 + 3H_2O$

$$\frac{1mol - C_2H_6O}{} \left| \frac{3mol - O_2}{1mol - C_2H_6O} \right| \frac{100mol - Air}{21mol - O_2} \left| \frac{22.4L - Air}{1mol - Air} \right. = 320L - Air$$

정답 : ③

예제 2. $CH_4 + 2O_2 \rightarrow CO_2 + 2H_2O$인 메테인의 연소반응에서 메테인 1L에 대해 필요한 공기 요구량은 약 몇 L인가? (단, 0℃, 1atm이고 공기 중의 산소는 21%로 계산한다.)

(위험물기능장 40회)

① 2.4 ② 9.5 ③ 15.3 ④ 21.1

풀이 $$\frac{1L - CH_4}{} \left| \frac{1mol - CH_4}{22.4L - CH_4} \right| \frac{2mol - O_2}{1mol - CH_4} \left| \frac{100mol - Air}{21mol - O_2} \right| \frac{22.4L - Air}{1mol - Air} = 9.52L - Air$$

정답 : ②

예제 3. 에틸알코올 23g을 완전연소 하기 위해 표준상태에서 필요한 공기량(L)은 얼마인가?

(위험물기능장 46회)

① 33.6L ② 67.2L ③ 160L ④ 320L

풀이 $C_2H_5OH + 3O_2 \rightarrow 2CO_2 + 3H_2O$

$$\frac{23g - C_2H_5OH}{} \left| \frac{1mol - C_2H_5OH}{46g - C_2H_5OH} \right| \frac{3mol - O_2}{1mol - C_2H_5OH} \left| \frac{100mol - Air}{21mol - O_2} \right| \frac{22.4L - Air}{1mol - Air}$$

$$= 160L - Air$$

정답 : ③

예제 4. 뷰테인 100g을 완전연소 시키는 데 필요한 이론산소량(g)은? (위험물기능장 44회)

① 358 ② 717 ③ 1707 ④ 3415

풀이 $$\frac{100g - C_4H_{10}}{} \left| \frac{1mol - C_4H_{10}}{58g - C_4H_{10}} \right| \frac{13mol - O_2}{2mol - C_4H_{10}} \left| \frac{32g - O_2}{1mol - O_2} \right. \fallingdotseq 358g - O_2$$

정답 : ①

⑧ 기체

(1) 보일(Boyle)의 법칙

등온의 조건에서 기체의 부피는 압력에 반비례한다.

$$V \propto \frac{1}{P}$$

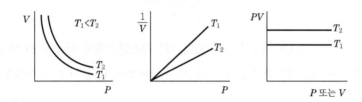

보일의 법칙에서 부피, 온도, 압력 관계

비례식은 상수 k를 대입함으로써 등식으로 변형시킬 수 있다.

$$V = k\frac{1}{P} \text{ 또는 } PV = k(\text{일정})$$

$$\therefore \ P_1 V_1 = P_2 V_2$$

예제 1. 1atm에서 1000L를 차지하는 기체가 등온의 조건 10atm에서는 몇 L를 차지하겠는가?

풀이 $P_1 V_1 = P_2 V_2$
$P_1 = 1\text{atm}, \ V_1 = 1000\text{L}, \ P_2 = 10\text{atm}$
$V_2 = \dfrac{P_1 V_1}{P_2} = \dfrac{1\text{atm} \cdot 1000\text{L}}{10\text{atm}} = 100\text{L}$ $\therefore \ V_2 = 100\text{L}$

예제 2. 760mmHg에서 10L를 차지하는 기체를 주어진 온도에서 압력 700mmHg로 감소시켰을 때 이 기체가 차지하는 부피는?

풀이 $P_1V_1 = P_2V_2$

$V_1 = 10L$, $P_1 = 760\mathrm{mmHg}$, $P_2 = 700\mathrm{mmHg}$

$V_2 = \dfrac{P_1V_1}{P_2} = 10L \times \dfrac{760\mathrm{mmHg}}{700\mathrm{mmHg}} \fallingdotseq 10.86L$ ∴ $V_2 \fallingdotseq 10.86L$

예제 3. 30L들이 용기에 산소를 가득 넣어 압력을 150기압으로 해놓았다. 이 용기를 온도변화없이 40L 용기에 넣었을 경우의 압력은 얼마인가? (위험물기능장 34회)

① 85.7기압 ② 112.5기압 ③ 102.5기압 ④ 200기압

풀이 $P_1V_1 = P_2V_2$에서 $P_2 = P_1 \times \dfrac{V_1}{V_2} = 150\mathrm{atm} \times \dfrac{30L}{40L} = 112.5\mathrm{atm}$

정답 : ②

예제 4. 273℃에서 기체의 부피가 2L이다. 같은 압력에서 0℃일 때의 부피는 몇 L인가? (위험물기능장 45회)

① 1 ② 2 ③ 4 ④ 8

풀이 샤를의 법칙을 이용

$\dfrac{V_1}{T_1} = \dfrac{V_2}{T_2}$, $V_2 = \dfrac{T_2 V_1}{T_1}$

$V_2 = \dfrac{273}{(273+273)} \times 2 = 1$

∴ $V_2 = 1L$

정답 : ①

(2) 샤를(Charles)의 법칙

등압의 조건에서 기체의 부피는 절대온도에 비례한다.

$$V \propto T$$

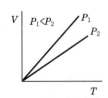 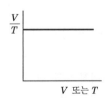

샤를의 법칙에서 부피, 온도, 압력 관계

비례식은 상수 k를 대입함으로써 등식으로 변형시킬 수 있다.

$$V = kT \text{ 또는 } \frac{V}{T} = k(\text{일정})$$

$$\therefore \ \frac{V_1}{T_1} = \frac{V_2}{T_2} = k(\text{일정})$$

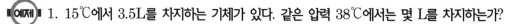

예제 1. 15℃에서 3.5L를 차지하는 기체가 있다. 같은 압력 38℃에서는 몇 L를 차지하는가?

풀이

$$\frac{V_1}{T_1} = \frac{V_2}{T_2}$$

$T_1 = 15℃ + 273.15 = 288.15K, \quad T_2 = 38℃ + 273.15K = 311.15K$

$V_1 = 3.5L$

$$V_2 = \frac{V_1 T_2}{T_1} = \frac{3.5L \cdot 311.15K}{288.15K} = 3.78L \qquad \therefore \ V_2 = 3.78L$$

예제 2. 20℃에서 10mL의 부피를 차지하는 어떤 기체를 일정한 압력하에서 0℃ 냉각시켰을 때 부피는 얼마나 되는가?

풀이

$$\frac{V_1}{T_1} = \frac{V_2}{T_2}$$

$V_1 = 10mL, \quad T_1 = (20 + 273.15)K, \quad T_2 = (0 + 273.15)K$

$$V_2 = \frac{V_1 T_2}{T_1} = \frac{10mL \cdot 273.15K}{(20 + 273.15)K} = 9.32mL \qquad \therefore \ V_2 = 9.32mL$$

예제 3. 다음에서 설명하고 있는 법칙은? (위험물기능장 45회)

압력이 일정할 때 일정량의 기체의 부피는 절대온도에 비례한다.

① 일정성분비의 법칙　　　　　② 보일의 법칙
③ 샤를의 법칙　　　　　　　　④ 보일-샤를의 법칙

정답 : ③

(3) 보일(Boyle) – 샤를(Charles)의 법칙

보일(Boyle)의 법칙과 샤를(Charles)의 법칙으로 다음을 유도할 수 있다.

일정량의 기체가 차지하는 부피는 압력에 반비례하고 절대온도에 비례한다.

$$V \propto \frac{T}{P}$$

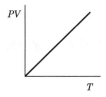 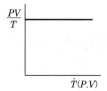

비례식은 상수 k를 대입함으로써 등식으로 변형시킬 수 있다.

$$V = k\frac{T}{P} \ \text{또는} \ PV = kT \ \text{또는} \ \frac{PV}{T} = k(\text{일정})$$

$$\therefore \ \frac{P_1 V_1}{T_1} = \frac{P_2 V_2}{T_2} = k(\text{일정})$$

예제 273℃, 2atm에 있는 수소 1L를 819℃, 압력 4atm으로 하면 부피(L)는 얼마나 되겠는가?

풀이 $\dfrac{P_1 V_1}{T_1} = \dfrac{P_2 V_2}{T_2}$

$P_1 = 2\text{atm}, \ P_2 = 4\text{atm}, \ V_1 = 1\text{L}, \ T_1 = (273 + 273.15)\text{K}, \ T_2 = (819 + 273.15)\text{K}$

$\dfrac{2\text{atm} \cdot 1\text{L}}{(273 + 273.15)\text{K}} = \dfrac{4\text{atm} \cdot V_2}{(819 + 273.15)\text{K}}$

$V_2 = \dfrac{2\text{atm} \cdot 1\text{L} \cdot (819 + 273.15)\text{K}}{4\text{atm} \cdot (273 + 273.15)\text{K}} \fallingdotseq 0.99\text{L}$ $\qquad \therefore \ V_2 \fallingdotseq 0.99\text{L}$

(4) 아만톤(Amanton)의 법칙

보일(Boyle)−샤를(Charles)의 법칙에서 등적의 조건에서 다음을 유도할 수 있다.

$$\frac{P_1}{T_1} = \frac{P_2}{T_2}$$

이 식을 아만톤의 법칙이라 한다.

---

 1. 27℃, 용기에 어떤 기체의 압력이 10atm이었다. 이 용기의 온도를 327℃로 올리면 용기 내에 전체압력은 몇 기압인가?

풀이 $\dfrac{P_1}{T_1} = \dfrac{P_2}{T_2} \Rightarrow \dfrac{10\text{atm}}{(27+273.15)\text{K}} = \dfrac{P_2}{(327+273.15)\text{K}}$

$P_2 = \dfrac{10\text{atm} \cdot (327+273.15)\text{K}}{(27+273.15)\text{K}} = 20\text{atm}$ $\qquad \therefore 20\text{atm}$

2. 어느 가스탱크에 10℃, 5bar의 공기 10kg이 채워져 있다. 온도가 37℃로 상승할 경우 탱크체적의 변화가 없다면 압력은 몇 bar인가?

풀이 $\dfrac{P_1}{T_1} = \dfrac{P_2}{T_2} \Rightarrow \dfrac{5\text{bar}}{(10+273.15)\text{K}} = \dfrac{P_2}{(37+273.15)\text{K}}$

$P_2 = \dfrac{5\text{bar} \cdot (37+273.15)\text{K}}{(10+273.15)\text{K}} = 5.48\text{bar}$ $\qquad \therefore 5.48\text{bar}$

---

(5) 이상기체 법칙 (출제빈도 높음)★★★

※ 아보가드로(Avogadro)의 법칙

부피는 몰(mol)수에 비례한다.

$$V \propto n$$

비례식은 상수 k를 대입함으로써 등식으로 변형시킬 수 있다.

$$V = kn$$

보일(Boyle)의 법칙, 샤를(Charles)의 법칙, 아보가드로(Avogadro)의 법칙으로부터 다음을 유도할 수 있다.

$$V \propto \frac{1}{P}, \quad V \propto T, \quad V \propto n$$

$$\therefore \quad V \propto \frac{Tn}{P}$$

위의 관계에 비례상수를 R(기체상수)이라 하면

$$V = \frac{nRT}{P} \quad \text{또는} \quad PV = nRT$$

※ R(기체상수)

　보일(Boyle)의 법칙과 샤를(Charles)의 법칙＋아보가드로(Avogadro)의 법칙

$R = \dfrac{PV}{nT}$ $\quad V = kn \,(\text{S.T.P})0℃, \; 1\text{atm}, 22.4\text{L}$ ➤ $\dfrac{1\text{atm} \cdot 22.4\text{L}}{1\text{mol} \times (0+273.15)\text{K}} = 0.082\,\text{atm} \cdot \text{L/K} \cdot \text{mol}$

---

 1. H₂(수소기체)가 0℃에서 부피 9.65L이며 압력이 2.5atm이다. 이 기체의 몰(mol)수를 구하여라.

풀이 $PV = nRT$

$n = \dfrac{PV}{RT} = \dfrac{2.5\text{atm} \cdot 9.65\text{L}}{(0.082\text{atm} \cdot \text{L/K} \cdot \text{mol}) \cdot (0+273.15)\text{K}} = 1.08\text{mol}$

$$\therefore \; n = 1.08\,\text{mol}$$

예제 2. 산소기체의 압력이 15.7atm일 경우 21℃에서 5.00×10L의 용기 속에는 몇 g의 산소가 들어 있는가?

풀이 $PV = nRT$

$n = \dfrac{PV}{RT} = \dfrac{15.7\text{atm} \cdot 50\text{L}}{(0.082\text{atm} \cdot \text{L/K} \cdot \text{mol}) \cdot (21+273.15)\text{K}} = 32.55\text{mol}$

몰(mol)수를 질량으로 변환하면

$$\dfrac{32.55\text{mol} - \cancel{O_2}}{} \; \Big| \; \dfrac{32\text{g} - O_2}{1\text{mol} - \cancel{O_2}} = 1041.6\text{g} - O_2$$

$$\therefore \; 1041.6\text{g} - O_2$$

예제 3. 27℃, 2.0atm에서 20.0g의 CO_2 기체가 차지하는 부피는? (단, 기체상수 $R=$ 0.082 L·atm/mol·K이다.)

(위험물기능장 36회)

① 5.59L   ② 2.80L

③ 1.40L   ④ 0.50L

풀이 $PV=nRT$

$$V=\frac{wRT}{PM}=\frac{20\times0.082\times(27+273.15)}{2\times44}=5.59L$$

정답 : ①

 예제 4. 80g의 질산암모늄이 완전히 폭발하면 약 몇 L의 기체를 생성하는가? (단, 1기압, 300℃를 기준으로 한다.)

(위험물기능장 44회)

① 164.6   ② 112.2

③ 78.4   ④ 67.2

풀이 질산암모늄(NH_4NO_3)의 융점은 169.5℃이지만 100℃ 부근에서 반응하고 200℃에서 열분해하여 산화이질소와 물로 분해한다.

$$NH_4NO_3 \xrightarrow{\triangle} N_2O+2H_2O$$

여기서 다시 가열하면 250~260℃에서 분해가 급격히 일어나 폭발한다.

$$2NH_4NO_3 \rightarrow 2N_2\uparrow+4H_2O\uparrow+O_2\uparrow$$

다량의 가스

$$\frac{80g-NH_4NO_3}{} \left| \frac{1mol-NH_4NO_3}{80g-NH_4NO_3} \right| = 1mol-NH_4NO_3$$

$1mol-NH_4NO_3 \Rightarrow 1mol-N_2$

$\qquad\qquad\qquad 2mol-H_2O$

$\qquad\qquad\qquad 0.5mol-O_2$

$V=\dfrac{nRT}{P}$ (단, 1기압, 300℃ 기준)

$$1mol-N_2 \Rightarrow V=\frac{1\times0.082\times(300+273.15)}{1}=46.9983L$$

$$2mol-H_2O \Rightarrow V=\frac{2\times0.082\times(300+273.15)}{1}=93.9966L$$

$$0.5mol-O_2 \Rightarrow V=\frac{0.5\times0.082\times(300+273.15)}{1}=23.49915L$$

∴ 164.6L

정답 : ①

(6) 기체의 분자량

이상기체 방정식을 사용하여 기체의 분자량을 구할 수 있다.

$$PV = nRT$$

n은 몰(mol)수이며 $n = \dfrac{w(\mathrm{g})}{M(\text{분자량})}$ 이므로

$$PV = \dfrac{wRT}{M}$$

$$\therefore \ M = \dfrac{wRT}{PV}$$

예제 1. 40℃, 190mmHg에서 1.6L의 기체의 질량은 0.5g이다. 이 기체의 분자량을 구하여라.

풀이 $M = \dfrac{wRT}{PV} = \dfrac{0.5\mathrm{g} \cdot (0.082\mathrm{atm} \cdot \mathrm{L/K} \cdot \mathrm{mol}) \cdot (40+273.15)\mathrm{K}}{(190/760)\mathrm{atm} \cdot 1.6\mathrm{L}} = 32.1\mathrm{g/mol}$

$$\therefore \ M = 32.1\mathrm{g/mol}$$

예제 2. 70℃, 130mmHg에서 1L의 부피를 차지하며 질량이 대략 0.17g인 기체의 분자량은? (단, 이 기체는 이상기체와 같이 행동한다.)　　　　(위험물기능장 34회, 42회)

풀이 $M = \dfrac{wRT}{PV} = \dfrac{0.17\mathrm{g} \times (0.082\mathrm{L} \cdot \mathrm{atm/K} \cdot \mathrm{mol}) \times (70+273.15)\mathrm{K}}{\dfrac{130}{760}\mathrm{atm} \times 1\mathrm{L}} \fallingdotseq 27.97\mathrm{g/mol}$

$$\therefore \ M = 27.97\mathrm{g/mol}$$

예제 3. 표준상태에서 1L의 질량이 1.429g이었다. 이 기체의 분자량(g/mol)은 약 얼마인가?　　　　(위험물기능장 38회)

① 16　　　　　　　　　　　　② 28

③ 32　　　　　　　　　　　　④ 44

풀이 $M = \dfrac{wRT}{PV} = \dfrac{1.429\mathrm{g} \cdot (0.082\mathrm{L} \cdot \mathrm{atm/K} \cdot \mathrm{mol}) \cdot (0+273.15)\mathrm{K}}{1\mathrm{atm} \cdot 1\mathrm{L}} \fallingdotseq 32\mathrm{g/mol}$

정답 : ③

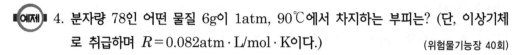

예제 4. 분자량 78인 어떤 물질 6g이 1atm, 90℃에서 차지하는 부피는? (단, 이상기체로 취급하며 $R=0.082atm \cdot L/mol \cdot K$이다.) (위험물기능장 40회)

① 1.29L   ② 2.29L   ③ 3.29L   ④ 4.29L

풀이 $V=\dfrac{wRT}{PM}=\dfrac{6g \cdot (0.082L \cdot atm/K \cdot mol) \cdot (90+273.15)K}{1atm \cdot 78g/mol}=2.29L$

정답 : ②

예제 5. 황화수소 가스의 밀도(g/L)는 27℃, 2기압에서 약 얼마인가? (위험물기능장 42회)

① 2.11   ② 2.42   ③ 2.76   ④ 2.98

풀이 $PV=\dfrac{w}{M}RT$ 에서

밀도 $=\dfrac{w}{V}=\dfrac{PM}{RT}$

$=\dfrac{2atm \cdot 34g/mol}{(0.082L \cdot atm/K \cdot mol) \cdot (27+273.15)K}=2.76g/L$

정답 : ③

예제 6. 산소 32g과 질소 56g, 물 20℃에서 30L의 용기에 혼합하였을 때 이 혼합기체의 압력(atm)은 얼마인가? (단, 이상기체로 취급하며 $R=0.082atm \cdot L/mol \cdot K$이다.) (위험물기능장 40회)

① 약 1.4   ② 약 2.4   ③ 약 3.4   ④ 약 4.4

풀이 $PV=nRT$, $P=nRT/V$

$n=3mol(32/32+56/28)$

$\therefore P=\dfrac{3mol \cdot (0.082L \cdot atm/K \cdot mol) \cdot (20+273.15)K}{30L}=2.4atm$

정답 : ②

예제 7. 1기압, 100℃에서 1kg의 이황화탄소가 모두 증기가 된다면 부피는 약 몇 L가 되겠는가? (위험물기능장 42회)

① 201   ② 403   ③ 603   ④ 804

풀이 $PV=nRT$

$V=\dfrac{nRT}{P}=\dfrac{1000/76mol \cdot (0.082L \cdot atm/K \cdot mol) \cdot (100+273.15)K}{1atm}=403L$

정답 : ②

8. 1기압, 26℃에서 어떤 기체 10L의 질량이 40g이었다. 이 기체의 분자량은 약 얼마인가? (위험물기능장 44회)

① 25   ② 49   ③ 98   ④ 196

풀이 $PV = nRT$, $n = \dfrac{w}{M}$, $PV = \dfrac{w}{M}RT$

$M = \dfrac{wRT}{PV} = \dfrac{40 \times 0.082 \times (26 + 273.15)}{1 \times 10} ≒ 98.12 \, \text{g/mol}$

정답 : ③

 9. 27℃, 2atm에서 20g의 CO_2 기체가 차지하는 부피(L)는? (위험물기능장 43회)

① 5.59   ② 2.80
③ 1.40   ④ 0.50

풀이 $V = \dfrac{nRT}{P} = \dfrac{20 \times 0.082 \times (27 + 273.15)}{2 \times 44} = 5.59 \, \text{L}$

정답 : ①

(7) 실제기체 법칙

① 이상기체와 실제기체

구 분	이상기체	실제기체
분자	질량은 있으나 부피는 없다.	질량과 부피를 모두 갖는다.
분자간의 힘	없다.	있다.
낮은 온도와 높은 압력	기체로만 존재한다.	액체나 고체로 변한다.
−273℃에서 상태	부피=0	고체
보일−샤를의 법칙	정확히 적용된다.	대략 맞는다.

㉠ 이상기체 : 이상기체 상태방정식을 만족시키는 가상적인 기체로 분자 자신의 부피가 없고 분자간 인력이나 반발력이 작용하지 않으며 충돌로 인한 에너「지 손실이 없는 완성 탄성체이다.

㉡ 실제기체 : 분자 자체의 부피와 질량이 있고 분자간 인력과 반발력이 작용하기 때문에 이상기체 상태방정식에 잘 맞지 않는다.

※ 실제기체가 이상기체에 가까워질 조건

이상기체와 실제기체 사이의 차이는 분자간의 인력의 영향과 분자 자체의 크기에 의한 것이다. 따라서 이와 같은 영향을 줄이면 실제기체와 이상기체가 가까워질 수 있다.

• 온도가 높은 상태

  → 기체 분자의 평균속도가 증가하여 인력의 영향을 줄일 수 있다.

• 압력이 낮은 상태

  → 기체 분자간의 평균거리가 커지므로 인력의 영향을 줄일 수 있고 기체 자체의 부피의 영향을 줄일 수 있다. (압력이 낮고 온도가 높다는 것은 즉 부피가 커야 된다. 부피가 크며 분자간의 인력이 작아져서 이상기체에 가까워진다.)

• 분자의 크기(분자량)가 작아야 된다.

  → 분자량이 작으면 자신의 크기를 무시하기가 쉽다.

• 끓는점이 낮은 기체

  → 끓는점이 낮은 기체일수록 분자간의 인력이 약해져서 이상기체에 가까워진다.

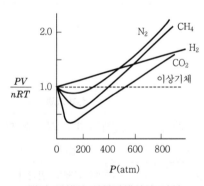

몇몇 기체와 이상기체와의 차이

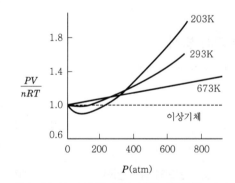

질소가스의 온도에 따른 이상기체와의 차이

② 반 데르 발스(van der Waals)

실제기체의 적용되는 식으로는 여러 가지가 있으나 반 데르 발스(van der Waals)의 식이 가장 널리 사용된다.

$$\left[P + a\left(\frac{n}{V}\right)^2\right](V - nb) = nRT$$

이상기체 식과 비교할 때 P는 $\left(P+\dfrac{n^2 a}{V^2}\right)$ 만큼 V는 $(V-nb)$ 만큼의 차이를 가지고 있으며 반 데르 발스(van der Waals) 상수 a와 b는 실험을 통해서 구할 수 있으며 다음과 같다.

기체	$a\left(\dfrac{atmi \cdot L^2}{mol^2}\right)$	$b\left(\dfrac{L}{mol}\right)$
He	0.034	0.0237
Ne	0.211	0.0171
Ar	1.35	0.0322
Kr	2.32	0.0398
Xe	4.19	0.0511
H_2	0.244	0.0266
N_2	1.39	0.0391
O_2	1.36	0.0318
Cl_2	6.49	0.0562
CO_2	3.59	0.0427
CH_4	2.25	0.0428
NH_3	4.17	0.0371
H_2O	5.46	0.0305

예제 48℃에 대해서 CO_2 1몰의 체적이 1.32L가 되는 압력을 이상기체 상태방정식과 반 데르 발스 상태방정식으로 계산하여라.

풀이 $PV = nRT$ 에서

$$P = \frac{nRT}{V} = \frac{1mol \cdot 0.082atm \cdot L/K \cdot mol \cdot (48+273.15)K}{1.32L} = 19.95atm$$

$$\left[P + a\left(\frac{n}{V}\right)^2\right](V - nb) = nRT$$

$$\left[P + 3.59\left(\frac{1}{1.32}\right)^2\right](1.32 - 1 \times 0.0427) = 1 \times 0.082 \times (48 + 273.15)$$

$$= 20.617 - 2.06 = 18.8557atm$$

(8) 돌턴(Dalton)의 분압법칙

서로 반응하지 않는 혼합 기체가 나타내는 전체 압력은 성분 기체들 각각의 압력(분압)을 합한 것과 같다는 것으로 다음과 같다.

$$P_{\text{total}} = P_A + P_B + P_C + \cdots\cdots$$

돌턴(Dalton)의 법칙인

$$P_{\text{total}} = P_A + P_B + P_C + \cdots\cdots$$

각각의 압력을 이상기체 법칙으로 나타내면

$$P_A = \frac{n_A RT}{V}, \quad P_B = \frac{n_B RT}{V}, \quad P_C = \frac{n_C RT}{V} \cdots\cdots$$

기체 혼합물의 총압력은

$$P_{\text{total}} = P_A + P_B + P_C + \cdots\cdots$$

$$= \frac{n_A RT}{V} + \frac{n_B RT}{V} + \frac{n_C RT}{V} \cdots\cdots$$

$$= (n_A + n_B + n_C + \cdots\cdots)\left(\frac{RT}{V}\right)$$

$$= n_{\text{total}}\left(\frac{RT}{V}\right)$$

따라서 P_A를 P_T로 나누면

$$\frac{P_A}{P_T} = \frac{n_A}{n_T}, \qquad P_A = P_T \cdot \left(\frac{n_A}{n_T}\right)$$

여기서 $\dfrac{n_A}{n_T}$ 는 A의 몰분율이라 한다. 이는 전체 mol수에 대해 기체 A의 mol수가 차지하는 분율을 나타낸다. 이때 X를 몰분율이라고 한다면

$$X_A = \frac{n_A}{n_T}$$

따라서 기체의 부분압력은 전체압력에 그 기체의 몰분율을 곱한 값이다.

$$P_A = P_T \cdot X_A$$

> **예제** 용기에 산소, 질소, 아르곤이 채워져 있다. 이들의 몰분율은 각각 0.78, 0.21, 0.01
> 이며 전체압력이 2atm일 때 기체들의 부분압력을 각각 구하여라.
>
> **풀이** $P_A = P_T \cdot X_A$
>
> $P_{O_2} = 0.78 \cdot 2atm = 1.56atm$
>
> $P_{N_2} = 0.21 \cdot 2atm = 0.42atm$
>
> $P_{Ar} = 0.01 \cdot 2atm = 0.02atm$

(9) 그레이엄(Graham)의 법칙

분출속도를 온도와 압력이 동일한 조건하에서 비교하여 보면 분출속도가 기체 밀도의 제곱근
에 반비례한다는 결과를 나타낸다. 이 관계를 그레이엄(Graham)의 법칙이라고 하며 다음과 같
은 식으로 나타낼 수 있다.

$$\text{분출속도} \propto \sqrt{\frac{1}{d}}$$

$$\therefore \frac{\text{A의 분출속도}}{\text{B의 분출속도}} = \sqrt{\frac{d_B}{d_A}} = \sqrt{\frac{M_B}{M_A}}$$

> **예제** 1. 어떤 기체가 프로페인 기체보다 약 1.6배 더 빠른 속도로 확산하였다. 이 기체의
> 분자량을 계산하여라.
>
> **풀이** $\dfrac{v_A}{v_B} = \sqrt{\dfrac{M_B}{M_A}}$
>
> $\dfrac{1.6 V_{C_3H_8}}{V_{C_3H_8}} = \sqrt{\dfrac{44g/mol}{M_A}}$
>
> $M_A = \dfrac{44g/mol}{1.6^2} = 17.19g/mol$ $\therefore 17.19g/mol$

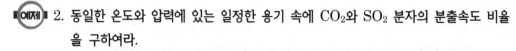

예제 **2.** 동일한 온도와 압력에 있는 일정한 용기 속에 CO_2와 SO_2 분자의 분출속도 비율을 구하여라.

풀이 $\dfrac{v_A}{v_B} = \sqrt{\dfrac{M_B}{M_A}}$

$\dfrac{v_{CO_2}}{v_{SO_2}} = \sqrt{\dfrac{SO_2}{CO_2}} = \sqrt{\dfrac{64\text{g/mol}}{44\text{g/mol}}} = 1.21$

∴ CO_2가 SO_2보다 1.21배 빠르다.

예제 **3.** 어떤 기체의 확산속도가 SO_2의 2배일 때 이 기체의 분자량을 추정하면 얼마인가?

(위험물기능장 38회)

① 16　　　　　② 21　　　　　③ 28　　　　　④ 32

풀이 $\dfrac{v_A}{v_B} = \sqrt{\dfrac{M_B}{M_A}}$

$\dfrac{2v_{SO_2}}{v_{SO_2}} = \sqrt{\dfrac{64}{M_A}}$

$M_A = \dfrac{64}{4} = 16$

정답 : ①

⑨ 액체

■ 액체(liquid)

액체는 모양은 변화되나 부피는 일정하다(진동, 회전운동).

① 액체의 일반성

－ 압력을 가해도 분자간 거리가 별로 가까워지지 않으므로 압축이 잘 안 된다.

－ 일정량의 액체의 부피는 일정하고 모양은 담긴 그릇의 모양이 된다.

－ 액체 분자는 한 자리에 고정되어 있지 않고 유동성이 있다.

② 증기압력과 끓는점

－ **동적 평형** : 액체 분자가 증발되는 속도와 기체 분자가 액체로 응축되는 속도가 같은 상태(예, 어떤 온도에서 물과 수증기가 동적 평형상태에 있다면, 수증기가 물로 되는 속도와 물이 수증기로 되는 속도가 같다.)

– **증기압력** : 일정한 온도에서 증기(기체)가 나타내는 압력

> 증기압력이 크다. =휘발성이 크다. =끓는점이 낮다.
> =몰 증발열이 작다. =분자간 인력이 약하다.

– **끓는점** : 액체의 증기압이 외부압력과 같아지는 온도로, 외부압력이 1기압일 때 끓는점을 기준 끓는점이라 하고, 따라서 외부압력이 달라지면 끓는점도 달라지며, 외부압력이 커지면 끓는점이 높아진다.

[참고] 용어 정리

– 증발 : 액체를 공기 중에 방치하여 가열하면 액체 표면의 분자 가운데 운동 에너지가 큰 것은 분자간의 인력을 이겨내어 표면에서 분자가 기체 상태로 튀어나가는 현상
– 증발열 : 액체 1g이 같은 온도에서 기체 1g으로 되는데 필요한 열량(물의 증발열은 539cal/g)
– 증발과 끓음 : 액체의 표면에서만 기화가 일어나면 증발이고, 표면뿐 아니라 액체 내부에서도 기화가 일어나면 끓음이라 한다.

〈액체의 증기압 곡선〉

▷ 다음의 그래프에서 1기압에서 끓는점이 가장 높은 액체는?

⇒ 1기압은 760mmHg이므로 이때 각 물질의 끓는점은

다이에틸에터가 34.6℃, 에탄올이 78.4℃, 물이 100℃로 물이 가장 높다.

▷ 휘발성이 큰 물질은?

⇒ 분자간 인력이 약할수록 휘발성이 커서 증기 압력이 크다. 따라서 다이에틸에터가 휘발성이 가장 크다.

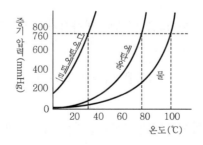

❖ 증기압력과 분자간 인력

같은 온도에서 분자간 인력이 큰 물질일수록 증기압력이 작다.

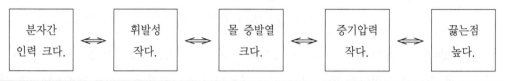

| 분자간
인력 크다. | ⟺ | 휘발성
작다. | ⟺ | 몰 증발열
크다. | ⟺ | 증기압력
작다. | ⟺ | 끓는점
높다. |

[예제] 물이 들어 있는 밀폐된 용기가 계속 가열되고 있다. 이때 증기 압력과 끓는점의 변화는 어떻게 되는가?

[풀이] 밀폐되어 있는 용기를 압력 밥솥으로 생각하면 끓는점이 높아지므로 쌀이 잘 익는다고 볼 때 온도가 올라감에 따라 증기압력이 커지고 끓는점은 높아진다.

∴ 증기압력과 끓는점이 모두 높아진다.

⑩ 고체

■ 고체(solid)

고체는 모양과 부피가 일정하다(진동운동).

① 고체의 일반성

　- 고정된 위치에서 진동운동만 한다.

　- 유동성이 없고 일정한 모양과 부피를 가진다.

② 융해와 녹는점

　- 융해열 : 녹는점에서 고체 1g을 액체로 변화시키는 데 필요한 열량

　　[●예] 얼음의 융해열은 80cal/g

　- 몰 융해열 : 녹는점에서 고체 1몰을 액체로 변화시키는 데 필요한 열량

③ 고체의 승화

　- 분자 사이의 인력이 약한 고체는 액체 상태를 거치지 않고 직접 기체 상태로 변한다.

　　[●예] 나프탈렌, 아이오딘, 드라이아이스 등

④ 결정성 고체와 비결정성 고체

- 결정성 고체 : 입자들이 규칙적으로 배열되어 있는 고체로 녹는점이 일정하다.

  ●예 다이아몬드, 수정, 드라이아이스, 염화나트륨, 얼음

- 비결정성 고체 : 입자들이 불규칙하게 배열된 고체로 녹는점이 일정하지 않다.

  ●예 유리, 플라스틱, 아교, 엿, 아스팔트

[참고] 결정의 종류

- 분자성 결정 : 결정을 구성하는 입자가 분자인 결정
  ●예 드라이아이스, 나프탈렌, 얼음 등
- 이온성 결정 : 정전기적 인력에 의한 결정
  ●예 $NaCl$, $CaCl_2$, CaO, $CsCl$
- 원자성 결정 : 결정을 구성하는 입자가 원자로서 공유결합에 의한 결정
  ●예 다이아몬드, 흑연
- 금속성 결정 : 금속 양이온과 자유 전자 사이의 금속결합
  ●예 알루미늄, 철 등의 금속
- **고체의 결합력 세기**
  원자성 결정 > 이온성 결정 > 금속성 결정 > 분자성 결정
- **고체의 분자** : 분자 사이의 간격이 극히 짧아서 분자와 분자 간의 인력이 크다.

---

⑤ 결정성 고체구조

㉠ 단순입방격자

정육면체의 각 꼭지점에 1개의 입자가 배열되어 있다.

●예 $NaCl$

㉡ 면심입방격자

정육면체의 각 꼭지점과 각 면의 중심에 1개 입자가 배열되어 있다.

●예 Al, Pb, Cu, Ag, CH_4, He, Ne

㉢ 체심입방격자

정육면체의 각 꼭지점과 정육면체의 무게 중심에 1개의 입자가 배열되어 있다.

●예 알칼리금속, Ba, Cr, $CsCl$, Ca

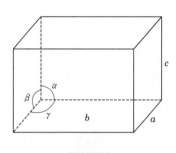

단위결정

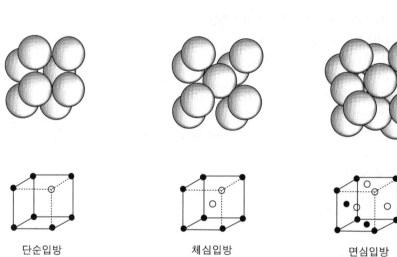

단순입방   체심입방   면심입방

단순입방·체심입방·면심입방격자에 있어서 최밀충진을 나타낸 단위결정

예제 나프탈렌은 분자결정이다. 나프탈렌과 같은 결정을 보기에서 모두 고르시오.

① 아이오딘   ② 얼음   ③ 수정(SiO_2)

④ 칼륨   ⑤ 염화칼슘

풀이 수정(SiO_2)은 원자결정, 칼륨(K)은 금속결정이고, 염화칼슘($CaCl_2$)은 이온결정이며 요오드와 얼음은 분자결정이다.

정답 : ①, ②

01 산소 20g과 수소 4g으로부터 몇 g의 물을 얻을 수 있는가?

① 10.5 　　　　② 18.5
③ 22.5 　　　　④ 36.5

해설 $2H_2 + O_2 \rightarrow 2H_2O$

　　4g　　32g : 36g = 20g : x(g)

$x = \dfrac{36 \times 20}{32} = 22.5g$

정답 ③

02 아보가드로의 법칙에서 기체의 분자수가 같기 위한 조건에 들지 않는 것은?

① 종류 　　　　② 부피
③ 온도 　　　　④ 압력

해설 1mol이란 0℃, 1atm, 22.4L에는 6.02×10^{23}개의 집단

정답 ①

03 다음 반응식에서 나타나 있지 않은 법칙은 무엇인가?

$$H_2 + Cl_2 \rightarrow 2HCl$$

① 일정성분비의 법칙
② 배수비례의 법칙
③ 질량불변의 법칙
④ 기체반응의 법칙

해설 **배수비례의 법칙** : 한 원소의 일정량과 다른 원소가 반응하여 두 가지 이상의 화합물을 만들 때 다른 원소의 무게비는 간단한 정수비가 된다.

예 CO와 CO₂, H₂O와 H₂O₂ 반응물질(수소와 염소)인 단체와 생성물질(염화수소)인 화합물에는 배수비례의 법칙이 성립되지 않는다.

정답 ②

04 분자를 이루고 있는 원자단을 나타내며 그 분자의 특성을 밝힌 화학식을 무엇이라 하는가?

① 시성식 　　　　② 구조식
③ 실험식 　　　　④ 분자식

정답 ①

05 730mmHg, 100℃에서 257mL 부피의 용기 속에 어떤 기체가 채워져 있다. 그 무게는 1.67g이다. 이 물질의 분자량(g/mol)은 얼마인가?

① 28 　　　　② 50
③ 207 　　　　④ 256

해설 $PV = nRT,\ PV = \dfrac{w}{M}RT$

$M = \dfrac{wRT}{PV}$

　　$= \dfrac{1.67 \times 0.082 \times (273.15 + 100)}{\dfrac{730}{760} \times 0.257}$

　　$\fallingdotseq 207g/mol$

정답 ③

06 1atm에서 100L를 차지하고 있는 용기를 내용적 5L의 용기에 넣으면 압력은 몇 atm이 되겠는가? (단, 온도는 일정하다.)

① 10 　　　　② 20
③ 30 　　　　④ 40

해설 온도가 일정하므로 보일의 법칙을 이용

$P_1 V_1 = P_2 V_2$

$P_2 = \dfrac{P_1 \cdot V_1}{V_2} = \dfrac{1 \cdot 100}{5} = 20atm$

정답 ②

07 오존(O₃) 0.3mol은 몇 g인가?

① 12g
② 14g
③ 14.4g
④ 16.2g

해설 오존의 분자량은 $16 \times 3 = 48$amu 또는 g/mol이다.

$$\therefore \ 0.3\text{mol} - \text{O}_3 \times \left(\frac{48\text{g} - \text{O}_3}{1\text{mol} - \text{O}_3} \right) = 14.4\text{g} - \text{O}_3$$

정답 ③

08 동위원소인 두 중성원자에 대하여 틀린 것은?

① 화학적 성질이 같다.
② 양자의 수는 같다.
③ 중성자수는 같다.
④ 전자의 수는 같다.

해설
• 원자번호＝양성자수＝전자수
• 질량수＝양성자수(전자수)＋중성자수
• 동위원소란 양성자수는 같으나 중성자수가 다른 원소, 즉 원자번호는 같으나 질량수가 다른 원소이다.

정답 ③

09 다음 물질 중 화합물에 해당되는 것은?

① 다이아몬드
② 수소
③ 과산화수소
④ 나트륨

해설 화합물 : 두 종류 이상의 원소로 이루어진 것이다.
③ 과산화수소 : H_2O_2

정답 ③

10 순물질의 설명이 아닌 것은?

① 단체와 화합물로 분류한다.
② 성분의 조성비가 일정하다.
③ 물리적 방법으로 분리한다.
④ 어는점, 끓는점이 일정하다.

해설 순물질은 화학적 방법으로 분리한다.

정답 ③

11 다음 중 동소체로 짝지어진 것으로 맞지 않는 것은?

① 산소 - 오존
② 숯 - 흑연
③ 다이아몬드 - 흑연
④ 물 - 과산화수소

해설 동소체란 같은 원소로 되어 있으나 성질과 모양이 다른 단체이다.

정답 ④

12 다음 중 동소체에 관하여 틀린 사항은?

① 물리적 상태는 같아야 한다.
② 화학적 성질이 다르다.
③ 같은 원소로 되어 있다.
④ 물리적 성질이 다르다.

해설 동소체는 화학적 성질이 같거나 비슷하다.

정답 ②

13 다음 중 동위원소에 맞는 것은?

① 원자번호는 같고, 질량수가 다른 원소이다.
② 질량수가 같고, 원자번호가 다르다.
③ 전자수가 같은 원소이다.
④ 원자량이 같다.

해설 동위원소란 원자번호가 같으며, 질량수(원자량)가 다른 원소이다.

정답 ①

14 ₁H¹와 ₁H³은 서로 어떤 관계가 있는가?

① 동족원소
② 동소체
③ 동위원소
④ 동중원소

해설 원자번호가 같고, 질량수가 다르므로 동위원소 관계에 있다.

정답 ③

15 다음 화합물 중 명명이 잘못된 것은?

① CuO_2 : 산화구리

② $Fe(NO_3)_2$: 질산철

③ $Cr_2(SO_3)_3$: 황산크로뮴

④ $FeCl_3$: 염화철

해설 $Cr_2(SO_4)_3$: 황산크로뮴

정답 ③

16 원자번호 11의 원소와 비슷한 성질을 가진 원소의 원자번호는?

① 13　　② 16

③ 19　　④ 22

해설 같은 족 원소는 비슷한 성질을 갖고 있다. 원자번호 11은 1주기 원소로 8을 더해주면 비슷한 성질을 갖는 같은 족 원소를 찾을 수 있다.

정답 ③

17 다음 중 4족 원소를 바르게 고른 것은?

① C, Si, Ge, Sn, Pb

② C, Si, Ga, Sb, Pb

③ B, Al, Ge, In, Tl

④ B, Al, Ga, In, Tl

정답 ①

18 주기율표에서 원자가전자의 수가 같은 것을 무엇이라고 하는가?

① 양성자수

② 주기

③ 족

④ 전자수

해설 원자가전자수＝족, 전자껍질수＝주기

정답 ③

19 다음 중 알칼리금속 원소의 성질에 해당되는 것은?

① 매우 안정하여 물과 반응하지 않는다.

② 물과 반응하여 수소를 발생시킨다.

③ 음이온이 되기 쉽다.

④ 반응성의 크기는 K > Na > Li이다.

해설 $2Na + 2H_2O \rightarrow 2NaOH + H_2\uparrow + 열$

정답 ②

20 다음 중 불활성 기체가 아닌 것은?

① He　　② Cl

③ Rn　　④ Ne

해설 염소기체는 Cl_2로서 이원자 분자이다.

정답 ②

21 CH_3COOH로 표시된 화학식은?

① 구조식　　② 시성식

③ 분자식　　④ 실험식

해설 CH_3COO^-(초산기)이다.

정답 ②

22 C, H, O로 된 화합물로 질량 조성은 C가 38.7%, H가 9.7%, O는 51.6%이며 분자량은 62amu이다. 분자식은?

① C_2H_6O　　② $C_2H_6O_2$

③ CH_3O　　④ CH_4O_2

해설 실험식을 구하기 위해 각 원소별 조성비를 각각의 원자량으로 나눈다.

$C = \frac{38.7}{12} = 3.23$, $H = \frac{9.7}{1} = 9.7$, $O = \frac{51.6}{16} = 3.23$

따라서, 실험식은 CH_3O

실험식량＝$12+1\times3+16=31$

(실험식)$\times n =$분자식에서 $n = \frac{62}{31} = 2$

∴ 분자식은 $(CH_3O)\times2 = C_2H_6O_2$이다.

정답 ②

23 같은 온도와 압력에서 기체의 경우, 분자수가 같아지기 위해서는 다음 중 무엇이 같아야 하는가?

① 부피　　　　② 원자량
③ 당량　　　　④ 무게

해설 아보가드로의 법칙이란 모든 기체 1mol이 차지하는 부피는 표준상태에서 22.4L이며, 그 속에는 6.02×10^{23}개의 분자가 들어있다는 것이다. 따라서 분자수가 같기 위해서는 같은 부피여야 한다.

정답 ①

24 일정한 압력 하에서 30℃인 기체의 부피가 2배로 되었을 때의 온도(℃)는?

① 206.25℃
② 300.15℃
③ 333.15℃
④ 606.30℃

해설 $\dfrac{V_1}{T_1}=\dfrac{V_2}{T_2}$ 에서

$\dfrac{V_1}{30+273.15}=\dfrac{2V_1}{T_2}$

$\therefore T_2=2\times(30+273.15)=606.3K$

$t(℃)=606.3-273.15=333.15℃$

정답 ③

25 다음 설명 중 이상기체를 맞게 표현한 것은?

① 분자의 크기와 그들 사이의 상호작용을 무시한 기체
② 분자 상호간의 인력이 작용하는 기체
③ 온도가 아주 낮으면 응결하는 기체
④ 압력이 아주 크면 액화하는 기체

해설 **이상기체** : 가상적 기체로 분자간의 인력이 무시된 기체이며 액화되지 않는 기체이다.

정답 ①

26 27℃, 760mmHg에서 3L의 산소를 5L의 용기에 넣어 87℃로 하였을 때, 압력은 몇 mmHg가 되겠는가?

① 347.15　　　② 447.15
③ 547.15　　　④ 647.15

해설 $\dfrac{P_1V_1}{T_1}=\dfrac{P_2V_2}{T_2}$ 에서

$\dfrac{760\times3}{27+273.15}=\dfrac{P_2\times5}{87+273.15}$

$P_2=\dfrac{760\times3\times(87+273.15)}{(27+273.15)\times5}=547.15mmHg$

정답 ③

27 36℃, 200mmHg에서 1.6L의 기체의 질량은 0.5g이다. 이 기체의 분자량(g/mol)은 얼마인가?

① 25　　　　② 30
③ 35　　　　④ 40

해설 $PV=nRT,\ PV=\dfrac{w}{M}RT$

$M=\dfrac{wRT}{PV}$

$=\dfrac{0.5\times0.082\times(36+273.15)}{\dfrac{200}{760}\times1.6}=30.10g/mol$

정답 ②

28 수소 2g과 산소 24g을 반응시켜 물을 만들 때 반응하지 않고 남아있는 기체의 무게는?

① 산소 6g　　　② 산소 8g
③ 산소 12g　　　④ 산소 15g

해설 $2H_2+O_2 \rightarrow 2H_2O$

$4:32=1:8$

$1:8=2:16$

$\therefore$ 산소 24g 중 16g을 반응시키면 8g이 남는다.

정답 ②

29 10g의 프로페인이 연소하면 몇 g의 CO_2가 발생하는가? (단, 반응식은 $C_3H_8 + 5O_2 \rightarrow 3CO_2 + 4H_2O$, 원자량 C=12, O=16, H=1)

① 25g
② 27g
③ 30g
④ 33g

해설
$$\frac{10g-C_3H_8}{} \left| \frac{1mol-C_3H_8}{44g-C_3H_8} \right| \frac{3mol-CO_2}{1mol-C_3H_8} \left| \frac{44g-CO_2}{1mol-CO_2} \right. = 30g-CO_2$$

$$x = \frac{10 \times 3 \times 44}{44} = 30g$$

정답 ③

30 표준온도, 표준압력에서 헬륨의 밀도(g/L)를 계산하면 얼마인가?

① 0.16g/L
② 0.17g/L
③ 0.18g/L
④ 0.19g/L

해설
$$밀도 = \frac{질량}{부피} = \frac{4}{22.4} = 0.18g/L$$

정답 ③

31 Si−112g은 몇 mol인가?

① 2
② 4
③ 6
④ 8

해설
$$Mole = \frac{질량}{분자량} = \frac{112}{28} = 4mol$$

정답 ②

32 원자량은 어느 원소의 질량을 기준으로 하는가?

① H
② O
③ C
④ N

정답 ③

33 1g의 메테인 속에 들어있는 수소원자는?

① 1.2×10^{23}
② 6.0×10^{23}
③ 1.5×10^{23}
④ 3.0×10^{23}

해설 메테인의 분자식 : CH_4, 메테인의 분자량 : 16
$$\frac{1g-CH_4}{} \left| \frac{1mol-CH_4}{16g-CH_4} \right| \frac{4mol-H}{1mol-CH_4} \left| \frac{6.02 \times 10^{23}개의 H}{1mol-H} \right.$$
$$= 1.5 \times 10^{23}개의 H$$

정답 ③

34 탄소 12g을 공기에서 완전연소시키면 CO_2 44g이 생기나 증가된 32g만큼의 공기 중의 산소가 줄어드는 것은 아래의 어느 법칙과 관계가 깊은가?

① 기체반응의 법칙
② 일정성분비의 법칙
③ 질량불변의 법칙
④ 배수비례의 법칙

해설 질량불변의 법칙 : 반응 전후 질량의 총합은 같다.

정답 ③

35 이산화탄소 1g 중에는 몇 개의 분자가 있는가?

① 1.27×10^{23}개
② 1.37×10^{22}개
③ 1.47×10^{22}개
④ 1.57×10^{22}개

해설
$$\frac{1g-CO_2}{} \left| \frac{1mol-CO_2}{44g-CO_2} \right| \frac{6.02 \times 10^{23}개의 CO_2}{1mol-CO_2}$$
$$= 1.37 \times 10^{22}개의 CO_2$$

정답 ②

36 H_2O 1.42mol은 몇 g인가?

① 25.6g
② 26g
③ 26.4g
④ 27.2g

해설
$$\frac{1.42mol-H_2O}{} \left| \frac{18g-H_2O}{1mol-H_2O} \right. = 25.6g-H_2O$$

정답 ①

37 2atm에서 어떤 기체 2.25mol의 부피는 50L이다. 이 기체의 온도는 몇 ℃인가?

① 258

② 262.02

③ 268.86

④ 270

해설
$$PV = nRT$$
$$T = \frac{PV}{nR} = \frac{2 \times 50}{2.25 \times 0.082} = 542.01 \text{K}$$
$$\therefore 542.01 - 273.15 = 268.86 ℃$$

정답 ③

38 어떤 이상기체가 2g, 1,000K, 1atm에서 2L의 부피를 차지한다면, 이 기체의 분자량(g/mol)은 얼마인가?

① 80   ② 82

③ 84   ④ 86

해설
$$PV = \frac{w}{M} RT$$
$$M = \frac{wRT}{PV} = \frac{2 \times 0.082 \times 1,000}{1 \times 2} = 82 \text{g/mol}$$

정답 ②

39 어느 가스 탱크에 15℃, 6atm의 공기 10kg이 채워져 있다. 온도가 47℃로 상승할 경우 탱크 체적의 변화가 없다면 압력 증가는 몇 atm인가?

① 0.67   ② 0.7

③ 6.67   ④ 0.76

해설
$$\frac{P_1}{T_1} = \frac{P_2}{T_2}$$
$$\frac{6}{273.15 + 15} = \frac{P_2}{273.15 + 47}$$
$$P_2 = \frac{6 \times 320.15}{288.15} = 6.67$$
$$\therefore 압력 증가는 6.67 - 6 = 0.67 \text{atm}$$

정답 ①

40 27℃에서 어떤 기체의 부피가 4.5L일 때 압력이 일정하게 유지된다면 부피가 6L가 될 때 기체는 몇 ℃인가?

① 400.2

② 225.2

③ 127.05

④ 126.01

해설
$$\frac{V_1}{T_1} = \frac{V_2}{T_2}$$
$$T_2 = \frac{T_1 \times V_2}{V_1} = \frac{(273.15 + 27) \times 6}{4.5} = 400.2 \text{K}$$
$$400.2 - 273.15 = 127.05 ℃$$

정답 ③

41 25℃, 750mmHg 하에서 1L를 차지하는 기체는 표준상태(0℃, 1기압) 하에서 몇 L가 되겠는가?

① 0.8   ② 0.9

③ 1.0   ④ 1.1

해설
$$PV = nRT$$
$$n = \frac{PV}{RT} = \frac{\frac{750}{760} \times 1}{0.082 \times (273.15 + 25)} = 0.04$$
$$V = \frac{nRT}{P} = \frac{0.04 \times 0.082 \times 273.15}{1} = 0.9 \text{L}$$

정답 ②

42 어떤 화합물이 산소 50%, 황 50%를 포함하고 있다. 실험식은?

① SO   ② SO_2

③ SO_3 ④ SO_4

해설 S와 O의 무게비는 1 : 1이므로
S : O = 50/32 : 50/16 = 1/32 : 1/16을 정수비로 고치면
S : O = 1 : 2, ∴ SO_2

정답 ②

43 1.59%의 수소, 22.2%의 질소, 76.2%의 산소로 구성되어 있는 화합물이 있다. 이 화합물의 실험식은?

① HNO
② HNO_2
③ HNO_3
④ HNO_4

해설
H : $1.59/1 = 1.59/1.59 = 1$
N : $22.2/14 = 1.586/1.59 = 1$
O : $76.2/16 = 4.76/1.59 = 3$
∴ HNO_3

정답 ③

44 180.0g/mol의 몰질량을 갖는 화합물은 40.0%의 탄소, 6.67%의 수소, 53.3%의 산소로 되어 있다. 이 화합물의 화학식을 구하면?

① CH_2O
② $C_2H_4O_2$
③ $C_3H_6O_3$
④ $C_6H_{12}O_6$

해설
C : $40/12 = 3.33/3.33 = 1$
H : $6.67/1 = 6.67/3.33 = 2$
O : $53.3/16 = 5.33/3.33 = 1$
실험식은 CH_2O
분자식은 $CH_2O × n = 180$에서
$n = \dfrac{180}{30} = 6$
∴ $(CH_2O) × 6 = C_6H_{12}O_6$

정답 ④

45 $C_3H_8(g) + 5O_2(g) \rightarrow 3CO_2(g) + 4H_2O(l)$ 반응식에서 2mol의 C_3H_8 연소할 때, 필요한 산소몰수와 생성되는 이산화탄소의 몰수는?

① 산소 : 10몰, 이산화탄소 : 10몰
② 산소 : 10몰, 이산화탄소 : 6몰
③ 산소 : 6몰, 이산화탄소 : 10몰
④ 산소 : 6몰, 이산화탄소 : 10몰

정답 ②

46 뷰테인(C_4H_{10}) 100g을 완전연소시키는 데 필요한 이론공기량(g)은 얼마인가?

① 3415.43g
② 1539.08g
③ 717.24g
④ 358.62g

해설 $2C_4H_{10} + 13O_2 \rightarrow 8CO_2 + 10H_2O$

$$\frac{100g - C_4H_{10}}{} \left| \frac{1mol - C_4H_{10}}{58g - C_4H_{10}} \right| \frac{13mol - O_2}{2mol - C_4H_{10}} \left| \frac{100mol - Air}{21mol - O_2} \right| \frac{28.84g - Air}{1mol - Air}$$

$= 1539.08g - Air$

정답 ②

47 123.30g의 C_2H_6가 연소하는 데 필요한 이론산소량은 몇 g인가?

① 360.3
② 460.3
③ 560.3
④ 660.3

해설 $2C_2H_6 + 7O_2 \rightarrow 4CO_2 + 6H_2O$

$$\frac{123.30g - C_2H_6}{} \left| \frac{1mol - C_2H_6}{30g - C_2H_6} \right| \frac{7mol - O_2}{2mol - C_2H_6} \left| \frac{32g - O_2}{1mol - O_2} \right|$$

$= 460.32g - O_2$

정답 ②

48 프로페인 1mol이 연소하는 데 필요한 산소의 몰수는?

① 1mol
② 3mol
③ 5mol
④ 7mol

해설 $C_3H_8 + 5O_2 \rightarrow 3CO_2 + 4H_2O$

정답 ③

49 보일의 법칙에서 온도가 일정한 상태에서 부피는 (   )에 대해 반비례 관계에 있다. (   ) 안에 들어갈 말은?

① 압력
② 몰수
③ 분자량
④ 기체상수

정답 ①

50 1atm, 20℃에서 CO_2 가스 2kg이 방출된 이산화탄소의 체적은 몇 L인가?

① 952

② 1,018

③ 1,092

④ 1,210

해설

$PV = \dfrac{V}{M} RT$ 에서

$V = \dfrac{wTR}{PM}$

$= \dfrac{2 \times 10^3 \mathrm{g} \times 0.082\mathrm{L-atm/K \cdot mol} \times (20+273.15)\mathrm{K}}{1\mathrm{atm} \times 44\mathrm{g/mol}}$

$= 1092.65\mathrm{L}$

정답 ③

51 0℃에서 4L를 차지하는 기체가 있다. 같은 압력 40℃에서는 몇 L를 차지하는가?

① 0.23

② 1.23

③ 4.59

④ 5.27

해설

$\dfrac{V_1}{T_1} = \dfrac{V_2}{T_2}$

$V_2 = V_1 \times \dfrac{T_2}{T_1} = 4\mathrm{L} \times \dfrac{(40+273.15)}{(0+273.15)} \fallingdotseq 4.59\mathrm{L}$

정답 ③

52 이상기체 상태방정식에서 비례상수에 해당하는 인자는?

① P

② V

③ R

④ T

해설 $PV = nRT$ 에서 $R = 0.082\mathrm{L \cdot atm/kmol}$

정답 ③

53 0℃, 5atm에서 어떤 기체의 부피가 75.0L이다. 기체의 부피가 0℃에서 30L가 되었을 때 압력은 얼마인가?

① 10atm

② 12.5atm

③ 15atm

④ 17.5atm

해설

온도가 일정하므로 보일의 법칙이다.

$P_1 V_1 = P_2 V_2$ 에서

$P_2 = P_1 \times \dfrac{V_1}{V_2}$

$= 5 \times \dfrac{75}{30} = 12.5\mathrm{atm}$

정답 ②

54 20℃, 10atm에서 어떤 기체의 부피가 5L이다. 이 기체는 몇 mol이겠는가?

① 1.08

② 2.08

③ 3.08

④ 4.08

해설

$PV = nRT$ 에서

$n = \dfrac{PV}{RT}$

$= \dfrac{10\mathrm{atm} \times 5\mathrm{L}}{0.082\mathrm{L \cdot atm/K \cdot mol} \times (20+273.15)\mathrm{K}}$

$= 2.08\mathrm{mol}$

정답 ②

55 1atm 아래서 2L의 체적을 차지하고 있는 기체를 온도의 변화없이 압력을 1.25atm으로 했을 때 부피(L)는 얼마나 되겠는가?

① 0.8L

② 1.6L

③ 3.2L

④ 6.4L

해설

$P_1 V_1 = P_2 V_2$ 에서

$V_2 = V_1 \times \dfrac{P_1}{P_2} = 2\mathrm{L} \times \dfrac{1\mathrm{atm}}{1.25\mathrm{atm}} = 1.6\mathrm{L}$

정답 ②

56 27℃, 1atm에서 1L를 차지하는 기체는 0℃, 1atm에서는 몇 L가 되겠는가?

① 0.91L ② 1.82L

③ 3.6L ④ 7.2L

해설 압력 변화가 없으므로 샤를의 법칙

$\dfrac{V_1}{T_1} = \dfrac{V_2}{T_2}$ 에서

$V_2 = V_1 \times \dfrac{T_2}{T_1}$

$= 1L \times \dfrac{(0+273.15)K}{(27+273.15)K} = 0.91L$

정답 ①

57 27℃에서 어떤 기체의 부피가 4.5L일 때 압력이 일정하게 유지된다면 부피가 6.0L 될 때 기체의 온도(℃)는?

① 127 ② 227

③ 327 ④ 400

해설 $\dfrac{V_1}{T_1} = \dfrac{V_2}{T_2}$ 에서

$T_2 = \dfrac{V_2}{V_1} \times T_1 = \dfrac{6.0L}{4.5L} \times (27+273.15)K = 400.2K$

∴ 400.2K − 273.15 = 127.05℃

정답 ①

58 수소기체(H_2)가 0℃에서 부피 8.56L이며 압력이 1.5atm이다. 이 기체의 몰수는 얼마인가?

① 0.57mol ② 1.57mol

③ 2.08mol ④ 3.52mol

해설 $PV = nRT$에서

$n = \dfrac{PV}{RT}$

$= \dfrac{1.5atm \times 8.56L}{0.082L \cdot atm/K \cdot mol \times (0+273.15)K} ≒ 0.573mol$

정답 ①

59 헬륨(He)과 산소(O_2)의 혼합물이 들어있는 스쿠버 탱크가 있다. 5L의 탱크에 25℃, 1atm에서 산소 46L가 들어있고, 25℃, 1atm에서 헬륨 12L가 들어있다. 25℃에서 탱크의 총압은?

① 9.3atm ② 2.4atm

③ 6.9atm ④ 11.6atm

해설 $PV = nRT$에서 $n = \dfrac{PV}{RT}$

$n_{O_2} = \dfrac{1atm \times 46L}{0.082L \cdot atm/K \cdot mol \times (25+273.15)K}$

$= 1.88mol$

$n_{He} = \dfrac{1atm \times 12L}{0.082L \cdot atm/K \cdot mol \times (25+273.15)K}$

$= 0.49mol$

25℃에서 혼합기체의 탱크 부피가 5L이므로

$P = \dfrac{nRT}{V}$ 에서

$P_{O_2} = \dfrac{1.88mol \times 0.082L \cdot atm/K \cdot mol \times 298.15K}{5.0L}$

$≒ 9.19atm$

$P_{He} = \dfrac{0.49mol \times 0.082L \cdot atm/K \cdot mol \times 298.15K}{5.0L}$

$≒ 2.40atm$

∴ $P_{total} = P_{O_2} + P_{He} = 9.19 + 2.40 = 11.59atm$

정답 ④

① 원자의 구성

(1) 원자 구조

① 원자는 (+)전기를 띤 원자핵과 그 주위에 구름처럼 퍼져 있는 (−)전기를 띤 전자로 되어 있다(원자의 크기는 10^{-8}cm 정도).

② 원자핵은 (+)전기를 띤 양성자와 전기를 띠지 않는 중성자로 되어 있다(크기는 10^{-12}cm 정도).

⊕양성자
○중성자
⊖전자

원자 ── 원자핵 ── 양성자(+)
                   └ 중성자
       └ 전자(−)

구성 입자		실제 질량(g)	상대적 질량	실제 전하(C)	상대적 전하	관련 특성
원자핵	양성자 (proton)	1.673×10^{-24}	1	$+1.6 \times 10^{-19}$	$+1$	원자 번호 결정
	중성자 (neutron)	1.675×10^{-24}	1	0	0	동위 원소
전자(e^-)		9.109×10^{-28}	$\dfrac{1}{1837}$	-1.6×10^{-19}	-1	화학적 성질 결정

(2) 원자 번호와 질량수

① **원자 번호** : 중성 원자가 가지는 양성자수

원자 번호＝양성자수＝전자수

② **질량수** : 원자핵의 무게인 양성자와 중성자의 무게를 각각 1로 했을 경우 상대적인 질량값

질량수＝양성자수＋중성자수

※ 모든 원자들의 양성자수가 같은 것이 하나도 없으므로 양성자의 수대로 원자 번호를 부여한다. 또한 원자가 전기적으로 중성이므로 양성자수와 전자수는 동일하다.

[참고] 전자와 원자핵의 발견

전자와 원자핵 발견 실험으로 음극선은 (−)전하를 띤 전자로 이루어져 있고, 원자핵은 원자질량의 대부분을 차지함을 이해한다.

- 음극선이 (−)로 된 것을 알 수 있는 방법은?
  → 전기장을 걸어 주면 (+)극 쪽으로 휘어진다.
- α입자 산란 실험에서 α입자의 진로로 알 수 있는 것은?
  → 원자의 중심에는 질량이 크고 (+)전하를 띠는 매우 작은 원자핵이 있음을 알 수 있다.

음극선 실험   러더퍼드의 α입자 산란 실험

---

 1. ① $^{23}_{11}\text{Na}$의 양성자수, 전자수, 중성자수는?

풀이 ∴ 양성자수 : 11, 전자수 : 11, 중성자수 : 12

② Na^+의 양성자수, 전자수, 중성자수는?

풀이 ∴ 양성자수 : 11, 전자수 : 10, 중성자수 : 12

 2. 원자의 구성입자 중 질량이 가장 가벼운 것은?

(위험물기능장 35회)

① 양성자(p)   ② 중성자(n)
③ 중간자(m)   ④ 전자(e)

정답 : ④

② 원자모형과 전자배치

(1) 원자모형

① 원자모형의 변천

　㉠ 돌턴의 모형(1809) : 원자는 단단하고 쪼갤 수 없는 공과 같다.

　㉡ 톰슨의 모형(1903) : 양전하를 띤 공 모양에 전자가 고루 박혀 있는 푸딩 모양과 같다.

　㉢ 러더퍼드의 모형(1903) : 원자의 중심에는 질량이 크고 양전하를 띤 핵이 있고, 그 주위에 원자핵의 양전하와 균형을 이룰 수 있는 수만큼의 전자가 빠르게 돌고 있다.

　㉣ 보어의 모형(1913) : 전자가 원자핵을 중심으로 일정한 궤도를 돌고 있다.

　㉤ 현재의 모형 : 전자가 원자핵 주위에 구름처럼 퍼져 있다(전자 구름 모형).

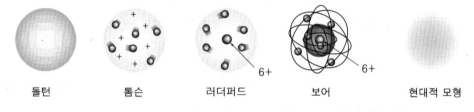

| 돌턴 | 톰슨 | 러더퍼드 | 보어 | 현대적 모형 |

원자모형의 변천

② 보어의 수소 원자모형

　㉠ 전자는 원자핵 주위의 불연속적이고 일정한 에너지를 갖는 궤도를 따라 원운동한다. 각 전자 궤도(전자 껍질)는 핵에서 가까운 쪽부터 K, L, M…… 등의 기호와 n =1, 2, 3…… 등의 숫자로 나타내는데, n값을 주양자 수라고 한다.

　㉡ 원자 내의 각 전자 궤도는 일정한 에너지 준위를 가지고 있다. 전자 껍질의 에너지 준위는 주양자 수 n에 의해 결정된다.

　㉢ 전자가 궤도를 이동할 때 두 궤도 사이의 에너지 차이만큼 에너지를 흡수하거나 방출한다.

[참고] 보어의 수소 원자 모형

● **수소의 에너지 준위** : 핵에서 멀수록 간격이 좁아진다.

$$E_n = \frac{-1312}{n^2}(\text{kJ/mol}) \ (n = 1, \ 2, \ 3, \ \cdots\cdots)$$

$$\Delta E = E_2 - E_1 = hr = h\frac{c}{\lambda}$$

(E_1 : 낮은 에너지 상태, E_2 : 높은 에너지 상태, h : 플랑크 상수, c : 빛의 속도, r : 진동수, λ : 파장)
 − 바닥 상태 : 전자가 가장 낮은 에너지 준위의 전자 껍질에 배치된 상태
 − 들뜬 상태 : 바닥 상태의 전자가 에너지를 흡수하여 높은 에너지 준위로 전이된 상태

● **돌턴의 원자설**

1. 돌턴의 원자설
   ① 모든 물질은 세분하면 더 이상 쪼갤 수 없는 단위 입자 "원자"로 되어 있다.
   ② 같은 물질의 원자의 크기, 모양, 질량은 모두 같다.
   ③ 원소는 만들어지거나 없어지지 않으며 화합물의 원자(현재의 분자)는 그 성분 원소의 원자에 의해 생긴다.
   ④ 화합물은 성분 원소의 원자가 모여서 된 복합 원자로 되어 있다. 그때 결합비는 간단한 정수비로 되어 있다(배수비례의 법칙).
2. 돌턴의 원자설을 보완해야 할 점
   ① 원자는 더 이상 쪼갤 수 없는 작은 단위가 아니다. 원자는 양성자, 중성자, 전자 등으로 쪼갤 수 있으며, 원자력 발전은 원자가 쪼개지는 핵분열을 이용한 것이다. 또 양성자, 중성자, 전자도 최소 단위는 아니다(쿼크 입자로 구성).
   ② 동위 원자가 발견됨으로써 같은 물질의 원자라도 질량이 다른 것이 있다는 것이 밝혀졌다.

(2) 전자배치

원자핵의 둘레에는 양자수와 같은 수의 전자가 원자핵을 중심으로 몇 개의 층을 이루어 배치되어 있다. 이 전자층을 전자각이라 한다.

① 전자 껍질

원자핵을 중심으로 하여 에너지 준위가 다른 몇 개의 전자층을 이루는데 이 전자층을 전자 껍질이라 하며, 주전자 껍질(K, L, M, N, ⋯⋯ 껍질)과 부전자 껍질($s, \ p, \ d, \ f$ 껍질)로 나누어진다.

전자 껍질	K($n=1$)	L($n=2$)	M($n=3$)	N($n=4$)
최대 전자수($2n^2$)	2	8	18	32
부전자 껍질	$1s^2$	$2s^2, \ 2p^6$	$3s^2, \ 3p^6, \ 3d^{10}$	$4s^2, \ 4p^6, \ 4d^{10}, \ 4f^{14}$

ⓐ 부전자 껍질(s, p, d, f)에 수용할 수 있는 전자 수

　　s : 2개, 　p : 6개, 　d : 10개, 　f : 14개

ⓑ 주기율표에서 족의 수＝원자 가전자 수, 주기＝전자 껍질 수

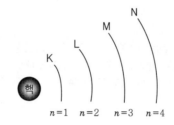

② 최외각 전자(원자 가전자 또는 가전자)

　　ⓐ 전자 껍질에 전자가 채워졌을 때 제일 바깥 전자 껍질에 들어 있는 전자로서 최외각 전
　　　자라고 하며, 그 원자의 화학적 성질을 결정한다.

　　ⓑ 8개일 때는 안정하다(K껍질만은 전자 2개 안정). : 주기율표 0족 원소의 전자배열

　　ⓒ n번에 들어갈 수 있는 전자의 최대 수는 $2n^2$이다.

 [참고] 팔우설(octet theory)

모든 원자들은 주기율표 0족에 있는 비활성 기체(Ne, Ar, Kr, Xe 등)와 같이 최외각 전자 8개를 가져서 안정
하려는 경향(단, He은 2개의 가전자를 가지고 있으며 안정하다.)

---

③ 전자배치

(1) 주양자수(n, 전자 껍질)

① 정수값 1, 2, 3, 4, ……를 가지며 궤도함수(obital)의 크기, 에너지를 결정한다.

② n이 증가하면 궤도함수는 커지고 높은 에너지를 갖는다.

③ n을 정수값 대신 K, L, M, N, ……으로 나타내기도 한다.

(2) 부양자수(l, 부전자 껍질)

① n의 값에 대하여 $0 \sim n-1$의 값을 갖는다.

② l의 값에 따라 원자의 궤도함수의 모양이 결정된다.

③ l의 값은 n의 값에 의해 정해진다.

$$l = 0, 1, 2, 3, \cdots\cdots (n-1)$$

④ l의 값에 대하여 문자를 사용하기도 한다.

l	0	1	2	3	4
기호	s	p	d	f	g

부원자 껍질을 나타내는 기호 및 전자수

n	l	분광학적 기호	전자수($2n^2$)
1	0	$1s$	2
2	0	$2s$	8
	1	$2p$	
3	0	$3s$	18
	1	$3p$	
	2	$3d$	
4	0	$4s$	32
	1	$4p$	
	2	$4d$	
	3	$4f$	

(3) 궤도함수(오비탈)

현대에는 원자의 전자 배치 상태를 원자핵 주위의 어느 위치에서 전자가 발견될 수 있는 확률의 분포상태로 나타낸다.

오비탈의 이름	s-오비탈	p-오비탈	d-오비탈	f-오비탈
전자수	2	6	10	14
오비탈의 표시법	s^2 ↑↓	p^6 ↑↓ ↑↓ ↑↓	d^{10} ↑↓ ↑↓ ↑↓ ↑↓ ↑↓	f^{14} ↑↓ ↑↓ ↑↓ ↑↓ ↑↓ ↑↓ ↑↓

① 오비탈의 에너지 준위

한 전자 껍질에서 각 오비탈의 에너지 준위의 크기는 $s < p < d < f$의 순으로 커진다. 즉 $1s < 2s < 2p < 3s < 3p < 4s < 3d < 4p < 5s \cdots$ 순으로 전자가 채워진다.

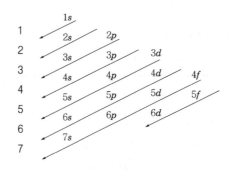

축조 원리에 의한 부껍질 내 전자배치 방식

예제 ① Cl의 전자 배열

 $\rightarrow 1s^2\ 2s^2\ 2p^6\ 3s^2\ 3p^5$

② K의 전자 배열

 $\rightarrow 1s^2\ 2s^2\ 2p^6\ 3s^2\ 3p^6\ 4s^1$

---

② 전자 배치의 원리

㉠ 쌓음의 원리 : 전자는 낮은 에너지 준위의 오비탈부터 차례로 채워진다.

㉡ 파울리의 배타 원리 : 한 오비탈에는 전자가 2개까지만 배치될 수 있다

㉢ 훈트의 규칙 : 같은 에너지 준위의 오비탈에는 먼저 전자가 각 오비탈에 1개씩 채워진 후, 두 번째 전자가 채워진다. 홀전자가 수가 많을수록 전자의 상호 반발력이 약화되어 안정된다.

p 오비탈에 전자가 채워지는 순서

① ④	② ⑤	③ ⑥

※ 훈트의 규칙에 따라 먼저 각 오비탈에 1개씩 채워져야 한다.

(4) 원자가 전자와 원소의 성질

원자들은 최외곽에 전자 8개(H, He은 2개)를 채워 주어 안정한 모양으로 되기 위하여 서로 전자를 주고 받음으로써 모든 화합물이 이루어지며, 이때 최외각의 전자를 원자가 전자(＝가전자)라 하고, 원소의 성질이 결정된다.

예를 들면 $_{11}Na$은 최외각에 전자 1개가 있으므로 7개를 받는 것보다는 1개를 내어 주려는 성질이 있으며, $_{17}Cl$은 최외각에 전자 7개가 있으므로 1개를 받으려 한다. 따라서, Na와 Cl이 만난다면 전자 1개를 주고받음으로써 소금(NaCl)이란 화합물을 만든다. 이때 전자를 준 Na는 Na^+(양이온), 전자를 받은 Cl은 Cl^-(음이온)이 된다.

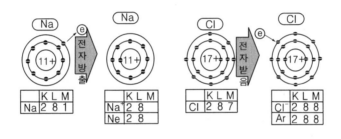

◀예제▶ 파울리의 배타율(pauli exclusion principle)에 대한 설명으로 옳은 것은?

① 한개의 원자 중에는 4개의 양자수가 똑같은 전자 2개를 가질 수 없다.
② 한개의 전자 중에는 4개의 중성자수가 똑같은 양자 2개를 가질 수 없다.
③ 양자수를 나열하면 각각의 주준위에 속하는 최소전자수를 계산할 수 있다.
④ 자기양자수를 나열하면 각각의 주준위에 속하는 최대전자수를 계산할 수 있다.

정답 : ①

주기율표

주기＼족	I	II	III	IV	V	VI	VII	0
1	$_1H$							$_2He$
2	$_3Li$	$_4Be$	$_5B$	$_6C$	$_7N$	$_8O$	$_9F$	$_{10}Ne$
3	$_{11}Na$	$_{12}Mg$	$_{13}Al$	$_{14}Si$	$_{15}P$	$_{16}S$	$_{17}Cl$	$_{18}Ar$
4	$_{19}K$	$_{20}Ca$						
원자가	+1	+2	+3	±4	−3 +5	−2 +6	−1 +7	0

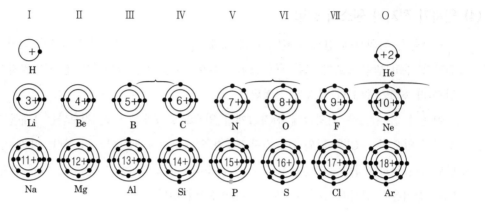

원자의 전자 배열

(5) 부전자각

① 에너지 준위(Energy level)

원자핵에 있는 전자각은 K, L, M, …… 등
으로 층이 커짐에 따라 에너지가 많아지는데,
이를 에너지 준위라 한다. 전자각에 있는 전
자들은 다시 에너지 준위에 따라 $s \cdot p \cdot d \cdot f$
의 궤도로 나눌 수 있다.

$2s$ 오비탈과 $2p$ 오비탈

이때 에너지는 $s < p < d < f$의 차례로 증가되며, 각 궤도에 들어갈 수 있는 최대 전자수는
$s = 2$, $p = 6$, $d = 10$, $f = 14$이다.

전자각 K 각에는 $n = 1$로서

s 오비탈만이 존재

L 각에는 $n = 2$

$s \cdot p$ 오비탈이 존재

M 각에는 $n = 3$

$s \cdot p \cdot d$의 3개의 오비탈이 존재

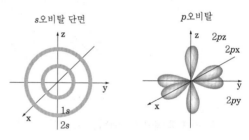

3방향인 p 오비탈

즉, 전자각을 자세히 설명하면

전자각	K	L	M	N
오비탈	$1s$	$2s$, $2p$	$3s$, $3p$, $3d$	$4s$, $4p$, $4d$, $4f$

[참고] 전자각과 오비탈

이 관계는 다음과 같이 하면 쉽게 기계적으로 암기할 수 있다. 주기 n의 증가에 따라 s 다음 p, p 다음 d, d 다음 f와 같이 하나씩 증가한다.

즉, $1s$ 다음 $n=2$(L-껍질)에 대하여서는 p를 하나 더하여

$2s$, $2p$; $n=3$(M-껍질) 때는 $3s$, $3p$, $3d$

$\qquad n=4$(N-껍질) 때는 $4s$, $4p$, $4d$, $4f$와 같이 된다.

㉠ 주기 n에 관계없이 s 오비탈은 1개, p 오비탈은 3개, d 오비탈은 5개, f 오비탈은 7개 …… 의 오비탈을 가진다.

주기	1	2	3	4
각	K	L	M	N
궤도	$1s$ 0	$2s$ $2p$ 0 000	$3s$ $3p$ $3d$ 0 000 00000	$4s$ $4p$ $4d$ $4f$ 0 000 00000 0000000
궤도의 수	$1^2=1$	$2^2=1+3=4$	$3^2=1+3+5=9$	$4^2=1+3+5+7=16$
존재할 수 있는 전자의 최대수	2×1^2 2	2×2^2 8	2×3^2 18	2×4^2 32

㉡ 내부부터 n번째의 전자각은 n^2개의 오비탈을 가진다.

㉢ 한 개의 오비탈에서 전자의 자전 방향(이것을 스핀(spin) 또는 석회 양자수라 한다.)이 서로 반대인 전자가 2개만 존재할 수 있다.

[참고] 오비탈 표시방법

오비탈은 ○ 또는 □ 등으로 표시하고, 전자는 빗금 /, \ 또는 점 ● 으로 표시한다. 이때 자전방향 즉, 스핀이 $(+)\phi$인가 $(-)\phi$인가 하는 것은 다음과 같은 여러 가지 방법으로 표시한다. 가령 스핀이 $(+)$인 전자를 ⊘ 또는 ⊙↑로 표시하며 스핀이 $(-)$인 전자는 ⊗ 또는 ⊙↓로 표시한다. 따라서 ⊗ 또는 ⊙↑↓는 한 오비탈에 스핀이 반대인 2개의 전자가 들어가는 것을 표시한다.

㉣ n번째의 전자각에 존재할 수 있는 전자의 최대수는 $2n^2$개다.

즉, n번째의 전자각에 속하는 오비탈수는 n^2개

$\qquad$ 1개 오비탈에 들어갈 수 있는 전자는 스핀이 서로 반대인 전자 2개

이므로 n번째 전자각의 전자수$=2n^2$

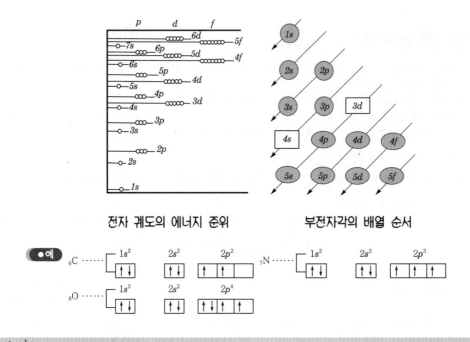

전자 궤도의 에너지 준위   부전자각의 배열 순서

●예
$_6$C ······ $1s^2$ $2s^2$ $2p^2$ $_7$N ······ $1s^2$ $2s^2$ $2p^3$

$_8$O ······ $1s^2$ $2s^2$ $2p^4$

[참고] 훈트의 규칙

p궤도를 보면 각 방에 스핀양자수가 하나씩 다 찬 후에야 반대 방향의 스핀양자수가 쌍을 지어 들어간다. 이와 같이 방이 한 개의 전자로 차기 전에는 전자가 쌍을 이루지 않는다는 것을 훈트(Hunt)의 규칙 또는 최대 다중도의 원칙이라 한다.

---

② 부대 전자

질소 원자의 전자 배열을 부전자각으로 나타냈을 때 ⇅⇅↑↑↑로 되며, 이때 쌍을 이루지 않은 스핀 양자수를 부대 전자라 한다. 따라서 $_7$N의 경우 3개의 부대 전자가 있게 된다.

●예 $_8$O의 경우 $1s^2$, $2s^2$, $2p^4$이므로 부대 전자수는 훈트의 규칙에 의해 2개가 된다.

③ 궤도 함수의 모형

원자핵 주위에 있는 s, p, d, f의 궤도 함수는 각각 독특한 모양을 가진다. s궤도 함수는 공과 같이 방향성이 없으며, p궤도 함수는 아령과 같이 한 점으로부터 양쪽으로 퍼져 있는데, p궤도에는 p_x, p_y, p_z의 3궤도 함수가 90°로 직교되고 있다.

또한 s궤도와 p궤도가 합해서 새로운 궤도 함수를 만들 때 이를 혼성궤도(hybridization)라 한다.

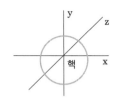

1s 궤도 모형

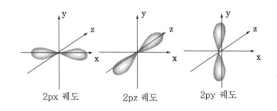

3방향의 p 궤도 모형

원자의 핵외 전자 배열(굵은 선의 오른쪽 숫자는 가전자를 표시)

원자 번호	원소 기호	K 1s	L 2s 2p	M 3s 3p 3d	N 4s 4p 4d 4f	O 5s 5p 5d 5f
1	H	1				
2	He	2				
3	Li	2	1			
4	Be	2	2			
5	B	2	2 1			
6	C	2	2 2			
7	N	2	2 3			
8	O	2	2 4			
9	F	2	2 5			
10	Ne	2	2 6			
11	Na	2	2 6	1		
12	Mg	2	2 6	2		
13	Al	2	2 6	2 1		
14	Si	2	2 6	2 2		
15	P	2	2 6	2 3		
16	S	2	2 6	2 4		
17	Cl	2	2 6	2 5		
18	Ar	2	2 6	2 6		
19	K	2	2 6	2 6	1	
20	Ca	2	2 6	2 6	2	
21	Sc	2	2 6	2 6 1	2	
22	Ti	2	2 6	2 6 2	2	

[참고] 전이 원소

원자 번호 21번 원소와 같이 d궤도에 전자가 차 들어가는 원소를 전이 원소라 한다.

④ **가전자(최외각 전자)**

원자가전자(valency electron) : 전자는 각 궤도에 $2n^2$개 들어갈 수 있으나, 실제 원자의 제일 바깥쪽의 전자(최외각 전자)수는 주기율표의 족의 수와 일치한다. 그러나 원자는 최외각 전자 8개를 만들어 안정한 상태로 되려고 한다. 이러한 설을 팔우설(octect theory)이라 한다.

> 최외각 궤도에 존재하는 전자수로써 모든 원자의 원자가가 결정되므로 이 최외각 전자를 원자가전자 또는 가전자라 한다.

가전자수가 같으면 화학적 성질이 비슷하다.

 [참고] 자기 양자수

각 부껍질의 에너지 준위는 일정하므로, 이 사이의 전자의 이동으로 생기는 스펙트럼은 1개라야만 되지만, 원자를 자기장(磁氣場)에 걸어 보면, 스펙트럼선은 몇 개로 나뉘어진다. 이와 같은 사실은 같은 에너지 준위의 부껍질이라 할지라도 서로 방향이 다른 것이 있음을 의미한다.

 1. 다음과 같은 전자 배열을 보고 다음에 답하여라.

> ① $1s^2\ 2s^2\ 2p^4$
> ② $1s^2\ 2s^2\ 2p^5$
> ③ $1s^2\ 2s^2\ 2p^6\ 3s^1$
> ④ $1s^2\ 2s^2\ 2p^1$

(1) 가전자가 세 개인 원소는 어느 것인가?

(2) 부대 전자가 두 개인 원소는 어느 것인가?

(3) 음이온이 가장 되기 쉬운 원소는 어느 것인가?

(4) 양이온이 가장 되기 쉬운 원소는 어느 것인가?

정답 : (1) ④ (2) ① (3) ② (4) ③

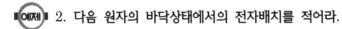 **2.** 다음 원자의 바닥상태에서의 전자배치를 적어라.

(1) $_{15}P$

(2) $_{23}V$

정답 : (1) $1s^2\ 2s^2\ 2p^6\ 3s^2\ 3p^3$

(2) $1s^2\ 2s^2\ 2p^6\ 3s^2\ 3p^6\ 4s^2\ 3d^3$

3. 알칼리토금속(2A족)류의 2가 이온의 핵외 전자배열은 다음 중 어느 것인가?

① $1s^2\ 2s^2$

② $1s^2\ 2s^2\ 2p^6$

③ $1s^2\ 2s^2\ 2p^2$

④ $1s^2\ 2s^2\ 2p^6\ 3s^2$

풀이 2가 이온이란 전자를 2개 잃었다는 뜻이므로 원래 2A족의 전자배열에서 전자 2개를 잃어버린 것을 찾아야 한다. 예를 들어 Mg의 경우 원래 전자가 12개이므로 $1s^2\ 2s^2\ 2p^6\ 3s^2$이지만 2가 이온에서는 $3s^2$가 빠져야 한다.

정답 : ②

4. $1s^2\ 2s^2\ 2p^3$의 전자배열을 갖는 원자의 최외각전자수는?   (위험물기능장 32회)

① 2개

② 3개

③ 4개

④ 5개

정답 : ④

④ 원소의 주기율

(1) 주기율

① 멘델레예프(D.I. Mendeleev)의 주기율

1869년 러시아의 멘델레예프는 당시에 발견된 63종의 원소를 계통적으로 분류하여 다음과 같은 것을 발견하였다.

> 원소를 원자량의 크기에 따라 배열하면 원소의 성질이 주기적으로 변한다는 법칙을 알았는데 이 성질을 원소의 주기율이라 한다.

㉠ 멘델레예프는 원소의 원자량이 작은 것부터 차례로 나열하여 성질이 비슷한 원소가 같은 칸에 오도록 하였다.

㉡ 원소를 원자량의 크기 순서로 나열했을 때, 잘 들어맞지 않는 곳은 그대로 빈 칸으로 남겨두었는데, 그것이 나중에 발견된 원소를 예언한 것이다.

그래서 다음과 같은 원소는 그 순서를 바꾸었다.

이 순서는 그 이후에 발견된 원자 번호의 순서와 일치하였다.

$$_{18}Ar과 \ _{19}K \quad > \quad _{52}Te와 \ _{53}I \quad > \quad _{27}Co와 \ _{28}Ni \quad > \quad _{92}U와 \ _{93}Np$$
$$(39.9) \ (39.1) \qquad (127.6) \ (126.6) \qquad (58.9) \ (58.7) \qquad (238) \ (237)$$

② 모즐리(Moseley)의 주기율

1913년 영국의 물리학자 모즐리는 원자량의 순서와 원소의 성질이 일치하지 않는 곳이 있다는 것을 알고, 각 원소로부터 나오는 X선의 파장을 측정하여 이 파장이 짧은 것부터 순서대로 번호를 정하였다. 이 번호가 원자 번호이다.

③ 주기율표

㉠ 족과 주기

> **[참고] 족과 주기**
>
> 전형 원소에서 족수와 가전자수가 같고, 주기수는 최외각의 전자 껍질이 결정하는 것으로 K껍질은 제1주기, L껍질은 제2주기, …… 에 해당한다.

㉮ 족(group)

주기율표의 세로줄을 족이라 하며, 이 족을 왼편으로부터 Ⅰ, Ⅱ, Ⅲ… 번호를 붙이면, 장주기율표의 제4주기에서 처음 나오는 족도 Ⅰ, Ⅱ, Ⅲ 등으로 번호를 붙여서 이들을 다시 주족(a족)과 부족(b족)으로 구분한다. 이때 a족과 0족 원소를 전형 원소라 하고 이들의 전자 배열은 s전자가 채워지고, p전자가 채워지는 원소들이다.

b족과 Ⅷ족을 전이 원소라 부른다. 전이 원소는 s전자를 채우고 d전자나 f전자를 채우는 원소들로서, 제4주기 이후에 나오는 원소들이다.

[참고] 주기율표의 원소(족 관계)

전형 원소 ⇨ Ⅰa~Ⅶa, 0의 각 족 원소
　　　　　　　(s전자를 채우고 p전자를 채운다.)
전이 원소 ⇨ Ⅰb~Ⅶb, Ⅷ의 각 족 원소
　　　　　　　(s전자를 채우고 d전자 f전자를 채운다.)

㉯ 주기(period)

주기율표의 가로줄을 말하며 1주기부터 7주기까지 존재한다.

[참고] 주기율표의 원소(주기 관계)

제 1, 2, 3 주기 ⇨ 전형 원소뿐
제 4, 5, 6 주기 ⇨ 전형 원소와 전이 원소

ⓒ 단주기형과 장주기형

주기율표에는 단주기율표와 장주기율표가 있는데, 3번 Li에서 18번 Ar까지는 8번째마다 성질이 닮은 원소가 나타나는데, 이것을 기준으로 하여, 즉 제2주기와 3주기의 8개의 원소를 기준으로 하여 만든 주기율표를 단주기형 주기율표라 하며, 제4주기와 제5주기의 18개의 원소를 기준으로 하여 정한 주기율표를 장주기형 주기율표라 한다.

구분	주족(전형족)		부족(전이족)	
	족이름	원소	족이름	원소
Ⅰ족	알칼리금속	Li Na K Rb Cs Fr	구리족	Cu Ag Au
Ⅱ족	알칼리토금속	Be Mg Ca Sr Ba Ra	아연족	Zn Cd Hg
Ⅲ족	붕소족	B Al Ga In Tl	희토류	Sc Y La~Lu Ac 계열
Ⅳ족	탄소족	C Si Ge Sn Pb	티탄족	Ti Zn Hf Th
Ⅴ족	질소족	N P As Sb Bi	바나듐족	V Nb Ta Pa
Ⅵ족	산소족	O S Se Te Po	크로뮴족	Cr Mo W
Ⅶ족	할로젠족	F Cl Br I At	망가니즈족	Mn Tc Re
0족	불활성 원소족	He Ne Ar Kr Xe · Ⅷ족	철족 백금족	Fe Co Ni Ru Rh Rd Os Ir Pt

ⓒ 원자 반지름과 이온 반지름

㉮ 같은 주기에서는 Ⅰ족에서 Ⅶ족으로 갈수록 원자 반지름이 작아져서 강하게 전자를 잡아당겨 비금속성이 증가하며, 같은 족에서는 원자 번호가 커짐에 따라서 원자 반지름이 커져서 전자를 잃기 쉬워 금속성이 증가한다.

㉯ 이온 반지름도 원자 반지름과 같은 경향을 가지나 양이온은 그 원자로부터 전자를 잃게 되므로 원자보다는 작고 음이온은 전자를 얻으므로 전자는 서로 반발하여 원자보다 커진다.

주기	ⅠA	ⅡA	ⅢA	ⅣA	ⅤA	ⅥA	ⅦA	0
1	H 0.37							He 0.93
2	Li 1.23	Be 0.89	B 0.83	C 0.77	N 0.70	O 0.66	F 0.64	Ne 1.21
3	Na 1.86	Mg 1.60	Al 1.43	Si 1.17	P 1.10	S 1.04	Cl 0.99	Ar 1.54

㉣ 전기 음성도

원자가 전자를 공유하면서 결합할 때 원자마다 전자를 끌어당기는 힘이 다르기 때문에 전자쌍은 어느 한쪽으로 치우치게 된다. 이처럼 분자에서 공유 전자쌍을 끌어당기는 능력을 상대적 수치로 나타낸 것을 전기 음성도라고 한다. 미국의 과학자 폴링(Pauling, L.C. : 1901~1994)은 전자쌍을 끌어당기는 힘이 가장 큰 플루오린(F)의 전기 음성도를 4.0으로 정하고 다른 원자들의 전기 음성도를 상대적으로 정하였다.

₁H 수소 2.1												₅B 붕소 2.0	₆C 탄소 2.5	₇N 질소 3.0	₈O 산소 3.5	₉F 플루오린 4.0
₃Li 리튬 1.0	₄Be 베릴륨 1.5											₁₃Al 알루미늄 1.5	₁₄Si 규소 1.8	₁₅P 인 2.1	₁₆S 황 2.5	₁₇Cl 염소 3.0
₁₁Na 나트륨 0.9	₁₂Mg 마그네슘 1.2															
₁₉K 칼륨 0.8	₂₀Ca 칼슘 1.0	₂₁Sc 스칸듐 1.3	₂₂Ti 티탄 1.5	₂₃V 바나듐 1.6	₂₄Cr 크로뮴 1.6	₂₅Mn 망가니즈 1.5	₂₆Fe 철 1.8	₂₇Co 코발트 1.8	₂₈Ni 니켈 1.9	₂₉Cu 구리 1.9	₃₀Zn 아연 1.6	₃₁Ga 갈륨 1.6	₃₂Ge 저마늄 1.8	₃₃As 비소 2.0	₃₄Se 셀레늄 2.4	₃₅Br 브로민 2.8

전기 음성도

같은 주기에서 원자 번호가 커질수록 전기 음성도가 커진다. 원자 번호가 커지면 원자 반지름은 작아지고 유효핵 전하는 커지므로 원자핵과 전자 간의 인력이 강하게 작용하여 다른 원자와의 결합에서 공유 전자쌍을 세게 끌어당기기 때문이다. 한편, 같은 족에서는 원자 번호가 커질수록 원자 반지름이 증가하여 원자핵과 전자 간의 인력이 감소하므로 다른 원자와의 결합에서 공유 전자쌍을 끌어당기는 힘이 약하다.

㉤ 금속성과 비금속성

㉮ 금속성이 강하면?

※ 금속성 ⇨ 최외각의 전자를 방출하여, 양이온으로 되려는 성질

   비금속성 ⇨ 최외각에 전자를 받아들여서 음이온으로 되려는 성질

i) 염기성이 증가   ii) 전자를 버리기 쉽다.

iii) 산화되기 쉽다.   iv) 원자 반지름 증가

v) 양성(+)이 증가   vi) 이온화 에너지 감소

vii) 전기 음성도 감소

㉴ 비금속성이 강하면?

※ 금속 원소의 산화물 ➪ 금속성이 강할수록 … 강염기성

　비금속 원소의 산화물 ➪ 비금속성이 강할수록 … 강산성

i) 산성이 증가한다. 　　　　ii) 전자를 얻기 쉽다.

iii) 환원되기 쉽다. 　　　　iv) 원자 반지름 감소

v) 음성(−)이 증가 　　　　vi) 이온화 에너지 증가

vii) 전기 음성도 증가

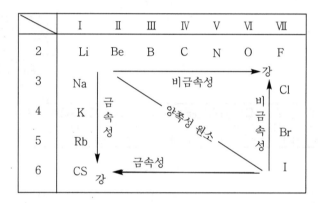

원소들의 성질이 변하는 경향

제3주기의 화합물과 주기성

족	Ⅰa	Ⅱa	Ⅲa	Ⅳa	Ⅴa	Ⅵa	Ⅶa
원소	Na	Mg	Al	Si	P	S	Cl
수소화물	NaH	(MgH_2)	(AlH_3)	SiH_4	PH_3	H_2S	HCl
	불안정(분해하기 쉽다.)			중성	염기성	약산성	강산성
산화물	Na_2O	MgO	Al_2O_3	SiO_2	P_2O_5	SO_3	Cl_2O_7
	강(염기성)약		양쪽성	(약) 산성 (강)			
산·염기	NaOH	$Mg(OH)_2$	$Al(OH)_3$	H_2SiO_3	H_3PO_4	H_2SO_4	$HClO_4$
	(강) 염기 (약)		양쪽성	(약) 산 (강)			

(2) 이온화 에너지(출제빈도 높음)★★★

① 이온화 에너지

기체 상태의 원자로부터 전자 1개를 제거하는 데 필요한 에너지를 이온화 에너지라 한다.

 [참고] 이온화 에너지

기체 원자+에너지 ──── +1가의 기체의 양이온+기체 전자

⇓

이때 필요한 에너지가 이온화 에너지이다.

● 예 $Na(g)$ +에너지 ────→ $Na^+(g)$ + $e^-(g)$

$Mg(g)$ +에너지 ────→ $Mg^+(g)$ + $e^-(g)$

$Al(g)$ +에너지 ────→ $Al^+(g)$ + $e^-(g)$

$S(g)$ +에너지 ────→ $S^+(g)$ + $e^-(g)$

$Cl(g)$ +에너지 ────→ $Cl^+(g)$ + $e^-(g)$

$He(g)$ +에너지 ────→ $He^+(g)$ + $e^-(g)$

금속, 비금속, 불활성 기체의 모두를 +1가의 양이온으로 한다는 점에 주의할 것.

이온화 에너지가 가장 작은 것은 알칼리 금속이며, 양이온이 되기 쉽다. 이온화 에너지가 가장 큰 것은 불활성 기체이며 이온이 되기 어렵다.

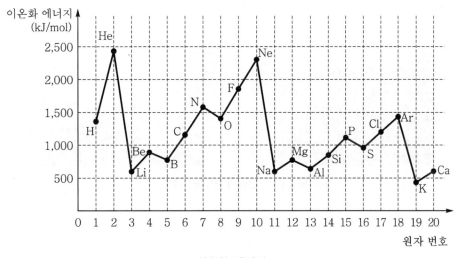

이온화 에너지

이온화 에너지는 원자 번호에 관하여 주기적으로 변한다. 즉, 위의 그림에서 원자 번호가 2, 8, 8, 18, 18, 32와 같을 때마다 이온화 에너지의 크기를 나타내는 위치는 같은 자리를 차지한다.

ⓗ 이온화 에너지의 크기

   ㉮ 금속의 성질이 강하다. ⇔ 이온화 에너지가 적다. ⇔ 전기음성도가 적다.

     비금속의 성질이 강하다. ⇔ 이온화 에너지가 크다. ⇔ 전기음성도 크다.

   ㉯ i) 주기율표상 같은 주기에서는 오른쪽으로 갈수록

     ii) 주기율표상 같은 족에서는 위로 올라갈수록

     iii) 같은 주기에서는 0족 원소의 이온화 에너지가 가장 크다.

예제 원소의 일차 이온화 전위(원자에서 전자 한 개를 떼어내는 데 드는 최소 에너지)는 주기율표_____.

① 같은 족에서는 원자의 크기가 작을수록 작아진다.
② 같은 족에서는 원자의 크기가 클수록 작아진다.
③ 같은 주기에서는 다 같다.
④ 같은 주기에서는 Ⅰ족에서 Ⅶ족으로 갈수록 작아진다.

정답 : ②

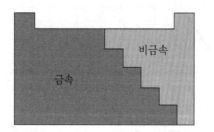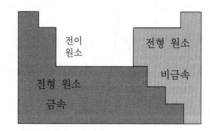

원소들의 성질이 변하는 경향

[참고] 원자의 산화수와 주기성

원자의 산화수(원자가)도 주기적으로 변한다.
일반적으로 최고 산화수(원자가)는 족수와 같다. ⇨ n족의 원자 $\cdots +n$
최저 산화수(원자가)는 8로부터 족수를 뺀 것 ⇨ n'족의 원자 $\cdots (8-n')$

② 이온화 에너지와 전자 친화력

㉠ 이온화 에너지

원자가 전자를 잃으면 양이온, 전자를 얻으면 음이온이 된다. 즉, 원자의 외부로부터 에너지를 가하면 전자는 에너지 준위가 높은 전자 껍질에 있는 전자가 바깥으로 달아나 양이온이 된다.

원자로부터 최외각의 전자 1개를 떼어 양이온으로 만드는 데 필요한 최소의 에너지를 제일 이온화 에너지라 하며 원자 1몰 단위로 표시한다. 또한 전자 1개를 잃은 이온으로부터 제2의 전자를 떼어 내는 데 필요한 에너지를 제2이온화 에너지라 한다. 이하 제3, 제4 …… 이온화 에너지도 같은 방법으로 정의한다.

㉡ 전자 친화력

비활성 기체는 전자 배열이 안전하다. 그러므로 비활성 기체보다 전자수가 몇 개 적은 원소는 전자를 얻어 비활성 기체와 같은 전자 배열을 취하려고 한다.

원자 번호가 17인 염소 원자 Cl는 전자 1개를 얻어 비활성 기체인 $_{18}Ar$와 같은 전자 배열을 취한다. 이때 에너지가 발생하는데 이 에너지를 전자 친화력이라 한다.

$$Cl(기체) + e^- \rightarrow Cl^-(기체) + 85.1\,kcal$$

---

 1. 같은 주기에 있는 원소들은 오른쪽에서 왼쪽으로 갈수록 그 성질이 어떻게 변하는가?

① 전기 음성도가 증가한다.　　② 비금속성이 증가한다.
③ 양이온이 되려는 경향이 커진다.　　④ 산화물의 산성이 강해진다.

풀이 [1] 주기율표의 성질

I, II, III, IV, V, VI, VII
　　　　↑
─────────────────→

비금속성 강 / 전기 음성도 큼. / 이온화 에너지 큼.
원자 크기 작다. / 산성 큼. / 산화력 큼.　　　　정답 : ③

예제 2. 다음 중 성질이 가장 가까운 것은 어느 것인가?

① Na와 K   ② O와 C

③ K와 Ar   ④ C와 Cl

풀이 Na, K : I 족 원소   정답 : ①

예제 3. 주기율표에서 같은 족에 속하는 원소만이 모인 것은?

① N, P, As   ② F, K, S

③ B, Mg, Ca   ④ B, Al, Fe

풀이 V족

2주기 : N   3주기 : P   4주기 : As   정답 : ①

예제 4. 다음 원소 중 가장 강한 산화제는?

① I_2 ② Br_2 ③ Cl_2 ④ F_2

풀이 F_2는 가장 강한 산화제 : 가장 비금속성이 크다.   정답 : ④

예제 5. 다음 중 전기음성도가 가장 작은 것은?   (위험물기능장 36회)

① Br   ② F   ③ H   ④ S

풀이 전기음성도 F > O > N > Cl > Br > C > S > I > H > P   정답 : ③

예제 6. 다음 기체 중 화학적 성질이 다른 것은?   (위험물기능장 37회)

① 질소   ② 플루오린   ③ 아르곤   ④ 이산화탄소

풀이 ① 질소 ③ 아르곤 ④ 이산화탄소- 불연성가스, ② 플루오린- 조연성가스

정답 : ②

예제 7. 다음 금속원소 중 이온화에너지가 가장 큰 원소는?   (위험물기능장 42회)

① 리튬   ② 나트륨

③ 칼륨   ④ 루비듐

풀이 원자번호가 작을수록 이온화에너지가 크다.

정답 : ①

예제 8. 원소주기율표 상의 같은 주기에서 원자번호가 증가함에 따라 일반적으로 증가하는 것이 아닌 것은? (위험물기능장 42회)

① 원자가전자수　　　　　　　② 비금속성
③ 원자반지름　　　　　　　　④ 이온화에너지

풀이 원소주기율표 상의 같은 주기에서 원자번호가 증가함에 따라 원자가전자수, 비금속성, 이온화에너지가 증가하나 원자반지름은 감소한다.

정답 : ③

예제 9. 주기율표 상 0족의 불활성 물질이 아닌 것은? (위험물기능장 46회)

① Ar　　　　② Xe　　　　③ Kr　　　　④ Br

풀이 주기율표 상 0족 불활성 물질은 He, Ne, Ar, Kr, Xe, Rn이다.
Br은 7족의 할로젠족 원소이다.

정답 : ④

예제 10. 1차 이온화에너지가 작은 금속에 대한 설명으로 틀린 것은? (위험물기능장 45회)

① 전자를 잃기 쉽다.　　　　② 산화되기 쉽다.
③ 환원력이 작다.　　　　　　④ 양이온이 되기 쉽다.

풀이 이온화에너지는 작을수록 금속의 성질이 강해지며 산화되기도 쉽다. 또, 산화하는 물질은 다른 물질을 환원시키는 환원력도 크다.

정답 : ③

01 원자의 질량수는?

① 양성자＋전자수

② 중성자수＋원자량

③ 양성자수＋중성자수

④ 전자수＋원자번호

해설 • 원자번호＝양성자수＝전자수

• 질량수＝양성자수＋중성자수＋전자수(무시)

정답 ③

02 다음 표는 같은 족에 속하는 어떤 원소 A, B, C의 원자 반지름과 이온 반지름을 조사하여 나타낸 것이다. 원소 A, B, C에 대한 다음 보기의 비교 중 옳은 것을 모두 고르면?

원소	원자 반지름(mm)	이온 반지름(mm)
A	0.152	0.074
B	0.186	0.097
C	0.227	0.133

[보기]

(ㄱ) 원자번호는 A＞B＞C이다.

(ㄴ) 이온화에너지는 A＞B＞C이다.

(ㄷ) 환원력은 A＞B＞C이다.

① (ㄱ)　　　　　　② (ㄴ)

③ (ㄷ)　　　　　　④ (ㄱ), (ㄴ)

해설 (ㄱ) 같은 족 원소의 경우 금속과 비금속 모두 원자번호가 증가하면 전자껍질수가 증가하여 원자 반지름은 커진다. (A＜B＜C)

(ㄴ) 같은 족 원소의 경우 원자 반지름이 커질수록 원자핵과 전자 사이의 인력이 감소하므로 이온화에너지가 작아지게 된다. (A＞B＞C)

(ㄷ) 금속 원소의 경우 같은 족에서 원자번호가 커질수록 양이온이 되기 쉬우므로 금속성이 커지게 되고 따라서 환원력도 커지게 된다. (A＜B＜C)

정답 ②

03 다음 표는 2, 3주기에 속하는 몇 가지 중성원자들의 바닥상태에서 전자배치를 나타낸 것이다. 다음 중 원소 A~E에 대한 설명으로 옳지 않은 것은? (단, 이온결합은 금속 원소와 비금속 원소 사이에서 형성된다.)

원소	$1s$	$2s$	$2p$	$3s$	$3p$
A	2	1			
B	2	2	3		
C	2	2	5		
D	2	2	6	2	
E	2	2	6	2	1

① 홀전자수는 B가 가장 많다.

② 이온화에너지는 E가 가장 크다.

③ 원자가전자수는 C가 가장 많다.

④ C와 D가 결합하면 이온결합물질이 형성된다.

해설 이온화에너지는 같은 족에서는 원자번호가 작을수록, 같은 주기에서는 원자번호가 클수록 크다. 따라서 C가 가장 이온화에너지가 크다.

정답 ②

04 다음 중 알루미늄 이온(Al^{3+}) 1개에 대한 설명으로 옳은 것은?

① 양성자는 27개이다.

② 중성자는 13개이다.

③ 전자는 10개이다.

④ 원자번호는 27이다.

해설 알루미늄 원소는 양성자 13개, 중성자 27－13＝14개, 전자 13개를 가지고 있다.

알루미늄 이온(Al^{3+})은 Al 원자에서 전자 3개가 빠져나간 것이다. 따라서 Al^{3+}은 양성자 13개, 중성자 14개, 전자 13－3＝10개이다.

정답 ③

05 다음 중 채드윅이 베릴륨막에 α입자를 충돌시켜 발견한 입자는?

① 양성자

② 중성자

③ 전자

④ 원자핵

해설 채드윅이 베릴륨막에 α입자를 충돌시켜 발견한 입자는 중성자이다.

정답 ②

06 원자번호 35인 브로민의 원자량은 80이다. 브로민의 중성자수는 몇 개인가?

① 35개　　　② 40개

③ 45개　　　④ 50개

해설 중성자수＝원자량－원자번호(＝양성자수)＝45

정답 ③

07 원자번호가 20이며 원자량이 40인 Ca(칼슘) 원자의 원자핵에는 중성자와 양성자수는 각각 몇 개인가?

① 중성자 19개와 양성자 19개

② 중성자 20개와 양성자 20개

③ 중성자 20개와 양성자 19개

④ 중성자 19개와 양성자 20개

정답 ②

08 방위 양자수에 의해 원자 궤도 함수의 모양이 결정된다. 방위 양자수가 0, 1, 2, 3, … 순서로 구성될 때 문자 기호가 올바른 것은?

① s, p, d, f　　　② j, f, p, s

③ d, s, p, g　　　④ p, e, s, f

정답 ①

09 다음 중 원자핵을 구성하는 것이 아닌 것은?

① 중성자

② 양성자

③ 전자

④ 중간자

정답 ③

10 원자의 M껍질에 들어 있지 않은 오비탈은?

① s　　　　　　② p

③ d　　　　　　④ f

해설 M껍질은 $n = 3(s, p, d)$이다.

정답 ④

11 나트륨(Na)의 전자배치로 옳은 것은?

① $1s^2\ 2s^2\ 2p^6\ 3s^1$

② $1s^2\ 2s^2\ 2p^6\ 3p^2\ 3p^6\ 3d^4\ 4s^1$

③ $1s^2\ 2s^2\ 2p^6\ 2d^1$

④ $1s^2\ 2s^2\ 2p^6\ 2d^{10}\ 3s^2\ 3p^1$

해설 원자번호＝양성자수＝전자수
Na 전자＝11

정답 ①

12 원자의 전자껍질에 따른 전자 수용능력으로, N껍질에 들어갈 수 있는 최대 전자수는?

① 2개

② 8개

③ 18개

④ 32개

해설 각 전자껍질에 들어가는 최대 전자수＝$2n^2$
$\therefore\ 2 \times 4^2 = 32$개

정답 ④

13 에너지 준위의 순서가 옳게 되어 있는 것은 어느 것인가?

① $2s < 2p < 3s < 3p < 4s < 4p$

② $2s < 2p < 3s < 3p < 3s$

③ $2s < 3s < 4s < 2p < 3p < 4p$

④ $2s < 2p < 3s < 3p < 4s < 3d$

정답 ④

14 다음 중 이온화에너지가 가장 작은 것은?

① H
② Sn
③ K
④ N

해설
• 1족 원소가 이온화에너지가 가장 작다.
• 같은 족에서는 원자번호가 클수록 원자핵과 가전자와의 인력이 약하므로 이온화에너지가 작다.

정답 ③

15 다음 중 원자의 반지름이 이온의 반지름보다 작은 것은?

① Cl
② Cu
③ Al
④ Mg

해설
원자와 이온의 반지름 : 음이온(비금속)은 크며, 양이온(금속)은 작다.
① Cl은 비금속이다.

정답 ①

16 다음 중 반지름이 가장 큰 입자는?

① F^-
② Cl^-
③ Br^-
④ I^-

해설
7족 원소의 원자 반경 : F<Cl<Br<I

정답 ④

17 다음 설명 중 옳은 것은?

① 같은 주기에서 원자번호가 증가하면 원자 반지름이 길어진다.

② 같은 족에서 원자번호가 증가하면 원자 반지름이 길어진다.

③ 금속전자는 전자를 얻기 쉬우므로 양이온이 된다.

④ 비금속전자는 전자를 잃기 쉬우므로 음이온이 된다.

정답 ②

18 금속이 전기의 양도체인 이유는 무엇 때문인가?

① 질량수가 크기 때문에

② 자유전자수가 많기 때문에

③ 중성자수가 많기 때문에

④ 양자수가 많기 때문에

정답 ②

19 다음 보기 중 전기음성도에 대한 설명으로 옳은 것을 모두 고르면?

> ㉠ 금속이 비금속보다 크다.
> ㉡ 같은 주기에서 원자번호가 커질수록 전기음성도 값이 작아진다.
> ㉢ 같은 족에서 원자번호가 커질수록 전기음성도 값이 작아진다.

① ㉠
② ㉡
③ ㉠, ㉢
④ ㉢

해설
전기음성도란 한 원자가 화학결합을 할 때 다른 전자를 끌어들이는 정도를 의미한다. 비금속이 금속보다 크며, 같은 주기에서는 원자번호가 커질수록 전기음성도 값은 커지며 같은 족에서는 원자번호가 커질수록 전기음성도 값은 작아진다.

정답 ④

20 다음과 같은 전자배치를 갖는 원소들에 대한 설명으로 옳지 않은 것은? (단, A ~ D는 임의의 원소기호이다.)

- A : $1s^2 2s^2 2p^3$
- B : $1s^2 2s^2 2p^5$
- C : $1s^2 2s^2 2p^6 3s^1$
- D : $1s^2 2s^2 2p^6 3s^2 3p^1$

① 홀전자 수는 A가 가장 많다.
② 원자 반지름은 C가 가장 크다.
③ 이온화에너지는 B가 가장 크다.
④ 원자가전자수는 D가 가장 많다.

해설

		홀전자 수	원자 반지름 (pm)	이온화에너지 (kJ/mol)	가전자 수
A	$_7$N	3	75	1,402	5
B	$_9$F	1	71	1,681	7
C	$_{11}$Na	1	154	495	1
D	$_{13}$Al	1	118	578	3

정답 ④

21 다음 중 할로젠 원소에 관한 사항으로 옳은 것은 어느 것인가?

① 원자번호가 작을수록 수소와의 결합력이 강하다.
② 원자번호가 클수록 산화력이 약하다.
③ 원자번호가 작을수록 이온화에너지나 전기음성도가 작다.
④ 원자가는 보통 −3가이며, 화학적으로 안정하다.

해설
- 원자번호 : F < Cl < Br < I
- 수소와의 결합력 : F > Cl > Br > I

정답 ①

22 할로젠 원소의 경우 소화력이 가장 큰 원소는 어느 것인가?

① F
② Cl
③ Br
④ I

해설 소화력의 세기 : F<Cl<Br<I

정답 ④

23 다음 중 틀린 말은?

① 원자는 핵과 전자로 나누어진다.
② 원자가 +1가는 전자를 1개 잃었다는 표시이다.
③ 네온과 Na^+의 전자배치는 다르다.
④ 원자핵을 중심으로 맨처음 나오는 전자껍질명은 K껍질이다.

해설 Ne와 Na^+는 10개의 전자를 가지고 있으므로 전자배치는 동일하다.

정답 ③

24 다음 중 물에서 수소를 발생시키는 원소가 아닌 것은?

① 칼륨
② 바륨
③ 칼슘
④ 구리

해설 구리는 물과 반응하지 않는다.

정답 ④

25 다음 원소들 중 전기음성도 값이 가장 큰 것은 어느 것인가?

① C
② N
③ O
④ F

해설 같은 주기에서는 원자번호가 증가할수록 전기음성도 값은 크다.
① C=2.5, ② N=3.0, ③ O=3.5, ④ F=4.0

정답 ④

26 다음에서 설명하는 공통적인 성질을 지니고 있는 족의 이름은?

> • 모두 은빛의 흰 금속고체이다.
> • 반응성이 매우 크고 강한 환원제이다.
> • 전기음성도가 작으므로 이온성 화합물을 형성한다.

① 알칼리 금속족
② 알칼리 토금속족
③ 붕소족
④ 알루미늄족

정답 ①

27 다음은 주족원소들에 대한 특징을 나열한 것이다. 잘못된 말은?

① 금속은 열전도성과 전기전도성이 있지만, 비금속은 없다.
② 금속은 낮은 이온화에너지를 가지며, 비금속은 높은 이온화에너지를 갖는다.
③ 금속의 산화물은 산성이며, 비금속의 산화물은 염기성이다.
④ 금속은 낮은 전기음성도를 가지며, 비금속은 높은 전기음성도를 갖는다.

해설 금속의 산화물은 염기성이며, 비금속의 산화물은 산성이다.

정답 ③

28 Ca의 최외각전자수는 몇 개인가?

① 2
② 6
③ 8
④ 10

해설 K껍질에 2개, L껍질에 8개, M껍질에 8개, N껍질에 2개를 가지며, N껍질이 최외각 껍질이 되므로 최외각전자수는 2개이다.

정답 ①

29 ns^2np^5의 전자구조를 가지지 않는 것은?

① F(원자번호=9)
② Cl(원자번호=17)
③ Se(원자번호=34)
④ I(원자번호=53)

해설 Se는 원자번호 34로서 $4s^24p^4$의 전자구조를 가진다.

정답 ③

30 플루오린(F) 원자 한 개는 몇 g인가?

① 3.16×10^{-23}
② 4.16×10^{-23}
③ 5.16×10^{-23}
④ 6.16×10^{-23}

해설 $\dfrac{19g}{6.02 \times 10^{23}개} = 3.16 \times 10^{-23}g/개$

정답 ①

31 F^-의 전자수, 양성자수, 중성자수는 얼마인가?

① 9, 9, 10
② 9, 9, 19
③ 10, 9, 10
④ 10, 10, 10

해설 F는 원자번호 9번이므로 양성자수=전자수는 9개이나 음이온이므로 전자 한 개를 더 받아서 전자수는 10개가 된다. 또한 질량수가 19이므로 질량수에서 양성자수를 빼면 중성자수는 10개가 된다.

정답 ③

32 중성인 He 원자에는 몇 개의 전자가 있는가?

① 0
② 1
③ 2
④ 3

해설 원자번호 2번이므로 전자수는 2개이다.

정답 ③

33 다음 원자의 구성요소 중 질량수와 관계없는 것은?

① 양성자
② 중성자
③ 핵
④ 전자

해설 질량수는 양성자수+중성자수+전자수이다.

정답 ③

34 다음 전자배치 중 가장 안정한 배치를 하고 있는 것은?

① (2, 8, 1) ② (2, 8, 4)

③ (2, 8, 7) ④ (2, 8, 8)

정답 ④

35 $^{39}_{19}K$이 가지고 있는 전자 중 M껍질이 들어가는 전자의 수는?

① 2 ② 8

③ 9 ④ 17

해설 $_{19}K$ $\overset{2}{\underset{K}{)}}\overset{8}{\underset{L}{)}}\overset{8}{\underset{M}{)}}\overset{1}{\underset{N}{)}}$

정답 ②

36 어떤 중성원소의 전자배치가 $1s^2\,2s^2\,2p^3$으로 되어 있다. 이 원소의 최대 원자가는?

① +2가 ② +3가

③ +5가 ④ −3가

해설 최대 원자가는 그 원소의 족수를 가리킨다.

정답 ③

37 원자번호 13번인 A와 8번인 B가 화합물을 이룬다면 그 화합물의 화학식은?

① AB ② A₂B

③ A₃B₂ ④ A₂B₃

해설

$_{13}Al$ $\overset{2}{)}\overset{8}{)}\overset{3}{)}$ ∴ +3가

$_8O$ $\overset{2}{)}\overset{6}{)}$ ∴ −2가

정답 ④

38 전이원소의 전자배열은 다음 중 어느 것인가?

① $1s^2\,2s^2\,2p^2$

② $1s^2\,2s^2\,2p^6\,3s^2\,3p^4$

③ $1s^2\,2s^2\,2p^5\,3s^2$

④ $1s^2\,2s^2\,2p^6\,3s^2\,3p^6\,4s^2\,3d^8$

해설 d 오비탈에 전자가 차는 원소

정답 ④

39 어떤 원소의 화학적 성질을 지배하는 것은?

① 비등점과 용융점

② 원자번호와 원자량

③ 제일 바깥껍질의 전자수

④ 전자의 총수

정답 ③

40 다음 화합물 중 양이온과 음이온 모두가 각각 Ne과 같은 수의 전자를 갖는 것은?

① NaCl ② MgO

③ CaCl₂ ④ KF

해설 Ne의 전자 총수=10개

② MgO에서 Mg^{2+}와 O^{2-}는 각각 전자 10개이다.

정답 ②

3 화학결합

① 이온결합

(1) 이온결합의 형성

금속 원소와 비금속의 원소 사이에 이루어지는 결합으로서 전기 음성도 차이가 클 때에 일어난다.

오른쪽 그림에서 Na은 전자를 Cl에게 줌으로써 Na^+, Cl은 전자를 받음으로써 Cl^-으로 되어 정전기적 인력으로 이루어지는 결합 형태이다.

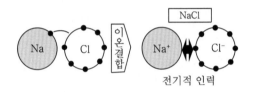

전기적 인력

$$Na + 에너지 \rightarrow Na^+ + e^-$$

$$Cl + e^- \rightarrow Cl^-$$

이온결합

(양성 원소) + (음성 원소) → (양이온) $n^+ \cdot$ (음이온) n^-

ne^-

최외각 전자 2 또는 8

양성 원소 Li, Na, K, Ca, Mg, ……

음성 원소 F, Cl, Br, O, S, ……

이온결합 ⇨ $\left\{ \begin{array}{l} 금속성이 \ 강한 \ 원소 \\ 비금속성이 \ 강한 \ 원소 \end{array} \right\}$ 사이의 결합

일반적으로 금속은 양이온으로 되기 쉽고 비금속은 음이온으로 되기 쉬우므로, 금속과 비금속 사이의 많은 화합물은 이온결합이다.

일반적으로 정전하를 가진 양이온과 음전하를 가진 음이온 등이 정전기적 인력으로 결합되어 생성되는 물질간의 결합을 이온결합이라 하고, 이온결합으로 생성된 화합물을 이온 결정의 구조라 한다.

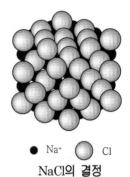

● Na⁺ ◯ Cl

NaCl의 결정

[참고] 다원자 이온

이온식	이름	이온식	이름
OH^-	수산화 이온	NO_3^-	질산 이온
H_3O^+	옥소늄 이온	SO_4^{2-}	황산 이온
NH_4^+	암모늄 이온	CH_3COO^-	아세트산 이온
CO_3^{2-}	탄산 이온	MnO_4^-	과망가니즈산 이온

---

(2) 이온결합과 에너지

$(+)$, $(-)$이온 간의 정전기적 인력과 전자 껍질간의 반발력에 의한 전체 에너지가 최소가 되는 거리에서 결합이 형성된다.

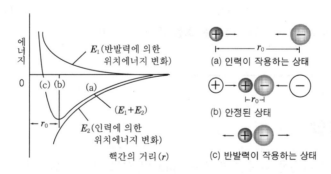

이온 사이의 거리와 에너지

[참고] 이온결합력의 세기

이온결합력 (쿨롱의 힘)	• 두 입자 사이의 거리의 제곱에 반비례하고, 전하량의 곱에 비례한다. $$F = k\frac{q \cdot q'}{r^2}$$ (k : 비례 상수, q와 q' : 전하량, r : 입자간 거리) • 쿨롱의 힘이 클수록 이온결합은 세다.

▷ 이온의 전하량이 클수록
▷ 이온간의 거리가 짧을수록(이온 반지름이 작을수록) 결합력이 세다.

(3) 이온결합 물질의 성질

- 금속원소와 비금속원소 사이의 결합형태이다.
- 이온간의 인력이 강하여 융점이나 비등점이 높은 고체이며, 휘발성이 없다.
- 물과 같은 극성 용매에 잘 녹는다.
- 고체 상태에서는 전기 전도성이 없으나 수용액 상태 또는 용융상태에서는 전기 전도성이 있다.
- 외부에서 힘을 가하면 쉽게 부스러진다.

 다음 화합물 가운데 이온결합으로 이루어진 것은?

① CO_2 ② NO_2 ③ CCl_4 ④ $FeCl_2$

풀이 금속원소와 비금속원소로 된 화합물은 $FeCl_2$ 뿐이다.

정답 : ④

② 공유결합

전기 음성도가 거의 비슷한 두 원자가 스핀(spin)이 서로 반대인 원자가 전자를 1개씩 제공하여 한 쌍의 전자대(쌍)를 이루어 이것을 공유함으로써 안전한 전자 배치로 되어 결합하는 화학결합을 공유결합이라 한다.

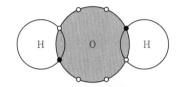

공유결합의 예(H₂O 분자)

(1) 가표의 종류

전자대(:)를 간단히 ── 가표(bond)로도 표시한다.

① 전자대로 표시한 화학식은 전자식, 가표로 표시한 화학식은 구조식이라 한다.

② 한 원자가 가지는 가표의 수를 공유결합 원자가라 한다.

③ 가표(bond)의 종류는 다음의 세 가지 종류가 있다.

    ·· ─ 단중 결합 : single bond(단일 결합)

    :: ═ 이중 결합 : Double bond

    ⋮ ≡ 삼중 결합 : Triple bond

📺 [참고] 원자의 배열 표시방법

공유결합 때는 원자의 배열은 Kern을 사용하여 원자 가전자만 표시하는 것이 편리하다.

●예 메테인

CH_4
(분자식)

H	H
H ─ C ─ H	H : C : H
H	H
(구조식)	(전자식)

(C는 공유결합 4가, H는 공유결합 1가)

C원자와 H원자가 전자대를 공유함으로써 불활성 기체와 같은 안전한 전자배치 상태로 되는 사실은 오른쪽 그림 (a)와 (b)를 보면 이해할 것이다(C는 최외각이 L 각, H는 K 각). 이 결합 관계를 결합 궤도로 사용하여 표시하면 다음과 같다.

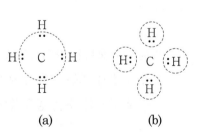

    (a)   (b)

C원자는 원자가 전자가 4개, 부대 전자가 4개(결합 능력 : 공유결합 4가)

$2s$전자 1개, $2p$전자 3개가 공유결합 H원자는 C원자의 가전자가 spin이 반대인 가전자 1개 부대 전자 1개(결합 능력 : 공유결합 1개)로, 이때 스핀이 서로 반대인 2개의 가전자가 전자대를 이루어 결합하는 궤도는 C원자를 중심으로 생각할 때 $2s$의 1개의 s궤도와 $2p$의 3개의 p궤도이다.

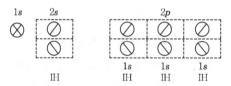

이것을 결합 궤도라 하며 이때의 결합을 sp^3결합이라 한다.

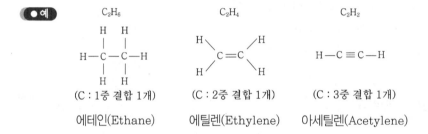

| | ●예 | C_2H_6 | C_2H_4 | C_2H_2 |

(C : 1중 결합 1개) (C : 2중 결합 1개) (C : 3중 결합 1개)

에테인(Ethane)   에틸렌(Ethylene)   아세틸렌(Acetylene)

(2) 비공유 전자대

① 공유결합에 관계하지 않는 원자가전자는 이미 자기 자신의 원자 내에서 전자대를 이루고 있다(한 오비탈에 스핀이 반대인 2개의 전자만이 들어갈 수 있으므로). 이것을 비공유 전자쌍 또는 고립 전자쌍이라 한다.

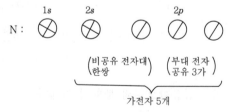

② 원자를 오비탈 표시법으로 표시할 때 한 오비탈에 한 개의 전자만이 존재할 때 이 전자를 부대 전자 또는 고립 전자라 하며 부대 전자의 수효는 공유결합의 가표의 수효와 같다. 즉 부대 전자의 수는 공유 원자가와 같다.

(3) 전자 구조식

구조식에서 공유결합을 하고 있는 부분은 그대로 두고, 비공유 전자대를 가지는 원자에 대하여서만 이 비공유 전자대를 표시한 화학식을 전자 구조식이라 한다.

(전자식) (전자 구조식)

●예 산소 분자

O_2 $O{=}O$

(분자식)   (구조식)

지금 이 결합 관계를 궤도 표시법으로 표시하면 다음과 같다($_8O$).

각 산소 원자의 가전자=6개
비공유 전자대 2쌍
부대 전자 2개=공유결합 2가

(4) 그물 구조체

공유결합 물질 중 C, Si, Ge 등은 결합 수가 4개로서 분자 모형이 정4면체인데, 이들 결합은 그림과 같이 그물 모양으로 되어 있다. 이런 물질을 그물 구조체라 한다. 그물 구조체는 용융점이 매우 높다.

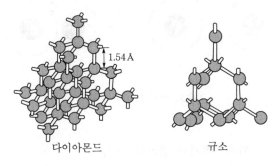

다이아몬드   규소

그물 구조체

1. 공유결합은 주로 어떤 원소 사이에서 이루어지는가?

① 같은 주기에 있는 원소

② 흡열 반응을 하는 원소

③ 원자가 전자를 내놓기 쉬운 정도가 크게 다른 원소

④ 원자가 전자를 내놓기 쉬운 정도가 비슷한 원소

풀이 원자가 전자를 내놓기 쉬운 정도란 이온화 에너지를 말하며, 이온화 에너지의 값이 크게 다른 두 원소는 이온결합을 한다. 공유결합은 비금속과 비금속 사이에 이루어지는 결합이므로 이온화 에너지가 비교적 큰 같은 원소 사이의 결합이다. **정답 : ④**

 2. H_2S에서 S의 비공유 전자쌍은 몇 개인가? (위험물기능장 43회)

① 1　　　　　　　　　　　② 2

③ 3　　　　　　　　　　　④ 4

풀이　H:S: ← 비공유 전자쌍
　　　　　H　　　　　　　　　　　　**정답 : ②**

① 공유결합의 형성

비금속 원자들이 각각 원자가전자(최외각 전자)를 내놓아 전자쌍을 만들고, 이 전자쌍을 공유함으로써 형성되는 결합이다.

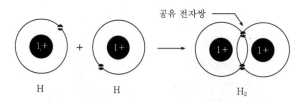

수소 분자(H_2)의 형성

② 공유결합의 표시

㉠ 루이스 전자점식 : 원자가전자를 점으로 표시

㉡ 구조식 : 공유 전자쌍을 결합선으로 표시

족	13	14	15	16	17
원소	·B·	·C·	·N:	·O:	·F:
화학식	BF₃	CH₄	NH₃	H₂O	HF
전자점식	:F:B:F: :F:	H:C:H H	H:N:H H	H:O:H H	H:F:
구조식	F−B−F | F	H | H−C−H | H	H−N−H | H	H−O | H	H−F

③ 공유결합 에너지

㉠ 공유결합 1몰을 끊어서 각각의 원자로 만드는 데 필요한 에너지이다.

$$\mathrm{H}(g) + \mathrm{H}(g) \longrightarrow \mathrm{H}_2(g) + 435\mathrm{kJ}(결합\ 에너지)$$

[참고] 공유결합과 에너지

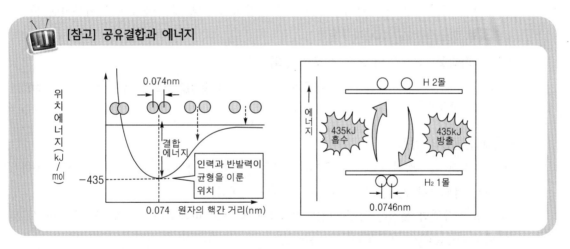

㉡ 결합 에너지와 결합 길이

결합 에너지가 강할수록 결합 길이는 짧다.

```
* 결합 에너지 : 단일 결합 〈 이중 결합 〈 삼중 결합

* 결합 길이 : 단일 결합 〉 이중 결합 〉 삼중 결합
```

원소	구조식	결합 에너지(kJ/mol)	결합 길이(nm)
F_2	F-F	154.4	0.143
O_2	O=O	493.7	0.121
N_2	N≡N	941.4	0.109

④ 종류

　　㉠ 극성 공유결합(비금속＋비금속) : 서로 다른 종류의 원자 사이의 공유결합으로, 전자상이 한쪽으로 치우쳐 부분적으로 (－)전하와 (＋)전하를 띠게 된다. 주로 비대칭구조로 이루어진 분자

　　　　●예 HCl, HF 등

　　㉡ 비극성 공유결합(비금속 단체) : 전기음성도가 같거나 비슷한 원자들 사이의 결합으로 극성을 지니지 않아 전기적으로 중성인 결합으로 단체 및 대칭구조로 이루어진 분자

　　　　●예 Cl_2, O_2, F_2, CO_2, H_2 등

　　㉢ 탄소화합물 : C_5~C_9의 포화 불포화 탄화수소

　　　　●예 가솔린과 물이 섞이지 않는 이유는 물은 극성 공유결합을 하고 가솔린은 비극성 공유결합을 하기 때문이다.

⑤ 공유결합 물질의 성질

　　㉠ 녹는점과 끓는점이 낮다.(단, 공유 결정은 결합력이 강하여 녹는점과 끓는점이 높다.)

　　㉡ 전기 전도성이 없다. 즉, 모두 전기의 부도체이다.

　　㉢ 극성 공유결합 물질은 극성용매(H_2O 등)에 잘 녹고 비극성 공유결합 물질은 비극성 용매(C_6H_6, CCl_4, CS_2 등)에 잘 녹는다.

　　㉣ 반응속도가 느리다.

---

 1. 다음 중 공유결합을 형성하는 조건에 관한 설명으로 옳은 것은? (위험물기능장 31회)

　　① 양이온이 클 때

　　② 음이온이 작을 때

　　③ 어느 이온이라도 큰 전하를 가질 때

　　④ 어느 이온의 전하와도 상관없다.

　　　　　　　　　　　　　　　　　　　　　　　　　　　　정답 : ③

예제 2. 극성 공유결합으로 이루어진 분자가 아닌 것은? (위험물기능장 35회)

① HF ② CH_3COOH

③ NH_3 ④ CH_4

정답 : ④

③ 배위결합

비공유 전자쌍을 가지는 원자가, 이 비공유 전자쌍을 일방적으로 제공하여 이루어진 공유결합을 배위결합이라 하며 화살표 기호(→)로 표시한다.

예 ① 암모늄 이온(Ammonium ion) NH_4^+ 암모니아(Ammonia) NH_3 가스를 염산 용액에 통할 때 염화암모늄이 생기는 반응

$$NH_3 + HCl \rightarrow NH_4Cl$$

이것을 이온 방정식으로 표시하면

$$NH_3 + H^+ + Cl^- \rightarrow NH_4^+ + Cl^-$$

즉, $NH_3 + H^+ \rightarrow NH_4^+$ 로 된다.

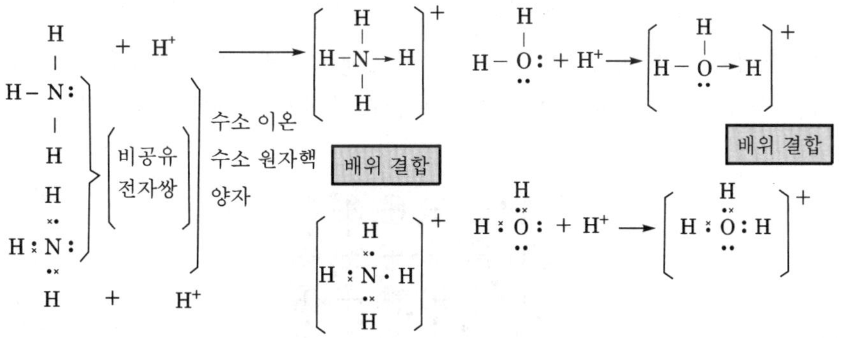

② 하이드로늄 이온(Hydronium ion) H_3O^+(또는 옥소늄 이온이라고도 한다.)
산용액이 내는 H^+(수소 이온)은 수용액에서는 단독으로도 존재하지 못하며 물(H_2O)분자와 배위결합을 일으켜 하이드로늄 이온 H_3O^+의 상태로서 존재한다.

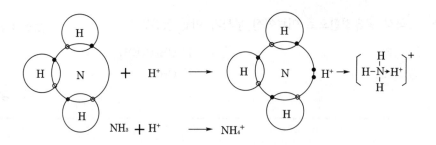

$$NH_3 + H^+ \longrightarrow NH_4^+$$

예제 배위결합으로 이루어진 것 2가지를 골라라.

① NH_3 ② H_3O^+ ③ Cl_2 ④ NH_4^+

풀이 H_2O의 O나 NH_3의 N에는 공유되지 않는 비공유 전자쌍이 있으며, 이것이 수소 이온 H^+ 과 배위결합되어 있다.   정답 : ②, ④

---

④ 금속결합

    금속 단체일 경우 최외각 전자를 내어놓고 양이온 상태로 되어서 전자를 사이에 두고 간접적으로 이루는 결합 형태로 이때 쫓겨나온 전자를 자유전자라 하며, 전기의 좋은 양도체이다.

    이러한 결합을 금속결합이라 하며 이때 전자는 금속 속에서 자유롭게 움직일 수 있으므로 자유전자라 한다.

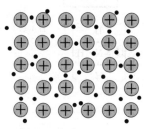

$$\left(\begin{array}{l} \oplus : \text{양이온} \\ \bullet : \text{자유전자} \end{array}\right)$$

금속결합

(1) 금속결합의 형성

금속의 양이온과 자유전자 사이의 정전기적 인력에 의해 결합이 형성된다.

(2) 금속결합 물질의 성질

① 고체, 액체 상태에서 전기 전도성이 있다.

② 자유 전자가 빛을 반사하므로 은백색 광택을 지닌다.

③ 연성[1](뽑힘성)과 전성[2](펴짐성)이 있다.

④ 녹는점, 끓는점이 일반적으로 높다(예외 : 1족 수은).

⑤ 열전도성이 있다.

[참고] 금속의 결합력(금속 양이온과 자유전자 사이의 정전기적 인력)

⇒ 금속 양이온의 전하량이 클수록 반지름이 작을수록 세다.

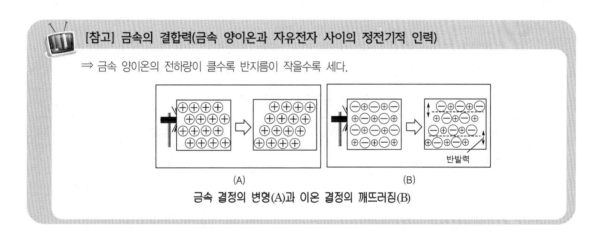

금속 결정의 변형(A)과 이온 결정의 깨뜨러짐(B)

예제 다음은 금속결합의 특징을 설명한 것이다. 옳지 않은 것은?

① 금속은 열이나 전기를 잘 통한다.

② 금속의 양이온과 자유 전자 사이의 결합이다.

③ 금속은 외부에서 힘을 가하면 쉽게 부스러진다.

④ 금속의 자유 전자는 양이온들 사이를 자유롭게 움직인다.

풀이 금속은 전성과 연성이 커서 외부에서 힘을 가하면 파괴되지 않고 밀리게 된다.

정답 : ③

---

1) 연성(延性) : 물질이 탄성한계를 넘는 힘을 받아도 파괴되지 않고 실처럼 늘어나는 성질

2) 전성(展性) : 물질이 탄성한계를 넘는 힘을 받아도 파괴되지 않고 얇게 퍼지는 성질

⑤ 분자 구조

분자의 성질은 주로 분자를 그 형태로 유지하고 있는 결합 양식과 분자 구조에 의해 결정된다. 제2주기 원소의 수소화물에 관하여 조사해보면 다음과 같이 되어 방향성을 갖는 공유결합이 형성된다.

(1) 결합 거리

공유결합을 이루고 있는 원자의 핵과 핵 사이의 거리를 결합 거리라 하며, 또한 이 결합 거리는 동일한 원자 사이의 결합일 때와 결합의 형식이 같을 때에는 분자나 결정의 종류와는 관계없이 거의 일정하다.

●예 다이아몬드(C)의 C−C 사이의 결합 거리는 $1.542 Å$
에테인 $CH_3−CH_3$의 C−C 사이의 결합 거리는 $1.536 Å$ ⎫ 로 거의 같다.
뷰테인 $CH_3−CH_2−CH_2−CH_3$의 C−C 사이의 결합 거리는 $1.539 Å$ ⎭

중요한 원자간의 결합 거리

결합	결합 거리($Å$)	결합	결합 거리($Å$)	결합	결합 거리($Å$)
C−C	1.54	C−O	1.43	Cl−Cl	1.99
C=C	1.34	C−Cl	1.77	H−Cl	1.27
C≡C	1.20	O−H	0.96	O−O	1.32
C−H	1.09	N−H	1.01	Si−Si	2.34

위와 같이 결합 거리는 결합하는 원자가 같을 때에는 분자가 달라져도 일정하므로 공유결합을 할 때에는 각각의 원자는 고유한 결합 거리가 있음이 분명하다. 또한 같은 종류의 원자의 결합 거리의 1/2을 그 원자의 공유결합 반지름이라고 한다.

이러한 사실로부터 원자간의 결합 거리는 공유결합 반지름의 합과 같다.

위의 표로부터 같은 족에서 원소의 공유결합 반지름의 크기는 아래와 같다.

Ⅶ : F<Cl<Br<I

Ⅵ : O<S

또한, 단일 결합, 2중 결합, 3중 결합의 공유결합 반지름은 O, S, N, C, Si의 어느 것이나 다음과 같다.

단일결합 > 2중 결합 > 3중 결합

「공유결합 반지름은 같은 족에서는 원자 번호가 큰 원자일수록 크고 같은 원자에서는 결합이 겹칠수록 작아진다.」

중요 원자의 공유결합 반지름

원자	단일결합(Å)	이중결합(Å)	삼중결합(Å)
H	0.30	–	–
F	0.64	–	–
Cl	0.99	–	–
Br	1.14	–	–
I	1.33	–	–
O	0.66	0.55	–
S	1.04	0.94	–
N	0.70	0.60	0.55
C	0.77	0.67	0.60
Si	1.17	1.07	1.00

예제 다음 결합 가운데, 결합 거리가 가장 긴 것과 가장 짧은 것은 어느 것인가?

① $C-C$　　② $C-Si$　　③ $C=Si$　　④ $C\equiv C$　　⑤ $C\equiv Si$

풀이 공유결합 반지름은 같은 종류의 결합에서는 (C < Si) 또한 (단일결합 > 2중 결합 > 3중 결합) 결합 거리는 공유결합 반지름을 합친 것과 같다.

정답 : 가장 긴 것 – ②, 가장 짧은 것 – ④

(2) 결합각

① H_2O의 분자 구조(V자형(굽은형) : p^2형)

산소 원자를 궤도 함수로 나타내면 그림과 같이 3개의 p궤도 중 쌍을 이루지 않은 전자는 p_y, p_z 축에 각각 1개씩 있으므로 부대 전자가 2개가 되어 2개의 수소 원자와 p_y, p_z 축에서 각각 공유되며 그 각도는 90°이어야 하나 수소 원자간의 척력이 생겨 105°의 각도를 유지한다.

이것을 V자형 또는 굽은자형이라 한다.

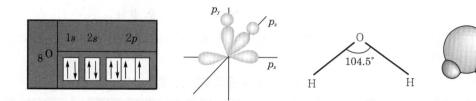

② NH₃의 분자 구조(피라밋형(삼각뿔형) : p^3형)

질소 원자는 그 궤도 함수가 $1s^2 2s^2 2p^3$로서 $2p$궤도 3개에 쌍을 이루지 않은 전자(부대전자)가 3개여서 3개의 H 원자의 $1s^1$과 공유결합을 하여 Ne 형의 전자 배열을 만든다. 이때 3개의 H는 N 원자를 중심으로 그 각도는 이론상 90°이나 실제는 107°를 유지하여 그 모형이 피라밋형을 형성한다.

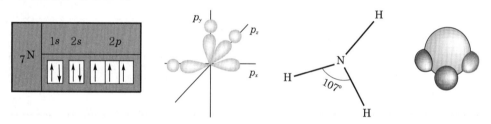

③ CH₄의 분자 구조(정사면체형 : sp^3형)

정상 상태의 C는 $1s^2 2s^2 2p^2$의 궤도 함수로 되어 있으나 이 탄소가 수소와 화학 결합을 할 때는 약간의 에너지를 얻어 $2s$궤도의 전자 중 1개가 $2p$로 이동하여 여기상태가 되며 쌍을 이루지 않은 부대전자는 1개의 $2s$와 3개의 $2p$로 모두 4개가 되어 4개의 H 원자와 공유결합을 하게 되어 정사면체의 입체적 구조를 형성한다.

이와 같이 s와 p가 섞인 궤도를 혼성 궤도(hybridization)라 한다.

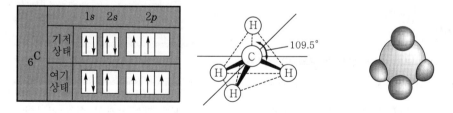

④ HF의 분자 구조(선형 : p형)

플루오린 원자를 궤도 함수로 나타내면 그림과 같이 3개의 p궤도 중 쌍을 이루지 않은 전자(부대 전자)는 p_z 축에 1개 있으므로 수소 원자로부터 $1s^1$을 공유하여 완전한 결합 공유

전자쌍을 이룬다.

이때 F 원자는 Ne과 같은 전자 배열을 형성하며, H 원자는 He 과 같은 전자 배열을 형성하여 안정한 상태가 된다. 따라서 플루오린과 수소 원자는 서로 직선으로 결합된다.

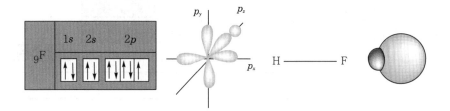

 [참고] NH_3와 H_2O의 결합각

CH_4, NH_3, H_2O에서 각 화합물의 중심 원자의 주위에는 4개의 전자쌍을 가지고 있다. 따라서 이들 4개의 전자 구름의 축은 오른쪽 그림과 같이 정사면체의 꼭지점에 위치하려고 한다.

CH_4분자에서는 4개의 전자쌍이 공유되어 있어서 반발력은 같아지고 결합각도는 109°28′으로 고정된다. 그러나, NH_3는 한 쌍의 비공유 전자쌍과 3쌍의 공유 전자쌍으로 이루어져 있다. 이때 한 쌍의 비공유 전자쌍은 3쌍의 공유 전자쌍들이 서로 반발하는 것보다 세게 반발시켜 107°의 결합각(結合角)을 만든다.

또 H_2O분자는 두 쌍의 비공유 전자쌍이 있으므로, 이들은 공유 전자쌍을 보다 많이 반발시켜 최초에 위치한 각도를 훨씬 감소시켜서 104.5°로 만든다. 이 사실은 H_2O와 NH_3에서 NH_3의 결합각이 H_2O의 결합각보다 큰 것을 설명해 준다.

CH_4, NH_3, H_2O 의 결합 각도의 비교

예제 다음 중 결합각이 109.5°로 되어 있지 않은 것은 어느 것인가?

① CH_4 ② CCl_4 ③ CH_3Cl ④ SiH_4 ⑤ NH_4^+

풀이 모든 결합이 sp^3혼성 오비탈에 H나 Cl이 결합하고 있으나, CH_3Cl만은 3개의 sp^3혼성 오비탈에 H가 나머지 1개의 sp^3혼성 오비탈에 Cl이 결합되어 있으므로 C−H와 C−Cl 사이의 전자의 치우침이 다르므로 4개의 오비탈이 완전히 동일하지는 않다.

정답 : ③

❖ 주의 : 암모늄이온 NH_4^+과 sp^3 혼성 오비탈

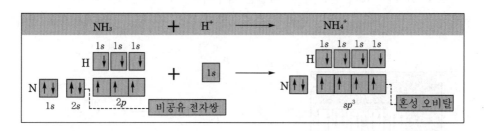

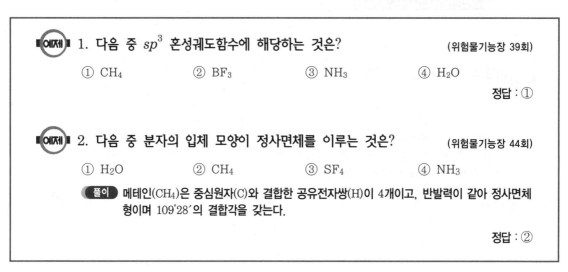

■ 예제 1. 다음 중 sp^3 혼성궤도함수에 해당하는 것은? (위험물기능장 39회)

① CH_4 ② BF_3 ③ NH_3 ④ H_2O

정답 : ①

■ 예제 2. 다음 중 분자의 입체 모양이 정사면체를 이루는 것은? (위험물기능장 44회)

① H_2O ② CH_4 ③ SF_4 ④ NH_3

풀이 메테인(CH_4)은 중심원자(C)와 결합한 공유전자쌍(H)이 4개이고, 반발력이 같아 정사면체 형이며 109°28′의 결합각을 갖는다.

정답 : ②

⑥ 분자의 극성

(1) 극성 공유결합과 비극성 공유결합

2개의 원자가 한쌍의 전자쌍을 공유할 때 두 원자의 전기 음성도의 값이 같으면 그 전자쌍은 2개의 원자핵으로부터 같은 거리에 있고 이와 같은 결합을 비극성 공유결합이라 한다.

또한 전기 음성도의 값이 다른 두 원자가 결합할 때는 공유 전자쌍이 어느 한쪽으로 치우쳐 양하전의 중심과 음하전의 중심이 일치하지 않게 된다.

이를 극성 공유결합이라 한다.

●예 비극성 공유결합 : H−H, O−O, N−N, Cl−Cl
극성 공유결합 : H−Cl, H−C, H−O, H−N

(2) 분자의 극성

극성 공유결합 물질은 전기 음성도의 차에 의하여 전자가 어느 한쪽에 치우쳐 있으므로 한 쪽은 전자 밀도가 크고(약간 음성), 다른 쪽은 작아져(약간 양성) 음하전과 양하전의 중심이 일치되지 않는다.

이와 같이 양·음하전의 중심이 일치되지 않는 분자를 극성 분자 또는 쌍극자라 한다.

그러나 수소(H_2), 산소(O_2) 분자 등은 비극성 공유결합이어서 양하전과 음하전의 중심이 일 치한다. 이러한 분자를 비극성 분자라 한다.

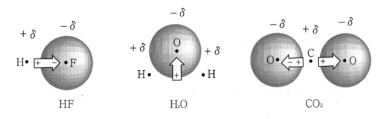

극성 분자와 비극성 분자

 [참고] 실험적으로 극성 분자를 찾아내는 법

정전기를 띤 막대를 극성 분자에 가까이 하면 극성 분자의 액체의 흐름은 구부러지며, 또한 기체 분자는 전장에서 회전 운동을 한다. 비극성 분자는 이러한 성질이 없다.

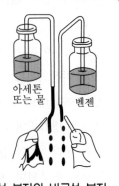

아세톤 또는 물

벤젠

극성 분자와 비극성 분자

다음 ①~⑥의 물질을 극성 분자와 비극성 분자로 구분하여라.

① O_2 ② H_2S ③ HCN

④ BCl_3 ⑤ CH_4 ⑥ CH_3Cl

풀이 O_2는 단체이므로 비극성 분자, H_2S는 V자형이므로 극성 분자, HCN은 직선형이나 H−C ≡N 으로서 비대칭이므로 극성 분자, BCl_3는 정삼각형, CH_4는 정사면체 구조이므로 대칭 구조로서 비극성 분자, CH_3Cl는 비대칭이므로 극성 분자이다.

정답 : 극성 분자−② ③ ⑥, 비극성 분자−① ④ ⑤

⑦ 분자간에 작용하는 힘

물질에 작용하는 힘에는 인력과 반발력이 있는데, 큰 것으로는 천체에 작용하는 만유 인력, 전기를 띤 물체간에 작용하는 쿨롱의 힘 등이 있으며, 극히 작은 미립자 간에 작용하는 힘으로는 일반적으로 분자 상호간에 작용하는 약한 인력이 있다. 이와 같은 분자 간의 힘을 반데르발스 힘이라 한다.

분자에는 극성 분자와 비극성 분자가 있는데, 극성 분자에서는 물론이며, 비극성 분자 사이에서도 이 힘은 작용하고 있다.

(1) 반 데르 발스 힘(van der Waals force)

비활성 기체인 He, Ne, Ar 등이나 순수한 공유결합으로 이루어진 비극성 분자인 수소 H_2, 산소 O_2, 요오드 I_2 이산화탄소 CO_2 등은 다른 분자에 대해서는 구애 없이 마음대로 운동하는 기체 분자인데, 이들도 낮은 온도로 냉각되면 마지막에는 서로 잡아당겨 고체 결정으로 된다. 이와 같은 현상은 분자간에 인력이 작용한 것으로 생각되며, 이와 같은 힘을 반 데르 발스 힘이라 한다.

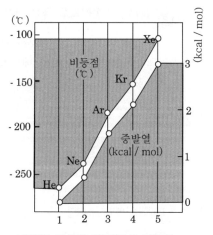

비활성 기체의 비등점과 증발열

[참고] 반 데르 발스 힘의 발생

반 데르 발스 힘은 2개의 분자가 접근하면 양쪽의 분자의 전자들이 서로 반발하여 압박을 받아 일시적이나마 분자 쌍극자가 생기게 된다. 이와 같은 쌍극자는 시간적 평균으로는 0이나, 각 순간마다는 전기적인 힘이 작용하여 그 결과 양쪽 분자 간에 인력이 생겨서 발생된다.

분자 간에 작용하는 반 데르 발스 힘은 분자를 만드는 원자 간의 공유 결합에 비하면 극히 약하다. 일반적으로 반데르발스 힘은, 「분자 구조가 비슷한 물질에서는 분자량이 클수록 작용하는 힘이 강하고 융점·비등점이 높다.」

그러나 이 결합은 대단히 약하므로 이 결합으로 이루어진 고체나 액체는 융점이나 비등점은 낮으나, 비등점이나 증발열은 반 데르 발스 힘에 비례함을 알 수 있다. (위의 그림)]

[결합력의 세기] 반 데르 발스 힘 : 수소결합 : 공유결합=1 : 10 : 100

 반 데르 발스 힘은 다음의 어느 원인으로 인한 인력인가?

① 이온간의 힘　　　　　　　　② 전자간에 작용하는 힘
③ 공유결합에 의한 힘　　　　　④ 불안정한 쌍극자에 의한 힘

풀이 반 데르 발스 힘은 비극성 분자일지라도 두 분자가 접근하면 양쪽의 분자의 전자들의 반발로 인하여 순간적으로 생긴 분자의 쌍극자에 의한 힘에 기인한다.　　　　**정답 : ④**

(2) 수소결합(水素結合)

분자 간에 작용하는 인력으로서는 반데르발스 힘 외에, 분자의 극성에 의한 전기적 인력이 있다.

극성 분자에서는 전기적으로 (+)와 (−)의 극이 있으므로 한 분자의 (+)극은 바로 이웃에 있는 다른 분자의 (−)극을 잡아 당기고, 잡아당긴 분자의 (+)극은 다시 다른 분자의 (−)극을

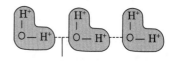
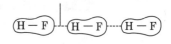
수소결합

잡아당긴다. 이와 같은 극성 분자의 전기적 인력 가운데 유난히 큰 것이 있는데, 수소결합이 그 예이다.

예를 들면, 물 H_2O의 비등점은 100℃이나, O 원자 대신에 같은 족의 S원자를 바꾼 황화수소 H_2S는 분자량이 큰 데도 불구하고 비등점은 −61℃의 기체이다.

물 분자는 중심인 O 원자의 전기 음성도가 크므로 이것과 결합된 원자와의 공유 전자쌍은 상당히 O 원자 쪽으로 치우쳐져서 H 원자는 비교적 크게 (+)로, O 원자는 (−)로 분극되어

있으며, 또한 수소 원자는 가장 작은 원자로서 쉽게 다른 물 분자의 (−)로 대전된 산소 원자의 고립 전자쌍에 극히 가까운 거리까지 접근할 수 있게 된다. 거리가 짧을수록 작용하는 인력은 쿨롱의 법칙에 따라 더 커진다. $\left(f = k \dfrac{ee'}{r^2} \right)$

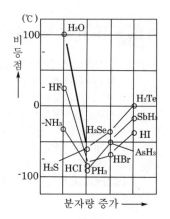

수소 화합물의 비등점

이와 같이 하여 물 분자의 수소 원자는 다른 물 분자의 산소 원자의 고립 전자쌍과 약한 결합을 이루는데, 이와 같은 결합을 수소결합이라 한다.

수소결합은 전기 음성도가 극히 큰 플루오린 F · 산소 O · 질소 N 원자가 수소 원자와 결합된 HF, OH, NH와 같은 원자단을 포함한 분자와 분자 사이의 결합을 말한다.

일반적으로 수소결합을 이루는 분자, 즉 H_2O, HF, NH_3 등은 약하기는 하나 서로 결합되어 있으므로 주기율표의 같은 족의 수소 화합물보다 유난히 비등점이 높고 증발열이 크다.

유기 화합물에는 알코올 CH_3CH_2-OH, 아세트산 CH_3COOH 등은 대표적인 수소결합을 이루는 물질이다.

예제 1. 분자간에 수소결합을 이루지 않는 것은 어느 것인가?

① HF   ② CH_3COOH ③ CH_3F

④ NH_3 ⑤ H_2O

풀이 HF, NH_3, H_2O는 대표적인 수소결합을 이루는 분자이며, CH_3COOH 속에는 $-O-H$기가 있으므로 수소결합을 이루고, ③번인 CH_3F에서는 $C-F$로서는 수소결합을 이룰 수 없다.

정답 : ③

예제 2. 다음 중 분자간의 수소결합을 하지 않는 것은?   (위험물기능장 43회)

① HF   ② NH_3

③ CH_3F ④ H_2O

풀이 수소결합, 전기음성도가 큰 F · O · N 원자가 수소원자와 결합된 HF, OH, NH와 같은 원자단을 포함한 분자 사이의 결합이다.
CH_3F는 $C-F$로 수소결합을 이룰 수 없다.

정답 : ③

⑧ 화학결합과 물질의 성질

우리들 주위에 있는 물질의 성질은 여러 가지 다른 점이 있으나, 이와 같은 성질의 차이가 생기는 이유는 이 물질들의 어떤 화학결합을 이루고 있나에 따라 비교적 타당성 있게 정리될 수 있다.

(1) 이온 결정과 그 특성

이온화 에너지가 비교적 작은 금속 원소(金屬元素)와 전자 친화력이 큰 비금속 원소(非金屬元素)는 전자의 이동으로 원자 또는 원자단이 모두 (+)와 (−)의 이온으로 된다.

> **보기** $NaCl$, KI, CaO, Al_2O_3, $CuSO_4$, $AgNO_3$

전체로는 음·양의 전하가 같고 중성으로 되려고 하는 조건을 만족할 수 있도록 반대 전하의 입자가 교대로 배열되어 있다. 이와 같은 결정을 이온 결정이라 하며 아래와 같은 특성이 있다.

① 이온결합에서 이온과 이온 사이의 결합력은 공유결합에서 원자와 원자 사이의 결합력보다는 일반적으로 약하나, 금속결합이나 분자간 힘보다는 강하므로, 이온성 결정은 단단하고 용융점이 높다.

② 이온성 물질의 용융점과 비등점의 차이는 양·음 이온에 작용하는 힘에 따라 결정된다. 즉, 이온이 띠고 있는 전하량이 크고, 이온간의 거리가 짧을수록 결정의 용융점, 비등점이 높아진다.

$$\left(힘 \cdots f = k\frac{ee'}{r^2} \right)$$

이온의 하전량·이온간 거리 및 용융점·비등점

물질	Li^+F^-	Na^+Cl^-	K^+I^-	$Mg^{2+}O^{2-}$	$Ca^{2+}O^{2-}$
이온간 거리(Å)	2.01	2.82	3.53	2.10	2.40
용융점(℃)	870	800	723	2800	2572
비등점(℃)	1676	1413	1330	3600	2850

③ 이온성 물질은 물과 같은 극성 용매에 잘 녹아서, 수용액 속에서도 이온으로 존재한다. 일
반적으로 이온결합물은 결정 상태에서는 이온이 움직이지 못하므로 전기 전도성은 없으나
용융되거나 물에 녹으면 이온이 유동 상태로 이동할 수 있으므로 전기 전도성을 가진다.

(2) 분자성 결정과 그 특성

원자들이 서로 공유결합에 의하여 중성의 분자를 형성하고 이들 분자가 분자간 힘(반데르발스
힘)으로 결정을 형성한 것을 분자성 결정이라 한다. 비금속 원소로 된 결정은 분자성 결정이다.

보기 CO_2(드라이아이스), I_2, 나프탈렌($C_{10}H_8$) O_2나 N_2를 저온으로 하였을 때의 결정

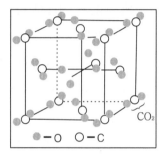

이산화탄소의 결정 모델

비활성 기체 H_2, N_2, CO_2, HCl, CH_4, NH_3, CO 등은 면심입방격자의 위치에 배치된다.

① 분자성 결정의 구성 단위인 분자 자체 속의 원자와 원자 사이
의 결합은 강하나(공유결합), 분자와 분자 사이의 분자간 힘
은 순간적인 전하의 치우침(반 데르 발스 힘) 때문에 결합력은
약하고, 융점, 비등점은 결정 가운데서 가장 낮다.

② 구성 단위가 분자이므로 전기 전도성은 고체 액체의 어느 경
우나 없다.

③ 비극성 용매(사염화탄소 · 벤젠 · 석유)에 잘 녹는다.

④ 일반적으로, 무기 물질의 분자성 결정은 면심입방격자(面心
立方格子)에 분자가 위치한다.

(3) 공유결합 결정(共有結合結晶)과 그 특성

제Ⅳ족의 탄소족 원소는 공유결합으로 입체적으로 무한히 되풀이하여 하나의 결정을 만든
다. 이와 같은 결정을 공유결합 결정이라 한다. 결정 전체가 공유결합으로 이루어진 그물 구조
의 분자로 형성되어 있으므로 거대 분자(巨大分子)라고도 한다.

보기 다이아몬드 · 흑연 · SiO_2 · SiC

① 원자의 주위에 공유결합으로 결합되어 있으므로 원자는 미끄러지는 일이 없고 결합력이 가
장 강하다.

② 모든 원자가 모두 공유결합으로 결합되어 있으므로, 비등점 · 융점이 높다.

③ 가전자가 공유결합으로 고정되어 있으므로 전기 전도성이 없다(흑연 예외).

④ 모든 원자가 공유결합으로 거대 분자를 이루고 있으므로 물에는 녹지 않는다.

결정의 종류와 융점·비등점의 비교

이온 결정			분자성 결정			공유결합 결정			금속 결정		
물질	융점 (℃)	비등점 (℃)	물질	융점 (℃)	비등점 (℃)	물질	융점 (℃)	비등점 (℃)	물질	융점 (℃)	비등점 (℃)
NaCl	800	1413	H_2	−259.3	−252.8	다이아몬드	3500	4200	Na	97.9	883
Kl	723	1330	N_2	−210	−195.8	흑연	3500	4200	Al	660	2493
CaO	2572	2850	CO_2	−78.5	−	Si	1412	3167	Fe	1536	2832
MgO	2800	3600	CH_4	−182.5	−161.5	SiC	2700	−	Pt	1770	3800
$BaSO_4$	1580	−	I_2	113.7	184.5	SiO_2	1710	2230	W	3377	5527

(4) 금속 결정(金屬結晶)과 그 특성

금속결합에 의한 결정, 즉 자유 전자의 도움으로 금속 이온이 규칙적으로 배열된 결정을 금속 결정이라 한다.

> **보기** Cu, Ag, Fe, Pb, Au

① 금속에는 광택이 있으며, 이것은 금속 표면에 반사가 일어나는 현상으로서 금속 속에 존재하는 자유 전자에 의하여 반사된다. (전기를 잘 통하는 흑연도 자유 전자가 있으며, 광택이 있다.)

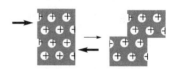

금속 결정의 변형

② 금속은 열·전기의 전도성(傳導性)이 크며, 특히 고체에서도 열이나 전기를 잘 통하는 것은 자유 전자가 에너지를 받으면 이동하기 때문이다.

③ 일반적으로 금속의 융점이나 비등점은 높다. 이것은 자유 전자에 의하여 공유결합과 같은 형을 취하므로, 결합력이 꽤 강하며, 금속결합은 이온결합보다는 약하나 분자간 힘보다는 상당히 강하다.

④ 금속은 연성·전성을 가지고 있으며, 방향성이 없다. 이것은 그림과 같이, 외부에서 가해지는 힘에 의하여 결정의 형이 변화하는 일이 있어도, 결합이 완전히 파괴되는 일이 없기 때문이다.

⑤ 금속은 일반적으로 분자성 물질에 비하여 밀도(密度)가 크다. 이것은 원자핵의 질량수가 큰 것에 의존하는 것 외에, 결정 구조가 최밀 구조(最密構造)이기 때문이다.

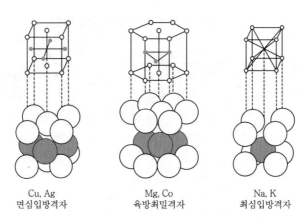

| Cu, Ag | Mg, Co | Na, K |
| 면심입방격자 | 육방최밀격자 | 최심입방격자 |

금속의 결정 구조

화학결합과 물질의 성질

구 분	분자성 물질	그물구조성 공유결합 물질	이온성 물질	금속성 물질
구성단위	분자	원자의 공유결합체	(+)이온과 (−)이온	(+)이온과 자유 전자
실온의 상태	기체, 액체, 고체	고체	고체	고체 (수은 제외)
용융점	낮다.	매우 높다.	높다.	높다.
경도	무르다.	매우 단단하다.	단단하나 부스러진다.	단단하고 질기다.
전기전도성	고체·액체 모두 없다.	없다. (흑연 제외)	고체에서는 없다. 용융 상태·수용액에서 는 전도성이 있다.	고체·액체 모두 있고, 화학 반응은 없다.
전형적인 예	O_2, CH_4, CO_2, 나프탈렌	다이아몬드, Si, Ge, 흑연, 탄화규소	NaCl, KCl, MgO, $CaSO_4$, $NaNO_3$	Fe, Al, Cu, Na

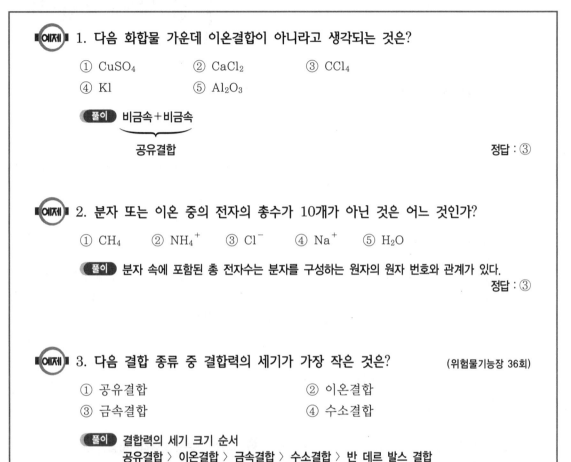

■예제■ 1. 다음 화합물 가운데 이온결합이 아니라고 생각되는 것은?

① $CuSO_4$　　　　② $CaCl_2$　　　　③ CCl_4

④ KI　　　　　　⑤ Al_2O_3

풀이 비금속＋비금속

공유결합

정답 : ③

■예제■ 2. 분자 또는 이온 중의 전자의 총수가 10개가 아닌 것은 어느 것인가?

① CH_4　　② NH_4^+　　③ Cl^-　　④ Na^+　　⑤ H_2O

풀이 분자 속에 포함된 총 전자수는 분자를 구성하는 원자의 원자 번호와 관계가 있다.

정답 : ③

■예제■ 3. 다음 결합 종류 중 결합력의 세기가 가장 작은 것은?　　(위험물기능장 36회)

① 공유결합　　　　　　　　　② 이온결합

③ 금속결합　　　　　　　　　④ 수소결합

풀이 결합력의 세기 크기 순서

공유결합 〉 이온결합 〉 금속결합 〉 수소결합 〉 반 데르 발스 결합

정답 : ④

01 다음 물질 중에서 이온결합을 하고 있는 것은?

① 다이아몬드　　　② 흑연

③ $CuSO_4$　　　④ SiO_2

해설 이온결합=금속의 양이온+비금속의 음이온

정답 ③

02 이온결합성의 크고 작음을 알 수 있는 가장 좋은 방법은?

① 용해도　　　② 회전 스펙트럼

③ 전기음성도차　　　④ 녹는점

정답 ③

03 다음은 이온결합성 물질의 성질을 설명한 것이다. 옳은 것은?

> ㉠ 극성 용매에 잘 녹는다.
> ㉡ 전기가 잘 통하지 않는다.
> ㉢ 녹는점, 끓는점이 높다.
> ㉣ 결정상태에서 분자성

① ㉠, ㉣　　　② ㉡, ㉢

③ ㉠, ㉢　　　④ ㉢, ㉣

해설 이온결합물질의 특징
• 녹는점과 끓는점이 높다.
• 전기가 잘 통하는 도체이다.
• 극성 용매에 잘 녹는다.

정답 ③

04 다음 물질 중 공유결합성 물질이 아닌 것은?

① Cl_2　　　② $NaCl$

③ HCl　　　④ H_2O

해설 $NaCl$은 이온결합성 물질이다.

정답 ②

05 다음 가솔린에 대한 설명 중 틀린 것은 어느 것인가?

① 가솔린은 제4류 위험물 제1석유류이다.

② $C_5 \sim C_9$까지 불포화, 포화 탄화수소를 포함하고 있다.

③ 가솔린은 비극성 공유결합을 한다.

④ 물과 가솔린이 섞이지 않는 것은 밀도차이다.

해설 물과 가솔린이 섞이지 않는 이유는 물은 극성 공유결합을 하고, 가솔린은 비극성 공유결합을 하기 때문에 극성 차이에 의해 섞이지 않는다.

정답 ④

06 다음 중 극성 공유결합물질인 것은?

① H_2O　　　② N_2

③ C_6H_6　　　④ C_2H_4

정답 ①

07 결합력이 가장 약한 것은?

① 공유결합

② 수소결합

③ 이온결합

④ 반 데르 발스 힘

해설 결합력의 세기 : 공유결합 > 이온결합 > 금속결합 > 수소결합 > 반 데르 발스 힘

정답 ④

08 용융점이 가장 높다고 생각되는 화합물은?

① LiCl
② $BeCl_2$
③ CCl_4
④ NCl_3

해설 용융점이 가장 높은 것은 이온성이 큰 이온화합물이다.

정답 ②

09 비공유전자쌍을 가지고 있는 분자는?

① NH_3
② CH_4
③ H_2
④ C_2H_4

해설 ①

②
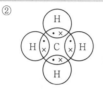

④

정답 ①

10 물(H_2O)의 끓는점이 황화수소(H_2S)의 끓는점보다 높은 이유는?

① 극성 결합의 차이 때문에
② 용액의 pH 차이 때문에
③ 분자간의 수소결합 차이 때문에
④ 분자량의 차이 때문에

정답 ③

11 다음 물의 특성 중 수소결합과 가장 관련이 적은 것은?

① 전기전도성
② 비열
③ 표면장력
④ 끓는점

해설 물은 공유결합물질로 전기를 통하지 않는다.

정답 ①

12 다음 중 분자간에 작용하는 힘이 아닌 것은?

① 분산력
② 공유결합력
③ 쌍극자-쌍극자 힘
④ 수소결합

해설 공유결합은 원자간에 작용하는 힘이다.

정답 ②

13 배위결합과 밀접한 관계가 있는 것은?

① 비공유전자쌍
② 공유전자쌍
③ 원자가전자
④ 부대전자

해설 배위결합을 하려면 비공유전자쌍이 있어야 한다.

정답 ①

14 수소와 만나 공유결합성 수소화합물을 만들 수 있는 원소는 무엇인가?

① 알칼리 원소
② 할로젠 원소
③ 전이 원소
④ 비금속 원소

해설 수소결합은 H와 전기음성도가 큰 F, O, N(비금속)과의 결합이다.

정답 ④

15 물과 가솔린이 섞이지 않는 이유는 무엇인가?

① 비중 차이 때문
② 밀도 차이 때문
③ 끓는점 차이 때문
④ 화학결합 차이 때문

해설 물은 극성 공유결합이고, 가솔린은 비극성 공유결합이기 때문에 섞이지 않는 것이다.

정답 ④

16 다음 중 틀린 말은?

① 이온결합이란 양이온과 음이온 간의 정전기적 인력에 의한 결합이다.

② 순수한 물은 전기를 통하지 않는다.

③ 물과 가솔린이 섞이지 않는 이유는 비중 차이 때문이다.

④ 공유결합성 물질은 전기에 대해 부도체이며, 녹는점과 끓는점이 낮다.

해설 물과 가솔린이 섞이지 않는 이유는 화학결합 차이 때문이다.

정답 ③

17 금속성 원소와 비금속성 원소가 만나서 이루어진 결합성 물질은?

① 이온결합성   ② 공유결합성

③ 배위결합성   ④ 금속결합성

정답 ①

18 Cl_2의 경우 다음 중 무슨 결합에 해당되는가?

① 이온결합성   ② 공유결합성

③ 배위결합성   ④ 금속결합성

해설 비금속단체인 경우 공유결합성 물질에 해당된다.

정답 ②

19 다음 중 비극성인 것은?

① H_2O ② NH_3

③ HF   ④ C_6H_6

해설 ①

②

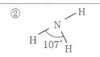

③

H — F

④

벤젠은 공명구조로 비극성에 해당한다.

정답 ④

20 물 분자 안의 전기적 양성의 수소 원자와 물 분자 안의 음성의 산소 원자의 사이에 하나의 전기적 인력이 작용하여 특수한 결합을 하는데, 이와 같은 결합은 무슨 결합인가?

① 이온결합

② 공유결합

③ 수소결합

④ 배위결합

해설 **수소결합** : 전기음성도가 큰 원소인 F, O, N에 직접 결합된 수소 원자와 근처에 있는 다른 F, O, N 원자에 있는 비공유전자쌍 사이에 작용하는 분자 간의 인력에 의한 결합

정답 ③

21 금속이 전기의 양도체인 이유는 무엇 때문인가?

① 질량수가 크기 때문

② 자유전자수가 많기 때문

③ 양자수가 많기 때문

④ 중성자수가 많기 때문

정답 ②

22 다음 중 전기적으로 도체인 것은?

① 가솔린

② 메틸알코올

③ 염화나트륨 수용액

④ 순수한 물

해설 ①, ②, ④는 공유결합성 물질로서 전기적으로 부도체이다.

정답 ③

23 다음 중 비공유전자쌍을 일방적으로 제공하는 경우는?

① 이온결합   ② 공유결합

③ 수소결합   ④ 배위결합

정답 ④

24 다음 중 서로 다른 하나는?

① 비금속단체　　② 비금속+비금속

③ 탄소화합물　　④ 금속+비금속

해설 ①, ②, ③은 공유결합성 물질이며, ④의 경우만 이온결합성 물질이다.

정답 ④

25 전기전도도와 열전도도가 크며, 연성 및 전성이 있는 것은?

① 이온결합　　② 공유결합

③ 수소결합　　④ 금속결합

해설 • 연성 : 가늘고 길게 뽑아 낼 수 있는 성질(뽑힘성)
• 전성 : 두드려서 얇게 펼 수 있는 성질(펴짐성)

정답 ④

26 NH_4^+는 다음 중 어느 결합에 해당되는가?

① 이온결합　　② 공유결합

③ 수소결합　　④ 배위결합

해설 NH_3에서 H^+로 일방적으로 H^+쪽으로 비공유전자쌍을 제공하는 형태이다.

정답 ④

27 다음 중 잘못 설명된 부분은?

①	H_2O	극성 분자
②	CH_4	극성 분자
③	HF	극성 분자
④	F_2	비극성 분자

해설 • 물은 극성 분자이며, 수소 간 결합각은 104.5도에 해당된다.
• CH_4의 경우 원소 간에는 극성이나, 전체적으로 대칭구조를 이루므로 구조적으로 비극성 분자에 해당된다.

정답 ②

28 다음 중 빈칸에 들어갈 적당한 말은?

> 결합하고 있지 않은 원자들 사이에 또는 비극성 분자들 사이에 존재하는 약한 인력을 (　　)(이)라고 한다. 이들 약한 힘은 분자나 원자 속의 전자에 의한 자유운동에 의해 생긴다. 즉, 자유운동으로 전하의 불균형을 이룰 때 쌍극자가 발생하여 순간적으로 서로 잡아당기거나 밀어내는 힘이 존재하게 된다. 따라서 (　　)(은, 는) 전자의 개수가 많을수록 증가하고 모든 원자 분자 이온에 존재한다.

① 반 데르 발스 힘　　② 쌍극자 힘

③ 전기음성도　　④ 이온화에너지

정답 ①

29 원자결합 사이의 전기음성도 차이는 어느 것이 가장 큰가?

① 이온결합

② 공유결합

③ 극성 공유결합

④ 비극성 공유결합

해설 이온결합성이 가장 크다.

정답 ①

30 다음 중 가솔린에 대해 말한 것으로 옳은 것은?

① 도체이며, 공유결합성 물질이다.

② 도체이며, 이온결합성 물질이다.

③ 부도체이며, 공유결합성 물질이다.

④ 부도체이며, 이온결합성 물질이다.

해설 가솔린은 $C_5 \sim C_9$까지 불포화, 포화 탄화수소로서 비극성 공유결합성 물질로 전기에 대해 부도체이다.

정답 ③

31 고체의 NaCl은 전기를 통하지 않지만, 액체의 NaCl은 전기를 잘 통한다. 그 이유로서 맞는 것은?

① 일반적으로 결정체는 전류를 통하지 않는다.
② 액체상태는 고체상태보다 자유전자가 많다.
③ 고체상태에서는 NaCl이 분자로 되어 있고, 액체상태에서는 Na^+와 Cl^-로 갈라진다.
④ 고체나 액체의 어느 상태에서도 Na^+, Cl^-으로 갈라져 있으나, 고체상태에서는 이온이 자유로이 이동한다.

정답 ③

32 다음 보기 중 V자형으로 p^2형인 것은?

① H_2O
② NH_3
③ CH_4
④ HF

해설
①

O
H   H

②

N — H
H   H
H

③

H
C
H   H
H

④

H — F

정답 ①

33 일반적으로 반 데르 발스 힘은 분자구조가 비슷한 물질에서는 분자량이 (A) 작용하는 힘이 강하고, 융점, 비등점이 (B). A, B에 들어갈 적당한 말은?

① A : 클수록, B : 높다
② A : 작을수록, B : 높다
③ A : 클수록, B : 낮다
④ A : 작을수록, B : 낮다

정답 ①

34 다음 수소화합물 중 비등점이 가장 낮은 것은 어느 것인가?

① H_2O
② HF
③ NH_3
④ PH_3

해설
전기음성도가 높은 F, O, N와의 수소화합물은 수소결합 물질로서 끓는점이 높다.

정답 ④

35 원자들이 서로 공유결합에 의하여 중성의 분자를 형성하고 이들 분자가 분자 간 힘(반 데르 발스 힘)으로 결정을 형성한 것은?

① 이온결정
② 분자결정
③ 공유결합결정
④ 금속결정

정답 ②

36 다음 중 공유결합 결정이 아닌 것은?

① 다이아몬드
② 흑연
③ SiO_2
④ Cl_2

해설
Cl_2는 공유결합성 물질이다.

정답 ④

37 다음 보기 중 다른 하나는?

① Fe
② Al
③ Si
④ Cu

해설
Si만 그물구조성 공유결합물질이고, 나머지는 금속성 물질이다.

정답 ③

38 융점과 관련하여 맞게 설명된 것은?

	분자성 물질	그물구조성 공유결합 물질	이온성 물질	금속성 물질
①	낮다	매우 높다	높다	높다
②	매우 높다	높다	높다	낮다
③	높다	낮다	매우 높다	높다
④	높다	높다	낮다	매우 높다

정답 ①

39 결합력의 세기로 본다면 반 데르 발스 힘을 1로 볼 때 수소결합력은?

① 10 　　　　② 50
③ 100 　　　　④ 200

해설 반 데르 발스 힘 : 수소결합 : 공유결합=1 : 10 : 100

정답 ①

40 다음 공유결합물질 중 그 성질이 다른 것은?

① H－H
② N－N
③ Cl－Cl
④ H－Cl

해설 ①, ②, ③은 비극성, ④는 극성이다.

정답 ④

4 산과 염기

① 산과 염기

(1) 산($H\overset{비금속}{\textcircled{A}}$)의 정의와 성질

금속과 치환될 수 있는 수소 화합물을 산이라 하며 물에 녹아서 H^+ (H_3O^+)을 내는 물질이다.

$$HCl \rightleftharpoons H^+ + Cl^-$$
$$H_2SO_4 \rightleftharpoons 2H^+ + SO_4^{2-}$$
$$HNO_3 \rightleftharpoons H^+ + NO_3^-$$

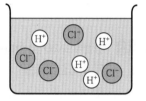

HCl의 전리

또한 다음과 같은 성질이 있다.

① 수용액은 신맛을 가진다.

② 수용액은 푸른색 리트머스 종이를 붉은색으로 변화시킨다.

③ 많은 금속과 작용하여 수소 H_2를 발생한다.

④ 염기와 작용하여 염과 물을 만든다.

$$Zn + 2HCl \rightarrow ZnCl_2 + H_2 \uparrow$$
$$Fe + H_2SO_4 \rightarrow FeSO_4 + H_2 \uparrow$$

[참고] 산 ⇒ 수용액 속에서 H^+으로 되는 H를 갖는 화합물

$HCl \rightleftharpoons H^+ + Cl^-$와 같이 전리하기 때문에 산은 전리하여 수소 이온을 방출하는 물질이라고 보아도 좋다.

※ 하이드로늄 이온(Hydronium ion)
수소 이온 H^+은 분자와 결합되어, 하이드로늄 이온 H_3O^+으로 존재한다. 그러므로 산의 성질은 하이드로늄 이온이 나타내는 성질이다.
$$H^+ + H_2O \rightarrow H_3O^+$$

●예 염산 HCl의 전리는 엄밀히 말하자면 하이드로늄을 만드나 보통은 H_3O^+을 생략하여 H^+으로 표시한다.

[참고] 수화

물은 극성 분자 때문에 여러 가지 이온과 결합하는 성질이 있다. 물의 분자가 결합하는 것을 수화라 하고 수화한 이온을 수화이온이라 하나 하이드로늄 이온도 수화이온이다.

금속

(2) 염기(ⓂOH)의 정의와 성질

금속 또는 양성 원자단(NH_4^+)이 수산기(OH^-)와 결합된 화합물을 염기라 하며 물에 녹아 전리되어 수산 이온 OH^-를 내는 물질이다.

$$NaOH \rightarrow Na^+ + OH^-$$
$$Ca(OH)_2 \rightleftharpoons Ca^{2+} + 2OH^-$$

또한 다음과 같은 성질이 있다.

① 쓴맛이 있고 수용액은 미끈미끈하다.

② 수용액은 붉은 리트머스 종이를 푸르게 변화시킨다.

③ 산과 만나면 산의 수소 이온(H^+)의 성질을 해소시킨다.

④ 염기 중 물에 녹아서 OH^-을 내는 것을 알칼리라 한다.

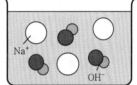

NaOH 의 전리

 [참고] 염기

금속의 수산화물을 염기라 한다.

에틸알코올 C_2H_5OH에는 OH기를 가지나, 금속의 수산화물이 아니고, 물에 녹아 OH^-도 만들지 않고, 산과도 중화하지 않으므로 염기가 아니다.

암모니아 NH_3는 (OH)를 갖고 있지 않으나 물에 용해되어 다음과 같이 반응한다.

$$NH_3 + H_2O \rightleftharpoons NH_4^+ + OH^-$$

이때에 알칼리성을 나타내고 산과도 반응하기 때문에 암모니아는 염기 속에 포함된다. 이전에는 암모니아수를 NH_4OH로 표시했으나 실제로는 위와 같이 변화하여 NH_4OH라는 분자는 존재하지 않는 것으로 생각되어져 최근에는 암모니아수를 ($NH_3 + H_2O$)로 나타내는 경우가 많다.

※ 금속의 수산화물은 대부분 염기이다. 염기 중에는 $Fe(OH)_3$, $Cu(OH)_2$ 등 물에 녹기 어려운 것이 많으며, 염기 중에 물에 잘 녹는 것을 알칼리라고 한다.

산 · 염기의 분류

산		염기	
1가의 산(일염기산)	HCl, HNO_3, CH_3COOH 등	1가의 염기(일산염기)	$NaOH$, KOH, NH_4OH 등
2가의 산(이염기산)	H_2SO_4, H_2CO_3, H_2S 등	2가의 염기(이산염기)	$Ca(OH)_2$, $Ba(OH)_2$, $Mg(OH)_2$ 등
3가의 산(삼염기산)	H_3PO_4, H_3BO_3 등	3가의 염기(삼산염기)	$Fe(OH)_3$, $Al(OH)_3$ 등

 예제 **금속원소와 산(acid)의 반응에 대한 설명이 아닌 것은?** (위험물기능장 31회)

① 신맛을 갖는다.
② 리트머스시험지를 붉게 변색시킨다.
③ 금속과 반응하여 산소를 발생한다.
④ 생성물질은 산성산화물이다.

풀이 금속과 반응하여 수소를 발생한다. 정답 : ③

 [참고] 산소산과 비산소산

산 분자 속에 산소 원자가 들어 있는 산을 산소산, 산소원자가 들어 있지 않은 산을 비산소산이라 한다.

 예 산소산 …… H_2SO_4, H_2CO_3, $HClO_3$
비산소산 …… HCl, HBr, HCN

산 · 염기의 강약 분류

산	강산	HCl, HNO_3, H_2SO_4, $HClO_4^-$	염기	강염기	KOH, $NaOH$, $Ca(OH)_2$, $Ba(OH)_2$
	약산	H_3PO_4(중간), CH_3COOH, H_2CO_3, H_2S		약염기	NH_4OH, $Mg(OH)_2$, $Al(OH)_3$

(3) 산과 염기의 개념

① 아르헤니우스(Arrhenius)의 산과 염기

㉠ 산 : 수용액 중에서 수소이온(H^+)을 내놓는 물질

[참고] 수용액 속의 수소이온

수용액 속에서 단독으로 존재하지 않고 H_2O과 배위결합하여 옥소늄 이온(H_3O^+)으로 존재한다.

✤ 물의 자동 이온화
- $H_2O \rightarrow H^+ + OH^-$
  $H_2O + H_2O \rightarrow H_3O^+ + OH^-$
- $HCl + H_2O \rightarrow H_3O^+ + Cl^-$

 ⓛ 염기 : 수용액 중에서 수산화 이온(OH^-)을 내놓는 물질

  산 $HCl \rightleftharpoons H^+ + Cl^-$

  염기 $NaOH \rightleftharpoons Na^+ + OH^-$

  중화 $H^+ + Cl^- + Na^+ + OH^- \rightleftharpoons Na^+ + Cl^- + HOH$

$$\boxed{H^+ + OH^- \rightleftharpoons HOH}$$

② **브뢴스테드−로우리(Brönsted−Lowry)의 산과 염기**

 ㉠ 산 : H^+를 내놓는 물질(양성자주게)

 ⓛ 염기 : H^+를 받아들이는 물질(양성자받게)

 ㉢ 짝산과 짝염기 : H^+의 이동에 의하여 산과 염기로 되는 한 쌍의 물질

$$\boxed{염기 + 양성자 \rightarrow 산}$$

 • $HCl + H_2O \rightleftharpoons H_3O + Cl^-$
  산1 염기2 산2 염기1

 • $NH_3 + H_2O \rightleftharpoons NH_4^+ + OH^-$
  염기1 산2 산1 염기2

 ※ NH_3의 짝산은 NH_4^+, H_2O의 짝염기는 OH^-이다.

 ㉣ 양쪽성 물질 : 양성자를 받을 수도 있고, 양성자를 낼 수도 있는 물질

  ●예 H_2O, HCO_3^-, HS^-, $H_2PO_4^-$, HPO_4^-, HPO_4^{2-} 등

③ **루이스(Lewis)의 산과 염기**

 ㉠ 산 : 비공유전자쌍을 제공받는 물질(전자쌍받게)

 ⓛ 염기 : 비공유전자쌍을 제공하는 물질(전자쌍주게)

 ※ 배위공유결합을 형성하는 반응은 어떤 것이나 산−염기 반응이다.

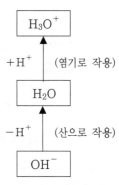

H_2O의 양쪽성

[참고] 루이스설의 산과 염기

루이스설의 산, 염기는 배위결합에 의한다.

$BF_3 + NH_3 \rightarrow BF_3 : NH_3$
　산　　염기

$$BF_3 + NH_3 \longrightarrow BF_3 : NH_3$$
　　　산　　　염기

```
        :F:    H              :F:H
        :F:B + :N:H   ───→   :F:B:N:H
비공유전자쌍→ :F:    H              :F:H
        산     염기             염
```

산·염기에 대한 여러 가지 개념

학설 ＼ 분류	산	염기
아레니우스 설	수용액에서 H^+(또는 H_3O^+)을 내는 것	수용액에서 OH^-을 내는 것
브뢴스테드 설	H^+을 줄 수 있는 것	H^+을 받을 수 있는 것
루이스설	비공유 전자쌍을 받는 것	비공유 전자쌍을 가진 것(제공하는 것)

(4) 산화물(출제빈도 높음)★★★

물에 녹으면 산·염기가 될 수 있는 산소와의 결합물을 산화물이라 한다.

① 산성 산화물(무수산)

물과 반응하여 산이 되거나 또는 염기와 반응하여 염과 물을 만드는 비금속 산화물을 산성 산화물이라 한다.

●예 $CO_2 + H_2O \rightarrow H_2CO_3 \rightleftarrows 2H^+ + CO_3^{2-}$
　　　　　(탄산)

$SiO_2 + 2NaOH \rightarrow Na_2SiO_3 + H_2O$
　　　　　(규산 소다)

$SO_2 + H_2O \rightarrow H_2SO_3 \rightleftarrows 2H^+ + SO_3^{2-}$
　　　　　(아황산)

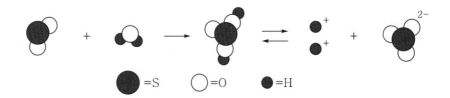

=S   ◯=O   ●=H

<주의> 단, CO, NO는 예외이다.

② 염기성 산화물(무수 염기)

물과 반응하여 염기가 되거나 또는 산과 반응하여 염과 물을 만드는 산화물을 염기성 산화물이라 한다.

<예> $CaO + H_2O \rightarrow Ca(OH)_2 \rightleftarrows Ca^{+2} + 2OH^-$

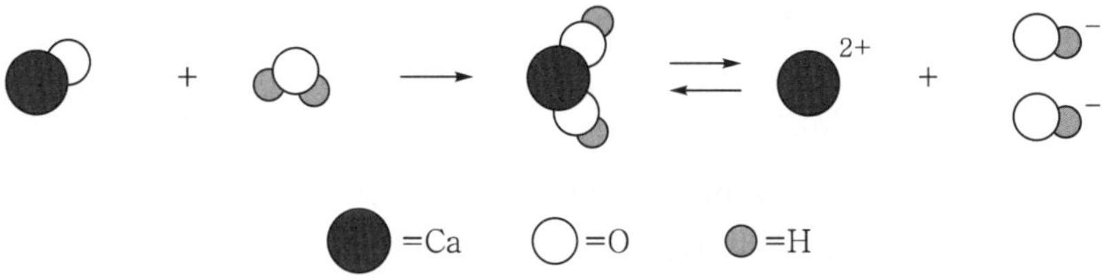

●=Ca   ◯=O   ●=H

$Na_2O + H_2O \rightarrow 2NaOH$

$CuO + H_2SO_4 \rightarrow CuSO_4 + H_2O$

<주의> 단, MnO_2, PbO_2는 예외이다.

염기성 산화물과 염기(▨는 물에 녹지 않음.)

원소	산화물	염기	원소	산화물	염기
Na	Na_2O	NaOH	Fe	FeO	$Fe(OH)_2$
K	K_2O	KOH	Fe	Fe_2O_3	$Fe(OH)_3$
Ca	CaO	$Ca(OH)_2$	Ni	NiO	$Ni(OH)_2$
Mg	MgO	$Mg(OH)_2$	Cu	CuO	$Cu(OH)_2$

[참고] 산화물의 구분

산성 산화물은 비금속의 산화물, 염기성 산화물은 금속의 산화물이다.
CO_2, SO_3, N_2O_5 물에 녹아 H_2CO_3, H_2SO_3, HNO_3 되어 산이 된다. 또한 Na_2O, CaO는 물에 녹아 $NaOH$, $Ca(OH)_2$가 된다.

③ 양쪽성 산화물

산에도 녹고 염기에도 녹아서 수소가 발생하는 원소 Al, Zn, Pb 등을 양쪽성 원소라 하며, 이들의 산화물(Al_2O_3, AnO, SnO 등)을 양쪽성 산화물이라 한다. 이들은 산·염기와 작용하여 물과 염을 만든다.

$$Al_2O_3 + 3H_2SO_4 \longrightarrow Al_2(SO_4)_3 + 3H_2O$$
$$\text{(산)}$$
$$Al_2O_3 + 2NaOH \longrightarrow 2NaAlO_2 + H_2O$$
$$\text{(염기)}$$

$$ZnO + 2HCl \longrightarrow ZnCl_2 + H_2O$$
$$ZnO + 2NaOH \longrightarrow Na_2ZnO_2 + H_2O$$
$$\text{(아연산나트륨)}$$

 [참고] 양쪽성 산화물 ⇨ 산·염기와 반응

양쪽성 원소 Al, Zn, Sn, Pb의 산화물은 산과 염기와 반응하여 염이 된다.
알 아 주 납 ? (양쪽성)

② 산·염기의 당량

(1) 산·염기의 당량[3]

① 산의 당량

염산(HCl) 1몰이 만드는 수소 이온(H^+)은 1g 이온(아보가드로수 6.02×10^{23}개의 이온)이며, 황산(H_2SO_4) 1몰이 만드는 수소 이온(H^+)은 2g 이온이 된다.

---

3) 당량(當量) : 한 물질에 다른 물질이 반응할 때 서로 과부족없이 대등하게 작용할 수 있는 분량

$$\text{HCl} \quad \Longleftrightarrow \quad \text{H}^+ \;+\; \text{Cl}^-$$

1몰(6×10^{23}개 분자)   1g 이온(6×10^{23}개)
36.5g   1.008g

$$\text{H}_2\text{SO}_4 \quad \Longleftrightarrow \quad 2\text{H}^+ \;+\; \text{SO}_4^{-2}$$

1몰(6×10^{23}개 분자)   2g 이온($2 \times 6 \times 10^{23}$개)
98g   2.016g

$$\text{산의 당량} = \frac{\text{산의 식량}}{\text{산의 원자가(1분자 중의 H}^+\text{의 수)}}$$

② 염기의 당량

수산화나트륨(NaOH) 1몰이 만드는 수산 이온(OH^-)은 1g 이온이다.

수산화칼슘 1몰이 만드는 수산 이온(OH^-)은 2g 이온이다.

$$\text{NaOH} \quad \Longleftrightarrow \quad \text{Na}^+ \;+\; \text{OH}^-$$

1몰(6×10^{23}개 분자)   1g 이온(6×10^{23})
40g   17.0g

$$\text{Ca(OH)}_2 \quad \Longleftrightarrow \quad \text{Ca}^{2+} \;+\; 2\text{OH}^-$$

1몰(6×10^{23}개 분자)   2g 이온($2 \times 6 \times 10^{23}$)
74g   34.0g

$$\text{염기의 당량} = \frac{\text{염기의 식량}}{\text{염기의 원자가(1분자 중의 OH}^-\text{의 수)}}$$

[참고] 산(염기)의 당량

$$\text{산(염기)의 당량} = \frac{\text{산(염기)의 식량}}{\text{산(염기)의 원자가}}$$

중요한 산·염기의 g 당량

산	분자량	염기도[4]	g 당량	염기	분자량	산도	g 당량	기타	분자량	산도 염기도	g 당량
HCl	36.5	1	36.5g	KOH	56	1	56g	Na_2CO_3	106	2	53g
CH_3COOH	60	1	60g	NaOH	40	1	40g	NH_3	17	1	17g
H_2SO_4	98	2	49g	Ca(OH)_2	74	2	37g	CaO	56	2	28g
H_3PO_4	98	3	32.7g	Ba(OH)_2	171	2	85.5g	CO_2	44	2	22g

4) 염기도 : 산 1분자에 있는 수소 중에서 수소이온이 될 수 있는 수소원자의 수

예제 다음의 산과 염기의 당량을 구하라. 또 100g에 대한 g 당량을 계산하여라. (단, 원자량은 H＝1, C＝12, N＝14, O＝16, Na＝23, P＝31, Ca＝40이다.)

(1) HNO_3 (2) H_3PO_4

(3) $NaOH$ (4) $Ca(OH)_2$

풀이 (1) 당량 $= \dfrac{63}{1} = 63$

$$\frac{100g - HNO_3}{} \frac{| 1g \text{ 당량} - HNO_3}{| 63g - HNO_3} = 1.59g \text{ 당량}$$

$$\therefore \frac{100}{63} = 1.59 \,(g \text{ 당량})$$

(2) 당량 $= \dfrac{98}{3} = 32.7$

$$\therefore \frac{100}{32.7} = 3.06 \,(g \text{ 당량})$$

(3) 당량 $= \dfrac{40}{1} = 40$

$$\therefore \frac{100}{40} = 2.5 \,(g \text{ 당량})$$

(4) 당량 $= \dfrac{74}{2} = 37$

$$\therefore \frac{100}{37} = 2.7 \,(g \text{ 당량})$$

③ 산과 염기의 세기

(1) 전해질과 비전해질

① 전해질

수용액 상태에서 전기를 통하는 물질이고, 수용액에서 이온화하는 물질이다.

●예 $NaCl \rightarrow Na^+ + Cl^-$

② 비전해질

물에 녹았을 때 이온으로 나누어지지 않는 물질로서, 주로 공유결합 화합물이다.

(2) 이온화도

전해질 수용액에서 용해된 전해질의 몰수에 대한 이온화된 전해질의 몰수의 비

(이온화 : 양이온과 음이온으로 분리)

$$\therefore \text{이온화도}(\alpha) \underset{(=\text{전리도})}{=} \frac{\text{이온화된 전해질의 몰수}}{\text{전해질의 전체몰수}} \quad (0 < \alpha < 1)$$

※ 같은 물질인 경우 이온화도는 온도가 높을 수록, 전해질의 농도가 묽을수록 커진다.

---

 1. 어떤 산(HA) 10몰을 물에 녹였을 때, 그 중 6몰이 이온화된 후 평형상태에 도달한다면 이온화도 α 는?

풀이 $\alpha = \dfrac{6}{10} = 0.6$ (60% 전리)

 2. 전리도가 0.01인 $0.01N - HCl$ 용액의 pH는? (위험물기능장 31회)

① 2 　　　　② 3 　　　　③ 4 　　　　④ 7

풀이 $pH = -\log[H^+]$
$HCl \rightarrow H^+ + Cl^-$
$0.01 \times 0.01N = 10^{-4}$
$\therefore pH = -\log[H^+] = -\log[10^{-4}] = 4$ 　　　　정답 : ③

---

(3) 브뢴스테드 산과 염기의 상대적 세기

① 강한 산의 짝염기일수록 염기의 세기가 약하고, 약한 산의 짝염기일수록 염기의 세기가 강하다.

② 강한 염기의 짝산일수록 산의 세기가 약하고, 약한 염기의 짝산일수록 산의 세기가 강하다.

예 $HCl + H_2O \rightleftharpoons H_3O^+ + Cl^-$
　　　강한 산　염기　　　산　　염기

$\therefore HCl(\text{강한 산}) \xrightarrow{\text{(짝염기)}} Cl^-(\text{약한 염기})$

$CH_3COOH + H_2O \rightleftharpoons H_3O^+ + CH_3COO^-$
　약한 산　　염기　　　산　　　염기

- 이 두 반응계들에 존재하는 산과 염기의 상대적인 세기는?
  - 산의 세기 : $HCl > H_3O^+ > CH_3COOH$
  - 염기의 세기 : $Cl^- < H_2O < CH_3COO^-$

산과 염기의 상대적 세기와 산의 이온화 상수

산의 상대적 세기	산 · 염기 짝쌍		염기의 상대적 세기	$K_a = \dfrac{[H_3O^+][A^-]}{[HA]}$
	산	염기		
강하다.	$HClO_4$	ClO_4^-	약하다.	대단히 크다.
	HI	I^-		대단히 크다.
	HBr	Br^-		대단히 크다.
	HCl	Cl^-		대단히 크다.
	H_2SO_4	HSO_4^-		대단히 크다.
	HNO_3	NO_3^-		크다.
	H_3O^+	H_2O		
중간 정도 이다.	HSO_4^-	SO_4^{2-}		1.3×10^{-2}
	H_3PO_4	$H_2PO_4^-$		7.1×10^{-3}
	HF	F^-		6.7×10^{-4}
약하다.	CH_3COOH	CH_3COO^-		1.8×10^{-5}
	H_2CO_3	HCO_3^-		4.4×10^{-7}
	H_2S	HS^-		1.0×10^{-7}
	$H_2PO_4^-$	HPO_4^{2-}		6.2×10^{-8}
	NH_4^+	NH_3		5.7×10^{-10}
	HCO_3^-	CO_3^{2-}	중간 정도이다.	4.7×10^{-11}
	HPO_4^{2-}	PO_4^{3-}		1.7×10^{-12}
	HS^-	S^{2-}	강하다.	1.0×10^{-14}
	H_2O	OH^-		1.8×10^{-16}

(4) 이온화 상수와 산과 염기의 세기

① 이온화 상수

$$HA(aq) + H_2O \rightleftarrows H_3O^+(aq) + A^-(aq)$$

$$K_a = \frac{[H_3O^+][A^-]}{[HA]}$$

∴ K_a를 산의 이온화 상수 또는 해리 상수라고 한다.

② 이온화 상수와 산-염기의 세기

일정한 온도에서 용액을 비교할 때, 이온화 상수가 큰 산일수록 H_3O^+의 농도가 커지고, 이온화 상수가 큰 염기일수록 OH^-의 농도가 커진다.

㉠ 값이 작을수록 용액에서 $[H_3O^+]$와 $[A^-]$가 작으므로 약한 산이다.

㉡ 값이 클수록 용액에서 $[H_3O^+]$와 $[A^-]$가 크므로 강한 산이다.

④ 수소이온 농도와 물의 이온적

(1) 이온 농도

① 이온 농도의 표시법

이온 농도는 용액 1L 중에 포함된 이온의 몰수(g 이온수)로 나타낸다. 즉, 용액 1L 중에 1몰의 NaCl이 녹아 있을 때 Na^+, Cl^-이 각각 1몰씩 존재하며 다음과 같이 나타낸다.

$$[Na^+] = 1(1몰/L)$$

●예 1몰 농도의 묽은 황산에서 황산 분자가 모두 이온화하였다면 다음과 같다.

$$H_2SO_4 \longrightarrow 2H^+ + SO_4^{2-}$$

몰 수 ⇨ 1몰   2몰 이온   1몰 이온

입자수 ⇨ 6×10^{23}개 $2 \times 6 \times 10^{23}$개 6×10^{23}개

질 량 ⇨ 98g   2g   96g

그러므로 $[H^+] = 2(몰/L)$

$\qquad\qquad [SO_4^{2-}] = 1(몰/L)$

 [참고] 이온의 농도 ⇨ 용액 1L 중의 이온 몰수

용액 1L 중에 1몰(6×10^{23}개)의 이온이 함유된 용액의 농도는 1몰/L, 또는 1g 이온/L이다.

---

(2) 물의 이온적

물은 상온에서 이온화하여 다음과 같이 평형 상태를 유지한다.

$$H_2O \rightleftharpoons H^+ + OH^-$$

각 분자의 이온의 몰농도는 $[H_2O]$, $[H^+]$, $[OH^-]$이며, 질량 불변의 법칙을 적용하면 다음과 같다.

$$\frac{[H^+][OH^-]}{[H_2O]} = K \quad (K : 전리 상수)$$

보통 물의 전리도는 매우 낮다. 물의 일부가 전리되어 좌우평형을 유지할 때 $[H_2O]$에는 변화가 없다. $[H_2O]$와 K의 곱도 일정하지 않다.

$$[H^+][OH^-] = [H_2O] \cdot K = K_w$$

이 K_w을 물의 이온적이라 하며 10^{-14} 이다.

$$[H^+][OH^-] = K_w = 10^{-14}$$

이것은 순수한 물만이 아니고 물이 존재하는 수용액에 대해서는 모두 성립된다.

산 용액에서는 $[H^+]$가 10^{-7} g 이온/L 보다 크며, $[H^+]$가 10^{-7}이면 중성, $[H^+]$가 10^{-7} 보다 작으면 알칼리성이 된다.

물의 이온적 K_w

온도(℃)	K_w
0	0.113×10^{-14}
10	0.292×10^{-14}
20	0.681×10^{-14}
25	1.008×10^{-14}
30	1.468×10^{-14}
50	5.474×10^{-14}

용액의 성질과 수소 이온 농도

산성 용액	$[H^+] > 10^{-7}$(g 이온/L)	$[H^+] > [OH^-]$
중성 용액	$[H^+] = 10^{-7}$(g 이온/L)	$[H^+] = [OH^-]$
알칼리성 용액	$[H^+] < 10^{-7}$(g 이온/L)	$[H^+] < [OH^-]$

[참고] 수용액 중에서 보통 $[H^+][OH^-] = K_w(10^{-14})$

물은 상온에서 전리되어, $[H^+]$와 $[OH^-]$의 곱이 일정하다. 이 관계는 순수한 물에서는 일어나지 않는다.

수소이온 농도 또는 수산이온 농도와 pH와의 관계

HCl 용액			NaOH 용액			
규정농도	$[H^+]$	pH	규정농도	$[OH^-]$	$[H^+]$	pH
0.1N − HCl	10^{-1}	1	0.1N − NaOH	10^{-1}	10^{-13}	13
0.01N − HCl	10^{-2}	2	0.01N − NaOH	10^{-2}	10^{-12}	12
0.001N − HCl	10^{-3}	3	0.001N − NaOH	10^{-3}	10^{-11}	11

 1. Ca(OH)₂ 0.0200M에 들어있는 H^+의 농도는 얼마인가?

풀이 $Ca(OH)_2 \rightarrow Ca^{2+} + 2OH^-$
Ca(OH)₂는 센 염기이므로 충분한 물에 해리하여 Ca^{2+} 0.0200몰과 OH^- 2×0.0200몰이 들어있다.
$K_w = [H^+][OH^-]$이므로
$1.00 \times 10^{-14} = [H^+] \times 0.04$
$\therefore [H^+] = \dfrac{1.00 \times 10^{-14}}{0.04} = 2.50 \times 10^{-13}$

2. 다음 각 물음에 답하라. (단, log2＝0.3으로 한다.)

  (1) 0.1 규정농도의 염산 1.0mL 를 물로 희석하여 100mL 로 했을 때의 pH는 얼마인가?

  (2) pH＝3의 수용액의 수소이온 농도는 pH＝5의 수용액의 수소이온 농도의 몇 배인가?

  (3) 0.01 규정의 초산의 전리도를 0.04로 하면, 이 수용액의 pH농도는 얼마인가?

풀이 (1) **0.1 규정농도의 염산을 100배로 희석하면 농도는 1/100의 10^{-3} 규정농도. 이 용액의 수소이온 농도는** $[H^+]＝10^{-3}$

$$\therefore \ \ pH＝-\log[H^+]＝-\log 10^{-3}＝3$$

(2) **pH＝3의 용액의 수소이온 농도는** $[H^+]＝10^{-3}$, **pH＝5은** $[H^+]＝10^{-5}$

때문에, 구하는 배율은 $\dfrac{10^{-3}}{10^{-5}}＝10^2＝100$배

(3) **0.01 규정농도의 이 초산의 수소이온 농도는** $[H^+]＝10^{-2}\times 0.04＝4\times 10^{-4} \ (M\times\alpha)$

$$\therefore \ \ pH＝-\log[H^+]＝-\log(4\times 10^{-4})＝4-\log 4＝4-\log 2^2$$
$$＝4-2\log 2＝4-2\times 0.3＝3.4$$

정답 : (1) 3 　(2) 100배 (3) 3.4

(3) 수소이온 농도

수용액에서의 수소이온 농도는 매우 작기때문에 pH로 산성도를 나타내는 것이 편리하다.

pH는 수소이온에 몰농도의 음의 대수값으로 정의된다.

※ 수소이온 지수

  수소이온 농도의 역수를 상용대수로 나타낸 값을 pH라 하며 이것을 수소이온 지수라고 한다.

  수소이온 지수를 사용하면 용액의 산성, 염기성을 더욱 간단한 값으로 나타낼 수 있다.

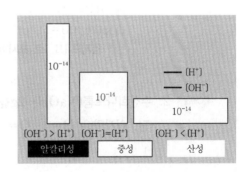

$[H^+]$와 $[OH^-]$의 관계

$$pH = \log \frac{1}{[H^+]}＝-\log[H^+] \ : \ [H^+]＝N농도$$

액성 PH	산성							중성				알칼리성		
	0	1	2	3	4	5	6	7	8	9	10	11	12	13	14
$[H^+]$	1	10^{-1}	10^{-2}	10^{-3}	10^{-4}	10^{-5}	10^{-6}	10^{-7}	10^{-8}	10^{-9}	10^{-10}	10^{-11}	10^{-12}	10^{-13}	10^{-14}
$[OH^-]$	10^{-14}	10^{-13}	10^{-12}	10^{-11}	10^{-10}	10^{-9}	10^{-8}	10^{-7}	10^{-6}	10^{-5}	10^{-4}	10^{-3}	10^{-2}	10^{-1}	1
$[H^+][OH^-]$	10^{-14}	10^{-14}	10^{-14}	10^{-14}	10^{-14}	10^{-14}	10^{-14}	10^{-14}	10^{-14}	10^{-14}	10^{-14}	10^{-14}	10^{-14}	10^{-14}	10^{-14}

Ⓐ
| | 5%H₂SO₄ 0 | 위액 1.7 | 레몬주스 2.0 | 포도주 3.5 | 맥주 4.4 | 커피 5.13 | 우유 6.5 | 타액 7.1 | 해수 8.1 | 비누 9~10 | 석회수 11.9 | 4%NaOH 14 |

산성	중성	알칼리성
$[H^+]>10^{-7}>[OH^-]$ pH<7	$[H^+]=10^{-7}=[OH^-]$ pH=7	$[H^+]<10^{-7}<[OH^-]$ pH>7

pH와 산성·중성·알칼리성의 관계

예제 1. 다음 수용액 중에서 산성이 가장 강한 것은?

① $[H^+]=2\times10^{-2}M$ 　　　② pH=4

③ $[OH^-]=2\times10^{-2}M$ 　　④ 0.1M HF(이온화도 0.001)

⑤ pOH=4

풀이 $[H^+]$가 클수록 산성이 커진다.

② $[H^+]=10^{-pH}=10^{-4}(M)$

③ $[H^+][OH^-]=1\times10^{-14}$: $[H^+]=\dfrac{10^{-14}}{2\times10^{-2}}=5\times10^{-13}(M)$

④ $[H^+]=C\alpha=0.1\times0.001=10^{-4}(M)$

⑤ pH+pOH=14, pH=14-4=10, $[H^+]=10^{-10}(M)$

* 염기도 $[H^+]$로 표시할 수 있다. 　　　　　　　　　　　정답 : ①

예제 2. 수산화나트륨(NaOH) 2g을 물에 녹여 1L로 만든 수용액의 pOH는?

(단, 원자량은 H=1, O=16, Na=23, log2=0.3이다.)

① 1.3 　　　② 3 　　　③ 7 　　　④ 11 　　　⑤ 12.7

풀이 NaOH 2g은 $\dfrac{2}{40}$몰, 즉 0.05몰이므로 이 양을 1L의 물에 녹인 수용액의 몰 농도는

0.05M이다. 강한 염기인 NaOH의 이온화도(α)는 1이므로

$[OH^-]=0.05\times1=5\times10^{-2}(M)$

따라서 $pOH = -\log(5 \times 10^{-2}) = 2 - \log 5 = 2 - \log\left(\dfrac{10}{2}\right) = 2 - (1 - 0.3) = 1.3$

정답 : ①

 3. 0.2N－HCl 500mL를 물을 가해 2L로 하였을 때 pH는 얼마인가? (단, log5 = 0.7)

(위험물기능장 36회, 40회)

① 1.3　　　　　　② 2.3　　　　　　③ 3.0　　　　　　④ 4.3

풀이 $NV = N'V'$
$0.2 \times 500 = N' \times 2,000$
$N' = 0.05$
$\therefore \ pH = -\log[H^+] = -\log[0.05] = -\log[5 \times 10^{-2}] = 2 - \log 5 = 1.3$

정답 : ①

⑤ 산·염기의 중화 반응

(1) 중화 반응과 염

염산의 수용액에 수산화나트륨의 수용액을 더해 가면 염산의 산성은 차츰 약해져서 나중에는 산성도 알칼리성도 아닌 중성이 되어 버린다. 이것을 화학반응식으로 나타내면 다음과 같다.

$$HCl + NaOH \rightarrow NaCl + H_2O$$

이 중 HCl, NaOH, NaCl는 강전해질로 수용액 중에서는 이온으로 나누어져 있기 때문에

$$HCl \rightleftharpoons Cl^- + H^+$$
$$+ \quad\quad +$$
$$NaOH \rightleftharpoons Na^+ + OH^-$$

즉, 다음과 같이 된다.

$$H^+ + Cl^- + Na^+ + OH^- \longrightarrow Na^+ + Cl^- + H_2O$$

이 양변의 공통적인 이온을 제거하면

$$H^+ + OH^- \longrightarrow H_2O$$

로 되고 이것은 염산의 산성을 나타내는 양이온 H^+가 수산화나트륨의 알칼리성을 나타내는 OH^-로 반응하여 중성의 H_2O를 생성한 것을 의미하는 것으로, 이와 같은 반응을 중화 반응이라 하며 중화로 생성된 물질(이 반응에서는 NaCl)을 염이라 한다.

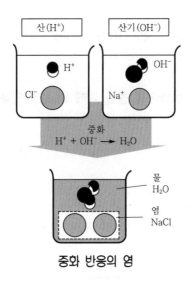

중화 반응의 염

 [참고] 당량

수소 이온 H^+는 사실은 하이드로늄 이온 $H_3O^+ + OH^- \longrightarrow 2H_2O$로 된다.

❖ **중화 ⇨ 산의 H^+과 염기의 OH^-으로 물이 생기는 반응**

산의 산성은 H^+에 의하는 것으로 염기의 알칼리성은 OH^-에 의하는 것이다. 이 양자가 결합하면 중성인 물이 된다. 남은 이온으로 염을 생성한다.

(2) 중화 적정과 염

① 중화 반응

산과 염기가 반응하여 물과 염이 생성되는 반응

㉠ 중화 반응의 알짜 이온 방정식 : $H^+(aq) + OH^-(aq) \longrightarrow H_2O\,(l)$

㉡ 중화 반응에서의 양적 관계 : 산과 염기가 완전히 중화되면 산이 내놓은 H^+의 몰수와 염기가 내놓은 OH^-의 몰수가 같다.

$$nMV = n'M'V'$$

(n, n' : 가수, M, M' : 몰 농도, V, V' : 부피)

※ 여러 가지 지시약의 변색 범위

지시약의 변색 범위 : 지시약의 색깔이 점차 변하는 pH 영역을 변색 범위라고 한다. 몇 가지 중요한 지시약들의 색깔과 변색 범위는 다음 페이지의 표와 같다.

지시약의 변색 범위와 색깔

지시약	약호	변색 범위	pH 값
티몰블루	TB	빨 강　노 랑　노 랑　파 랑	1.2~2.8 8.0~9.6
메틸옐로	MY	빨 강　노 랑	2.9~4.0
브로민페놀블루	BPB	노 랑　파 랑	3.0~4.6
메틸오렌지	MO	빨 강　주 황　노 랑	3.1~4.5
브로민크레졸그린	BCG	노 랑　파 랑	3.8~5.4
메틸레드	MR	빨 강　노 랑	4.2~6.3
브로민크레졸퍼플	BCP	노 랑　자 주	5.2~6.8
브로민티몰블루	BTB	노 랑　파 랑	6.0~7.6
페놀레드	PR	노 랑　빨 강	6.8~8.4
페놀프탈레인	PP	무 색　빨 강	8.3~10.0
티몰프탈레인	TP	무 색　파 랑	9.3~10.0
리트머스		빨 강　파 랑	4.5~8.3

pH=0　1　2　3　4　5　6　7　8　9　10　11　12

☞ pH 측정 : 정확한 pH를 측정할 때는 pH미터를 사용한다.

☞ 중요지시약

지시약	산성	중성	염기성
페놀프탈레인	무색	무색	빨간색
메틸오렌지	빨간색	주황색	노랑색
B.T.B	노랑색	초록색	파랑색

② **중화 적정**

　㉠ 중화 적정 : 중화 반응을 이용하여 농도를 모르는 산이나 염기의 농도를 알아내는 실험 과정

　㉡ 표준 용액 : 중화 적정에서 농도를 알고 있는 용액

　㉢ 중화 적정 곡선 : 산과 염기의 중화 반응에서 가해 준 산 또는 염기의 부피에 따른 용액
　　의 pH 변화를 나타낸 곡선

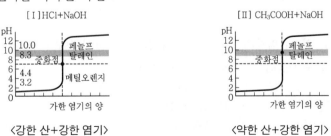

〈강한 산+강한 염기〉　　　　　　〈약한 산+강한 염기〉

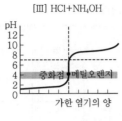

<[III] HCl+NH$_4$OH>

〈강한 산+약한 염기〉

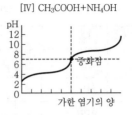

<[IV] CH$_3$COOH+NH$_4$OH>

〈약한 산+약한 염기〉

 1. 25℃에서 0.03M NaOH 500mL와 0.01M HCl 500mL를 혼합한 수용액의 pH는 얼마인가?

① 2   ② 6   ③ 7

④ 10   ⑤ 12

풀이 중화 반응의 일부가 중화되면 $NV \pm N'V' = N''(V+V')$ 에서

$1 \times 0.03 \times 500 - 1 \times 0.01 \times 500 = M'' \times (500+500)$

∴ $[OH^-] = 0.01M$, $pOH = -\log(1 \times 10^{-2}) = 2$

$pH = 14 - 2 = 12$

정답 : ⑤

2. 수용액에서 가수 분해하여 산성을 나타내는 물질을 보기에서 모두 고르시오.

① CuSO$_4$ ② KNO$_3$ ③ CH$_3$COONa

④ NaHCO$_3$ ⑤ NH$_4$Cl

풀이 강한 산과 약한 염기로 된 염이 가수 분해하면 산성을 나타낸다.

※ 중화에 의해 염이 생겨 가수 분해되면 액성은 중화전 산과 염기 중 강한 쪽의 액성이 나타난다. 모두 강하면 중성이다.

정답 : ①, ⑤

(3) 염의 종류

염이란 산의 음이온과 염기의 양이온이 만나서 이루어진 이온성 물질이다.

① 산성염

산의 H$^+$(수소 원자) 일부가 금속으로 치환된 염을 산성염이라 한다.

예 $H_2SO_4 + NaOH \longrightarrow NaHSO_4 + H_2O$
황산수소나트륨

$H_2CO_3 + KOH \longrightarrow KHCO_3 + H_2O$
탄산수소칼륨

② 염기성염

염기 중의 OH⁻ 일부가 산기(할로젠)로 치환된 염을 염기성염이라 한다.

예 $Mg(OH)_2 + HCl \longrightarrow Mg(OH)Cl + H_2O$
하이드로옥시
염화마그네슘

[참고] 산성염과 염기성염

산성염은 H^+를 포함하는 염이고, 염기성염은 OH^-를 포함하는 염이다.
H_2SO_4의 H 1개가 Na로 치환되어 $NaHSO_4$된 염을 산성염이라 한다.

③ 정염

산 중의 수소 원자(H) 전부가 금속으로 치환된 염을 정염이라 한다.

예 $NaOH + HCl \longrightarrow NaCl + H_2O$
$2NaOH + H_2SO_4 \longrightarrow Na_2SO_4 + 2H_2O$
황산나트륨

④ 복염

두 가지 염이 결합하여 만들어진 새로운 염으로서 이들 염이 물에 녹아서 성분염이 내는 이온과 동일한 이온을 낼 때 이 염을 복염이라 한다.

예 $K_2SO_4 + Al_2(SO_4)_3 \cdot 24H_2O \longrightarrow 2KAl(SO_4)_2 \cdot 12H_2O$
칼륨알루미늄백반

이때 성분염이 물에 녹아서 내는 이온 $K_2SO_4 \longrightarrow 2K^+ + SO_4^{2-}$
$Al_2(SO_4)_3 \longrightarrow 2Al^{+3} + 3SO_4^{2-}$

생성염이 물에 녹아서 내는 이온 $2KAl(SO_4)_2 \longrightarrow 2K^+ + 2Al^{3+} + 4SO_4^{2-}$

성분염과 생성염은 물에 녹아서 동일한 이온을 내므로 $KAl(SO_4)_2$은 복염이다.

⑤ 착염

성분염과 다른 이온을 낼 때 이 염을 착염이라 한다.

예 $FeSO_4 + 2KCN \longrightarrow Fe(CN)_2 + K_2SO_4$
$Fe(CN)_2 + 4KCN \longrightarrow K_4Fe(CN)_6$
사이안화철(Ⅱ)산칼륨

이때 성분염이 물에 녹아서 내는 이온 $Fe(CN)_2 \longrightarrow Fe^{2+} + 2CN^-$
$4KCN \longrightarrow 4K^+ + 4CN^-$

생성염이 물에 녹아서 내는 이온 $K_4Fe(CN)_6 \longrightarrow 4K^+ + Fe(CN)_6^{4-}$

사이안화철(Ⅱ)산화철   사이안화철(Ⅱ)산이온

즉, 성분염과 생성염이 물에 녹아서 동일한 이온을 내지 않으므로 $K_4Fe(CN)_6$은 착염이다.

(4) 염의 생성

중화 반응 이외에도 여러 가지 반응에 의해 염이 생성된다.

① 산성 산화물과 염기의 반응

$$SO_3 + Ba(OH)_2 \longrightarrow BaSO_4 + H_2O$$

$$SiO_2 + 2NaOH \longrightarrow Na_2SiO_3 + H_2O$$

② 염기성 산화물과 산의 반응

$$CaO + 2HCl \longrightarrow CaCl_2 + H_2O$$

③ 양쪽성 산화물과 산 또는 염기와의 반응

$$ZnO + 2HCl \longrightarrow ZnCl_2 + H_2O$$

$$ZnO + 2NaOH \longrightarrow Na_2ZnO_2 + H_2O$$

산화물 분류

분류	성질	보기
산성 산화물	• 물과 반응하면 산이 된다. • 염기와 반응하여 염을 만든다.	CO_2, SO_3, P_4O_{10} 등, 주로 비금속의 산화물 (예외 : CO, NO)
염기성 산화물	• 물과 반응하면 염기가 된다. • 산과 반응하여 염을 만든다.	Na_2O, CaO, BaO 등, 주로 금속의 산화물
양쪽성 산화물	산·염기 어느 쪽과도 반응하여 염을 만든다.	ZnO, Al_2O_3, SnO, PbO 등, 양쪽성 원소의 산화물

(5) 염의 가수 분해

염으로부터 해리되어 나온 이온이 물과 반응하여 H_3O^+이나 OH^-을 내는 반응

① 염의 수용액 액성

   ㉠ 강한 산과 강한 염기로부터 생긴 염

      ㉮ 중성염($NaCl$, $NaNO_3$ 등)의 수용액은 중성이다.

      ㉯ 산성염($NaHSO_4$)의 수용액은 산성이다.

② 강한 산과 약한 염기로부터 생긴 염(NH_4Cl 등) : 산성이다.

> **예** $NH_4Cl(s) \longrightarrow NH_4^+(aq) + Cl^-(aq)$
> $NH_4^+ + H_2O \rightleftharpoons NH_3 + H_3O^+$

③ 약한 산과 강한 염기로부터 생긴 염(CH_3COONa, Na_2CO_3 : 염기성이다.

> **예** $CH_3COONa(s) \longrightarrow CH_3COO^-(aq) + Na^+(aq)$
> $CH_3COO^- + H_2O \longrightarrow CH_3COOH + OH^-$

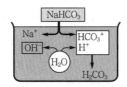
물속에 H^+가 감소하고 OH^-가 증가한다.

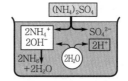
물속에 OH^-가 감소하고 H^+가 증가한다.

④ 약한 산과 약한 염기로부터 생긴 염 : 염의 조성에 따라 다르다.

> **예** CH_3COONH_4 : 거의 중성, NH_4CN : 염기성

(6) 공통이온효과와 완충 용액

① 공통이온효과

어떤 평형상태에 참여하는 이온과 공통되는 이온을 넣으면 그 이온의 농도가 감소하는 방향으로 평형이 이동하는 현상. 예를 들어, 평형상태의 폼산수용액에 묽은 염산(HCl)을 가할 경우 $HCOOH + H_2O \rightleftharpoons HCOO^- + H_3O^+$에서 $H^+(H_3O^+)$의 농도가 증가하므로 이의 농도가 감소하는 역방향으로 진행된다.

② 완충 용액

중성에 가까운 수용액에서는 염산이나 수산화나트륨을 소량 가하면 pH가 크게 변화한다. 그러나 약산에 그 약산의 염을 혼합한 수용액에 소량의 산이나 염기를 가해도 pH는 그다지 변화하지 않는다. 이런 용액을 완충 용액이라 한다. 즉, 산이나 염기를 넣어도 공통이온효과에 의해 pH가 크게 변하지 않는 용액으로 i) 약산과 그 약산의 짝염기를 넣은 용액 또는 ii) 약염기와 그 약염기의 짝산을 넣은 용액으로 구성된다.

③ 완충 용액의 성분

약산의 염과 약산을 적당히 혼합한 용액, 가령 0.3몰(mol)의 초산과 0.3몰(mol)의 초산나트륨을 물에 용해시켜 1L로 만든 용액의 pH는 4.73을 나타내고 여기에 소량의 염산이나 수산화나트륨을 가해도 거의 pH가 변화하지 않는다. 이것은 다음과 같은 반응이 진행하기

때문이다. 처음의 혼합 용액에서는 다음 두 개의 전리 평형이 성립되어 있다.

약산 CH_3COOH $\rightleftharpoons$ $CH_3COO^- + H^+$ ························①

강전해질 CH_3COONa $\longrightarrow$ $CH_3COO^- + Na^+$ ···············②

이 전리에서 ②는 강전해질로 거의 완전히 전리되어 CH_3COO^-의 농도가 커서 ①의 평형은 좌에 치우치고 H^+의 농도는 작아져 있다.

이 혼합 용액에 H^+를 가하면 ①의 식은 좌에 이동하여 CH_3COOH를 생성하고 H^+가 감소하여 $[H^+]$가 거의 일정하게 보존된다. OH^-를 가하면, H^+가 반응하여 H_2O로 되지만, CH_3COOH가 분해하여 H^+를 생성하고 역시 $[H^+]$는 거의 일정하게 보존된다.

첨가	가수분해	pH
산(H^+)	$CH_3COO^- + H^+ \rightarrow CH_3COOH$	일정
염기(OH^-)	$CH_3COOH + OH^- \rightarrow CH_3COO^- + H_2O$	일정

 [참고] 완충 용액

완충 용액은 산이나 염기를 가해도 pH가 거의 일정하다.
약산에 염을 혼합한 용액은 산이나 염기를 가해도 별로 pH가 변화하지 않는다. 이것은 전리 평형과 공통 이온에 의해 평형 이동을 응용한 것이다.

 [예제] 아세트산과 아세트산나트륨의 혼합 수용액에서 다음과 같은 전리가 이루어진다고 할 때 이 용액에 염산을 한 방울 떨어뜨리면 어떤 변화가 일어나는지 가장 옳게 설명한 것은?

(위험물기능장 43회)

$$CH_3COOH \rightleftharpoons CH_3COO^- + H^+$$
$$CH_3COONa \rightleftharpoons CH_3COO^- + Na^+$$

① CH_3COO^-는 많아지고, CH_3COOH는 적어진다.
② CH_3COOH는 많아지고, CH_3COO^-는 적어진다.
③ H^+는 많아지고, CH_3COOH나 CH_3COO^-는 변화가 없다.
④ H^+는 적어지고, CH_3COOH나 CH_3COO^-는 변화가 없다.

풀이 공통 이온효과에 의해 염산을 가하면 수소이온 농도$[H^+]$가 증가되어 역반응이 진행되므로, 아세트산의 이온화도는 감소하고, CH_3COOH의 농도는 증가한다. **정답 : ②**

01 다음 중 산의 정의가 적절하지 못한 것은?

① 수용액에서 옥소늄 이온을 낼 수 있는 분자 또는 이온
② 플로톤을 낼 수 있는 분자 또는 이온
③ 비공유전자쌍을 주는 이온 또는 분자
④ 비공유전자쌍을 받아들이는 이온 또는 분자

해설 비공유전자쌍을 주는 것이 염기이다.

정답 ③

02 다음 설명 중 산(acid)의 표현이 잘못된 것은?

① 수소화합물 중에서 수용액은 전리되어 H^+를 방출한다.
② 푸른 리트머스 시험지를 붉은 색으로 변화시키며, pH가 7보다 작다.
③ 수용액은 신맛이며, 다른 물질에 H^+를 줄 수 있다.
④ 수소보다 이온화 경향이 작은 금속과 반응하여 수소를 발생시킨다.

해설 산(acid)은 수소보다 이온화 경향이 큰 금속과 반응하여 수소를 발생시킨다.

정답 ④

03 다음 중 염의 정의가 적절한 것은?

① 중성이며, 물에 잘 녹는 물질
② 산과 산이 반응하여 생기는 물질
③ 산의 음이온과 염기의 양이온이 결합한 물질
④ 소금과 같이 짠 물질

해설 염이란 산의 음이온과 염기의 양이온이 결합한 것이다.

정답 ③

04 다음 중 용액의 액성을 알아보는 지시약이 아닌 것은?

① 메틸에터 ② 메틸오렌지
③ 페놀프탈레인 ④ 브로민크레졸그린

정답 ①

05 다음 중 '아르헤니우스의 설'의 설명으로 맞는 것은?

① 산(acid)은 수용액 중에서 H^+의 농도를 증가시키는 물질이다.
② 염기는 수용액 중에서 OH^-의 농도를 감소시키는 물질이다.
③ 산의 양이온과 염기의 음이온이 만나 염을 만든다.
④ 염의 액성은 중성뿐이다.

정답 ①

06 산과 염기 지시약 중 산에서의 색은 적색이고, 염기에서의 색은 황색을 나타내는 지시약은 무엇인가?

① 페놀프탈레인 ② 메틸오렌지
③ 메틸레드 ④ 에틸오렌지

해설 메틸오렌지는 산성에서는 적색, 중성에서는 주황색, 염기성에서는 황색을 나타낸다.

정답 ②

07 다음 NH_3의 짝산은 무엇인가?

① H_2O ② OH^-
③ NH_4^+ ④ NH_3

해설
$NH_3 + H_2O \rightleftarrows NH_4^+ + OH^-$
염기1　산2　　산1　염기2

정답 ③

08 다음 라디칼 이온 중 표기가 틀린 것은?

① 아염소산기 : ClO_2^-

② 질산기 : NO_3^-

③ 다이크로뮴산기 : $Cr_2O_4^-$

④ 브로민산기 : BrO_3^-

해설 다이크로뮴산기 : $Cr_2O_7^{2-}$

정답 ③

09 다음 물질 가운데 1염기산은 어느 것인가?

① CH_3COOH ② $NaCl$

③ H_2SO_4 ④ $Fe(OH)_3$

해설 1염기산이란 전리하여 1개의 H을 내는 것이다.
$CH_3COOH \rightarrow CH_3COO^- + H^+$

정답 ①

10 농도를 모르는 황산 5mL를 정확히 취하려고 할 때 사용되는 기구는 무엇인가?

① 피펫   ② 비커

③ 메스플라스크   ④ 뷰렛

정답 ①

11 다음 산 중에서 가장 강한 산은?

① $HClO$ ② $HClO_2$

③ $HClO_3$ ④ $HClO_4$

해설 산소수가 많을수록 강산이며, $HClO_4$(과염소산)은 수용액에서 거의 100% 이온화되므로 초강산이다.

정답 ④

12 다음 물질의 같은 농도의 수용액 중에서 가장 강산인 것은?

① H_2CO_3 ② CH_3COOH

③ H_2SO_4 ④ H_3PO_4

해설 • 강산 : 황산, 염산, 질산
• 약산 : 아세트산, 인산, 탄산

정답 ③

13 어떤 산(acid) 10mol을 물에 녹였을 때 그 중 7mol이 이온화된 후 평형상태에 도달한다면, 이온화도 α는?

① 0.3   ② 0.5

③ 0.7   ④ 0.9

해설 $\alpha = \dfrac{7}{10} = 0.7$

정답 ③

14 $[H^+] = 2 \times 10^{-4}$M인 용액의 pH는 얼마인가? (단, $\log 2 = 0.3$)

① 3.4   ② 3.7

③ 3.9   ④ 4.0

해설 $pH = -\log[H^+]$이므로
$pH = -\log(2 \times 10^{-4})$
$= 4 - \log 2$
$= 4 - 0.3 = 3.7$

정답 ②

15 $0.2M - NH_4OH$의 pH는? (단, $0.2M - NH_4OH$ 용액의 이온화도는 0.01이고, $\log 2 = 0.30$이다.)

① 10   ② 10.5

③ 10.8   ④ 11.3

해설 $[OH^-] = (몰농도) \times (염기의 가수) \times (이온화도)$
$= 0.2 \times 1 \times 0.01 = 2 \times 10^{-3}$
$K_w = [H^+][OH^-] = 10^{-14} mol/L$이므로
$[H^+] = \dfrac{K_w}{[OH^-]} = \dfrac{10^{-14}}{2 \times 10^{-3}} = \dfrac{1}{2} \times 10^{-11}$
$\therefore pH = -\log\left(\dfrac{1}{2} \times 10 - 11\right) = 11.3$

정답 ④

16 0.001M HCl 용액의 pH는 얼마인가?

① 1 ② 2
③ 3 ④ 4

해설 $pH = -\log[H^+] = -\log(1 \times 10^{-3}) = 3$

정답 ③

17 수산화이온 농도가 2.0×10^{-3}M인 암모니아 용액의 pH는 얼마인가? (단, $\log 2 = 0.3$)

① 10.3 ② 11.3
③ 12.20 ④ 12.3

해설 $pOH = -\log[2.0 \times 10^{-3}] = 2.7$
$pH = 14.00 - pOH = 14.00 - 2.7 = 11.3$

정답 ②

18 pH 4인 용액과 pH 6인 용액의 농도차는 얼마인가?

① 1.5배 ② 2배
③ 10배 ④ 100배

해설 $pH\ 4 = 10^{-4}$
$pH\ 6 = 10^{-6}$
∴ 100배

정답 ④

19 다음 중 착염에 해당하는 것은?

① $Al_2(SO_4)_3$ ② $Pb(CH_3COO)_2$
③ $KAl(SO_4)_2$ ④ $K_4Fe(CN)_6$

해설 착염이란 금속이온을 중심원자로 하여 리간드가 배위결합을 한 착이온의 염이다.

정답 ④

20 브뢴스테드의 산, 염기 개념으로 다음 반응에서 산에 해당되는 것은?

$$NH_3 + H_2O \leftrightarrows NH_4^+ + OH^-$$

① H_2O와 NH_4^+ ② H_2O와 OH^-
③ NH_3와 OH^- ④ NH_3와 NH_4^+

해설 • 산 : 양성자(H^+)를 내어주는 물질
• 염기 : 양성자(H^+)를 받을 수 있는 물질

정답 ①

21 다음 물질의 수용액이 중성을 띠는 것은?

① KCN
② CaO
③ NH_4Cl
④ KCl

해설 강염기와 강산이 만나 생성하는 염은 중성이다.

정답 ④

22 다음 중 양쪽성 원소가 아닌 것은?

① Zn ② Sn
③ Pb ④ Ba

해설 양쪽성 원소 : Al, Zn, Sn, Pb

정답 ④

23 다음의 산 중 가장 약산은?

① HClO ② $HClO_2$
③ $HClO_3$ ④ $HClO_4$

해설 산도수가 많을수록 강산이다.

정답 ①

24 다음의 염들 중 그 수용액의 액성이 중성이 되는 것은?

① 강산과 강염기의 염
② 강산과 약염기의 염
③ 강염기와 약산의 염
④ 강염기와 유기산의 염

정답 ①

25 다음 두 용액을 혼합했을 때 완충용액이 되지 않은 것은?

① NaCl과 묽은 염산

② NH_4Cl과 CH_3COOH

③ NH_4Cl과 NH_4OH

④ CH_3COOH과 $Pb(CH_3COO)_2$

해설 **완충용액** : 약산에 그 약산의 염을 포함한 혼합용액에 산을 가하거나 또는 약염기에 그 약염기의 염을 포함한 혼합용액에 염기를 가하여도 혼합용액의 pH는 그다지 변하지 않는다.

정답 ②

26 다음 중 염기성이 가장 강한 것은?

① 0.1M HCl

② $[H^+]=10^{-3}$

③ pH=4

④ $[OH^-]=10^{-1}$

해설
① $pH=-\log[0.1]=1$
② $pH=-\log[10^{-3}]=3$
③ $pH=4$
④ $pH+pOH=14$에서 $pH=14-(-\log[10^{-1}])=13$

정답 ④

27 다음 설명 중 염기의 조건으로 맞는 것은?

① 물에 녹아 H_3O^+을 내어 놓을 수 있다.

② OH^-을 내어 놓을 수 있다.

③ H^+을 내어 놓을 수 있다.

④ 푸른 리트머스 종이를 붉게 변화시킨다.

정답 ②

28 어떤 농도의 염산 용액 100mL를 중화하는 데 0.2N NaOH 용액 250mL가 소모되었다. 이 염산의 농도는?

① 0.2

② 0.3

③ 0.4

④ 0.5

해설
$NV=N'V'$
$N\times100=0.2\times250$
$\therefore\ N=0.5$

정답 ④

29 $2M-H_2SO_4$ 용액 6L에 $4M-H_2SO_4$ 4L를 혼합했다. 이 혼합용액의 농도는?

① 2

② 2.4

③ 2.8

④ 3.2

해설
$MV\pm M'V'=M''(V+V')$
$(2\times6)+(4\times4)=M''\times10\quad\therefore\ M''=2.8$

정답 ③

30 6M-HCl 10mL로 묽게 하여 2M-HCl 몇 mL를 만들 수 있는가?

① 25

② 30

③ 35

④ 40

해설
$MV=M'V'$
$6\times10=2\times V'\quad\therefore\ V'=30mL$

정답 ②

31 다음 중 산과 염기에 대한 내용으로 틀린 것은?

① 산이란 수용액 중에서 옥소늄이온의 농도를 증가시키는 물질이다.

② 염기란 수용액 중에서 수산화이온의 농도를 증가시키는 물질이다.

③ 염이란 산의 양이온과 염기의 음이온이 만나 이루어진 이온성 물질이다.

④ 염소산염류의 화학식을 대표적으로 $MClO_3$로 나타낼 수 있다.

해설 염이란 산의 음이온과 염기의 양이온이 만나서 이루어진 이온성 물질이다.

정답 ③

32 다음 중 산의 성질에 해당되지 않는 것은?

① 신맛을 띠며, pH가 7 이하이다.
② 페놀프탈레인을 떨어뜨리면 붉게 된다.
③ 리트머스를 붉게 물들인다.
④ 금속과 치환하여 염을 생성한다.

해설 페놀프탈레인은 알칼리에서 붉게 된다.

정답 ②

33 다음 사항 중 전리도가 가장 클 때는?

① 농도가 진하고, 온도가 높을 때
② 농도가 묽고, 온도가 높을 때
③ 농도가 진하고, 온도가 낮을 때
④ 농도·온도가 모두 낮을 때

해설 전리도는 온도가 높을수록, 농도가 묽을수록 크다.

정답 ②

34 다음 화합물 중 가수분해되지 않는 것은?

① $NaHCO_3$
② $(NH_4)_2SO_4$
③ $NaNO_3$
④ CH_3COONa

해설 염의 생성 가수분해
① 강산+강염기 : 가수분해 안 됨(전리).
② 강산+약염기 : 산성
③ 약산+강염기 : 염기성
④ 약산+약염기 : 중성

정답 ③

35 산에도 반응되고, 강염기에도 반응되는 산화물은?

① CaO   ② NiO
③ ZnO   ④ CO

해설 양쪽성 원소(Al, Zn, Sn, Pb)

정답 ③

36 NaOH(＝40) 2g을 물에 녹여 500mL 용액으로 하였다. 이 용액의 몰농도는?

① 0.05M   ② 0.1M
③ 0.5M   ④ 1M

해설
$$M = \frac{\frac{2}{40}}{\frac{500}{1,000}}$$
$$\therefore \ M = 0.1M$$

정답 ②

37 0.2N 염산 250mL와 0.1M 황산용액 250mL을 혼합한 용액의 규정농도는?

① 0.2N   ② 0.3N
③ 0.4N   ④ 2N

해설 $NV + N'V' = N''(V + V')$ 에서
$0.2 \times 250 + 0.2 \times 250 = N''(500)$에서
$\therefore \ N'' = 0.2N$

정답 ①

38 [OH]＝10^{-3}g이온/L인 어떤 용액의 pH는?

① −3   ② 3
③ −11   ④ 11

해설 $14 - 3 = 11$

정답 ④

39 0.1N 염산 1mL를 물로 묽게 하여 1,000mL 용액으로 만들었다. 이 용액의 pH는?

① 4   ② 3
③ 2   ④ 1

해설 $0.1 \times 1 = N' \times 1,000$
$N' = 10^{-4}$
$\therefore \ pH = 4$

정답 ①

5 용액과 용해도 (출제빈도 높음)★★★

위험물 산업기사 및 기능장 대비

① 용액

(1) 용액

물질이 액체에 혼합되어 전체가 균일한 상태로 되는 현상을 용해라 하며 이때 생긴 균일한 혼합 액체를 용액이라 한다.

이때 녹이는 데 사용한 액체를 용매, 녹는 물질을 용질이라 하며 특히 용매가 물인 경우의 용액을 수용액이라 한다.

$$물 + 소금 \longrightarrow 소금물$$
(용매) (용질) (용액)

(2) 극성용매와 비극성용매

극성분자는 극성용매에 비극성분자는 비극성용매에 녹는다.

●예 알코올은 물에 잘 녹는다. (알코올과 물은 극성이다.)
가솔린은 물에 녹지 않는다. (가솔린은 무극성, 물은 극성이다.)

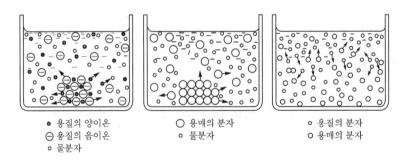

- 용질의 양이온
- 용질의 음이온
- 물분자

○ 용매의 분자
○ 물분자

○ 용질의 분자
○ 용매의 분자

용해의 모식도

(3) 용액의 분류

구분	농도	비고
불포화용액	용질이 더 이상 녹을 수 있는 상태의 용액	석출속도 < 용해속도
포화용액	일정한 온도, 압력 하에서 일정량의 용매에 용질이 최대한 녹아 있는 용액	더 이상 녹일 수 없으며 더 이상 넣으면 고체로 가라앉는다(석출속도=용해속도).
과포화용액	용질이 한도 이상으로 녹아 있는 상태의 용액	용질을 더 넣어도 녹지 않고 외부의 충격에 의해 포화상태 이상으로 녹은 용질이 석출된다(석출속도> 용해속도).

(4) 용해도 곡선

온도에 따른 용해도의 변화를 나타낸 그래프

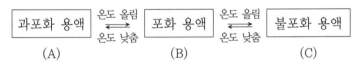

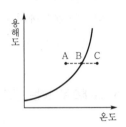

② **용해도**

(1) 고체의 용해도

용매 100g 에 용해하는 용질의 최대 g수, 즉 포화 용액에서 용매 100g에 용해한 용질의 g 수를 그 온도에서 용해도라 한다.

> **●예** 물 100g에 소금은 20℃에서 35.9g 녹으면 포화된다.
> 따라서, 20℃일 때 소금의 물에 대한 용해도는 35.9이다.

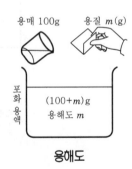

용해도

●예제 20℃의 물 500g에는 설탕이 몇 g까지 녹을 수 있는가?

ex) 20℃의 물에 대한 설탕의 용해도는 204이다.

> (1) 20℃의 물 100g에 설탕은 204g까지 녹을 수 있다. 따라서 500g에 녹을 수 있는 설탕 x g은?
> $$100 : 204 = 500 : x \qquad\qquad \therefore \quad x = 1020\,g$$

---

(2) 기체의 용해도

① 온도의 영향

기체가 용해되는 과정이 발열반응이어서 온도가 높을수록 기체의 용해도는 감소한다.

② 압력의 영향(헨리의 법칙)

용액에서 기체의 용해도는 그 기체의 압력에 비례한다.

기체의 용해도는 여러 종류의 기체가 혼합되어 있을 경우 그 기체의 부분압력과 몰분율에 비례한다.

일정한 온도에서 용매에 녹는 기체의 질량은 압력에 비례하나, 압력이 증가하면 밀도가 커지므로 녹는 기체의 부피는 일정하다.

$$\text{녹는 기체의 질량 } w = kP (T \text{ 일정})$$

③ 그래프로 보는 온도, 압력과의 관계

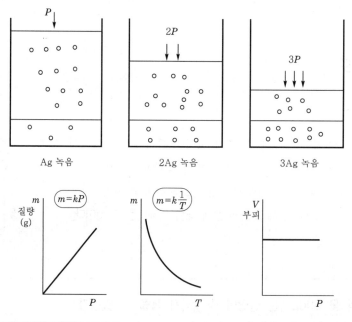

압력(atm)	1	2	n
녹는 질량(g)	w	$2w$	nw
녹는 부피(mL)	V	V	V

※ 참고 : 헨리의 법칙은 용해도가 작은 기체이거나 무극성 분자일 때 잘 적용된다. 차가운 탄산음료수의 병마개를 뽑으면 거품이 솟아오르는데, 이는 탄산음료수에 탄산가스가 압축되어 있다가 병마개를

뽑으면 압축된 탄산가스가 분출되어 용기 내부압력이 내려가면서 용해도가 줄어들기 때문이다.
ex) H_2, O_2, N_2, CO_2 등 무극성 분자

④ 재결정

온도에 따른 용해도 차가 큰 물질에 불순물이 섞여 있을 때 고온에서 물질을 용해시킨 후 냉각시켜 용해도 차이로 결정을 석출시키는 방법

 [참고] 석출되는 용질의 질량 계산

포화 용액$(100 + S_2)$(g)의 온도를 t_2(℃)에서 t_1(℃)로 냉각시킬 때 $(S_2 - S_1)$(g)의 용질이 석출되므로, 포화 용액 w(g)의 온도를 t_2(℃)에서 t_1(℃)로 냉각시킬 때 석출되는 질량 x는 다음과 같이 구한다.

$$(100 + S_2) : (S_2 - S_1) = w : x$$

$$x = (S_2 - S_1) \times \frac{w}{(100 + S_2)}$$

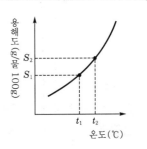

예제 1. 60℃에서 질산나트륨의 용해도는 125이다. 이 온도에서 질산나트륨의 포화 용액 225g을 만들자면 몇 g의 질산나트륨이 필요한가?

풀이 이 포화용액 225g 중의 물의 양 100g 나머지는 질산나트륨 양 125g   ∴ 125g

예제 2. 헨리의 법칙에 대한 설명으로 옳은 것은?   (위험물기능장 46회)

① 물에 대한 용해도가 클수록 잘 적용된다.
② 비극성 물질은 극성 물질에 잘 녹는 것으로 설명된다.
③ NH_3, HCl, CO 등의 기체에 잘 적용된다.
④ 압력을 올리면 용해도는 올라가나 녹아 있는 기체의 부피는 일정하다.

풀이 헨리의 법칙 : 용액에서 기체의 용해도는 그 기체의 압력에 비례한다. 압력이 증가하면 밀도가 커지므로 녹는 기체 부피는 일정하다.   정답 : ④

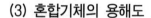

(3) 혼합기체의 용해도

혼합기체가 용해될 때 화학 변화가 일어나지 않는다면 각 기체의 용해량은 각 기체의 분압에
비례한다.

> **예제** $0℃$, 1기압에서 1L의 물에 0.041L의 산소가 녹는다. $0℃$, 5기압에서는 1L의 물
> 에 산소 몇 g이 녹는가?
>
> **풀이** $\dfrac{0.041L-O_2}{} \left| \dfrac{1mol-O_2}{22.4L-O_2} \right| \dfrac{32g-O_2}{1mol-O_2} = 0.059g$
>
> $w = kP = 0.059g/atm \times 5atm = 0.295\,g$

(4) 수화물

분자 내에 물분자를 포함하고 있는 물질

> **예** $CuSO_4 \cdot 5H_2O(s)$
> 청색

① 풍해(風解)

결정수를 가진 결정, 즉 수화물이 스스로 공기 중에서 결정수의 일부나 전부를 잃어 분말로
되는 현상을 풍해라 한다.

> **예** $Na_2CO_3 \cdot 10H_2O(s) \xrightarrow[\text{(풍해)}]{\text{실온}} Na_2CO_3 \cdot 9H_2O(s) + H_2O(g)$
>
> 결정

$$CuSO_4 \cdot 5H_2O(s) \xrightarrow{100℃} CuSO_4 \cdot H_2O(s) \xrightarrow{200℃\ \text{이상}} CuSO_4(s)$$

청색   연한 청색   백색 분말

② 조해(潮解)

고체 결정이 공기 중의 수분을 흡수하여 스스로 용해하는 현상을 조해라 한다. 일반적으로
조해성을 가진 물질은 물에 대한 용해도가 크다.
1류 위험물(산화성 고체)은 조해성 물질이다.

> **예** $NaOH(s) \cdot KOH \cdot CaCl_2 \cdot P_2O_5 \cdot MgCl_2$
>
>   건조제로 이용

③ 용액의 농도

(1) 몰분율(X_A)

혼합물 속에 한 성분의 몰수를 모든 성분의 몰수로 나눈 값

$$X_A = \frac{n_A}{n_A + n_B + n_C + \cdots}$$

몰분율의 합은 1이다.

$$X_A + X_B + X_C + \cdots = 1$$

---

 1. 3몰의 물과 2몰의 에탄올(C_2H_5OH)로 된 용액에 대한 각 성분의 몰분율은 각각 얼마인가?

풀이 $X_{H_2O} = \dfrac{3}{3+2} = 0.6$, $X_{C_2H_5OH} = \dfrac{2}{3+2} = 0.4$ $\therefore$ $X_{H_2O} = 0.6$, $X_{C_2H_5OH} = 0.4$

---

(2) 퍼센트 농도(%)

용액 100g 속에 녹아있는 용질의 질량(g)을 나타낸 농도.

즉, 용액에 대한 용질의 질량백분율

$$퍼센트농도(\%) = \frac{용질의\ 질량(g)}{용액의\ 질량(g)} \times 100 = \frac{용질의\ 질량(g)}{(용매+용질)의\ 질량(g)} \times 100$$

---

 1. 용액 300g에 소금이 60g 녹아 있을 때 소금의 % 농도는?

풀이 $\dfrac{60}{300} \times 100 = 20\%$ $\therefore$ 20%

 2. 물 100g에 설탕이 25g 녹아 있으면 무게 백분율은?

풀이 $\dfrac{25}{100+25} \times 100 = 20\%$ $\therefore$ 20%

 3. 물 100g에 황산구리 결정($CuSO_4 \cdot 5H_2O$) 100g을 넣으면 몇 % 용액이 될까? (단, $CuSO_4 = 160$)

풀이 결정수가 있을 때

% 농도, 용해도 → 결정수를 포함시키지 않는다.

M 농도, N 농도 → 결정수를 포함시킨다.

용액은 200g이며, $CuSO_4 \cdot 5H_2O$ 100g 속의 $CuSO_4$만의 양은

$$100 \times \frac{CuSO_4}{CuSO_4 \cdot 5H_2O} = 100 \times \frac{160}{250} = 64g$$

$$\therefore \% = \frac{64}{200} \times 100 = 32\%$$

$\therefore$ 32% $CuSO_4$ 용액

(3) 몰농도(M)

① 용액 1L(1000mL)에 포함된 용질의 몰수

$$몰농도(M) = \frac{용질의\ 몰수}{용액의\ 부피(L)} = \frac{\frac{g}{M}}{\frac{V}{1000}}$$

단, g : 용질의 g수

M : 분자량

V : 용액의 부피(mL)

② 온도가 변하면 용질의 몰수는 변하지 않지만 용액의 부피가 변하기 때문에 온도에 따라 몰농도는 달라진다. 즉, 용액의 온도가 증가하면 용액의 부피가 증가하므로 몰농도는 작아진다.

예제 1. 황산($H_2SO_4 = 98$) 196g으로 $0.5M - H_2SO_4$를 몇 mL를 만들 수 있는가?

풀이 $0.5 = \dfrac{\frac{196}{98}}{\frac{x}{1000}}$

$\therefore x = 4000mL$

예제 2. 10wt%의 H_2SO_4 수용액으로 1M 용액 200mL를 만들려고 할 때 다음 중 가장 적합한 방법은? (단, S의 원자량은 32이다.)   (위험물기능장 43회)

① 원용액 98g에 물을 가하여 200mL로 한다.

② 원용액 98g에 200mL의 물을 가한다.

③ 원용액 196g에 물을 가하여 200mL로 한다.

④ 원용액 196g에 200mL의 물을 가한다.

풀이 M농도는 1000mL 용액에 포함된 용질의 몰수이다.

10wt% $H_2SO_4 = 19.6g$

$$M = \frac{\frac{g}{M}}{\frac{V}{1000}}, \quad 1 = \frac{\frac{x}{98}}{\frac{200}{1000}}$$

$\therefore x = 19.6g$

정답 : ③

(4) 몰랄농도(m)

① 용매 1kg 속에 녹아 있는 용질의 몰수를 나타낸 농도

② 용매의 질량을 기준으로 한 농도이므로 온도에 관계없이 일정하고 용질의 양을 몰수로 나타내므로 입자수를 다루는데 편리하다.

$$몰랄농도(m) = \frac{용질의\ 몰수}{용매의\ 질량(kg)}$$

 NaOH(화학식량=40) 4g을 물 200g에 녹였다. 몰랄농도는?

풀이 $m = \dfrac{\frac{4}{40}}{0.2kg} = 0.5m$ $\qquad\qquad \therefore\ 0.5m$

(5) 노르말농도(N)

용액 1L(1000mL) 속에 녹아 있는 용질의 g당량수를 나타낸 농도

$$N농도 = \frac{용질의\ 당량수}{용액\ 1L}$$

$$\therefore\ \frac{\frac{g}{D}}{\frac{V}{1000}} \quad \left(D = \frac{M \cdot W}{H^+이온\ or\ OH^-이온의\ 개수}\right)$$

 [참고] 당량

전자 1개와 반응하는 양을 당량이라고 표현하는데 정확히 수소 1g 또는 산소 8g과 반응할 수 있는 그 물질의 양을 1g당량이라 정의한다.

• 계산식 : 당량 = $\dfrac{M \cdot w}{H^+이온\ or\ OH^-이온의\ 개수}$

 1g당량값

NaOH 1g당량=40g/1 =40g　　　　　Ca(OH)₂ 1g당량=74g/2=37g

HCl 1g당량=36.5g/1=36.5g　　　　　H₂SO₄ 1g당량=98g/2=49g

 1. 49g−H₂SO₄를 200mL에 녹이면 N은?

풀이 $N = \dfrac{\frac{49}{49}}{\frac{200}{1000}} = \dfrac{1}{\frac{1}{5}} = 5N$ $\qquad \therefore\ 5N$

2. 비중이 1.84이고, 무게농도가 96wt%인 진한 황산의 노르말농도는 약 몇 N인가? (단, 황의 원자량은 32이다.) (위험물기능장 44회)

① 1.8   ② 3.6   ③ 18   ④ 36

풀이 N농도 = $\dfrac{\text{용질의 g당량수}}{\text{용액 1L}}$ 이므로

여기서, 수용액 1L 질량 $= 1.84 \times 0.96 = 1.7664\,\text{kg/L}$

H_2SO_4의 당량 $= \dfrac{98}{2} = 49$

당량수 $= \dfrac{1776.4\text{g}}{49\text{g}} \fallingdotseq 36$

N농도 $= \dfrac{36}{1\text{L}} = 36\,\text{N}$

정답 : ④

(6) 농도의 환산

① 중량 %를 몰농도로 환산하는 법

중량 %를 몰농도로 환산할 때는 다음과 같이 용액 1L에 대하여 계산한다.

중량 백분율 $a(\%)$의 용액의 몰농도 x를 구하여 보자.

이 용액의 비중을 S, 용질의 질량 $w(\text{g})$은

$$w = 1000 \times S \times \frac{a}{100}\,(\text{g})$$

용질 $w(\text{g})$의 몰수는 용질의 분자량(식량) M으로부터 $\dfrac{w}{M}$,

따라서, 몰농도 $x = 1000 \times S \times \dfrac{a}{100} \times \dfrac{1}{M}$

② 몰농도를 중량 %로 환산하는 법

몰농도를 중량 %로 환산할 때도 용액 1L의 질량과 이 속에 녹아 있는 용질의 질량을 구하여야 한다.

n몰 농도의 용액의 중량 백분율 $x(\%)$를 구하여 보자.

이 용액의 비중을 S, 용질의 분자량을 M이라 하면

이 용액 1L의 질량 $w(\text{g})$은 $w = 1000 \times S(\text{g})$

이 용액 1L 속의 용질의 질량 $m(\text{g})$은 $m = nM(\text{g})$

중량 백분율 $x(\%)$는 용액의 질량 100g에 대한 g 수이므로

$1000 \times S : nM = 100 : x$

$$\therefore \ x = \frac{nM}{1000S} \times 100\%$$

1. 35.0wt% HCl 용액이 있다. 이 용액의 밀도가 1.1427g/mL라면 이 용액의
HCl의 몰농도(mol/L)는 약 얼마인가? (위험물기능장 42회)

① 11　　　　　　② 14　　　　　　③ 18　　　　　　④ 22

풀이 몰농도 $x = 1000 \times S \times \dfrac{a}{100} \times \dfrac{1}{M}$

$= 1000 \times 1.1427 \times \dfrac{35}{100} \times \dfrac{1}{36.5} = 10.96 \text{mol/L}$

정답 : ①

 2. 8.3 몰농도의 암모니아수의 중량 %를 구하여라. (단, 암모니아수의 비중은 0.94,
원자량은 H = 1, S = 32, O = 16, M = 14이다.)

풀이 $0.94 \times 1000 : 17 \times 8.3 = 100 : x$

$\therefore \ x = 15\%$ 　　　　　　　　　　　　　　$\therefore 15\%$

 [참고] 중량 % ⇌ 몰농도의 환산

중량 %를 몰농도로 환산할 때는 용액 1L의 질량을 구하고 몰농도를 중량 %로 환산할 때는 용액 1L 중의 용질의 질량을 구하여 환산한다.

(7) 혼합용액의 농도

$MV \pm M'V' = M''(V + V')$ (액성이 같으면 $+$, 액성이 다르면 $-$)

$NV \pm N'V' = N''(V + V')$

예 1. 2M−HCl 100mL와 1M−NaOH 50mL를 혼합했을 때 농도는?

$(2 \times 100) - (1 \times 50) = M''(100 + 50)$

$M'' = \dfrac{150}{150} = 1M$

2. 1N−황산(H_2SO_4)용액 100mL와 3N−황산용액 200mL를 혼합했을 때 농도는?

$1 \times 100 + 3 \times 200 = N''(100 + 200)$

$N'' = \dfrac{700}{300} = 2.33N$ 농도

(8) 끓는점 오름과 어는점 내림

용액의 증기압력이 낮아지므로 용액의 끓는점은 순수 용매의 끓는점보다 높아지고, 용액의 어느점은 순수한 용매의 어는점보다 낮아진다. 이는 몰랄농도에 비례하여 변한다.

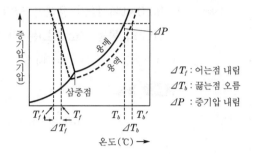

ΔT_f : 어는점 내림
ΔT_b : 끓는점 오름
ΔP : 증기압 내림

① 끓는점 오름

㉠ 용액의 끓는점은 용매의 끓는점보다 높다.

㉡ 끓는점 오름(ΔT_b)은 용액의 몰랄농도(m)에 비례한다.

$\Delta T_b = k_b m$ (k_b : 몰랄 오름 상수)

② 어는점 내림

㉠ 용액의 어는점은 용매의 어는점보다 낮다.

㉡ 어는점 내림(ΔT_f)은 용액의 몰랄농도(m)에 비례한다.

$\Delta T_f = k_f m$ (k_f : 몰랄 내림 상수)

 물 100g에 설탕(분자량＝342) 17.1g을 녹인 용액의 끓는점은? (단, $k_b = 0.52$)

풀이 물 1kg당 설탕 0.5몰이 녹았다.

$$\Delta T_b = m \cdot k_b = \frac{17.1\text{g}/342}{0.1\text{kg}} \times 0.52 = 0.26℃ \qquad \therefore \ 100.26℃$$

---

③ 전해질 용액의 끓는점 오름과 빙점 내림

1분자가 2개의 이온으로 전리하는 전해질 용액의 전리도를 α 라 하면, 전해질 1mol은 비전해질의 $(1+\alpha)$mol에 해당한다. 따라서, 전해질 용액은 같은 몰수의 비전해질 용액보다 $(1+\alpha)$배 끓는점이 높고 어는점이 낮다.

 [참고] 비등점 상승, 빙점강화와 몰농도 관계

비등점 상승도
빙 점 강하도 $\Big\}$ 는 분자와 이온의 합의 몰농도에 비례

●예 염화나트륨(NaCl)의 전리도

1몰랄 농도의 NaCl 수용액에서 NaCl의 전리도를 0.8이라면, 이 용액 속에 존재하는 입자의 mol수는

$$NaCl \longrightarrow Na^+ + Cl^-$$
$$(1-0.8)mol \qquad 0.8mol \quad 0.8mol$$

로 되므로 전체 입자의 mol수는 $(1-0.8)+0.8+0.8=1.8$몰로 되기 때문에 비전해질 1.8mol과 같은 행동을 한다.

●예제 다음 수용액 중 가장 빙점이 낮은 것은 어느 것인가?

① 포도당 0.1mol/L   ② 식초산 0.1mol/L

③ NaCl 0.1mol/L   ④ $CaCl_2$ 0.1mol/L

풀이 다 같은 0.1mol/L이므로 비전해질이 가장 빙점이 높고, 염화칼슘 용액은 다음과 같이 전리된다.

$$CaCl_2 \longrightarrow Ca^{+2} + 2Cl^-$$

염화칼슘은 한 격자에서 3개의 이온이 나오므로 가장 빙점이 낮다.   정답 : ④

---

(9) 삼투압

① 삼투압과 반투압

용액 중의 작은 분자의 용매는 통과시키나 분자가 큰 용질은 통과하지 않는 막을 반투막이라 한다.

●예 동식물의 원형질막, 방광막, 콜로디온막, 세로판 황삼지 등은 불완전 반투막이다.

반투막을 경계로 하여 동일 용매의 농도가 다른 용액을 접촉시키면 양쪽의 농도가 같게 되려고 묽은쪽 용매가 반투막을 통하여 진한 용액쪽으로 침투한다. 이런 현상을 삼투라 하며, 이때 작용하는 압력을 삼투압이라 한다.

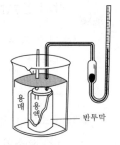

삼투압의 측정

② 반트호프 법칙

일정한 부피 속에 여러 가지 비전해질 1몰씩을 녹인 용액의 삼투압은 모두 같다.

[참고] 비전해질의 묽은 수용액의 삼투압

비전해질의 묽은 수용액의 삼투압은 용액의 농도(몰농도)와 절대온도(T)에 비례하며, 용매나 용질의 종류와는 관계없다.

이것을 반트호프의 법칙이라 한다.

$$\pi V = \frac{w}{M} RT$$

지금 $V(\text{L})$의 묽은 용액 속에 어떤 물질 n몰이 녹아 있을 때 농도는 $\frac{n}{V}$몰/L가 될 것이며, 이때 절대온도가 T라고 하면 이 용액의 삼투압 π는 다음과 같은 관계식이 성립된다.

$$\pi \propto \frac{n}{V} T$$

$$\therefore \quad \pi = k \frac{n}{V} T \ (k\text{는 상수})$$

$$\pi V = knT$$

실험에 의하면 k는 기체상수 R과 같다. 따라서 위의 식은 기체의 상태 방정식과 같은 관계식 $\pi V = nRT$로 표시할 수 있다. 또 $V(\text{L})$ 속에 분자량이 M인 물질 $W(\text{g})$이 포함되어 있다면 $n = \frac{w}{M}$이므로

$$\pi V = \frac{w}{M} RT$$

 [참고] 삼투압은 $\pi V = nRT$ 로부터

단위에 주의하여야 한다. π는 삼투압, V는 L, n은 몰수, T는 절대온도, $R = 0.0821$(기압·L/몰·K)이다.

 요소의 수용액 1L 중에 요소가 3.51g 용해되어 있다. 삼투압은 0℃에 1.3기압이었다. 요소의 분자량을 구하여라.

> **풀이** 요소의 분자량을 M이라 하면, 몰수 n은 3.51/M이기 때문에
>
> $$1.3 \times 1 = \frac{3.51}{M} \times 0.082 \times 273$$
>
> 이 식으로부터 요소의 분자량 60.44가 된다. $\therefore M = 60.44$

④ 콜로이드 용액

(1) 콜로이드(＝교질)

전분, 단백질 등은 분자량이 크고, 분자의 크기가 $10 \sim 100 Å$의 범위에 있으며 결정이 잘 되지 않는다. 이러한 크기의 입자를 콜로이드 입자라 한다.

※ 참용액 : 용질이 분자나 이온의 상태로 고르게 퍼진 용액($0.1 \sim 2nm$)
서스펜션 : 콜로이드보다 더 큰 입자를 갖는다. ex) 혈액, 페인트 등

(2) 콜로이드 용액의 성질

① 틴들현상

콜로이드 용액에 강한 빛을 통하면 콜로이드 입자가 빛을 산란하기 때문에 빛의 통로가 보이는 현상을 말한다.

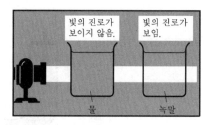

틴들현상

※ 한외 현미경 : 틴들현상을 이용하여 콜로이드 입자의 수와 운동 상태를 볼 수 있도록 만든 현미경
ex) 어두운 곳에서 손전등으로 빛을 비추면 먼지가 보인다.
ex) 흐린 밤중에서 자동차 불빛의 진로가 보인다.

② 브라운운동

콜로이드 입자들이 불규칙하게 움직이는 것

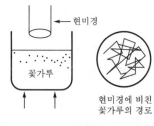

브라운운동

③ 투석

콜로이드 입자는 거름 종이를 통과하나 반투막(셀로판지, 황산지, 원형질막)은 통과하지 못하므로 반투막을 이용하여 보통 분자나 이온과 콜로이드를 분리 정제하는 것(콜로이드 정제에 이용)

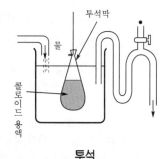

투석

[참고] 투석

콜로이드 입자는 투석막을 통과하지 못한다.

셀로판지와 같은 투석막은 보통의 이온이나 분자 등은 통과시키나 콜로이드 입자는 통과시키지 못한다. 이와 같은 성질을 이용한 것이 투석이다.

④ 전기 영동

전기를 통하면 콜로이드 입자가 어느 한쪽 극으로 이동한다.

ex) 집진기를 통해 매연제거

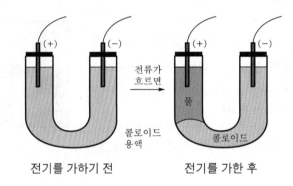

콜로이드 전기를 띠고 있어 (+)콜로이드는 (−)극으로, (−)콜로이드는 (+)극으로 이동한다.

⑤ 엉김과 염석

콜로이드가 전해질에 의해 침전되는 현상이다.

이 현상은 몰수와 상관없이 전해질의 전하량이 클수록 효과적이다.

ex) (+) 콜로이드일 경우 → 음이온 비교 : $PO_4^{3-} > SO_4^{2-} > Cl^-$

(−) 콜로이드일 경우 → 양이온 비교 : $Al^{3+} > Mg^{2+} > Na^+$

㉠ 엉김 : 소수 콜로이드[5]가 소량의 전해질에 의해 침전

ex) 흙탕물에 백반(전해질)을 넣어 물을 정제한다.

㉡ 염석 : 친수 콜로이드[6]가 다량의 전해질에 의해 침전

ex) $MgCl_2$를 넣어 두부를 만듦.
  (전해질)

---

5) 물과 친하지 않아 소량의 물분자로 둘러싸여 있는 콜로이드 (예 수산화철($Fe(OH)_2$), 수산화알루미늄($Al(OH)_3$) 등)

6) 물과 친하여 다량의 물로 둘러싸여 있는 콜로이드 (예 전분, 젤라틴, 한천 등)

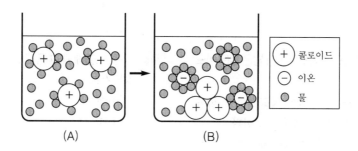

(A)　　　　　　　　(B)

〈엉김〉

    A : 입자들이 같은 부호의 전하를 띠고 있기 때문에 서로 반발하여 안정하다.

    B : 반대부호의 이온이 첨가되어서 전하를 잃어 콜로이드가 엉긴다.

예제 그림과 같이 전기 이동이 일어나는 콜로이드를 엉기게 하는데 가장 효과적인 전해질은?

① $AgCl_3$

② $MgCl_2$

③ Na_3PO_4

④ $MgSO_4$

풀이 (+)극으로 이동하였으므로, (−)콜로이드이다. 양이온의 전하량 비교

정답 : ③

01 다음 중 용액에 관한 설명으로 옳지 않은 것은 어느 것인가?

① 두 가지 이상의 물질이 불균일하게 섞여 있는 혼합액체를 용액이라고 한다.

② 녹이는 데 사용하는 물질을 용매라고 한다.

③ 녹아 들어가는 물질을 용질이라고 한다.

④ 용매가 물일 경우 수용액이라고 한다.

해설 용액이란 두 가지 이상의 물질이 균일하게 섞여 있는 혼합액체를 말한다.

정답 ①

02 질산칼륨의 포화용액을 불포화용액으로 만들려면 어떻게 하여야 하는가?

① 압력을 올린다.

② 온도를 상승시킨다.

③ 물을 증발시킨다.

④ 용질을 가한다.

정답 ②

03 다음 설명 중 옳지 않은 것은?

① 불포화용액은 용해의 속도가 석출속도보다 빠르다.

② 포화용액은 용해의 속도가 석출속도보다 작다.

③ 벤젠에 녹는 것은 일반적으로 무극성 분자이다.

④ 일반적으로 극성분자나 이온결합으로 된 물질은 물에 잘 녹는다.

해설 포화용액은 용해의 속도와 석출속도가 같다.

정답 ②

04 다음 중 물에 대한 용해도가 가장 작은 것은 어느 것인가?

① HCl

② NH_3

③ CO_2

④ HF

해설 물은 극성이다. 극성물질은 극성 용매에 잘 녹는다.
③ CO_2는 무극성이기 때문에 물에 잘 녹지 않는다.

정답 ③

05 25℃에서 어떤 물질은 그 포화용액 300g 속에 50g 이 녹아 있다. 이 온도에서 이 물질의 용해도는 얼마인가?

① 10　　　　　② 20

③ 30　　　　　④ 40

해설

$$용해도 = \frac{용질}{용매} \times 100$$

$$= \frac{50}{300-50} \times 100$$

$$= 20$$

정답 ②

06 20℃의 15% 소금물 100g 속에서는 소금이 몇 g 더 녹을 수 있는가? (단, 20℃에서 소금의 용해도는 약 36이다.)

① 15.6　　　　② 16

③ 17　　　　　④ 18

해설 15%의 소금물=소금(용질) 15g+물(용매) 85g
용해도 36=소금 36g+물 100g
$100 : 36 = 85 : x$, $x = 30.6$
∴ $30.6 - 15 = 15.6g$

정답 ①

07 물, 벤젠, 석유의 3가지 용매가 있다. 이 중 서로 혼합이 되는 것은?

① 물, 벤젠
② 물, 석유
③ 벤젠, 석유
④ 물, 벤젠, 석유

해설 유기물은 무기물과 잘 섞인다.

정답 ③

08 일정한 온도에서 일정량의 액체에 녹는 기체의 무게는 일반적으로 용액 위에 있는 기체의 부분압에 비례한다. 이 법칙은 어느 것인가?

① 아보가드로의 법칙
② 라울의 법칙
③ 헨리의 법칙
④ 돌턴의 법칙

정답 ③

09 다음 중 헨리의 법칙을 따르지 않는 기체는?

① 질소
② 암모니아
③ 수소
④ 이산화탄소

해설 물에 잘 녹는 기체는 헨리의 법칙을 따르지 않는다(암모니아, 염화수소, 황화수소).

정답 ②

10 다음 중 용해도의 정의로 옳은 것은?

① 용액 100g 중에 녹아 있는 용질의 g당량수
② 용매 100g에 녹아 있는 용질의 g수
③ 용매 1L에 녹는 용질의 몰수
④ 용매 100g에 녹아 있는 용질의 몰수

정답 ②

11 다음 중 고체의 용해도를 지배하는 요인은?

① 고체를 용매 중에 담아두는 시간
② 고체 알갱이의 크기
③ 용질의 온도
④ 고체의 화학적 성질

해설 고체의 용해도를 지배하는 요인 : 용매의 온도, 고체의 화학적 성질

정답 ④

12 소금 300g을 물 400g에 녹였을 때 수용액의 %는?

① 42
② 43
③ 44
④ 45

해설 $\dfrac{300}{300+400} \times 100 = 42.86\%$

정답 ②

13 물 100g에 98%의 소금 20g을 녹였다. 이때의 용액은 몇 %의 소금물이 되겠는가?

① 13.6%
② 16.3%
③ 19.8%
④ 20%

해설 $\dfrac{20 \times 0.98}{100+20} \times 100 = 16.33\%$

정답 ②

14 16%의 소금물 200g을 증발시켜 180g으로 농축하였다. 이 용액은 몇 %의 용액인가?

① 17.58
② 17.68
③ 17.78
④ 17.88

해설 16%의 소금물 200g에는 32g의 소금이 녹아 있다.
$\dfrac{32}{180} \times 100 = 17.78\%$

정답 ③

15 20% 황산용액(비중 1.22) 200mL 속에 들어있는 순 황산의 양은?

① 38.6g   ② 42.6g

③ 48.8g   ④ 50.4g

> **해설**
> • 황산용액의 질량=200×1.22=244g
> • 순황산의 질량=244×0.2=48.8g
>
> **정답** ③

16 용액의 농도 중 백만분율을 나타내는 단위는 어느 것인가?

① ppm   ② lpm

③ ppb   ④ pphb

> **해설**
> ppm : part per million
>
> **정답** ①

17 기체 암모니아를 25℃, 750mmHg에서 용적을 측정한 결과 800mL였다. 이것을 100mL의 물에 전량 흡수시켜 암모니아 수용액을 만들 경우 중량 백분율은?

① 0.52   ② 0.55

③ 0.5526   ④ 0.6

> **해설**
> $PV=\dfrac{w}{M}RT$에서
>
> $w=\dfrac{PVM}{RT}=\dfrac{\frac{750}{760}\text{atm}\times0.8\text{L}\times17}{0.082\times(273.15+25)}≒0.55\text{g}$
>
> $\%=\dfrac{0.55}{100+0.55}\times100=0.55\%$
>
> **정답** ②

18 0.2M NaOH 0.5L와 0.3M HCl 0.5L를 혼합한 용액의 몰농도는?

① 0.05M   ② 0.05N

③ 1.15M   ④ 1.5M

> **해설**
> $0.3\times0.5-0.2\times0.5=M''(1\text{L})$
> $M''=0.15-0.1=0.05\text{M}$
>
> **정답** ①

19 분자량이 120인 물질 10g을 물 100g에 넣으니 0.5M 용액이 되었다. 이 용액의 비중은 얼마인가?

① 0.66   ② 1.66

③ 2.66   ④ 3.66

> **해설**
> 몰농도 $x=1,000\times S\times\dfrac{a}{100}\times\dfrac{1}{M}$
>
> $S=\dfrac{x\times100\times M}{1,000\times a}=\dfrac{0.5\times100\times120}{1,000\times\frac{10}{110}\times100}=0.66$
>
> **정답** ①

20 30%의 진한 HCl의 비중은 1.10이다. 이 진한 HCl의 몰농도는 얼마인가?

① 9   ② 9.04

③ 10   ④ 10.04

> **해설**
> 몰농도 $x=1,000\times S\times\dfrac{a}{100}\times\dfrac{1}{M}$로부터
>
> $x=1,000\times1.1\times\dfrac{30}{100}\times\dfrac{1}{36.5}=9.04$
>
> **정답** ②

21 농도 96%인 진한 황산의 비중은 1.84이다. 진한 황산의 몰농도는?

① 10M   ② 12M

③ 16M   ④ 18M

> **해설**
> 몰농도 $x=1,000\times S\times\dfrac{a}{100}\times\dfrac{1}{M}$
>
> $=1,000\times1.84\times\dfrac{96}{100}\times\dfrac{1}{98}$
>
> $≒18.02\text{M}$
>
> **정답** ④

22 분자량이 120인 물질 6g을 물 94g에 넣으니 0.5M 용액이 되었다. 용액의 밀도(g/mL)는?

① 0.9

② 0.95

③ 1

④ 1.2

해설

$$M = \frac{\frac{g}{M \cdot w}}{\frac{V}{1,000}} = \frac{\frac{6}{120}}{\frac{V}{1,000}} = 0.5$$

$$\frac{6,000}{120V} = 0.5 \quad \therefore \ V = 100\text{mL}$$

$$\therefore \ d(\text{밀도}) = \frac{M}{V} = \frac{(6+94)\text{g}}{100\text{mL}} = \frac{100\text{g}}{100\text{mL}} = 1\text{g/mL}$$

정답 ③

23 같은 몰농도의 비전해질 용액은 같은 몰농도의 전해질 용액과 비교했을 때 비등점 상승도의 변화는 어떠한가?

① 같다.

② 작다.

③ 크다.

④ 물질에 따라 달라진다.

정답 ②

24 물 54g과 에탄올(C_2H_5OH) 46g을 섞어서 만든 용액의 에탄올의 몰분율은 얼마인가?

① 0.25

② 0.3

③ 0.4

④ 0.5

해설

물 : $\frac{54}{18} = 3\text{mol}$

에탄올 : $\frac{46}{46} = 1\text{mol}$

$$\therefore \ \text{에탄올 몰분율} = \frac{1}{1+3} = 0.25$$

정답 ①

25 물 200g에 NaOH 120g을 섞어서 만든 수용액의 NaOH의 몰분율은?

① 0.1

② 0.2

③ 0.3

④ 0.4

해설

물 : $\frac{200}{18} = 11.11\text{mol}$

NaOH : $\frac{120}{40} = 3\text{mol}$

$$\therefore \ \text{NaOH의 몰분율} = \frac{3}{11.11+3} = 0.21$$

정답 ②

26 NaOH 10g을 물에 녹여 500mL로 만들었다. 이 용액의 몰농도는?

① 0.2

② 0.3

③ 0.4

④ 0.5

해설

NaOH의 mole $= \frac{10}{40} = 0.25\text{mol}$

$$M = \frac{0.25}{\frac{500}{1,000}} = 0.5M$$

정답 ④

27 N농도×부피(L)는 반응한 용질의 무엇을 의미하는가?

① 당량수

② 이온수

③ 분자수

④ 몰수

해설

$$N = \frac{\text{용질의 g당량수}}{\text{용액의 L수}}$$

$\therefore$ 용질의 g당량수 $= N \times$ 용액의 L수

정답 ①

28 용액 500mL 중에 0.49g의 황산이 녹아 있을 때, 이 황산용액의 N농도는?

① 0.5N ② 0.3N

③ 0.02N ④ 0.18N

해설 황산의 1g당량$=\dfrac{98}{2}=49$

$\therefore \dfrac{\dfrac{0.49}{49}}{\dfrac{500}{1,000}}=0.02N$

정답 ③

29 96% 황산으로 2N 황산 500mL를 만들려고 한다. 이 황산은 약 몇 g이 필요한가? (단, 비중은 1로 가정한다.)

① 50.04

② 51.04

③ 52.06

④ 52.08

해설 황산 1N=49g이므로 2N=98g이다.

따라서, $1,000 : 98 = 500 : x$로부터 $x=49g$임을 알 수 있다. 이는 100% 황산의 경우 49g이 필요한 경우이며, 96g의 황산으로 만들려면 다음과 같다.

$\therefore 49 \times \dfrac{100}{96}=51.04g$

정답 ②

30 10%의 NaOH에서 1N−NaOH 용액 100mL를 만들고자 할 때 옳은 방법은?

① 원용액 40mL에 물을 가하여 100mL로 한다.

② 원용액 40mL에 60mL의 물을 가한다.

③ 원용액 40g에 물을 가하여 100mL로 한다.

④ 원용액 40g에 60mL의 물을 가한다.

해설 1N−NaOH 100mL 속에는 NaOH 4g이 포함되며 NaOH 용액은 10%이므로 40g이 필요하다.

정답 ③

31 황산 수용액 1L 중 순황산이 4.9g 용해되어 있다. 이 용액의 농도는 얼마가 되겠는가?

① 9.8% ② 0.2M

③ 0.2N ④ 0.1N

해설 $N=\dfrac{\dfrac{4.9}{49}}{1}=0.1N$

정답 ④

32 물 1kg에 분자량이 120인 용질 24g을 녹였다. 이 용액의 몰랄농도는?

① 10%

② 0.5m

③ 0.2m

④ 0.1N

해설 $\dfrac{24}{120}=0.2m$

정답 ③

33 다음은 소금물에 관한 설명이다. 맞지 않는 것은?

① 물이 증발되므로 끓는점이 일정하다.

② 순수한 물의 밀도보다 크다.

③ 순수한 물보다 낮은 온도에서 언다.

④ 순수한 물보다 높은 온도에서 끓는다.

정답 ①

34 다음 수용액 중 가장 빙점이 낮은 것은?

① NaCl 0.1mol/L

② 포도당 0.1mol/L

③ 아세트산 0.1mol/L

④ 아세톤 0.1mol/L

해설 같은 몰수에서는 비전해질보다 전해질의 빙점이 낮고 전해질끼리는 이온의 수가 많은 것이 빙점이 낮다.

정답 ①

35 물 100g에 아세톤 2.9g을 녹인 용액의 빙점은 얼마인가? (단, 아세톤의 분자량은 58, 물의 몰내림은 1.86이다.)

① $-0.93℃$

② $-0.465℃$

③ $-1.86℃$

④ $0.93℃$

해설

$$\Delta T_f = K_f \times m = 1.86 \times \dfrac{\frac{2.9}{58}}{0.1\text{kg}} = 0.93$$

$\therefore -0.93℃$

정답 ①

36 어떤 물질 1.5g을 물 75g에 녹인 용액의 어는점이 $-0.310℃$이다. 이 물질의 분자량은 얼마인가? (단, 물의 몰내림은 1.86이다.)

① 200

② 150

③ 130

④ 120

해설 $\Delta T_f = K_f \times m$

$$0.310 = 1.86 \times \dfrac{\frac{1.5}{M}}{\frac{75}{1,000}} = 1.86 \times \dfrac{1,000 \times 1.5}{75M}$$

$$75M = \dfrac{1.86 \times 1,000 \times 1.5}{0.310}$$

$$\therefore M = \dfrac{1.86 \times 1,000 \times 1.5}{0.310 \times 75} = 120$$

정답 ④

37 50g의 물속에 3.6g의 설탕(분자량 : 342)이 녹아 있는 용액의 끓는점은 약 몇 ℃인가? (단, 물의 몰오름은 0.513이다.)

① 100.23

② 100.21

③ 100.11

④ 100.05

해설

$$\Delta T_b = K_b \times m = 0.513 \times \dfrac{\frac{3.6}{342}}{\frac{50}{1,000}} = 0.108$$

$\therefore 100.108℃$

정답 ③

38 용질이 비전해질일 때 비등점 상승도는 다음 중 어느 것에 비례하는가?

① g수

② g당량수

③ 분자수

④ 분자량

해설 **라울의 법칙** : 빙점 강하도와 비등점 상승도는 용질의 몰수에 비례하며 몰수의 비와 분자량의 비는 같다.

정답 ④

39 물 500g에 포도당 180g을 녹인 용액의 몰랄농도는? (단, 포도당의 분자량=180)

① 2M

② 2N

③ 2m

④ 20%

해설

$$m = \dfrac{\frac{180}{180}}{\frac{500}{1,000}} = 2m$$

정답 ③

40 다음 중 콜로이드 입자에 관한 설명으로 옳지 않은 것은?

① 전해질도 콜로이드 입자로 만들 수 있다.

② 비전해질만이 콜로이드 입자로 될 수 있다.

③ 분자 콜로이드는 고분자 화합물에 많다.

④ 콜로이드 입자는 전기를 띠고 있다.

정답 ①

179

41 콜로이드 용액이 반투막을 통과 못해서 정제하는 데 사용하는 조작은?

① 브라운 운동　　② 틴들
③ 투석　　　　　④ 삼투막

해설 투석(다이얼리시스) : 콜로이드가 반투막을 통과 못하는 현상

정답 ③

42 콜로이드의 안정을 증대시키는 방법으로 옳은 것은?

① 조용히 방치시킨다.
② 온도를 높인다.
③ 보호 콜로이드를 만든다.
④ 전해질을 넣는다.

해설 보호 콜로이드 : 소수 콜로이드의 안정성을 증대하기 위하여 친수 콜로이드를 첨가한 것

정답 ③

43 콜로이드 입자가 (+) 또는 (−)로 대전하고 있기 때문에 일어나는 전기적인 현상은?

① 염석, 전기영동　　② 브라운 운동, 염석
③ 틴들, 투석　　　　④ 전기영동, 틴들

해설
• 염석 : 콜로이드 용액에 전해질을 넣어 주었을 때 침전하는 현상
• 전기영동 : 콜로이드 용액에 (+), (−)에 전극을 넣고 직류 전압을 걸어 주면 콜로이드 입자가 어느 한쪽 극으로 이동하는 현상

정답 ①

44 점토의 콜로이드는 (−)로 대전되어 있다. 점토에 의해 탁해진 흙탕물을 맑게 하는데 효과적인 것은?

① 소금　　　　　② 염화칼슘
③ 백반　　　　　④ 설탕

정답 ③

45 우유와 같이 액체가 분산되어 있을 때를 무엇이라고 하는가?

① 친수 콜로이드
② 서스펜션
③ 에멀션
④ 소수 콜로이드

해설
• 에멀션 : 분산질이 액체인 용액(유탁액)
• 서스펜션 : 분산질이 고체인 용액(현탁액)

정답 ③

46 다음 중 콜로이드의 특성이 아닌 것은?

① 브라운 운동
② 서스펜션
③ 삼투압
④ 틴들

해설
① 브라운 운동 : 콜로이드 입자들이 불규칙적으로 움직이는 것이다.
② 서스펜션 : 분산질이 고체인 용액(현탁액)을 말한다.
③ 삼투압 : $\pi V = nRT$ (반트호프의 법칙)
　비전해질의 묽은 수용액의 삼투압은 용액의 농도(몰농도)와 절대온도(T)에 비례하며 용매나 용질의 종류와는 관계없다.
④ 틴들 : 콜로이드 용액에 강한 빛을 통하면 콜로이드 입자가 빛을 산란하기 때문에 빛의 통로가 보이는 현상이다.

정답 ③

47 콜로이드 용액을 통해 광선의 진로가 보이는 이유는?

① 브라운 운동을 하기 때문이다.
② 입자가 전하를 띠고 있기 때문이다.
③ 입자 자체에 색을 띠고 있기 때문이다.
④ 빛을 산란시키기 때문이다.

해설 틴들현상 : 콜로이드 입자는 빛을 산란시킨다.

정답 ④

48 다음 중 틀린 말은?

① 용해도란 용매 100g에 대해 녹아들어 가는 용질의 g수를 의미한다.

② 일반적으로 고체의 경우 온도가 증가할수록 용해도는 증가한다.

③ 기체의 경우 압력이 증가할수록 용해도는 증가한다.

④ 기체의 경우 온도가 증가할수록 용해도는 증가한다.

해설 헨리의 법칙에 따르면 기체의 경우 온도가 증가할수록 용해도는 감소한다.

정답 ④

49 순수한 용매에 비해 용질이 첨가된 용액은 끓는점이 일정하지 않다. 그 이유 중 옳지 않은 것은?

① 용질의 입자수가 많아지기 때문에

② 몰(mol)수가 증가하기 때문에

③ 농도가 진해지기 때문에

④ 몰랄농도(m)가 감소하기 때문에

해설 몰랄농도가 증가하기 때문이다.

정답 ④

50 다음 현상 중에서 헨리의 법칙으로 설명되는 것은?

① 사이다나 콜라의 병마개를 따면 거품이 난다.

② 높은 산 위에서는 물이 100℃ 이하에서 언다.

③ 바닷물은 0℃보다 낮은 온도에서 언다.

④ 극성이 큰 물질일수록 물에 잘 녹는다.

해설 헨리의 법칙 : 기체의 용해도는 압력에 비례

정답 ①

51 차가운 우물물을 유리컵에 담아서 더운 방에 놓아 두었을 때 유리와 물의 접촉면에 기포가 생기는 이유는?

① 물의 증기압력이 높아지기 때문

② 방 안의 이산화탄소가 녹아들어 가기 때문

③ 접촉면에서 수증기가 발생하기 때문

④ 온도가 올라갈수록 기체의 용해도가 감소되기 때문

해설 더운 열이 유리에 전도되어 온도가 올라가므로 기체 용해도가 감소되어 접촉면은 다시 기체로 변한 기포가 생긴다 (헨리의 법칙).

정답 ④

52 다음 기체 중 헨리의 법칙에 적용받지 않는 것은?

① N_2 ② CO_2

③ O_2 ④ HCl

해설 물에 잘 녹는 기체는 헨리의 법칙에 적용 안 된다.
예 HCl, NH_3, SO_2, NO_2

정답 ④

53 다음 각 물질 1g을 물 1,000g에 녹였을 때 빙점 강하도가 제일 큰 것은?

① CH_3OH

② $C_2H_4(OH)_2$

③ $C_6H_{12}O_6$

④ NH_2CONH_2

해설 전부 비전해질이며, 빙점 강하도는 몰수에 비례하므로 분자량이 가장 작은 것이 몰수는 가장 크다.

정답 ①

54 콜로이드 용액인지 알아보는 방법은?

① 틴들현상   ② 브라운 운동

③ 전기영동   ④ 다이알리시스

해설 틴들현상 : 콜로이드 용액에 강한 빛을 통하면 콜로이드 입자가 빛을 산란하기 때문에 빛의 통로가 보이는 현상

정답 ①

55 콜로이드 입자가 어떤 전기를 가지고 있는지 알아보는 방법은?

① 틴들현상
② 전기영동
③ 투석
④ 브라운 운동

해설 **전기영동** : 전기를 통하면 콜로이드 입자가 어느 한쪽 극으로 이동하는 현상

정답 ②

56 비눗물에 다량의 소금을 가하면 비누가 분리된다. 이런 현상은?

① 전기영동
② 브라운 운동
③ 응석
④ 염석

해설 **염석** : 친수 콜로이드가 다량의 전해질에 의해 침전하는 현상

정답 ④

57 다음 보기 중 잘못된 것은?

① 콜로이드 용액은 틴들현상을 일으킨다.
② 콜로이드 입자는 거름종이와 반투막을 통과한다.
③ 콜로이드 입자는 한외현미경을 사용하면 볼 수 있다.
④ 콜로이드 입자의 크기는 대략 $0.1mm\mu\sim1\mu$이다.

해설 콜로이드 입자는 거름종이는 통과하나, 반투막(투석막)은 통과하지 못한다.

정답 ②

58 20℃의 물에 대한 설탕의 용해도는 204이다. 20℃의 물 500g에는 설탕이 몇 g까지 녹을 수 있는가?

① 1,020
② 850
③ 102
④ 408

해설 $100 : 204 = 500 : x$
∴ $x = 1,020g$

정답 ①

59 상기 문제에서 설탕의 포화수용액 속에 설탕의 중량 %는 얼마인가?

① 55
② 65
③ 57.1
④ 67.1

해설 $\dfrac{204}{(100+204)} \times 100 = 67.10\%$

정답 ④

60 다음 물질 중 건조제로 사용할 수 없는 것은?

① 진한 NaOH 용액
② Na_2CO_3
③ $CaCl_2$
④ P_4O_{10}

해설 건조제는 조해성이 있는 물질이다.

정답 ②

6 산화 · 환원

위험물 산업기사 및 기능장 대비

① 산화 · 환원의 개념

(1) 산화 · 환원의 정의

① 산소와의 관계

물질이 산소와 결합하는 것이 산화이며, 화합물이 산소를 잃는 것이 환원이다.

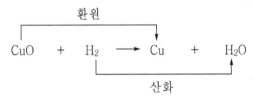

$$\underset{\text{산화}}{\overset{\text{환원}}{CuO + H_2 \longrightarrow Cu + H_2O}}$$

[참고] 산화 · 환원 반응

$CuO \rightarrow Cu$로 환원되면 $H_2 \rightarrow H_2O$로 산화되므로 산화 · 환원 반응은 반드시 동시에 일어난다.

② 수소와의 관계

어떤 물질이 수소를 잃는 것이 산화이며, 수소와 결합하는 것이 환원이다.

$$\underset{\text{환원}}{\overset{\text{산화}}{H_2S + Cl_2 \longrightarrow 2HCl + S}}$$

③ 전자와의 관계

원자가 전자를 잃는 것이 산화이며, 전자를 얻는 것이 환원이다.

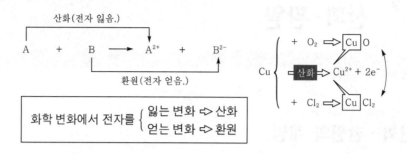

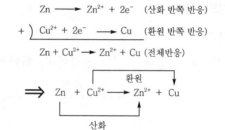

황산구리와 아연의 반응

 [참고] 산화-환원 반응

산화-환원 반응은 항상 동시에 일어나며 잃은 전자수 = 얻은 전자수의 관계가 성립한다.

② 산화수 (출제빈도 높음)★★★

(1) 산화수와 산화·환원

① 산화수

물질을 구성하는 원소의 산화상태를 나타낸 수(=물질의 산화성 정도를 나타낸 수)

② 산화수(oxidation number)를 정하는 규칙

㉠ 자유상태에 있는 원자, 분자의 산화수는 0이다.

● 예 H_2, Cl_2, O_2, N_2 등

ⓛ 단원자 이온의 산화수는 이온의 전하와 같다.

> **●예** Cu^{2+} : 산화수 +2, Cl^- : 산화수 −1

ⓒ 화합물 안의 모든 원자의 산화수 합은 0이다.

> **●예** H_2SO_4 : $(+1 \times 2) + (+6) + (-2 \times 4) = 0$

ⓔ 다원자 이온에서 산화수 합은 그 이온의 전하와 같다.

> **●예** MnO_4^- : $(+7) + (-2 \times 4) = -1$

ⓜ 알칼리금속, 알칼리토금속, ⅢA족 금속의 산화수는 +1, +2, +3이다.

ⓗ 플루오린 화합물에서 플루오린의 산화수는 −1, 다른 할로젠은 −1이 아닌 경우도 있다.

ⓢ 수소의 산화수는 금속과 결합하지 않으면 +1, 금속의 수소화물에서는 −1이다.

> **●예** • HCl, NH_3, H_2O • NaH, MgH_2, CaH_2, BeH_2

ⓞ 산소의 산화수 $=-2$, 과산화물 $=-1$, 초과산화물 $=-\dfrac{1}{2}$, 불산화물 $=+2$

> **●예** Na_2O, Na_2O_2, NaO_2, OF_2

ⓩ 주족원소 대부분은 [ⅠA족 +1], [ⅡA족 +2], [ⅢA족 +3], [ⅣA족 ±4], [ⅤA족 −3, +5], [ⅥA족 −2, +6], [ⅦA족 −1, +7]

[예제]

•$\underline{H}O_2$	$(+1) + 2x = 0$	$\therefore\ x = -\dfrac{1}{2}$
•$\underline{N}O$	$x + (-2) = 0$	$\therefore\ x = +2$
•$\underline{Cr}^{3+}$	$x = +3$	$\therefore\ x = +3$
•$\underline{Mn}O_2$	$x + (-2) \times 2 = 0$	$\therefore\ x = +4$
•$\underline{Pb}(OH)_3^-$	$x + (-1) \times 3 = -1$	$\therefore\ x = +2$
•$\underline{Fe}(OH)_3$	$x + (-1) \times 3 = 0$	$\therefore\ x = +3$
•$\underline{Cl}O^-$	$x + (-2) = -1$	$\therefore\ x = +1$
•$K_4\underline{Fe}(CN)_6$	$4 + x + (-1) \times 6 = 0$	$\therefore\ x = +2$
•$\underline{Cl}O_2$	$x + (-2) \times 2 = 0$	$\therefore\ x = +4$
•$\underline{Cl}O_2^-$	$x + (-2) \times 2 = -1$	$\therefore\ x = +3$
•$\underline{Mn}(CN)_6^{4-}$	$x + (-1) \times 6 = -4$	$\therefore\ x = +2$

- $\underline{N}_2$ $x=0$

- $\underline{N}H_4{}^+$ $x+(+1)\times 4=+1$ $\therefore\ x=-3$

- $\underline{N}_2H_5{}^+$ $2x+(+1)\times 5=+1$ $2x=-4$ $\therefore\ x=-2$

- $H\underline{As}O_3{}^{2-}$ $(+1)+x+(-2)\times 3=-2$ $\therefore\ x=+3$

- $(\underline{C}H_3)_4Li_4$ $4x+(+1)\times 3\times 4+(+1)\times 4=0$ $4x=-16$ $\therefore\ x=-4$

- $\underline{P}_4O_{10}$ $4x+(-2)\times 10=0$ $\therefore\ x=+5$

- $\underline{C}_2H_6O$(에탄올 CH_3CH_2OH) $2x+(+1)\times 6+(-2)=0$ $\therefore\ x=-2$

- $\underline{V}O(SO_4)$ $x+(-2)+(-2)=0$ $\therefore\ x=+4$

- $\underline{Fe}_3O_4$ $3x+(-2)\times 4=0$ $\therefore\ x=+\dfrac{8}{3}$

- $\underline{C}_3H_3{}^+$ $3x+(+1)\times 3=+1$ $\therefore\ x=-\dfrac{2}{3}$

예제 1. H_2SO_4에서 S의 산화수는 얼마인가?   (위험물기능장 34회, 40회)

① 1   ② 2   ③ 4   ④ 6

풀이 H 산화수=1, O 산화수=-2, S 산화수는 $1\times 2+S+(-2)\times 4=0$, S=6

정답 : ④

예제 2. 염소(Cl)의 산화수가 +3인 물질은?   (위험물기능장 35회, 41회)

① $HClO_4$ ② $HClO_3$ ③ $HClO_2$ ④ $HClO$

풀이 $1+x+(-2)\times 2=0$에서 $x=+3$

정답 : ③

예제 3. 다음 중 Mn의 산화수가 +2인 것은?   (위험물기능장 43회)

① $KMnO_4$ ② MnO_2 ③ $Mn(SO_4)$ ④ K_2MnO_4

풀이 다원자이온에서 산화수의 합은 그 이온의 전하와 같다.
① $(+1)+x+(-2)\times 4=0$ ② $x+(-2)\times 2=0$
   $\therefore\ x=+7$ $\therefore\ x=+4$
③ $x+(-2)=0$ ④ $(+1)\times 2+x+(-2)\times 4=0$
   $\therefore\ x=+2$ $\therefore\ x=+6$

정답 : ③

③ 산화제와 환원제

(1) 산화제와 환원제

- 산화제 : 자신은 환원되면서 다른 물질을 산화시키는 물질
- 환원제 : 자신은 산화되면서 다른 물질을 환원시키는 물질

① 산화제의 조건
  → 즉, 자신은 환원되고 남을 산화시킴.
  ㉠ 전자를 얻기 쉬울 것 : 17족(F_2, Cl_2, Br_2, I_2)
  ㉡ 산화수가 큰 원자를 가질 것 : MnO_2, $KMnO_4$, $K_2Cr_2O_7$

② 환원제의 조건
  → 즉, 자신은 산화되고 남은 환원시킴.
  ㉠ 전자를 내기 쉬운 것 : 금속(K, Na, Ca)
  ㉡ 산화수가 작은 물질 : C, SCl_2, H_2S

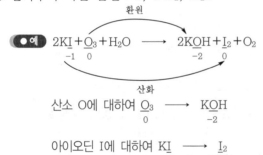

예
환원
$$2K\underline{I} + \underline{O}_3 + H_2O \longrightarrow 2K\underline{O}H + \underline{I}_2 + O_2$$
산화

산소 O에 대하여 $\underline{O}_3 \longrightarrow K\underline{O}H$

∴ 산소는 산화수가 0에서 −2로 감소하였으므로 환원되었다.

아이오딘 I에 대하여 K$\underline{I} \longrightarrow \underline{I}_2$

∴ 아이오딘은 산화수가 −1에서 0으로 증가하였으므로 산화되었다.

⇒ 산화제 : O_3 환원제 : KI

(2) 산화력, 환원력의 세기

- 산화(산화수 증가)되는 물질 ⇒ 환원제이고 환원력이 세다.
- 환원(산화수 감소)되는 물질 ⇒ 산화제이고 산화력이 세다. ⇒ 주기율표로 간단히 나타내면

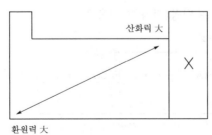

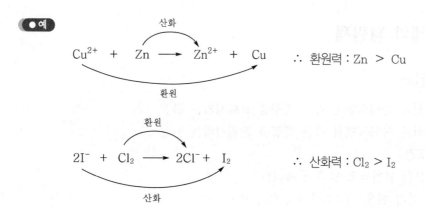

예

$$Cu^{2+} + Zn \longrightarrow Zn^{2+} + Cu \qquad \therefore \text{환원력} : Zn > Cu$$

산화 / 환원

$$2I^- + Cl_2 \longrightarrow 2Cl^- + I_2 \qquad \therefore \text{산화력} : Cl_2 > I_2$$

환원 / 산화

(3) 산화제와 환원제의 상대성

산화 · 환원은 상대적인 것이므로, 반응물질에 따라 산화제가 될 수도 있고 환원제로 작용할 수도 있다.

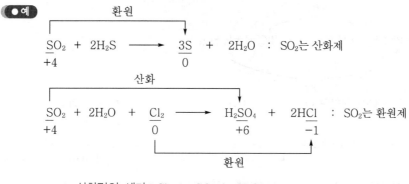

예

환원

$$\underline{S}O_2 + 2H_2S \longrightarrow \underline{3S} + 2H_2O \quad : \; SO_2\text{는 산화제}$$
$$+4 \qquad\qquad\qquad\quad 0$$

산화

$$\underline{S}O_2 + 2H_2O + \underline{Cl_2} \longrightarrow H_2\underline{S}O_4 + 2H\underline{Cl} \quad : \; SO_2\text{는 환원제}$$
$$+4 \qquad\qquad\quad 0 \qquad\qquad\quad +6 \qquad\quad -1$$

환원

$$\rightarrow \therefore \text{산화력의 세기} : Cl_2 > SO_2 > H_2S$$

(4) 산화수와 산화 · 환원

① **산화** : 산화수가 증가하는 반응(전자를 잃음.)
② **환원** : 산화수가 감소하는 반응(전자를 얻음.)

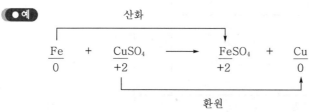

예

산화

$$\underline{Fe} + \underline{Cu}SO_4 \longrightarrow \underline{Fe}SO_4 + \underline{Cu}$$
$$0 \qquad\quad +2 \qquad\qquad\quad +2 \qquad\qquad 0$$

환원

산화

$$\underset{+4}{\underline{SO_2}} + 2H_2O + \underset{0}{\underline{Cl_2}} \longrightarrow \underset{+6}{H_2\underline{S}O_4} + \underset{-1}{2H\underline{Cl}}$$

환원

 [참고] 산화수가 변하지 않는 경우

산화수가 변하는 원소가 없으면 산화 · 환원 반응이 아니다.
→ 이는 침전, 중화와 같은 반응

예제 다음 반응에서 과산화수소가 환원제로 작용한 것이 아닌 것은? (위험물기능장 34회)

ⓐ $2HI + H_2O_2 \longrightarrow I_2 + 2H_2O$
ⓑ $MnO_2 + H_2O_2 + H_2SO_4 \longrightarrow MnSO_4 + 2H_2O_2 + O_2$
ⓒ $5H_2O_2 + 2KMnO_4 + 6HCl \longrightarrow 5O_2 + 2MnCl_2 + 8H_2O + 2KCl$
ⓓ $PbS + 4H_2O_2 \longrightarrow PbSO_4 + 4H_2O$

① ⓐ, ⓑ   ② ⓐ, ⓓ   ③ ⓑ, ⓒ   ④ ⓒ, ⓓ

정답 : ②

---

❹ 산화 · 환원 방정식

(1) 산화 · 환원 방정식 꾸미기

① 산화수법

㉠ 산화수를 조사하여 산화수의 증가, 감소량을 구한다.

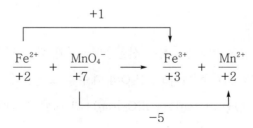

$$+1$$

$$\underset{+2}{\underline{Fe}^{2+}} + \underset{+7}{\underline{Mn}O_4^{-}} \longrightarrow \underset{+3}{\underline{Fe}^{3+}} + \underset{+2}{\underline{Mn}^{2+}}$$

$$-5$$

ⓛ 증가한 산화수와 감소한 산화수가 같도록 계수를 정한다.

$$5Fe^{2+} + MnO_4^- + H^+ \longrightarrow 5Fe^{3+} + Mn^{2+} + H_2O$$

ⓒ 나머지 원자들의 반응 전후의 원소수가 같도록 맞춘다.

$$5Fe^{2+} + MnO_4^- + 8H^+ \longrightarrow 5Fe^{3+} + Mn^{2+} + 4H_2O$$

② 산화 · 환원 반응식 균형맞추기 : 이온전자법 또는 반쪽반응법

　ⓐ 산성 수용액에서

$$H^+(aq) + Cl^-(aq) + Cr_2O_7^{2-}(aq) \rightarrow Cr^{3+}(aq) + Cl_2(g) + H_2O(aq)$$

　　㉠ 산화 반쪽반응과 환원 반쪽반응으로 분리한다.

　　　산화반응 $Cl^- \rightarrow Cl_2$,　　　환원반응 $Cr_2O_7^{2-} \rightarrow Cr^{3+}$

　　㉡ 산화수의 변화를 수반하는 원자의 수를 맞춘다.

　　　산화반응 $2Cl^- \rightarrow Cl_2$,　　　환원반응 $Cr_2O_7^{2-} \rightarrow 2Cr^{3+}$

　　㉢ 산소가 부족한 쪽에 H_2O를 더하여 산소원자의 수를 맞춘다.

　　　산화반응 $2Cl^- \rightarrow Cl_2$,　　　환원반응 $Cr_2O_7^{2-} \rightarrow 2Cr^{3+} + 7H_2O$

　　㉣ H_2O를 더한 반대쪽에서 H^+이온을 더하여 수소원자의 수를 맞춘다.

　　　산화반응 $2Cl^- \rightarrow Cl_2$,　　　환원반응 $14H^+ + Cr_2O_7^{2-} \rightarrow 2Cr^{3+} + 7H_2O$

　　㉤ 모든 원자들이 균형을 이루고 있는지 확인하고 전하균형을 맞춘다. 전자가 부족한 쪽에 전자수를 더한다.

　　　산화반응 $2Cl^- \rightarrow Cl_2 + 2e^-$,　　환원반응 $14H^+ + Cr_2O_7^{2-} + 6e^- \rightarrow 2Cr^{3+} + 7H_2O$

　　㉥ 산화반응에 [×3]을 하여 잃은 전자수와 환원반응에 의해 얻은 전자수가 같도록 한다.

　　　산화반응 $6Cl^- \rightarrow 3Cl_2 + 6e^-$,　　환원반응 $14H^+ + Cr_2O_7^{2-} + 6e^- \rightarrow 2Cr^{3+} + 7H_2O$

　　㉦ 두 반쪽 반응을 더하면 알짜 이온반응식을 얻는다.

　　　$$14H^+(aq) + 6Cl^-(aq) + Cr_2O_7^{2-}(aq) \rightarrow 2Cr^{3+}(aq) + 3Cl_2(g) + H_2O(l)$$

　ⓑ 염기성 수용액에서

　　㉠～㉦식까지의 알짜 이온반응식은 산성용액에서와 같은 방법으로 한다.

　　H^+ 수만큼 양변에 OH^-를 더하고, H_2O의 계수를 조절한다.

　　$$Bi_2O_3(s) + ClO^-(aq) + OH^-(aq) \rightarrow BiO_3^-(aq) + Cl^-(aq) + H_2O(l)$$

ㄱ 산화반응 $Bi_2O_3 \rightarrow BiO_3^-$, 　　　　　환원반응 $ClO^- \rightarrow Cl^-$

ㄴ 산화반응 $Bi_2O_3 \rightarrow 2BiO_3^-$, 　　　　　환원반응 $ClO^- \rightarrow Cl^-$

ㄷ 산화반응 $3H_2O+Bi_2O_3 \rightarrow 2BiO_3^-$, 　　환원반응 $ClO^- \rightarrow Cl^- + H_2O$

ㄹ 산화반응 $3H_2O+Bi_2O_3 \rightarrow 2BiO_3^- +6H^+$, 　환원반응 $2H^++ClO^- \rightarrow Cl^- + H_2O$

ㅁ 산화반응 $3H_2O+Bi_2O_3 \rightarrow 2BiO_3^- +6H^+ + 4e^-$,

　　환원반응 $2H^++ClO^- + 2e \rightarrow Cl^- + H_2O$

ㅂ 산화반응 $3H_2O+Bi_2O_3 \rightarrow 2BiO_3^- + 6H^+ + 4e^-$,

　　환원반응 $4H^+ + 2ClO^- + 4e^- \rightarrow 2Cl^- + 2H_2O$ [ㅁ 환원반응식×2]

ㅅ 알짜 이온반응식

　　$Bi_2O_3 + 2ClO^- + H_2O \rightarrow 2BiO_3^- + 2Cl^- + 2H^+$

ㅇ H^+ 수만큼 양변에 OH^-를 더하고, H_2O의 계수를 조절한다.

　　$Bi_2O_3(s) + 2ClO^-(aq) + 2OH^-(aq) \rightarrow 2BiO_3^-(aq) + 2Cl^-(aq) + H_2O(l)$

⑤ 전기화학

(1) 금속의 이온화 경향

금속원소는 여러 가지 비금속 원소나 원자단과 화합물을 만든다. 화합물 중의 금속 원자는 전자를 잃어버리고 양이온으로 되어 존재한다. 이처럼 금속의 원자는 한 개 또는 수 개의 외각 전자를 잃어 양이온이 되려는 성질이 있다. 이를 이온화 경향이라 한다.

$$K > Ca > Na > Mg > Al > Zn > Fe > Ni > Sn > Pb > (H) > Cu > Hg > Ag > Pt > Au$$

물에서 수소를 방출 시키는 원소	산에서 수소를 방출시키는 원소	산에서 수소를 방출 시킬 일이 없는 원소

이온화 경향이 크다. ⟵—————⟶ 이온화 경향이 작다.

(전자를 내어놓기 좋은 금속) 　　　　　　　　　(전자를 내어놓기 어려운 금속)

산화가 잘 됨. ⟵—————⟶ 환원이 잘 됨.

(2) 금속의 이온화와 화학적 성질

① 금속의 반응성

금속이 비금속과 화합할 때, 금속은 양이온이 되고, 비금속은 음이온으로 된다. 따라서 금속 단체가 반응하는 경우, 전자를 상대에게 주고 양이온이 되는 반응이다. 그러므로 일반적으로 이온화 경향이 큰 금속일수록 반응하기 쉬운 금속이다.

[참고] 이온화 경향이 큰 금속일수록 화학 반응이 활발

이온화 경향이 큰 금속은 반응이 활발하고 역으로 이온화 경향이 작은 금속은 화학 반응을 잘 안 한다.

② 공기 중의 산소와의 반응

이온화 경향에 따라 다음과 같이 반응한다.

㉠ K, Ca, Na, Mg : 상온의 건조된 공기 중에서 산화한다.

㉡ Al, Zn, Fe, Ni, Sn, Pb, Cu : 습한 공기 중에서 산화되고 건조한 공기 중에서는 표면만 산화된다.

㉢ Hg, Ag, Pt, Au : 공기 중에서는 변화없다.

③ 물과의 반응

이온화 경향에 따라 다음과 같이 반응한다.

㉠ K, Ca, Na : 상온에서 물과 심하게 반응하여 수산화물이 생성되고, 수소를 발생한다.

$$2K + 2H_2O \longrightarrow 2KOH + H_2 \uparrow$$

$$Ca + 2H_2O \longrightarrow Ca(OH)_2 + H_2 \uparrow$$

$$2Na + 2H_2O \longrightarrow 2NaOH + H_2 \uparrow$$

㉡ Mg, Al, Zn : 찬물과는 반응하지 않으나 더운물 또는 수증기와 반응하여 수소를 발생한다.

$$Mg + 2H_2O \longrightarrow Mg(OH)_2 + H_2 \uparrow$$

$$2Al + 6H_2O \longrightarrow 2Al(OH)_3 + 3H_2 \uparrow$$

㉢ Fe는 고온에서 고온의 수증기와 반응하며 가역 반응이다.

$$3Fe + 4H_2O \rightleftarrows Fe_3O_4 + 4H_2 \uparrow$$

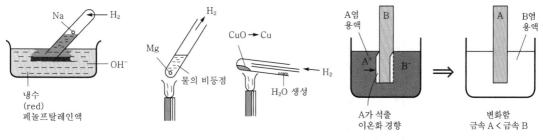

이온화 경향과 물 수소와의 반응   금속 단체와 금속 이온의 반응

이온화 경향이 A⟨B일 때 A^+ 중에 B를 넣으면

$$A^+ + B \longrightarrow B^+ + A$$

B^+에 A를 넣으면 반응이 일어나지 않는다. 따라서 변화의 유무로 이온화 경향의 대소를 알 수 있다.

예제 다음 중 이온화 경향이 가장 큰 것은?   (위험물기능장 44회)

① Ca   ② Mg   ③ Ni   ④ Cu

풀이 금속의 이온화 경향

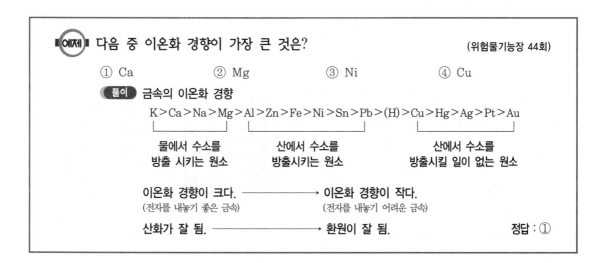

$$K > Ca > Na > Mg > Al > Zn > Fe > Ni > Sn > Pb > (H) > Cu > Hg > Ag > Pt > Au$$

| 물에서 수소를 방출 시키는 원소 | 산에서 수소를 방출시키는 원소 | 산에서 수소를 방출시킬 일이 없는 원소 |

이온화 경향이 크다. ⟶ 이온화 경향이 작다.
(전자를 내놓기 좋은 금속)   (전자를 내놓기 어려운 금속)

산화가 잘 됨. ⟶ 환원이 잘 됨.   정답 : ①

---

(3) 화학전지

① 화학전지란?

자발적 산화 · 환원 반응을 이용하여 화학에너지를 전기에너지로 바꾸는 장치로서, 다시 말해 화학변화를 이용하여 전자를 흐르게 하는 장치를 말한다.

② 화학전지의 구성

(−)극 : 이온화 경향이 큰 물질(산화반응)

(+)극 : 이온화 경향이 작은 물질(환원반응)

③ 화학전지의 원리

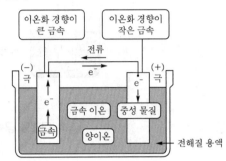

• 전자의 이동 : (−)극 → (+)극
• 전류의 흐름 : (+)극 → (−)극

(4) 화학전지의 종류

① 볼타전지

산화반응이 일어나는 (−)극은 왼쪽에, 환원반응이 일어나는 (+)극은 오른쪽에 표시하며, 고체전극과 수용액이 서로 상태가 다르다는 것을 단일 수직선(|)으로 나타낸다. 구리는 수소보다 이온화 경향이 작아 반응하지 않는다.

아연은 수소보다 반응성이 크기 때문에 묽은 황산과 반응하여 아연이 산화되고(전자 잃음), 수소이온이 수소기체로 환원된다.

$$(-)\mathrm{Zn(s)}\,|\,\mathrm{H_2SO_4}(aq)\,|\,\mathrm{Cu(s)}(+),\ E^\circ=1.1\mathrm{V}$$

㉠ (−)극(아연판) : 질량감소

$$\mathrm{Zn} \longrightarrow \mathrm{Zn}^{2+} + 2\mathrm{e}^- \text{(산화)}$$

㉡ (+)극(구리판) : 질량불변

$$2\mathrm{H}^+(aq.) + 2\mathrm{e}^- \longrightarrow \mathrm{H_2}(g)\text{(환원)}$$

㉢ 전체 반응

$$\mathrm{Zn} + 2\mathrm{H}^+ \longrightarrow \mathrm{Zn}^{2+} + \mathrm{H_2}$$

(−) Zn | H₂SO₄ | Cu (+)

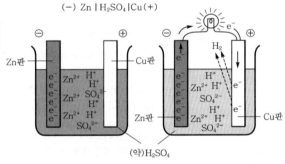

볼타전지의 원리

[참고] 분극작용

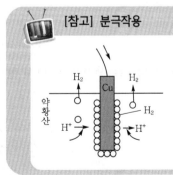

왼쪽 그림과 같이 Cu판 표면에 H_2 기체가 발생하며, H_2가 빨리 빠져 나가지 못해서 전자의 흐름이 원활하지 못하므로 전지의 기전력이 떨어진다. 따라서 이러한 분극현상을 없애기 위해서 MnO_2와 같은 감극제를 사용한다.

② 다니엘전지

분극현상이 나타나는 볼타전지의 단점을 보완하여 개발

$$(-)\text{Zn(s)} \mid \text{ZnSO}_4(aq.) \parallel \text{CuSO}_4(aq.) \mid \text{Cu(s)}(+), \; E^\circ = 1.1\text{V}$$

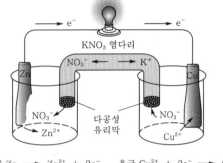

○ (−)극(아연판) : 질량감소

$$\text{Zn} \longrightarrow \text{Zn}^{2+} + 2\text{e}^- (\text{산화})$$

○ (+)극(구리판) : 질량증가

$$\text{Cu}^{2+} + 2\text{e}^- \longrightarrow \text{Cu}(\text{환원})$$

○ 전체 반응

$$\text{Zn} + \text{Cu}^{2+} \longrightarrow \text{Zn}^{2+} + \text{Cu}$$

양극 $\text{Zn} \longrightarrow \text{Zn}^{2+} + 2\text{e}^-$ 음극 $\text{Cu}^{2+} + 2\text{e}^- \longrightarrow \text{Cu}$

 [참고] 다니엘 전지의 염다리

이온의 이동이 가능하게 하므로 양쪽 전해질 용액에서의 양이온과 음이온이 균형을 이룸으로써 일정한 기전력을 갖는다.

---

③ 건전지

$$(-) \; \text{Zn} \mid \text{NH}_4\text{Cl} \mid \text{MnO}_2, \; \text{C} \; (+), \; E^\circ = 1.5\text{V}$$

○ (−)극(아연) : $\text{Zn} \longrightarrow \text{Zn}^{2+} + 2\text{e}^- (\text{산화})$

○ (+)극 탄소 : $2\text{NH}_4 + 2\text{e}^- \longrightarrow 2\text{NH}_3 + \text{H}_2 (\text{환원})$

건전지에서 NH_4Cl은 전해질, MnO_2는 감극제로 사용

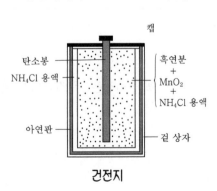

건전지

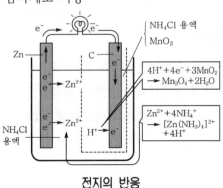

전지의 반응

[참고] 알칼리 전지

전해질로서 NH_4Cl 대신 강한 염기인 KOH를 넣어 만든 전지로서 알칼리를 전해질로 사용하므로 아연의 산화 속도가 느려서 수명이 길다.

④ 납축전지

자동차의 시동을 걸 때 사용되는 전지로, (−)극은 납(Pb)이고 (+)극은 이산화납(PbO_2)이며, 이들 전극이 묽은 황산에 담겨있다.

$$(-) \ Pb \ | \ H_2SO_4 \ | \ PbO_2(+), \ E° = 2.0V$$

㉠ (−)극(Pb판)

$$Pb(s) + SO_4^{2-}(aq.) \longrightarrow PbSO_4(s) + 2e^- \ (산화)$$

㉡ (+)극(PbO_2판)

$$PbO_2(s) + SO_4^{2-}(aq.) + 4H^+(aq.) + 2e^-$$
$$\longrightarrow PbSO_4(s) + 2H_2O(l) \ (환원)$$

㉢ 전체반응

$$Pb(s) + PbO_2(s) + 2H_2SO_4(aq.) \ \underset{충전}{\overset{방전}{\rightleftharpoons}} \ 2PbSO_4(s) + 2H_2O(l)$$

이와 같이 납축전지는 충전과 방전이 가능한 2차 전지이다.

납축전지 $\begin{cases} 방전 \Rightarrow 양극의 \ 질량이 \ 증가하고, \ 용액의 \ 비중이 \ 감소 \\ 충전 \Rightarrow 양극의 \ 질량이 \ 감소하고, \ 용액의 \ 비중이 \ 증가 \end{cases}$

음극 : $Pb \rightleftharpoons PbSO_4$, 양극 : $PbO_2 \rightleftharpoons PbSO_4$

용액은 방전할 때 H_2SO_4가 감소, 충전될 때 H_2SO_4가 증가

※ 납축전지와 같이 충전이 가능한 전지를 2차 전지, 건전지와 같이 충전이 어려운 전지를 1차 전지라고 한다.

(5) 전기분해

① 전해질 수용액의 전기분해

전해질 수용액이나 용융 전해질에 직류 전류를 통하면 그 전해질은 두 전극에서 화학변화를 일으킨다. 이를 전기분해라 한다.

(그림 라벨)
묽은 황산 투입구
(−)극
(+)극
H_2SO_4
격리판
Pb판 (−)극
PbO_2판 (+)극

[참고] 전기분해의 원리(A^+B^-) → 비자발적 반응($\Delta G > 0$)

전해질 $\rightleftarrows$ ⊕ 이온 + ⊖ 이온

$\begin{cases} (+)극 \ominus 이온 -e^- \longrightarrow 중성 (산화)\langle B^- \rightarrow B + e^-\rangle \\ (-)극 \oplus 이온 +e^- \longrightarrow 중성 (환원)\langle A^+ + e^- \rightarrow A\rangle \end{cases}$

그러나 이온화 경향이 큰 이온이나 몇 가지 원자단은 방전하기 어려워 대신 수용액 중 H^+이나 OH^-이 방전한다.(K, Na, Ca, Ba, SO_4, CO_3, PO_4, NO_3은 방전하기 어렵다.)

㉠ 소금물의 전기분해

소금물 : $NaCl + H_2O \longrightarrow Na^+ + Cl^- + H_2O$

$(-)$극 : 이온화 경향이 작은 것이 석출(염기성)

$2H_2O(l) + 2e^- \longrightarrow H_2(g) + 2OH^-(aq.)$

$(+)$극 : 원자단과 아닌 것이 있으면 아닌 것이 석출, 같은 원자단이면 $OH^-(O_2\uparrow)$이 석출(산성)

$2Cl^-(aq.) \longrightarrow Cl_2(g) + 2e^-$

〈전체 반응〉$2Cl^-(aq.) + 2H_2O(l) \longrightarrow Cl_2(g) + H_2(g) + 2OH^-(aq.)$

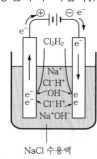

염화나트륨 수용액의 전기분해

●예 Ia족(Na, K), IIa족(Ca) 등은 물과 반응한다.

㉡ $CuSO_4$ 용액의 전기분해

$CuSO_4 \longrightarrow Cu^{2+} + SO_4$

$(-)$극에서는 Cu^{2+}이 방전되어 Cu로 극판에 석출된다.

$Cu^{2+} + 2e^- \longrightarrow Cu$

$(+)$극에서 SO_4^{2-}은 방전되지 않고 이 이온의 작용으로 구리판이 산화된다.

$Cu - 2e^- \longrightarrow Cu^{2+}$

두 극을 백금(Pt)을 사용하면 $(-)$극에서는 구리가 석출되고, $(+)$극에서는 SO_4^{2-}이 방전되지 않고 물이 방전되어 산소 (O_2)가 발생하는 것은 묽은 H_2SO_4 용액을 전기분해할 때 $(+)$극에서 일어나는 방전과 같다.

$2H_2O - 4e^- \longrightarrow 4H^+ + O_2\uparrow$

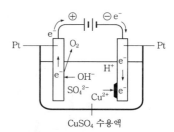

$CuSO_4$ 수용액

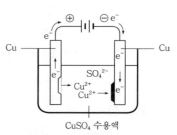

$CuSO_4$ 수용액

$CuSO_4$ 수용액의 전기분해

(6) 전극전위

① 표준 수소 전극

1M의 H^+용액과 접촉하고 있는 1기압의 H_2 기체의 반쪽 전지로 이 전극의 전위값을 0V로 정한다.

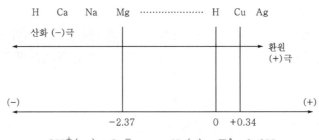

$$2H^+(aq) + 2e^- \longrightarrow H_2(g), \quad E° = 0.0V$$

⇒ 다른 모든 반쪽 전지의 전극 전위로 이것을 기준으로 상대적으로 정한 값이다.

② 표준 환원 전위($E°$)

표준 수소 전극을 (−)극으로 하여 전자를 받아들이는 세기를 전위차로 나타낸 값이다.

 [참고] 표준 환원 전위와 산화환원

① $E°$값이 (+)이면 수소보다 환원하기 쉽고 $E°$값이 (−)이면 수소보다 산화하기 쉽다.
② $E°$값이 클수록 환원이 잘 되며, $E°$값이 작을수록 산화가 잘 된다.

아연 반쪽 전지의 기전력 측정

반쪽 반응	$E°$ (V)	
$Li^+ + e^- \rightarrow Li$	−3.05	산화 잘 됨.
$K^+ + e^- \rightarrow K$	−2.93	
$Na^+ + e^- \rightarrow Na$	−2.71	
$Mg^{2+} + 2e^- \rightarrow Mg$	−2.37	
$Zn^{2+} + 2e^- \rightarrow Zn$	−0.76	
$2H^+ + 2e^- \rightarrow H_2$	0	환원 잘 됨.
$Cu^{2+} + 2e^- \rightarrow Cu$	+0.34	
$Ag^+ + e^- \rightarrow Ag$	+0.80	

---

③ 표준 전극 전위

25℃, 1atm에서 산화−환원 반쪽반응에 참여하는 모든 화학종의 활동도가 1일 때 전위이며, 대부분의 경우 환원 반쪽반응에 대한 표준환원전위로 나타낸다.

⊙ 기전력 : 두 반쪽 전지의 표준 환원 전위의 차

$$E^\circ_{전지} = E^\circ_{(+)극} - E^\circ_{(-)극}$$

> **●예** $Zn \rightarrow Zn^{2+} + 2e^-$ $E^\circ = 0.76V$
> $+)\ Cu^{2+} + 2e^- \rightarrow Cu$ $E^\circ = 0.34V$
> $Zn + Cu^{2+} \rightarrow Zn^{2+} + Cu$ $E^\circ = 1.10V$

    * 몰수와 에너지 전극과는 관계가 없다.

⊙ 산화 · 환원 반응의 진행 방향 예측

전지의 기전력이 (+)이면 그 전지의 반응은 자발적인 반응이 일어나지 않고 역반응이 자발적이다.

> **●예** 표준 환원 전위 값을 이용하여 $Pb + Zn^{2+} \longrightarrow Pb^{2+}$를 예측하시오.
> $Pb^{2+} + 2e^- \rightarrow Pb,\ E^\circ = -0.13V \cdots$ ⊙
> $Zn^{2+} + 2e^- \rightarrow Zn,\ E^\circ = -0.76V \cdots$ ⓛ
> Sol) ⓛ - ⊙ $Pb + Zn^{2+} \rightarrow Zn + Pb^{2+},\ E = -0.63V$

> **■예제■** 소금물을 전기분해하여 염소(Cl_2)가스 22.4L를 얻으려면 표준상태에서 이론상 소금
> 몇 g이 필요한가?   (위험물기능장 36회)
>
> ① 18g   ② 58.5g
> ③ 36g   ④ 117g
>
> > **풀이** 소금물의 전기분해 $2H_2O + 2Cl^- \rightarrow H_2 + Cl_2 + OH^-$
> > Cl_2 22.4L는 표준상태에서 1mol을 의미하므로 NaCl 2mol이 필요하므로 NaCl 분자량
> > $58.5 \times 2 = 117g$
>
>   정답 : ④

---

(7) 패러데이의 법칙

① $Q = it$

    Q : 통해준 전기량(쿨롬)

    i : 전류(ampere)

    t : 통해준 시간(sec)

[제1법칙] 같은 물질에 대하여 전기분해로써 전극에서 일어나는 물질의(화학 변화로 생긴)
                양은 통한 전기량에 비례한다.

[제2법칙] 일정한 전기량에 의하여 일어나는 화학 변화의 양은 그 물질의 화학 당량에 비례한다.

② 전기량의 단위

전기량은 전류의 세기(ampere)에 전류가 통과한 시간을 곱한 값과 같다. 1A의 전류가 1초 동안 흐르는 전기량을 $1Q$(쿨롬)이라 한다.

i(A)의 전류가 t초 동안 흐르는 전기량 Q는 다음과 같이 표시된다.

$$Q(쿨롬) = i(암페어) \times t(초)$$

5암페어의 전기량이 한 시간 동안 흐른 전기량은 다음과 같다.

$$Q = 5 \times 60 \times 60 = 18,000Q$$

각 극의 석출량 : $\left.\begin{array}{l} 1패럿 \\ 96,500쿨롬 \end{array}\right\}$ 1g당량

농도 · 온도 물질의 종류에 관계없이 1패럿, 즉 96,500쿨롬의 전기량으로 1g당량의 원소가 석출된다.

 [참고] 1패럿

전자 6.02×10^{23}개의 전기량 $= (1.6 \times 10^{-19}C) \times (6.02 \times 10^{23}) = 1$패럿 $= 96,500$쿨롬
전자의 수나 이온의 수와 전기량 · 석출량의 관계를 유도할 때는 이 관계를 이용한다.
이것으로 전자 1개의 하전량을 구할 수 있다. 즉

$$\frac{96,500}{6.02 \times 10^{23}} ≒ 1.6 \times 10^{-19}쿨롬$$

 예제 다음 중 1패럿(F)의 전기량으로 석출되는 물질의 무게를 틀리게 연결한 것은 어느 것인가?

(위험물기능장 45회)

① 수소 – 약 1g　　　　　　② 산소 – 약 8g
③ 은 – 약 16g　　　　　　④ 구리 – 약 32g

풀이 농도 · 온도 · 물질의 종류와 관계없이 1패럿의 전기량으로 1g당량 원소가 석출되므로

수소 $= \dfrac{1}{1} = 1g$

산소 $= \dfrac{16}{2} = 8g$

은 $= \dfrac{108}{1} = 108g$

구리 $= \dfrac{63.5}{2} ≒ 32g$

정답 : ③

01 다음은 산화에 대한 설명이다. 틀린 것은 어느 것인가?

① 산소와 결합하거나 전자를 잃은 상태
② 원자가 전자를 잃은 상태
③ 원자의 산화수가 감소한 상태
④ 수소를 잃은 상태

해설
• 산화 : 산소와 결합, 전자를 잃은 상태, 수소를 잃은 상태, 산화수 증가
• 환원 : 전자를 얻은 상태, 산화수 감소

정답 ③

02 다음 설명 중 산화작용에 해당되지 않는 것은 어느 것인가?

① 산소를 잃든지 전자를 얻을 때
② 음이온의 이온가가 감소하는 것
③ 양이온의 이온가가 증가하는 것
④ 수소화합물이 수소의 일부 또는 전부를 잃을 때

해설
환원 : 전자를 얻을 때, 수소를 얻을 때, 산소를 잃을 때, 산화수 감소

정답 ③

03 다음 중 산화 · 환원 반응에서 환원제가 되기 쉬운 조건은?

① 자기 자신은 환원되기 쉬워야 한다.
② 산소를 내놓기 쉬워야 한다.
③ 전자를 잃기 쉬워야 한다.
④ 수소를 얻기 쉬워야 한다.

해설
환원제 : 자기 자신은 산화되기 쉬워야 한다.

정답 ③

04 $H_2O + Cl_2 \rightarrow HCl + HClO$의 반응물 Cl_2의 변화는?

① 환원만 되었다.
② 산화만 되었다.
③ 산화와 환원 둘 다 되지 않았다.
④ 산화도 되고, 환원도 되었다.

해설
Cl_2는 산화수 0에서, HCl은 산화수 -1, HClO는 $+1$로 변화

정답 ④

05 다음 중 산화 · 환원 반응이 아닌 것은?

① $Zn + H_2SO_4 \rightarrow ZnSO_4 + H_2$
② $2Cu + O_2 \rightarrow 2CuO$
③ $SnCl_2 + Hg_2Cl_2 \rightarrow 2Hg$
④ $AgNO_3 + NaCl \rightarrow AgCl + NaNO_3$

해설
④ 각 원자들의 산화수는 $Ag(+1)$, $NO_3(-1)$, $Na(+1)$, $Cl(-1)$로 산화수의 변화가 없으므로 산화 · 환원 반응이 될 수 없다.

정답 ④

06 다음 화학반응 중 이산화황(SO_2)이 산화제로 작용하는 것은?

① $SO_2 + H_2O \rightarrow H_2SO_4$
② $SO_2 + NaOH \rightarrow NaHSO_3$
③ $SO_2 + 2H_2S \rightarrow 3S + 2H_2O$
④ $SO_2 + Cl_2 + 2H_2O \rightarrow H_2SO_4 + 2HCl$

해설
이산화황이 환원되는 것을 찾으면 된다.
③의 경우 산소를 잃는다.

정답 ③

201

07 다음 중 H_2SO_4에 S에 대한 산화수는?

① $+4$
② $+6$
③ -5
④ -4

해설 $H^+ \times 2 = +2$, $O^{2-} \times 4 = -8$
$-8+2+x=0$ ∴ $x=+6$

정답 ②

08 과망가니즈산칼륨에서 Mn의 산화수는?

① $+3$
② $+7$
③ -3
④ -7

해설 $KMnO_4$에서 $K=+1$, $Mn=x$, $O=-2\times4=-8$
$-8+1+x=0$
∴ $x=+7$

정답 ②

09 다음 중 산화제와 환원제로 둘 다 사용할 수 있는 물질은?

① $KMnO_4$와 H_2O_2
② H_2S와 SO_3
③ H_2O_2와 SO_2
④ O_2와 S_2

정답 ③

10 $+2$, $+4$, $+7$의 원자가를 갖고 있는 원소는?

① Mn
② As
③ N
④ S

정답 ①

11 과산화수소는 20℃에서 촉매에 의하여 다음과 같이 분해한다. 이 반응에서 수소의 산화수는 어떻게 변했는가?

$$2H_2O_2 \rightarrow 2H_2O+O_2$$

① $+2$에서 $+1$로 감소되었다.
② $+1$에서 $+2$로 증가되었다.
③ $+3$에서 $+2$로 감소되었다.
④ 반응 전·후 변함이 없다.

정답 ④

12 다음 반응식 중에서 환원반응인 것은?

① $Fe^{2+} \rightarrow Fe^{3+}+e^-$
② $Cl_2+2e^- \rightarrow 2Cl^-$
③ $CaCO_3 \rightarrow CaO+CO_2$
④ $CaO+2HCl \rightarrow CaCl_2+H_2O$

해설 ②의 경우 전자 2개를 얻었으므로 환원이다.

정답 ②

13 다음 중 환원력이 가장 큰 것은?

① H
② Mg
③ Cl
④ Na

해설 전자를 내기 쉬운 금속의 경우 환원제가 되기 쉽다.

정답 ④

14 전지를 구성할 때, 다음 중 음극에서 일어나는 반응은?

① 환원반응
② 산화반응
③ 중화반응
④ 앙금반응

해설 음극 : 산화반응, 양극 : 환원반응

정답 ②

15 1F(패럿)의 전기량은?

① 아보가드로수 만큼의 전자가 가지는 전기량이다.
② $6\times10^{23}Q$의 전기량이다.
③ 1amp의 전류로 1초 동안 전기분해 할 때 흐르는 전기량이다.
④ 전자 96,500개가 갖는 전기량이다.

해설 1F은 6.02×10^{23}개(아보가드로수)의 전자가 갖는 전기량이다.
1F=96,500amp

정답 ①

16 소금물을 전기분해 할 때 (−)극에서 발생하는 기체는 다음 중 어느 것인가?

① H_2 ② O_2

③ Cl_2 ④ N_2

해설
- (−)극 : $2H^+ + 2e^- \rightarrow H_2\uparrow$(환원)
- (+)극 : $2Cl^- \rightarrow Cl_2\uparrow + 2e^-$(산화)

정답 ①

17 전지에 감극제를 썼을 때 양극과 음극으로 알맞은 것은?

① 구리, 아연

② 탄소, 아연

③ 납, 탄소

④ 납, 아연

해설 전지에 감극제(소극제)를 썼을 때 양극은 탄소, 음극은 아연을 쓴다.

정답 ②

18 1mol의 물을 완전히 전기분해하는 데 필요한 전기량은?

① 1F   ② 2F

③ 3F   ④ 4F

해설 1F(패럿)이란 물질 1g당량을 석출하는 데 필요한 전기량을 말한다.
화학반응에서는 수소 원자 1g 또는 산소 원자 8g과 반응하는 양을 1g당량이라고 한다.
$H_2O \rightarrow H_2 + \frac{1}{2}O_2$에서 H와 O는 각각 H_2는 2g이므로 2g당량이 되며, 산소는 $\frac{1}{2} \times 16 \times 2 = 16$g이므로 2g당량이 된다.
∴ 1g당량을 전기분해 할 때 1F의 전기량이 필요하므로 2g당량이 필요한 전기량은 2F이다.

정답 ②

19 $CuSO_4$ 용액에 0.5F의 전자를 흘렸을 때 약 몇 g의 구리가 석출되겠는가? (단, Cu=64, S=32, O=16)

① 20g   ② 18g

③ 16g   ④ 14g

해설
1F의 Cu는 $\frac{64}{2} = 32$g이 1g당량에 해당하므로
문제에서 0.5F의 전자를 흘렸으므로 $32g \times 0.5 = 16$g이다.

정답 ③

20 물을 전기분해하여 표준상태에서 22.4L의 산소를 얻는 데 소요되는 전기량은?

① 4F

② 3F

③ 2F

④ 1F

해설 물이 전기분해되는 경우 표준상태에서 22.4L의 산소를 얻는 데 소요되는 산소는 32g이므로 이는 곧 산소 원자 8g과 반응하는 양으로 환산하면 4g당량이 된다.
따라서 1g당량을 전기분해 할 때 1F의 전기량이 필요하므로 4g당량이 필요한 전기량은 4F이다.

정답 ①

21 다음은 납축전지를 충전할 때 일어나는 현상을 설명한 것이다. 옳은 것은?

① 납이온이 많이 생기므로 액의 비중이 커진다.

② 황산이 없어지므로 액의 비중이 작아진다.

③ 황산이 더 많이 생기므로 액의 비중은 커진다.

④ 액의 비중은 변하지 않는다.

해설 황산이 더 많이 생기면 액의 비중은 커진다.

정답 ③

22 $CuSO_4$ 용액에 7.8A의 전류를 2시간 동안 통하면 Cu는 몇 g이 석출되겠는가? (단, $CuSO_4$의 분자량 =63.54)

① 17　　　　　② 18.5
③ 19.5　　　　④ 20

해설 전기량(C)=전류(A)×시간(t)
　　　　=7.8×2×3,600=56,160C

전기량 1F에 의해 석출되는 Cu의 양 = $\dfrac{63.54}{2}$ =31.77g

96,500 : 31.77=56,160 : x
∴ x=18.49g

정답 ②

23 다음 중 1차 전지가 아닌 것은?

① 납축전지　　　② 다니엘전지
③ 수은전지　　　④ 건전지

해설 1차 전지 : 충전할 수 없는 전지

정답 ①

24 납축전지에 관한 설명 중 옳지 않은 것은?

① 방전 시 황산의 비중은 작아진다.
② 충전이 가능한 2차 전지이다.
③ (+)극은 산화반응이고, (−)극은 환원반응
　 이다.
④ PbO_2는 양극판으로 소극제 역할을 한다.

해설 (+)극은 전자를 받아들이므로 환원반응이고, (−)극은
전자를 내놓으므로 산화반응이다.

정답 ③

25 다음 중 2차 전지가 아닌 것은?

① 에디슨전지　　② 납축전지
③ 수은전지　　　④ 다니엘전지

정답 ④

26 건전지에서 소극제로 사용할 수 있는 것은?

① H_2O_2　　　　② MnO_2
③ SO_2　　　　④ $K_2Cr_2O_7$

해설 건전지의 소극제(감극제) : MnO_2

정답 ②

27 $CuSO_4$에 Zn을 넣으면 Cu가 석출된다. 그 이유는 무엇인가?

① 아연이 구리보다 원자번호가 크기 때문이다.
② 아연이 구리보다 이온화 경향이 크기 때문
　 이다.
③ 아연이 구리보다 전자가 많기 때문이다.
④ 아연이 구리보다 단단하기 때문이다.

해설 아연은 구리보다 이온화 경향이 크기 때문에 아연이 전자
를 잃으면 그 전자를 구리이온이 얻어 구리로 석출된다.

정답 ②

7 / 무기화합물

위험물 산업기사 및 기능장 대비

① 금속과 그 화합물

(1) 알칼리 금속(출제빈도 높음)★★★

> 원자가 : +1
>
> 전자 1개 잃고 +1가 이온이 되기 쉽다.
>
> $M \longrightarrow M^+ + e^-$

주기율표 제 I 족을 알칼리족이라 하며 리튬(Li), 나트륨(Na), 칼륨(K), 루비듐(Rb), 세슘(Cs), 프란슘(Fr)의 6원소가 이에 속한다.

알칼리 금속(단체)의 성질 비교

성질 ＼ 원소	Li	Na	K	Rb	Cs
상태	어느 것이나 은백색의 금속 광택, 가볍고 연하다. 공기 속에서 광택을 잃는다.				
융점(℃) 비등점(℃)	179 1336	97.9 883	63.6 760	38.5 700	28.5 670
비중	0.534	0.971	0.862	1.552	1.87
전자배치	2,1	2,8,1	2,8,8,1	2,8,18,8,1	2,8,18,18,8,1
원자 반지름(Å) 이온 반지름(Å)	1.52 0.68	1.86 0.97	2.26 1.33	2.44 1.52	2.62 1.70
불꽃반응	빨강	노랑	보라	진한 빨강	청자

① 결합력이 약하여 연하고 가벼운 은백색 광택이 나는 밀도가 작은 금속이다.

   밀도가 매우 작아 물에 뜰 정도로 가볍다.

② 반응성이 매우 크다.

[참고] 원자번호와 화학반응의 관계

알칼리 금속은 화학반응이 가장 활발한 금속이다. 화학반응은 원자번호가 클수록 활발하다.

$_{55}Cs > _{37}Rb > _{19}K > _{11}Na > _3Li$

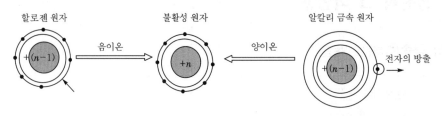

원자 번호 $n-1$	n	$n+1$
만들어진 이온−1가		+1가

③ 공기 중에서 쉽게 산화된다. 알칼리 금속을 공기 중에 노출시키면 순식간에 산화되어 색이 변한다.

> **●예** $4Na + O_2 \longrightarrow 2Na_2O$

④ 알칼리 금속은 찬물과 격렬히 반응함은 물론 공기 중의 수증기와도 반응하여 수소 기체를 발생시키며 수산화물을 만들고, 많은 열을 낸다.

따라서 알칼리 금속은 반드시 석유나 유동성 파라핀 속에 보관하여 공기 중의 산소와 수분으로부터 격리시켜야 한다.

> **●예** $2Na + 2H_2O \rightarrow 2NaOH + H_2 + 열$

⑤ 불꽃반응을 한다.

알칼리 금속은 공기 중에서 연소되면서 특유의 빛을 낸다. 이 반응을 이용하여 알칼리 금속을 구별할 수 있다.

Li(빨강), Na(노랑), K(보라), Rb(빨강), Cs(청자)

⑥ 산화물의 수용액은 모두 강한 염기성을 나타낸다.

$M_2O + 2H_2O \longrightarrow 2MOH + H_2$

$MOH \longrightarrow M^+ + OH^-$

> **●예** $2Na(s) + H_2O(l) \longrightarrow 2NaOH(s)$
> $NaOH \longrightarrow Na^+ + OH^-$

⑦ 끓는점과 녹는점이 낮다.

원자 번호가 클수록 원자 반경이 급속히 커져 원자간의 인력이 작아지기 때문에 녹는점과 끓는점이 낮아진다.

Li > Na > K > Rb > Cs

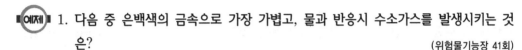 1. 다음 중 은백색의 금속으로 가장 가볍고, 물과 반응시 수소가스를 발생시키는 것은?

(위험물기능장 41회)

① Al   ② K   ③ Li   ④ Si

정답 : ③

예제 2. NaCl과 KCl을 구별할 수 있는 가장 좋은 방법은?

① 불꽃반응을 한다.   ② $AgNO_3$ 용액을 가한다.

③ H_2SO_4 용액을 가한다.   ④ 페놀프탈레인 용액을 가한다.

풀이 알칼리 금속 중 Na는 노란색, K는 보라색 불꽃반응을 나타낸다.   정답 : ①

예제 3. 금속 Na의 보관법에 관하여 서술하시오.

풀이 Na, K는 산화를 잘 하고 물과 접촉시 H_2를 생성하여 매우 위험하기 때문에 석유 속이나 유동성 파라핀 속에 저장한다.

예제 4. 금속칼륨의 성질을 바르게 설명한 것은?

(위험물기능장 33회)

① 금속 가운데 가장 무겁다.   ② 극히 산화하기 어려운 금속이다.

③ 극히 화학적으로 활발한 금속이다.   ④ 금속 가운데 가장 경도가 센 금속이다.

정답 : ③

예제 5. 금속나트륨의 성질에 대한 설명으로 옳은 것은?

(위험물기능장 36회)

① 불꽃반응은 파란색을 띤다.

② 물과 반응하여 발열하고 가연성 폭발가스를 만든다.

③ 은백색의 중금속이다.

④ 물보다 무겁다.

정답 : ②

예제 6. 금속의 명칭과 불꽃반응색이 옳게 연결된 것은? (위험물기능장 39회)

① Li – 노란색 ② K – 보라색

③ Na – 진한 빨강색 ④ Cu – 주황색

풀이 ① Li – 빨강색, ③ Na – 노랑색, ④ Cu – 녹색   **정답 : ②**

예제 7. 다음 금속원소 중 비점이 가장 높은 것은? (위험물기능장 41회)

① 리튬 ② 나트륨 ③ 칼륨 ④ 루비듐

정답 : ①

예제 8. 금속칼륨 10g을 물에 녹였을 때 이론적으로 발생하는 기체의 양은 약 몇 g인가? (위험물기능장 42회)

① 0.12g ② 0.26g ③ 0.32g ④ 0.52g

풀이 $2K + 2H_2O \longrightarrow 2KOH + H_2\uparrow$

$$\frac{10g-K}{} \left| \frac{1mol-K}{39g-K} \right| \frac{1mol-H_2}{2mol-K} \left| \frac{2g-H_2}{1mol-H_2} \right. = 0.26g-H_2$$

정답 : ②

예제 9. 마그네슘의 성질에 대한 설명 중 틀린 것은? (위험물기능장 42회)

① 물보다 무거운 금속이다.

② 은백색의 광택이 난다.

③ 온수와 반응시 산화마그네슘과 산소를 발생한다.

④ 융점은 약 650℃이다.

풀이 온수와 반응시 산화마그네슘과 수소를 발생한다.
$Mg + 2H_2O \rightarrow Mg(OH)_2 + H_2\uparrow$

정답 : ③

예제 10. 다음 위험물 중 석유 속에 보관하는 것은? (위험물기능장 43회)

① 황린 ② 칼륨 ③ 탄화칼슘 ④ 마그네슘 분말

풀이 Na, K : 공기 중에 수분으로부터 보호하기 위하여 보호액(석유, 등유) 속에 보관한다.

정답 : ②

11. 알칼리 금속에 대한 설명으로 옳은 것은? (위험물기능장 45회)

① 알칼리 금속의 산화물은 물과 반응하여 강산이 된다.

② 산소와 쉽게 반응하기 때문에 물속에 보관하는 것이 안전하다.

③ 소화에는 물을 이용한 냉각소화가 좋다.

④ 칼륨, 루비듐, 세슘 등은 알칼리 금속에 속한다.

풀이 알칼리 금속 : 1족 원소 중 수소를 제외한 리튬, 나트륨, 칼륨, 루비듐, 세슘이 속한다.

정답 : ④

(2) Na, K의 화합물

① 수산화나트륨(NaOH)

㉠ 소금물의 전해법

소금물을 전기 분해하면 양극에서는 Cl_2가 발생하고 음극에서는 H_2와 NaOH가 생성된다.

$$2NaCl + 2H_2O \longrightarrow 2NaOH + H_2 + Cl_2$$

음극(+)　　　양극(−)

㉡ 성질

㉮ 백색의 고체, 조해성이 강하다.

㉯ 고체 상태, 수용액에서 CO_2를 흡수하여 점차 Na_2CO_3로 된다.

$$2NaOH + CO_2 \longrightarrow Na_2CO_3 + H_2O$$

㉢ 용도

비누, 종이, 인견, 펄프, 물감의 제조, 석유 정제 등에 이용된다.

 1. 수산화나트륨의 고체를 공기 중에 방치했더니 표면이 미끄러워졌다. 이런 현상을 무엇이라 하는가?

풀이 공기 중에 수분을 흡수하여 스스로 녹는다. → 조해성

 2. 가성소다(NaOH)를 전해법으로 만들 때 격막법이나 수은법을 사용하는데 격막을 사용하는 이유는 무엇을 막기 위해서인가?

① NaOH, H_2　　② NaOH, Cl_2　　③ H_2, Cl_2　　④ NaCl, NaClO

> **풀이** NaOH의 제조법 중 소금물의 전해법
>
> NaCl을 전기분해하면 양극에서 염소(Cl_2)가 발생하고, 음극에서는 수소(H_2)가 발생하며 NaOH가 생성된다.
>
> $$2NaCl + 2H_2O \longrightarrow 2NaOH + H_2 + Cl_2$$
>
> 이때 양극에서 발생한 Cl_2와 음극에서 발생한 NaOH가 반응하여 NaCl과 NaClO를 만든다.
>
> $$2NaOH + Cl_2 \longrightarrow NaCl + NaClO + H_2O$$
>
> 따라서 이런 반응을 막기 위해서 석면으로 된 격막을 사용하는 격막법이나 수은법을 사용한다.

② 탄산나트륨(Na_2CO_3)

  ㉠ 제법

$$NH_3 + H_2O + CO_2 \longrightarrow NH_4HCO_3(탄산수소암모늄)$$

$$NaCl + NH_4HCO_3 \longrightarrow NaHCO_3(탄산수소나트륨) + NH_4Cl$$

$$2NaHCO_3 \xrightarrow{500℃} Na_2CO_3 + H_2O + CO_2$$

 [참고] 솔베이법

1866년에 솔베이(벨기에)가 창안한 방법으로 암모니아소다법을 말하며 경제적으로 탄산수소나트륨($NaHCO_3$)과 탄산나트륨(Na_2CO_3)을 만들게 된 방법이다.

  ㉡ 성질

    ㉮ 흰색의 분말(소다석회)로서 수용액은 물과 반응하여 알칼리성을 나타낸다. 결정을 만들 때는 결정 탄산나트륨($Na_2CO_3 \cdot 10H_2O$)의 무색 결정수를 얻는다.

    ㉯ 산을 가하면 CO_2를 발생한다.

$$Na_2CO_3 + 2HCl \rightarrow 2NaCl + H_2O + CO_2 \downarrow$$
$$Na_2CO_3 + H_2SO_4 \rightarrow Na_2SO_4 + H_2O + CO_2 \downarrow$$

  ㉢ 용도

세탁용 소다, 유리의 원료, 펄프, 물감, 알칼리 공업에 이용된다.

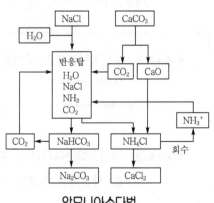

암모니아소다법

예제 1. 탄산수소나트륨(1종 분말소화약재)이 열분해하면 생성되는 염은 무엇인가? 그리고 화학반응식도 쓰시오.

> **풀이** $2NaHCO_3 \longrightarrow Na_2CO_3 + CO_2 + H_2O$

 예제 2. $Na_2CO_3 \cdot 10H_2O$를 건조한 공기 중에 놓아두면 일부분의 결정수를 잃어 $Na_2CO_3 \cdot H_2O$의 조성으로 된다. 이와 같은 현상을 무엇이라 하는가?

> **풀이** 풍해

(3) 알칼리 토금속

① 알칼리 토금속의 일반적 성질

알칼리 토금속은 주기율표 Ⅱ족에 속하는 원소들이다. Be · Mg · Ca · Sr · Ba · Ra 등 6개 원소가 이에 속한다.

이들은 반응성이 강하며 최외각에 2개의 전자를 갖고 있어 2가의 양이온이 된다.

㉠ 알칼리 금속 원소와 흡사하며 은회백색의 금속으로 가볍고 연하다.

㉡ 알칼리 금속과 같이 활발하지 못하지만 공기 속에서 산화되며 물과 반응하여 수소를 만든다.

㉢ 금속의 염은 무색이고, 염화물, 질산염은 모두 물에 잘 녹는다.

㉣ Ca · Sr · Ba의 탄산염, 황산염은 물에 녹기 어렵다.

㉤ Be · Mg을 제외한 금속은 불꽃반응으로 고유한 색을 나타낸다.

 [참고] 양쪽성 산화물과 알칼리의 반응

$$Al_2O_3 + 2NaOH \longrightarrow 2NaAlO_2 + H_2O$$
산화알루미늄 　　　　　　　　　알루민산나트륨

알칼리 토금속의 일반적 성질

II족	Be	Mg	Ca Sr Ba Ra		
물과의 반응	반응 안 됨.	끓는물과 반응	물과 반응하여 수소 발생		
산화물, 수산화물	녹지 않는다.		녹음. $Ca(OH)_2 < Sr(OH)_2 < Ba(OH)_2$		
황산염	녹는다.		물에 녹지 않는다.		
탄산염	물에 녹지 않는다.				

ⓑ 알칼리 금속과 같이 원자 번호가 증가할수록 활성이 커진다.

$$Be < Mg < Ca < Sr < Ba$$

(4) 알칼리 토금속의 화합물

① 마그네슘의 화합물

마그네슘의 화합물 : CO_2 속에서 Mg의 연소

물질명	있는 곳 및 제법	특성 및 용도
염화마그네슘 $MgCl_2 \cdot 6H_2O$(간수)	바닷물 거친 소금에 있다.	1. 쓴맛의 조해성 결정, 단백질 응고(두부 제조) 2. 가열하면 분해된다. $MgCl_2 \cdot 6H_2O \rightarrow MgO + 2HCl + 5H_2O$
산화마그네슘 MgO(마그네시아)	탄산마그네슘을 태운다. $MgCO_3 \rightarrow MgO + CO_2$	1. 백색분말로 물에 안 녹으나 산에 녹는다. 2. 융점이 높아(2642℃) 내화벽에 이용
황산마그네슘 $MgSO_4 \cdot H_2O$(사리염)	$MgO + H_2SO_4 \rightarrow MgSO_4 + H_2O$ $MgCO_3 + H_2SO_4 \rightarrow MgSO_4 + H_2O + CO_2$	1. 무색의 바늘모양 결정으로 쓴맛 2. 설사약, 염색, 제지에 이용

② 탄산칼슘 $CaCO_3$, 산화칼슘 CaO, 수산화칼슘 $Ca(OH)_2$

㉠ 탄산칼슘은 천연에 석회석, 대리석, 방해석으로 다량 산출된다.

㉡ 백색 분말로서 900℃로 가열하면 산화칼슘(생석회)와 이산화탄소가 얻어진다.

$$CaCO_3 \xrightarrow{900℃} CaO + CO_2$$

이산화칼슘에 물을 가하면 수산화칼슘이 된다.

$$CaO + H_2O \longrightarrow Ca(OH)_2$$

수산화칼슘에 물을 가하면 그 일부는 물에 녹아 맑은 용액으로 된다. 이 용액을 석회수라 하며 물과 혼합된 반죽을 석회죽 또는 핀회라 한다.

㉢ 석회수에 이산화탄소를 흡수시키면 흰 침전($CaCO_3$)이 생기고, 다시 여기에 이산화탄소를 계속 불어 넣으면 투명한 용액이 된다.

$$Ca(OH)_2 + CO_2 \longrightarrow CaCO_3\downarrow + H_2O$$

$$CaCO_3 + H_2O + CO_2 \longrightarrow Ca(HCO_3)_2$$

ⓔ 위 용액을 가열하면 다시 침전이 생긴다.

$$Ca(HCO_3)_2 \longrightarrow CaCO_3\downarrow + H_2O + CO_2\uparrow$$

③ **황산칼슘**($CaSO_4 \cdot 2H_2O$)

　ⓐ 천연에서 석고를 산출

$$CaO + H_2SO_4 \longrightarrow CaSO_4 + H_2O$$

　ⓑ 석고를 120℃로 가열하면 결정수를 잃고 구운 석고인 $CaSO_4 \cdot \frac{1}{2}H_2O$ 또는 $(CaSO_4)_2$ $\cdot H_2O$로 된다.

　ⓒ 이 구운 석고를 다시 물에 반죽하여 두면 부피가 팽창하면서 석고로 된다.

④ **칼슘 카바이드**(CaC_2)

생석회에 코크스를 가하여 전기로 속에서 2300℃로 가열하여 얻는다.

$$CaO + 3C \longrightarrow CaC_2 + CO$$
$$CaC_2 + 2H_2O \longrightarrow C_2H_2 + Ca(OH)_2$$

흰색의 고체로서 물과 반응하여 아세틸렌(C_2H_2)을 만든다.

⑤ **염화칼슘**($CaCl_2 \cdot 6H_2O$)

　ⓐ 탄산칼슘을 묽은 염산과 작용시킨다.

$$CaCO_3 + 2HCl \longrightarrow CaCl_2 + H_2O + CO_2\uparrow$$

　ⓑ 습기를 흡수하는 조해성 물질로서 건조제로 이용된다.

　　그러나 NH_3와 C_2H_5OH의 건조제로는 적당하지 못하다.

　　그것은 $CaCl_2 \cdot 8NH_3$, $CaCl_2 \cdot 4C_2H_5OH$를 만들기 때문이다.

예제 1. 탄산칼륨($CaCO_3$)은 물에 녹기 어려운 고체이나, 이산화탄소를 포함한 물에는 조금 녹는다. 그 이유는?

① 수산화칼슘이 녹기 때문에　　　② 탄산칼슘이 분해되기 때문에
③ 탄산수소칼슘이 생기기 때문에　　④ 탄산이 생겨 분해하기 때문에

풀이 $CaCO_3 + H_2O + CO_2 \longrightarrow Ca(HCO_3)_2$ (**탄산수소칼슘**)

정답 : ③

213

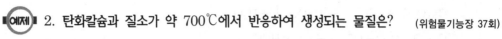
예제 2. 탄화칼슘과 질소가 약 700℃에서 반응하여 생성되는 물질은? (위험물기능장 37회)

① C_2H_2 ② $CaCN_2$ ③ C_2H_4O ④ CaH_2

풀이 질소와는 약 700℃ 이상에서 질화되어 칼슘사이안나이드($CaCN_2$, 석회질소)가 생성된다.
$CaC_2 + N_2 \rightarrow CaCN_2 + C + 74.6 \, kcal$ 정답 : ②

예제 3. 알칼리 토금속의 일반적인 성질로 옳은 것은? (위험물기능장 46회)

① 음이온 2가의 금속이다.
② 루비듐, 라돈 등이 해당된다.
③ 같은 주기의 알칼리 금속보다 융점이 높다.
④ 비중이 1보다 작다.

풀이 알칼리 토금속은 주기율표상 2족에 속하는 원소로, 비중이 1보다 크며 2가의 양이온을 가진다.   정답 : ③

예제 4. Cs에 대한 설명으로 틀린 것은? (위험물기능장 46회)

① 알칼리 토금속이다.
② 융점이 30℃보다 낮다.
③ 비중은 약 1.9이다.
④ 할로젠과 반응하여 할로젠화물을 만든다.

풀이 세슘(Cs)은 주기율표상 1족에 속하는 알칼리 금속이다.   정답 : ①

예제 5. 다음 중 은백색의 광택성 물질로서 비중이 약 1.74인 위험물은? (위험물기능장 43회)

① Cu   ② Fe   ③ Al   ④ Mg

풀이 마그네슘(Mg) : 알칼리 토금속으로서, 은백색의 광택이 있으며 원자번호는 12, 원자량은 24, 비중은 1.741이다.   정답 : ④

(5) 센물과 단물

① 단물(연수)

물속에 Ca^{2+}, Ma^{2+}이 비교적 적게 녹아 있어 비누가 잘 풀리는 물

● 예 수돗물

② 센물(경수)

　물속에 Ca^{2+}, Mg^{2+}이 많이 녹아 있어 비누가 잘 풀리지 않는 물

　●예 우물물, 지하수

③ 비누와 센물의 반응

　물속에 Mg^{2+}, Ca^{2+}이 비눗물의 음이온($RCOO^-$)과 결합하여 물에 녹지 않는 염을 수면 위
에 거품형태로 만든다.

$$2RCOONa + Ca(HCO_3)_2 \longrightarrow (RCOO)_2Ca \downarrow + 2NaHCO_3$$

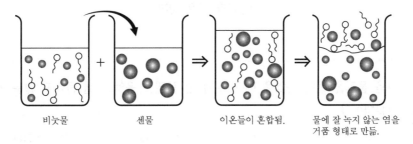

비눗물　　　　　센물　　　　　이온들이 혼합됨.　　물에 잘 녹지 않는 염을
　　　　　　　　　　　　　　　　　　　　　　　　거품 형태로 만듦.

④ 일시적 센물

　끓이면 단물 ⋯ 탄산수소칼슘[$Ca(HCO_3)_2$]이나 탄산수소마그네슘[$Mg(HCO_3)_2$] 등이 포함
된 것

$$Ca(HCO_3)_2(aq) \xrightarrow{\text{가열}} CaCO_3(s) \downarrow + CO_2(g) + H_2O(l)$$

$$Mg(HCO_3)(aq) \xrightarrow{\text{가열}} MgCO_3(s) \downarrow + CO_2(g) + H_2O(l)$$

⑤ 영구적 센물

　$CaCl_2$, $CaSO_4$, $MgCl_2$, $MgSO_4$가 포함 ⋯ 끓여도 단물이 되지 않은 센물

⑥ 센물을 단물로 만드는 법

　㉠ 탄산나트륨(Na_2CO_3)을 가한다. ⋯ 물에 녹지 않는 $CaCO_3$이 생기므로 Ca^{2+}이 없어
　　진다.

　　$$CaCl_2 + Na_2CO_3 \longrightarrow CaCO_3 + 2HCl$$

　㉡ 퍼뮤티트법 : 퍼뮤티트를 센물 속에 넣으면 Ca^{2+}이나 Ma^{2+}은 물에 녹지 않는 침전으로
　　된다.

ⓒ 이온교환수지법 : 양이온 교환수지와 음이온 교환수지를 이온교환수지라 한다. 두 가지의 층 속으로 센물을 통과시키면 단물로 된다.

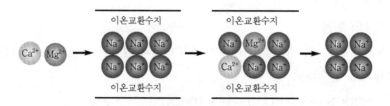

이온교환수지의 원리

예제 1. 다음 물질을 물에 녹였을 때 비누가 잘 풀리는 용액과 잘 풀리지 않는 용액으로 구분하여라.

① NaCl   ② CaCl₂   ③ KNO₃   ④ Mg(NO₃)₂

풀이 Ca^{2+}나 Mg^{2+}가 포함된 용액은 비누가 잘 풀리지 않는다.
비누가 잘 풀리는 용액 ①, ③
잘 풀리지 않는 용액 ②, ④

예제 2. 다음은 센물에 관한 것이다. 센물에 대하여 다음 글 중에 틀린 것은 어느 것인가?

① 비누를 풀었을 때 흐려지며 거품이 잘 나지 않는 물을 센물이라 한다. 이것은 Ca이나 Mg 등을 많이 포함하고 있기 때문이다.
② Ca이나 Mg 등 비누의 거품을 잘 일어나지 않게 하는 이온을 비교적 적게 함유한 물을 단물이라 한다.
③ 센물 중의 Ca이나 Mg은 끓임으로써 완전히 침전된다.
④ 이온교환수지를 이용하여 센물을 단물로 만들 수 있다.

풀이 일시적 센물은 끓임으로서 가능하나 영구적 센물은 안 된다.   정답 : ③

② 비금속 원소와 그 화합물

(1) 비활성 기체

① 기본 성질

㉠ 비활성 기체는 다른 원소와 화합하지 않고 원자 구조상 전자 배열이 극히 안정하고, 거의 화합물을 만들지 않는 단원자 분자이다.

㉡ He을 제외하고는 원자가 전자가 모두 8개로서 다른 원자도 이와 같은 전자 배열을 취하여 안정한 화합물을 만든다.

㉢ 비활성 기체는 방전할 때 특유한 색을 내므로 야간 광고용에 이용된다.

㉣ 비활성 기체라 할지라도 원자 번호가 큰 것은 여러 가지 화합물로 발견되었다.

② 비활성 기체의 화합물

㉠ 안정한 전자 배치를 하고 있기 때문에 화합물을 형성하지 않으며, 상온에서 단원자 분자로 안정하게 존재할 수 있다.

㉡ 몇 가지 인공적으로 합성한 화합물이 존재하기는 하나 매우 불안정하여 쉽게 분해된다.

●예 XeF_6, XeF_2, XeF_4, $XePtF_6$

(2) 수소

① 성질

㉠ 원소 중에서 가장 가볍다.(색, 맛, 냄새가 없다.)

수소와 산소의 작용, $2H_2 + O_2 \xrightarrow{\text{고온}} 2H_2O(\text{수증기})$

㉡ 수소와 비금속과의 작용, $H_2 + Cl_2 \xrightarrow{\text{가열}} 2HCl$

㉢ 수소는 환원제로서 이용된다. $CuO(\text{산화제이구리}) + H_2 \xrightarrow{\text{고온}} Cu(\text{붉은색}) + H_2O$

② 수소와 금속과의 관계

금속의 이온화 경향과 관계가 깊다.

K Ca Na	Mg Al Zn Fe	Ni Sn Pb	(H) Cu Hg Ag Pt Au
찬물과 반응하여 수소가스 발생	끓는 물과 반응하여 수소가스 발생	묽은 산과 반응하여 수소가스 발생	반응하지 않음.

* ▨는 양쪽성 원소

㉠ 이온화 경향이 극히 큰 K, Na 등의 금속은 찬물과 극렬히 반응하여 수소를 발생

$$2Na + 2H_2O \longrightarrow 2NaOH + H_2 \uparrow$$

> **Key Point** 아연과 묽은 황산의 반응 : H_2의 발생
>
> $$Zn + H_2SO_4 \longrightarrow ZnSO_4 + H_2 \uparrow$$
> $$\text{황산아연}$$
>
> 묽은 황산은 아연을 녹여 수소를 만들어 냄.

예제 1. 묽은 황산에 아연을 넣으면 무슨 기체가 발생하는가?
그리고 그때의 반응식을 쓰시오.

> **풀이** 아연을 수소보다 이온화 경향이 크기 때문에 수소를 발생한다.
> $$Zn + 2H^+ \longrightarrow Zn^{2+} + H_2 \uparrow$$

예제 2. 수소가 발생하지 않는 것은?

① $Hg + 2HCl \longrightarrow HgCl_2 + H_2 \uparrow$

② $2Na + 2H_2O \longrightarrow 2NaOH + H_2 \uparrow$

③ $Zn + H_2SO_4 \longrightarrow ZnSO_4 + H_2 \uparrow$

④ $2Al + 2NaOH + 2H_2O \longrightarrow 2NaAlO_2 + 3H_2 \uparrow$

> **풀이** Hg는 H보다 이온화 경향이 작다.　　　　　　정답 : ①

㉡ Zn에 묽은 H_2SO_4이나 철에 묽은 HCl를 가한다.

$$Zn^{2+} + H_2SO_4 \longrightarrow ZnSO_4 + H_2 \uparrow$$

$$Fe^{2+} + 2HCl \longrightarrow FeCl_2 + H_2 \uparrow$$

㉢ 양쪽성 원소에 강알칼리를 작용하면 수소가 발생한다. Zn, Al, Sn 등은 산이나 강알칼리에 모두 작용하므로 H_2(수소)를 얻는다.

$$Zn + 2NaOH \longrightarrow Na_2ZnO_2 + H_2 \uparrow \quad (Na_2ZnO_2 \cdots \cdots \text{아연산나트륨})$$

㉣ Mg~Fe까지의 금속을 가열하여 수증기를 작용시키면 수소가 발생(앞 페이지의 표에서)

$$Mg + H_2O \longrightarrow MgO + H_2 \uparrow \quad (MgO \cdots \cdots \text{산화마그네슘})$$

$$3Fe + 4H_2O \longrightarrow Fe_3O_4 + 4H_2 \quad (Fe_3O_4 \cdots \cdots \text{사산화철})$$

ⓜ 소금물의 전기분해

$$2NaCl + 2H_2O \longrightarrow 2NaOH + Cl_2 + H_2 \uparrow$$

ⓑ 물의 전기분해

$$2H_2O \longrightarrow O_2 + 2H_2$$

•Key Point 나트륨과 물의 반응 : H_2의 발생

$$2Na + 2H_2O \longrightarrow 2NaOH + H_2 \uparrow$$
나트륨   수산화나트륨

나트륨은 물로부터 수소를 끌어낸다.

---

③ 용도

ⓐ 수소는 가장 가벼운 원소이므로 기구 풍선에 이용되었으나 공기와 혼합상태에서 폭발할 염려가 있으므로 지금은 비활성 기체인 He이 이용된다.

ⓑ 산소, 수소 불꽃(4000℃) 금속의 절단 용접에 쓰인다.

ⓒ 암모니아 등 수소 화합물을 만드는 데 이용

$$N_2 + 3H_2 \longrightarrow 2NH_3$$

$$H_2 + Cl_2 \longrightarrow 2HCl$$

$$2H_2 + CO \xrightarrow{ZnO} CH_3OH$$
수성 gas

수소의 성질

비중	0.695(공기=1)
끓는점	$-252.8℃$
녹는점	$-259.2℃$
용해도	0℃, 2.15mL
그램원자부피	20℃, 1.82mL
(고체 mL/원자몰)	13.1

 [참고] 킵(Kipp) 장치

고체와 액체에서 가열하지 않아도 기체가 발생할 때 킵 장치를 사용한다.
아연+묽은 황산 → 수소
대리석+묽은 염산 → 이산화탄소
황화철+묽은 염산 → 황화수소
진한 H_2SO_4, 진한 HNO_3, 묽은 HNO_3 등은 수소(H_2) 발생에 사용할 수 없다.

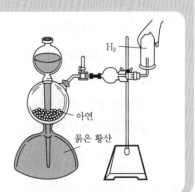

(3) 과산화수소

① 성질

　　㉠ 과산화수소는 발생기의 산소를 생성하며, 발생기의 산소(O)는 강력한 산화력이 있으므로 표백 작용과 살균 작용을 한다.

$$H_2O_2 \longrightarrow H_2O + O \cdots\cdots 발생기의 산소$$

　　㉡ 검출법[아이오딘(I) 녹말 반응]

$$\underbrace{KI + 녹말}_{무색} + H_2O_2 \longrightarrow 2KOH + \underbrace{I_2 + 녹말}_{푸른색}$$

아이오딘화칼륨(KI) 녹말종이는 아이오딘화칼륨의 묽은 용액과 녹말 용액을 혼합하여 거름 종이에 묻힌 것이다. 물이 묻은 종이는 산화 작용이 큰 물질과 만나서 아이오딘이 유리되면 파란색(푸른색)으로 변한다.

　　㉢ 과산화수소수에 과망가니즈산칼륨($KMnO_4$) 용액을 떨어뜨리면 산소가 발생하면서 과망가니즈산칼륨의 보라색이 없어진다.

이때 과산화수소는 환원제로 사용한다.

•Key Point 과망가니즈산칼륨의 산화 작용 : $KMnO_4$

$$2KMnO_4 + 3H_2SO_4 + 5H_2O_2 \longrightarrow K_2SO_4 + 2MnSO_4 + 8H_2O + 5O_2$$
과망가니즈산칼륨　　　　　과산화수소　　　황산칼륨　황산망가니즈

옥시풀(과산화수소수)은 과망가니즈산(칼륨)을 환원

---

② 제법

　　과산화나트륨(Na_2O_2), 과산화바륨(BaO_2) 등에 묽은 산을 작용시킨다.

$$Na_2O_2 + 2HCl \longrightarrow 2NaCl + H_2O_2$$

$$BaO_2 + H_2SO_4 \longrightarrow BaSO_4 + H_2O_2$$

③ 용도

　　㉠ 표백제로 이용된다.

　　㉡ 살균제(옥시풀)

예제 과산화수소의 성질에 대한 설명 중 틀린 것은? (위험물기능장 45회)

① 알코올, 에터에는 녹지만 벤젠, 석유에는 녹지 않는다.

② 농도가 66% 이상인 것은 충격 등에 의해서 폭발할 가능성이 있다.

③ 분해시 발생한 분자상의 산소(O_2)는 발생기 산소(O)보다 산화력이 강하다.

④ 하이드라진과 접촉시 분해폭발한다.

풀이 과산화수소(H_2O_2)-제6류 위험물(산화성 액체)

분해시 발생한 발생기 산소에 의해 강한 표백작용과 살균작용이 있다.

정답 : ③

(4) 할로젠 원소

① 기본성질

> **Key Point** 원자가전자가 7개 원자가 -1
> 전자 1개를 받아 -1가 이온이 되기 쉽다.

㉠ 수소와 금속에 대해서 화합력(산화력)이 매우 강하다.

㉡ 최외각의 전자수가 7개이며 따라서 한 개의 전자를 밖으로부터 얻음으로써 안정한 전자배열을 갖고자 하기 때문에 -1가의 이온이 된다.

㉢ 수소 화합물은 무색 발연성의 자극성 기체로서 물에 쉽게 녹으며 센 산성 반응을 나타낸다.

㉣ 금속 화합물은 F를 제외한 다른 할로젠 원소의 은염, 제일수은연염(鉛鹽) 등을 제외하고는 다 물에 녹는다.

물에 녹지 않는 염 …… $AgCl\downarrow$, $Hg_2Cl_2\downarrow$, $PbCl_2\downarrow$, $Cu_2Cl_2\downarrow$ 등

② 할로젠 원소의 반응성

㉠ 알칼리 금속과 직접 반응하여 이온결합 물질을 만든다.

$$2Na(s)+Cl_2(g) \longrightarrow 2NaCl(s)$$

㉡ 할로젠화수소의 결합력이 세기

$$HF > HCl > HBr > HI$$

㉢ 할로젠화수소산의 산의 세기 비교

할로젠화수소는 모두 강산이나 HF는 분자간의 인력이 강하여 약산이다.

$$HF < HCl < HBr < HI$$

강산이란 수용액에서 H^+이 많이 생기는 산이다. 따라서 결합력이 약할수록 이온화가 잘 되어 강한 산이다.

㉣ 할로젠화은의 성질

할로젠화은은 할로젠 원소에 따라 침전물의 색깔이 달라 할로젠 원소의 구분에 이용될 수 있다.

AgF : 무색의 수용성 물질

AgCl : 백색 침전

AgBr : 연노란색 침전

AgI : 노란색 침전

---

 1. 할로젠 원소에 대한 설명 중 옳지 않은 것은?

① 최외각에 전자 7개를 가지고 있다.

② 수소의 화합물은 물에 녹아 산이 된다.

③ 금속에 대해 환원력을 가진다.

④ 원자 번호가 커질수록 비등점, 용융점이 높아진다.

풀이 할로젠 원소는 자신은 환원되고, 남을 산화시키기 때문에 산화력을 가진다.

정답 : ③

 2. 다음 중 가장 강한 산은? (위험물기능장 33회)

① HClO₄ ② HClO₃ ③ HClO₂ ④ HClO

정답 : ①

---

③ 각 원소의 성질

구분	F₂	Cl₂	Br₂	I₂
상태	담황색 기체	황록색 기체	적갈색 액체	흑자색 고체
수소와의 반응성	어두운 곳에서 폭발적으로 반응	빛의 존재하에서 폭발적으로 반응	촉매 존재하에서 반응	촉매와 열의 존재 하에서 반응
할로젠화수소	HF(약산)	HCl(강산)	HBr(강산)	HI(강산)
산의 세기	약함 ──────────────────────────────→ 강함			
물과의 반응성	격렬히 반응	일부분 반응	일부분 반응	용해의 어려움
결합력의 세기	강함 ──────────────────────────────→ 약함			
Na과의 화합물	NaF	NaCl	NaBr	NaI
반응성의 세기	강함 ──────────────────────────────→ 약함			
은과의 반응성	AgF 무색 수용성	AgCl 백색 침전	AgBr 연노란색 침전	AgI 노란색 침전

④ F_2

　　㉠ 담황색의 유독성 기체

　　㉡ 반응성이 대단이 커서 홑원소 물질로 존재하기 어렵다.

　　㉢ 물과 반응하여 산소기체를 발생한다.

$$2F_2 + 2H_2O \longrightarrow 4HF + O_2$$

⑤ Cl_2 : 염소는 황록색 기체이며 공기보다 무겁고 산화력이 큰 유독성 기체이다.

　　㉠ 제법

　　　㉮ 진한 염산에 산화제를 작용하여 염소를 만든다.

$$MnO_2 + 4HCl \longrightarrow MnCl_2 + 2H_2O + Cl_2 \uparrow \text{ (가열)}$$

$$2KMnO_4 + 16HCl \longrightarrow 2KCl + 2MnCl_2 + 8H_2O + 5Cl_2 \uparrow$$

　　　㉯ 소금물의 전기 분해로 (+)극에서 염소를 얻는다.

$$2NaCl + 2H_2O \longrightarrow \underbrace{2NaOH + H_2}_{(-)극} + \underset{(+)극}{Cl_2} \uparrow$$

　　　㉰ 소금에 진한황산과 이산화망가니즈를 넣고 가열한다.

$$2NaCl + 3H_2SO_4 + MnO_2$$
$$\longrightarrow 2NaHSO_4 + MnSO_4 + 2H_2O + Cl_2 \uparrow$$

$NaCl + H_2SO_4 \longrightarrow NaHSO_4$
$+ HCl$ ･･･････････････････････ ①

$MnO_2 \longrightarrow MnO + O$ ･･･････････ ②

$2HCl + O \longrightarrow H_2O + Cl_2$ ･･･････ ③

$MnO + H_2SO_4$
$\longrightarrow MnSO_4 + H_2O$ ･･････････ ④

①×2+②+③+④하면 위의 반응식으로 된다.

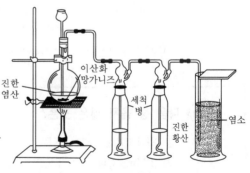

염소의 제법

 [참고] 할로젠 단체의 제법

$$2NaX + 3H_2SO_4 + MnO_2 \longrightarrow 2NaHSO_4 + MnSO_4 + X_2 + 2H_2O$$
$$(X는 \; Cl, \; Br, \; I)$$

㉣ 표백분 CaCl(ClO) · H₂O에 진한 염산을 가한다.

$$CaCl(ClO) \cdot H_2O + 2HCl \longrightarrow CaCl_2 + 2H_2O + Cl_2 \uparrow$$

ⓒ 성질

㉮ 상온 상압에서 공기보다 무겁고, 황록색의 자극성 기체로서 유독하다.

㉯ 물에 녹기 쉽고 그 수용액을 염소수라 하며 산화력이 강하다.

$$Cl_2 + H_2O \longrightarrow \underset{차아염소산}{HClO} + HCl$$

$$HClO \longrightarrow HCl + [O] \longrightarrow 음료수의$$

소독, 광목의 표백 작용 등을 한다.

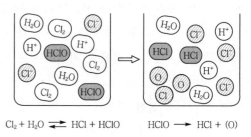

$$Cl_2 + H_2O \rightleftharpoons HCl + HClO \qquad HClO \longrightarrow HCl + (O)$$

염소의 산화작용

㉰ 수소 화합물이나 금속과 직접 반응하여 염화물을 만든다.

$$H_2S + Cl_2 \longrightarrow 2HCl + S$$

$$Cu + Cl_2 \longrightarrow CuCl_2$$

㉱ 알칼리 용액에 잘 녹는다.

$$2NaOH + Cl_2 \longrightarrow \underset{하이포염소산}{NaClO} + NaCl + H_2O$$

$$Ca(OH)_2 + Cl_2 \longrightarrow \underset{표백분}{CaOCl_2 \cdot H_2O}$$

예제 다음 중 옳지 않은 것은?

① $2KI + Br_2 \longrightarrow 2KBr + I_2$

② $2KBr + Cl_2 \longrightarrow 2KCl + Br_2$

③ $2KI + F_2 \longrightarrow 2KF + I_2$

④ $2KF + Cl_2 \longrightarrow 2KCl + F_2$

풀이 F>Cl>Br>I 여서 F의 결합력이 Cl의 결합력보다 세서 유리가 안 된다.

정답 : ④

⑥ Br₂

비금속 중 유일한 적갈색의 액체로서 강한 냄새를 가진다.

㉠ 제법

해수나 간수 등에 남은 $MgBr_2$에 염소 가스를 통한다.

$$MgBr_2 + Cl_2 \longrightarrow MgCl_2 + Br_2$$

$$2KBr + 3H_2SO_4 + MnO_2 \longrightarrow 2KHSO_4 + MnSO_4 + 2H_2O + Br_2$$

[참고] 할로젠족 원소의 화학적 성질의 강약

$$F_2 > Cl_2 > Br_2 > I_2$$

플루오린이 가장 강하며 원자 번호가 커감에 따라 약해진다.

㉡ 성질

㉮ 진한 적갈색의 액체로서, 물보다 약 3배 가량 무겁다.

㉯ 비금속 원소로서 보통 온도에서 액체인 것은 브로민뿐이다.

㉰ 물에 녹인 브로민수(적갈색)는 염소수 보다 안정하며 햇빛을 쪼이거나 가열하면 분해하여 발생기 산소 원자를 발생하므로 산화력이 있다.

$$Br_2 + H_2O \longrightarrow HBrO$$

$$HBrO \longrightarrow HBr + [O]$$

⑦ I₂

아이오딘은 흑광색 광택이 있는 고체로서 승화성 고체이다.

㉠ 제법

㉮ 해초를 태워서 얻은 NaI 수용액에 염소를 통하여 아이오딘을 유리시킨다.

$$2NaI + Cl_2 \longrightarrow 2NaCl + I_2$$

㉯ $2NaI + 3H_2SO_4 + MnO_2 \longrightarrow 2NaHSO_4 + 2H_2O + I_2$

㉡ 성질

㉮ 흑자색의 고체로 판자 모양의 결정이며(비중 5) 승화성이 있다.

㉯ 물에는 녹지 않고 KI 용액, 알코올, $CHCl_3$(클로로폼)에 녹는다.

KI용액에 녹는 것은 $KI + I_2 \rightleftarrows KI_3$로 되기 때문이다.

ⓒ 아이오딘 녹말 반응을 한다.

I_2 + 녹말 → 보라색

ⓓ 싸이오황산나트륨(하이포)과 작용하여 무색으로 된다.

$I_2 + 2Na_2S_2O_3 \longrightarrow 2NaI + Na_2S_4O_6$

싸이오황산나트륨　　　　　　　사티온산나트륨

(5) 할로젠화 수소

① 염화 수소(HCl)

㉠ 소금에 진한 황산을 가하여 가열하여 얻는다.

$NaCl + H_2SO_4 \xrightarrow{\text{저온}} NaHSO_4 + HCl(500℃\ 이하)$

$NaCl + NaHSO_4 \xrightarrow{\text{고온}} Na_2SO_4 + HCl$

㉡ 염소와 수소를 일광에서 반응시킨다(700~800℃).

$H_2 + Cl_2 \longrightarrow 2HCl$

㉢ 성질

ⓐ 무색의 자극성 기체로 하방 치환으로 얻는다. 공기보다 1.3배 무겁다.

ⓑ 암모니아와 작용하여 흰 연기를 만든다(염화 수소의 검출).

$NH_3 + HCl \longrightarrow NH_4Cl$

ⓒ 염화 수소를 물에 녹여 얻는다.

$HCl + H_2O \longrightarrow H_3O^+ + Cl^-$

ⓓ 이온화 경향이 수소보다 큰 금속과 작용해서 수소를 발생한다.

$Zn + 2HCl \longrightarrow ZnCl_2 + H_2\uparrow$

$Fe + 2HCl \longrightarrow FeCl_2 + H_2\uparrow$

ⓔ 진한 염산에 이산화 망가니즈를 넣으면 염소가 발생한다.

$MnO_2 + 4HCl \longrightarrow 2H_2O + MnCl_2 + Cl_2\uparrow$

② 플루오린화 수소(HF)

㉠ 제법 : 형석(CaF_2)에 진한 황산을 가한다.

$CaF_2 + H_2SO_4 \longrightarrow CaSO_4 + 2HF\uparrow$

㉡ 성질

ⓐ 무색의 기체로 상온에서는 H_2F_2 상태로 존재하나 30℃ 이상에는 분해되어 HF로 된다.

㉯ 물에 극히 잘 녹으며 수용액을 플루오린화 수소산이라 하며 반응성이 크다.

㉰ HF의 수용액은 석영, 유리 등 SiO_2를 녹인다.

㉱ 분자와 분자 사이에 생기는 수소결합으로 몇 개의 분자가 모여지는 현상을 회합이라 한다.

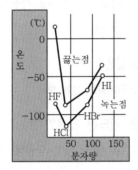

할로젠화 수소(HX)의 끓는점과 녹는점

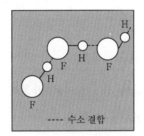

HF의 수소결합

③ 브로민화 수소(HBr)과 아이오딘화 수소(HI)

㉠ 염화 수소(HCl)는 염화물에 진한 H_2SO_4을 가하여 만들 수 있으나 HBr, HI는 염화 수소와 같은 방법으로 만들 수 없다. 이들은 진한 황산이 내놓는 발생기의 산소로 산화되어 각각 Br_2, I_2로 유리되기 때문이다($2HBr + [O] \longrightarrow H_2O + Br_2$).

㉡ 따라서 이들은 물·붉은인 브로민 Br_2(또는 I_2)을 작용시켜 얻는다.

$$2P + 3Br_2 \longrightarrow 2PBr_3$$

$$PBr_3 + 3H_2O \longrightarrow H_3PO_3 + 3HBr$$

$$2P + 3I_2 \longrightarrow 2PI_3$$

$$PI_3 + 3H_2O \longrightarrow H_3PO_3 + 3HI$$

HBr, HI가 물에 녹으면 모두 강산이 된다.

예제 할로젠 화합물 중 아래 물음에 답하여라.

① HF　　　　② HCl　　　　③ HBr　　　　④ HI

(1) 분자 중 결합된 두 개의 성분단체로 나누는 데 가장 많은 에너지가 필요한 것은? (①)

　　풀이 가장 안정한 화합물 F>Cl>Br>I

(2) 특수 용기에 보관해야 하는 물질은? (①)

　　풀이 HF는 유리산이어서 폴리에틸렌 병에 보관

(3) 질산은을 가할 때 노란 앙금을 만드는 것은? (④)

　　풀이 AgF(물에 녹음.) AgCl(흰 침전) AgBr(담황색) AgI(노란 침전)

(6) 그 밖의 비금속 원소

① 탄소 C

　㉠ 성질

　　㉮ 상온에서 대단히 안정하여 산 · 염기와 반응하지 않는다.

　　㉯ 환원성이 크며, 전기 전도성이 없다.

$$2CuO + C \longrightarrow 2Cu + CO_2$$

$$C + H_2O \longrightarrow CO + H_2$$

　　㉰ 동소체가 있다.

　㉡ 동소체

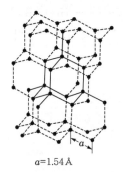

$a = 1.54 Å$

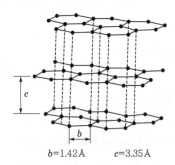

$b = 1.42 Å$　　$c = 3.35 Å$

다이아몬드와 흑연의 구조

흑연 : 판상 구조의 부드럽고 미끄러운 흑색 고체로 전기 전도성이 있다.

금강석 : 원자성 공유결합 물질로 광택이 있는 단단한 고체로 전기전도성이 없다.

ⓒ 환원제로서 탄소

주로 무정형 탄소는 적열 상태($700 \sim 1000℃$)에서 산소와 결합하기 쉽고, 특히 산화물로부터 산소를 끌어내는 성질(환원 작용)을 가지고 있다. 따라서 코크스·목탄 등은 좋은 환원제로서 금속 제련 등에 이용된다.

$$ZnO + C \longrightarrow Zn + CO \text{ (산화아연의 환원)}$$

$$Fe_2O_3 + C \longrightarrow 2Fe + 3CO \text{ (철의 야금)}$$

$$C + H_2O \longrightarrow H_2 + CO \text{ (수성가스의 제법)}$$

② **질소와 산소**

모두 2원자 분자의 기체로서, 공기 속에 약 4 : 1의 부피비로서 존재한다. 따라서, 공기는 질소와 산소의 중요한 자원으로서, 액체 공기의 분류로서 얻는다. 즉, 액체 산소 O_2의 비등점은 $-183℃$, 액체 질소 N_2의 비등점은 $-195℃$이므로, 액체 공기의 온도를 올리면 비등점이 낮은 질소가 먼저 기체로 증발하므로 산소와 분리할 수 있다.

㉠ 질소와 산소의 분자

이들은 2원자 분자로서 안정한 공유결합을 이루고 있다. 그러나 높은 온도에서는 산소는 물론 질소까지도 활발히 반응하여, 금속·비금속의 여러 가지 원소와 반응한다.

$$3Mg + N_2 \longrightarrow Mg_3N_2 \text{ (질화마그네슘의 생성)}$$

$$N_2 + O_2 \longrightarrow 2NO \text{ (산화질소의 생성)}$$

$$N_2 + 3H_2 \longrightarrow 2NH_3 \text{ (암모니아의 생성)}$$

㉡ 제법

㉮ 질소

- 아질산암모늄을 가열하든가 아질산나트륨과 염화암모늄의 혼합물을 가열함으로써 N_2을 얻는다.

- 공업적으로는 액체 공기를 분류한다.

$$\underset{\text{아질산나트륨 염화암모늄}}{NaNO_2 + NH_4Cl} \xrightarrow{\text{가열}} NaCl + \underset{\text{아질산암모늄}}{NH_4NO_2}$$

$$NH_4NO_2 \xrightarrow{\text{가열}} 2H_2O + N_2\text{(질소)}$$

　㉯ 산소

$$2KClO_3 \xrightarrow[\text{열}]{MnO_2} 2KCl + 3O_2 \uparrow$$

MnO_2는 촉매로서 사용, 저온에서 분해하여 산소가 발생되기 때문에 폭발을 방지할 수 있다.

$$2H_2O_2 \xrightarrow{MnO_2} 2H_2O + O_2 \uparrow$$

$$2HgO \longrightarrow 2Hg + O_2$$

•Key Point 염소산칼륨의 열분해 : O_2의 발생

$$2KClO_3 \longrightarrow 2KCl + 3O_2 \uparrow$$
염소산칼륨　　　　염화칼륨

염소산칼륨을 열분해하면 산소 발생

　㉢ 성질

질소와 산소는 모두 무색 · 무취의 기체로서 물에 녹기 어렵다. 화학적으로 질소는 비교적 활발하지 않은 편이나, 산소는 다른 원소와 화합하거나 연소시켜 산화물을 만든다. 이와 같은 성질을 조연성이라 부른다.

따라서 공기 중에서는 잘 연소되지 않는 금속이라 할지라도 산소 속에서는 극렬히 빛을 내고 연소한다.

$$C + O_2 \longrightarrow CO_2$$
$$4Al + 3O_2 \longrightarrow 2Al_2O_3$$
$$3Fe + 2O_2 \longrightarrow Fe_3O_4$$

[참고] 좁은 의미의 산화

산소와 화합하여 산화물을 생성하는 반응이 좁은 의미의 산화의 기본이다.

③ 오존(O_3)

　㉠ 제법

산소 속에서 무성 방전을 시키든가, 또는 자외선을 통과시키든가, 산소를 고온으로 가열하든가 하면 산소의 일부가 오존으로 된다(10% 이하).

$$3O_2 \xrightarrow{\text{무성 방전}} 2O_3$$

ⓒ 성질

오존은 코를 찌르는 독특한 냄새를 가진 파란색의 기체이며, 산소의 밀도보다 1.5배 큰 물질로 분자식은 O_3이다.

㉮ 분해 작용 : 오존은 상온에서는 안정하지만 가열되든지 습기가 있을 때에는 산소로 분해된다.

$$2O_3 \xrightarrow[\text{습기}]{\text{가열}} 3O_2$$

㉯ 표백 작용 : 오존이 분해하면 발생기의 산소(O)가 생성되며 산화 작용이 극히 크므로 색소를 산화하여 표백하든지 세균을 산화하여 살균 작용을 한다.

$$O_3 \longrightarrow O_2 + O$$

㉰ 산화 작용(아이오딘 반응 작용)

$$2KI + O_3 + H_2O \longrightarrow 2KOH + O_2 + I_2$$

물이 묻은 아이오딘화칼륨(KI) 녹말종이에 오존이 닿으면 푸른 보라색으로 변한다. 이것은 분해하여 생기는 발생기의 산소(O)가 아이오딘화칼륨을 산화시켜 아이오딘을 유리시키기 때문이다.

•Key Point 오존의 산화 작용

$$2KI + O_3 + H_2O \longrightarrow 2KOH + I_2 + O_2$$
오존

아이오딘화칼륨은 오존으로 산화되어 I_2로 된다.

예제 **오존이 표시하는 반응은 다음 중 어느 것인가?**

① 리트머스를 붉게 한다.
② 아이오딘화칼륨이 녹말종이를 푸르게 한다.
③ 석회수를 탁하게 한다.
④ 네슬러시약을 노란색으로 만든다.

풀이 $2KI + O_3 + H_2O \longrightarrow 2KOH + O_2 + I_2$　　　　정답 : ②

④ 황

　㉠ 황의 동소체

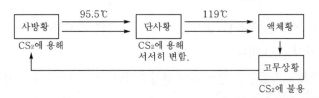

> **[참고] 동소체**
>
> 같은 원소로 되고 그 성질과 모양이 다른 것

　㉡ 황의 성질

　　㉮ 사방황 : 황을 이황화탄소(CS_2)에 용해시킨 다음 증발시킬 때 8면체의 결정으로 생산되는 것이며, 그 색은 노란색이고 특히 95.5℃ 이하에서 안정한 황이다.

　　㉯ 단사황 : 연한 노란색의 바늘 모양의 고체로서 CS_2에 용해하여 특히 95.5℃ 이상 119℃ 이하에서 안정한 황이다.

황의 동소체와 성질

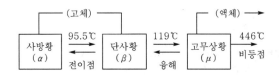

결정형	사방정형	단사정형	수정형
융점(℃)	112.8	119	–
비중	2.07	1.96	1.95
CS_2에	녹는다.	녹는다.	녹지 않는다.

　　㉰ 고무상황 : 흙갈색의 고무 모양으로서 CS_2에 불용하며 또한 무정형 고체로 불안정하다.

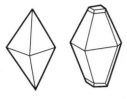
사방황
(송곳황)

단사황
(바늘황=침강황)

찬물
고무상황

㉣ 비금속 $\begin{cases} S+O_2 \longrightarrow SO_2 \\ S+H_2 \longrightarrow H_2S \\ C+2S \longrightarrow CS_2 \ (전기로\ 속에서\ 일어난다.) \end{cases}$

금속 $\begin{cases} 2Ag+S \longrightarrow Ag_2S\ (흑색) \\ Cu+S \longrightarrow CuS\ (흑색) \\ Fe+S \longrightarrow FeS\ (흑색) \\ Zn+S \longrightarrow ZnS\ (흰색) \end{cases}$

㉢ 황의 제법과 용도

0℃에서 이산화황을 물로 포화시켜 이것에 황화수소를 통하여 무정형황을 얻는다.

$$2H_2S+SO_2 \longrightarrow 2H_2O+3S \downarrow$$

용도는 전기의 절연제, 화약, 성냥, 가황고무, 살충제 등에 쓰인다.

예제 1. 황의 연소 반응식을 쓰고 생성되는 물질이 무엇인가?

풀이 $S+O_2 \longrightarrow SO_2$, 이산화황

예제 2. 유황이 공기 중에 분산된 경우 자연발화온도는 얼마인가?

풀이 270℃

예제 3. 다음 중 사방황과 단사황의 전이온도(transition temperature)로 옳은 것은 어느 것인가?

(위험물기능장 31회)

① 95.5℃　　② 112.8℃　　③ 119.1℃　　④ 444.6℃

정답 : ①

⑤ 황린(P_4)

• 황린(P_4)의 제법

황린(P_4)과 적린(P)의 비교(출제빈도 높음)★★★

성질	황린(P_4)	적린(P)
비중 융점	1.82 44.1℃	약 2.2 승화
연소	P_2O_5를 생성	P_2O_5를 생성
자연발화온도 CS_2에서	30~34℃ 녹는다.	260℃ 녹지 않는다.
독성	있다.	없다.

㉠ 인광석[$Ca_3(PO_4)_2$], 모래(SiO_2), 코크스(C)를 혼합하여 전기로 속에서 3000℃로 가열한다.

$$2Ca_3(PO_4)_2 + 6SiO_2 \longrightarrow 6CaSiO_3 + 2P_2O_5 (오산화인)$$

가열된 오산화인(P_2O_5)의 증기를 물 속으로 통과시켜 노란인(P_4)을 얻는다.

$$2P_2O_5 + 10C \longrightarrow P_4 + 10CO$$

㉡ 노란인을 붉은인으로 만드는 방법

$$노란인(P_4) \underset{증기를\ 급격히\ 냉각}{\overset{공기를\ 차단하고\ 260℃로\ 가열}{\rightleftarrows}} 붉은인(P)$$

예제 1. 공기를 차단하고 황린이 적린으로 만들어지는 가열온도는 약 몇 ℃ 정도인가?

(위험물기능장 37회)

① 260   ② 310   ③ 340   ④ 430

풀이 공기를 차단하고 황린이 적린으로 만들어지는 가열온도는 약 260℃   정답 : ①

예제 2. 황린과 적린에 대한 설명 중 틀린 것은? (위험물기능장 42회)

① 적린은 황린에 비하여 안정하다.
② 비중은 황린이 크며, 녹는점은 적린이 낮다.
③ 적린과 황린은 모두 물에 녹지 않는다.
④ 연소할 때 황린과 적린은 모두 P_2O_5의 흰연기를 발생한다.

풀이 적린의 비중 2.2, 녹는점은 600℃ 황린의 비중은 1.82, 녹는점은 44℃

정답 : ②

③ 무기화합물 명명법

(1) 이성분화합물

① 음성이 큰 쪽의 원소명 끝에 화를 붙인 다음, 다른 쪽 원소명을 붙여 나타낸다. 단, 음성이 큰 원소명은 소로 끝나는 경우 그 소를 생략할 수 있다. 그러나 수소는 반드시 수소로 쓴다.

보기						
HCl	염화수소	hydrogen chloride	NaH	수소화나트륨	sodium hydride
NaCl	염화나트륨	sodium chloride	ZnTe	텔루르화아연	zinc telluride
NiO	산화니켈	nickel oxide			

② 두 비금속원소로 된 화합물에 있어서는 다음과 같은 음성증가의 순위를 명명의 목적에 쓴다.

(소) B, Si, C, Sb, As, P, N, H, Te, Se, S, At, I, Br, Cl, O, F(대)

보기						
$SeBr_4$	브로민화셀레늄	selenium bromide	NF_3	플루오린화질소	nitrogen fluoride
AsH_3	수소화비소	arsenic hydride	H_2S	황화수소	hydrogen sulfide
BCl_3	염화붕소	boron chloride			

③ 위의 각 음성원소가 들어 있는 이성분화합물을 총칭하며 −화물이라고 부른다.

보기						
B	붕소화물	borides	Cl	염화물	chlorides
$N^{(3-)}$	질소화물	nitrides	Sb	안티몬화물	antimonides
I	아이오딘화물	iodides	Se	셀레늄화물	selenides
Si	규소화물	silicides	F	플루오린화물	fluorides
H	수소화물	hydrides	As	비소화물	arsenides
Br	브로민화물	bromides	$S^{(2-)}$	황화물	sulfides
$C^{(4-)}$	탄소화물	carbides	P	인화물	phosphides
Te	텔루르화물	tellurides	$O^{(2-)}$	산화물	oxide

④ 성분원소의 원자비를 표시할 필요가 있을 때에는 다음의 두 방법 중의 하나를 쓴다.

㉠ Stokes식 명명법 : 양성이 큰 쪽 원소의 산화수를 로마숫자로 표시하며 괄호 안에 넣고 해당 원소명의 바로 다음에 붙여 적는다.

보기					
TlCl	염화탈륨(Ⅰ)	thallium(Ⅰ) chloride	$TiBr_3$	브로민화티탄(Ⅲ)	titanium(Ⅲ) bromide
$TlCl_3$	염화탈륨(Ⅲ)	thallium(Ⅲ) chloride	$TiBr_4$	브로민화티탄(Ⅳ)	titanium(Ⅳ) bromide
N_2O	산화질소(Ⅰ)	nitrogen(Ⅰ) oxide	$SnCl_2$	염화주석(Ⅱ)	tin(Ⅱ) chloride
NO	산화질소(Ⅱ)	nitrogen(Ⅱ) oxide	$SnCl_4$	염화주석(Ⅳ)	tin(Ⅳ) chloride
N_2O_3	산화질소(Ⅲ)	nitrogen(Ⅲ) oxide	$FeCl_2$	염화철(Ⅱ)	iron(Ⅱ) chloride
NO_2	산화질소(Ⅳ)	nitrogen(Ⅳ) oxide	$FeCl_3$	염화철(Ⅲ)	iron(Ⅲ) chloride
N_2O_5	산화질소(Ⅴ)	nitrogen(Ⅴ) oxide	FeO	산화철(Ⅱ)	iron(Ⅱ) oxide
Fe_3O_4	산화철(Ⅱ,Ⅲ)	iron(oxide)	Fe_2O_3	산화철(Ⅲ)	iron(Ⅲ) oxide

산화수가 두 가지 존재하는 원소의 경우에 제일, 제이는 Fe, Hg, Sn, Cu에 한하여 관용어로서 허용한다.

보기

$FeCl_2$	염화제일철	ferrous chloride	Fe_2O_3	산화제이철	ferric oxide
$FeCl_3$	염화제이철	ferric chloride	$SnCl_2$	염화제일주석	stannous chloride
FeO	산화제일철	ferrous oxide	$SnCl_4$	염화제이주석	stannic chloride

ⓛ 원자수를 일, 이, 삼…로 표시하고 해당 원소명에 앞세워 쓴다. 혼동의 우려가 있으므로 일도 표시함을 원칙으로 한다.

보기

N_2O	일산화이질소	dinitrogen monoxide	SiS_2	이황화일규소	silicon disulfide
NO	일산화일질소	mononitrogen monoxide	OF_2	이플루오린화 일산소	monoxygen difluorlde
N_2O_3	삼산화이질소	dinitrogen trioxide	FeO	일산화일철	monoiron monoxide
NO_2	이산화일질소	mononitrogen dioxide	Fe_3O_4	사산화삼철	triiron tetroxide
N_2O_4	사산화이질소	dinitrogen tetroxide	Fe_2O_3	삼산화이철	diiron trioxide
N_2O_5	오산화이질소	dinitrogen pentoxide			

혼란의 우려가 없을 때 일, 이… 를 생략하는 것도 허용한다.

보기

Fe_2O_3	산화철	iron oxide	NO	산화질소	nitrogen oxide
P_2O_5	오산화인	phosphorus pentoxide	NO_2	이산화질소(과산화질소라고 하지 않는다)	nitrogen dioxide
$BaCl_2$	염화바륨	barium chloride	MnO_2	이산화망가니즈	manganese dioxide
Mg_3N_2	질화마그네슘	magnesium nitride	CO	일산화탄소	carbon monoxide
BF_3	플루오린화붕소	boron fluoride	CO_2	이산화탄소	carbon dioxide
CaH_2	수소화칼슘	calcium hydryde	SnO_2	산화주석	tin oxide
N_2O_5	오산화질소	nitrogen pentoxide			

⑤ 수소화물 중에서 관용명이 널리 쓰이는 것은 그대로 허용한다.

보기

N_2H_4	하이드라진	hydrazine	SnH_4	스타난	stannan
PH_3	포스핀	phosphine	P_2H_4	이포스핀	diphosphine
AsH_3	아르신	arsine	As_2H_4	디아르신	diarsine
SbH_3	스티빈	stibine	Ge_2H_6	디게르만	digerman
SiH_4	실란	silane	B_2H_6	디보란	diborane
GeH_4	게르만	german	H_2O	물	water
CH_4	메테인	methane	NH_3	암모니아	ammonia

236

(2) 이온 및 라디칼

① 양이온

㉠ 일원자 양이온은 원소명 끝에 이온을 붙여 명명한다. 혼란의 우려가 있는 경우는 양이온이라고 한다.

보기

H^+	수소이온	hydrogen ion	I^+	아이오딘 양이온 iodine cation

㉡ 염기분자에 하나 또는 그 이상의 양성자가 첨가되어 형성되는 양이온은 −오늄이라고 부른다.

보기

NH_4^+	암모늄이온	ammonium ion	PH_4^+	포스포늄이온	phosphonium ion
H_3O^+	옥소늄이온(하드로늄이라고 하지 않는다.)	oxonium ion	$NH_2OH_2^+$	하이드록실암모늄이온	hydroxyl−ammonium ion

㉢ 다른 다원자 양이온은 해당 라디칼 이름[Ⅱ−2−(3)]에 양이온을 붙여서 명명한다.

보기

NO^+	나이트로실양이온 nitrosyl cation	UO_2^+	우라닐(Ⅳ) 양이온	uranyl(Ⅳ) cation
NO_2^+	나이트릴양이온 nitryl cation (니트로늄이온이라고 하지 않는다.)			

② 음이온

㉠ 일원자 음이온은 원소명 끝에 −화이온을 붙여서 명명한다. 단, 소는 (Ⅱ−1)에 준하여 생략할 수 있다. −음이온 또는 −이온이라고 불리는 경우 이를 관용어로서 허용한다.

보기

$H-$	수소화이온 (수소음이온)	hydride ion	Te^{2-}	텔루르화이온	telluride ion
			N^{3-}	질소화이온	nitride ion
D^-	중수소화이온	deuteride ion	P^{3-}	인화이온	phosphide ion
F^-	플루오린화이온	fluoride ion	As^{3-}	비소화이온	arsenide ion
Cl^-	염화이온	chloride ion	Sb^{3-}	안티몬화이온	antimonide ion
Br^-	브로민화이온	bromide ion	C^{4-}	탄소화이온	carbide ion
I^-	아이오딘화이온	iodide ion	Si^{4-}	규소화이온	silicide ion
O^{2-}	산화이온	oxide ion	B^{3-}	붕소화이온	boride ion
S^{2-}	황화이온	sulfide ion			
Se^{2-}	셀레늄화이온	selenide ion			

ⓛ 산소산 및 그의 치환산의 음이온을 제외한 다원자 음이온도 −화이온이라고 부른다. 단, −음이온 또는 −이온이라고 널리 불리우는 경우 이를 관용어로서 허용한다.

보기

O^{2-}	과산화이온	peroxide ion	HS^-	황화수소음이온	hydrogen sulfide ion
O_2^-	초과산화이온	superoxide ion	O_3^-	오존화이온	ozonide ion
N_3^-	아지드화이온 (질소화이온이라고 하지 않는다.)	azide ion	S_2^{2-}	이황화이온	disulfide ion
			I_3^-	삼아이오딘화이온	triiodide ion
OH^-	수산화이온	hydroxide ion	C_2^{2-}	아세틸렌화이온	acetylide ion
NH_2^-	아미드화이온	amide ion	HF_2^-	이플루오린화 수소음이온	hydrogen difluoride ion
NH^{2-}	이미드화이온	imide ion			
CN^-	사이안화이온	cyanide ion			
CN_2^{2-}	사이안아미드화이온	cyanamide ion			

③ 라디칼

다음과 같이 명명한다.(바나딜, 포스포릴, 비스무틸, 안티모닐 등을 쓰지 않는다.)

보기

HO	하이드록실(수산*)	hydroxyl	NO_2	나이트릴(무기화합물에 있어선 나이트로라고 하지 않는다.)	nitryl
CO	카르보닐	carbonyl			
NO	나이트로실	nitrosyl			
SO_2	술포닐(술푸릴*)	sulfonyl(sulfuryl)	SO	술피닐(싸이오닐*)	sulfinyl(thionyl)
S_2O_5	이중술푸릴	pyrosulfuryl	PuO_2	플루토닐	plutonyl
SeO	셀레니닐	seleninyl	ClO	클로로실	chlorosyl
SeO_2	셀레노닐	selenonyl	ClO_2	클로릴	chloryl
UO_2	우라닐	uranyl	ClO_3	과클로릴	perchloryl
NpO_2	넵투닐	neptunyl	CrO_2	크로밀	chromyl

*허용된 관용명임.

④ 이성분화합물에 준한 명명법

㉠ 위의 양 또는 음 라디칼을 가진 화합물은 이성분화합물에 준하여 명명한다.

보기

화학식	한글명	영문명
H_2O_2	과산화수소	hydrogen peroxide
BaO_2	과산화바륨	barium peroxide
Na_2O_2	과산화나트륨	sodium peroxide
NaO_2	초과산화나트륨	sodium superoxide
KO_2	초과산화칼륨	potassium superoxide
HN_3	아지드화수소	hydrogen azide
NaN_3	아지드화나트륨	sodium azide
AgN_3	아지드화은	silver azide
$NaOH$	수산화나트륨	sodium hydroxide
KNH_2	아미드화칼륨	potassium amide
$Ge(NH)_2$	이미드화게르마늄	germanium imide
HCN	사이안화수소	hydrogen cyanide
$CaCN_2$	사이안아미드화 칼슘	calcium cyanamide
CaC_2	아세틸렌화칼슘	calcium acetylide

화학식	한글명	영문명
NH_4Br	브로민화암모늄	ammonium bromide
PH_4I	아이오딘화포스포늄	phosphonium iodide
NH_2OH_2Cl	염화하이드록실암모늄	ammonium hydroxyl chloride
CrO_2Cl	염화크로밀	chromyl chloride
$SOCl_2$	염화술피닐 (염화싸이오닐)	sulfinyl chloride (thionyl chloride)
SO_2Cl_2	염화술포닐 (염화술푸릴)	sulfonyl chloride (sulfuryl chloride)
$NOCl$	염화나이트로실	nitrosyl chloride
$Ba(O_2H)_2$	과산화수소바륨	darium hydrogen peroxide
$NaHS$	황화수소나트륨	sodium hydrogen sulfide
KHF_2	이플루오린화수소칼륨	potassium hydrogen difluoride

　ⓛ　－화음이온이 들어 있는 화합물을 총칭하여 －화물이라고 부르고, －오늄양이온이 들어있는 화합물을 －오늄화합물이라고 부른다.

보기

화학식	한글명	영문명
$=O_2$	과산화물	peroxides
$-O_2$	초과산화물	superoxides
$-N_2$	아지드화물(질소화물이라고 하지 않는다.)	azides
$-OH$	수산화물	hydroxides
$-NH_2$	아미드화물	amides
$=CN$	사이안화물	cyanides

화학식	한글명	영문명
$=CN_2$	사이안아미드화물	cyanamides
$=C_2$	아세틸렌화물	acetylides
$=NH$	이미드화물	imides
$-NH_4$	암모늄화합물	ammonium compound
$-PH_4$	포스포늄화합물	phosphonium compound

(3) 산

① 수소산

수소를 포함하는 이성분화합물로서 수용액에서 산으로 작용하는 경우, 그 수용액은 화합물 이름 끝에 산을 붙여 명명한다.

보기	H_2S	황화수소산	hydrogen sulfide acide	HCN	사이안화수소산	hydrogen cyanide acid
	HCl	염화수소산	hydrogen chloride acid	HN_3	아지드화수소산	hydrogen azide acid
	HBr	브로민화수소산	hydrogen bromide acid			

② 산소산

㉠ 중심원자가 가장 안정한 산화상태에 있는 산소산은 그 원소명 끝에 산을 붙여 명명한다. 단, 소는 생략할 수 있다.

보기	HNO_3	질산	nitric acid	H_2SnO_3	주석산	stannic acid
	H_2SO_3	황산	sulfuric acid	H_2CO_3	탄산	carbonic acid
	H_3BO_3	붕산	boric acid			

㉡ 한 원소의 여러 가지 산소산은 위의 기준 산과 비교하여 산화상태가 높은 산은 과-산으로, 산화상태가 첫째로 낮은 산은 아-산으로 부르고, 산화상태가 다음으로 낮은 산을 하이포아-산이라고 부른다.

보기	$HClO_4$	과염소산	perchloric acid	H_2SeO_3	아셀레늄산	selenious acid
	$HClO_4$	염소산	chloric acid	H_3PO_4	인산	phosphoric acid
	$HClO_2$	아염소산	chlorous acid	H_3PO_3	아인산	phosphorous acid
	$HClO$	하이포아염소산	hypochlorous acid	H_3PO_2	하이포아인산	hypophosphorous acid
	$HMnO_4$	과망가니즈산	permanganic acid			
	H_2MnO_4	망가니즈산	manganic acid	H_2TcO_3	아테크네튬산	technetous acid
	H_2SeO_4	셀레늄산	selenic acid	$H_2N_2O_2$	하이포아질산	hyponitrous acid

기준산과 아-산의 중간의 산이 존재하는 경우 그 산은 하이포-산이라고 한다.

보기	$H_4B_2O_4$	하이포붕산	hypoboric acid	$H_4P_2O_6$	하이포인산	hypophosphoric acid

㉢ 산소산 분자 내에 $-O-O-$ 결합이 있는 것은 과산화-산이라고 부른다.

보기	H_2TiO_5	과산화티탄산	peroxotitanic acid	H_2UO_5	과산화우라늄산	peroxouranic acid
	H_2WO_5	과산화텅스텐산	peroxotungstic acid	HNO_4	과산화질산	peroxonitric acid
	H_2SO_5	과산화(일)황산	peroxo(mono)-sulfuric acid	H_3PO_5	과산화(일)인산	peroxo(mono)-phosphoric acid
	$H_2S_2O_8$	과산화이중황산	peroxodisulfuric acid	$H_4P_2O_8$	과산화이중인산	peroxodiphosphoric acid

ⓔ 산소산 분자에 들어 있는 중심원자 1개당의 OH의 수효에 따라 큰 것부터 차례로 홀로, 오르토, 메타를 앞세워 쓴다. 오르토 및 메타는 해당산이 가장 안정한 경우에 생략해도 무방하다.

보기

H_5PO_5	홀로인산	holophosphoric acid
H_3PO_4	오르토인산, 인산	orthophosphoric acid
$(HPO_3)_n$	메타인산	metaphosphoric acid
H_2SiO_3	메타규산, 규산	metasilicic acid
H_5IO_6	오르토과아이오딘산	orthoperiodic acid

H_3BO_3	오르토붕산, 붕산	orthoboric acid
$(HBO_2)_n$	메타붕산	metaboric acid
H_4SiO_4	오르토규산	orthosilicic acid
H_6TeO_6	오르토텔루르산	orthotelluric acid

홀로산과 오르토산이 같은 경우에는 오르토를 쓴다.

보기

H_4SiO_4	오르토규산	orthosilicic acid
H_3AsO_3	오르토아비산	orthoarsenous acid

③ **치환된 산소산**

산소의 일부 또는 전부가 황으로 치환된 산소산은 해당산 이름에 싸이오를 앞세워 치환을 표시한다.

보기

H_2SO_4	황산	sulfuric acid
$H_2S_2O_3$	싸이오황산	thiosulfuric acid
HOCN	사이안산	cyanic acid
HSCN	싸이오사이안산	thiocyanic acid
H_3AsO_4	비산	arsenic acid

H_3AsO_3S	싸이오비산	thioarsenic acid
$H_3AsO_2S_2$	이싸이오비산	dithioarsenic acid
H_3AsOS_3	삼싸이오비산	trithioarsenic acid
H_3AsS_4	사싸이오비산	tertrathioarsenic acid

④ **산소산의 Stokes식 명명법**

(1)−④에 따라 산소산의 중심원자의 산화수를 로마숫자로 표시하여 괄호 안에 넣고 해당 원소명의 바로 다음에 붙여 적는다.

보기

H_2MnO_4	망가니즈(VI)산	manganese(VI) acid
H_3MnO_4	망가니즈(V)산	manganese(V) acid
H_2NO_2	이옥소질소(II)산	dioxonitrogen(II) acid
H_2SO_2	이옥소황(II)산	dioxosulfur(II) acid
$HReO_4$	사옥소레늄(VII)산	tetraoxorhenium(VII) acid

H_3ReO_5	오옥소레늄(VII)산	pentaoxorhenium(VII) acid
H_2ReO_4	사옥소레늄(VI)산	tetraoxorhenium(VI) acid
$HReO_3$	삼옥소레늄(V)산	trioxorhenium(V) acid
H_3ReO_4	사옥소레늄(V)산	tetraoxorhenium(V) acid
$H_4Re_2O_7$	칠옥소레늄(V)산	heptaoxorhenium(V) acid

⑤ 산소산의 유도체

　㉠ 산할로젠화물(산소산의 OH가 전부 치환된 경우)로서 해당산의 중심원자에 산소가 결합된 라디칼이 명명되어 있는 경우 (2)－③에 한하여 할로젠화－일이라고 부른다.

보기						
CrO_2Cl_2	염화크로밀	chromyl chloride	$NOCl$	염화나이트로실	nitrosyl chloride
$COCl_2$	염화카르보닐	carbonyl chloride	$SOCl_2$	염화술피닐	sulfinyl(thionyl)
Cl_2OF	플루오린화클로릴	chloryl fluoride		(염화싸이오닐)	chloride
UO_2Cl_2	염화우라닐	uranyl chloride	SO_2F_2	플루오린화술	sulfonyl(sulfuryl)
NO_2Cl	염화나이트릴	nitryl chloride		포닐(플루오린화	chloride
$S_2O_5Cl_5$	염화이중술푸릴	pyrosulfuryl		술푸릴)	
		chloride			

　㉡ 산아미드는 (2)－③에 준해서 아미드화－일이라고 부른다.

보기		
$SO_2(NH_2)_2$	이아미드화술포닐	sulfonyl diamide

　㉢ 산무수물은 산화물로서 명명함을 원칙으로 한다. －산무수물은 관용어로서 허용한다. (무수산이라고는 부르지 않는다.)

보기					
SO_3	삼산화황, 황산무수물(무수황산이라고 부르지 않는다.)	sulfur trioxide, sulfuric acid hydride	N_2O_5	오산화질소 오산화이질소 질산무수물 (무수질산이라고 부르지 않는다.)	nitrogen pentoxide dinitrogen pentoxide nitric acid anhydride
CrO_3	삼산화크로뮴, 크로뮴산무수물(무수크로뮴산이라고 부르지 않는다.)	chromium trioxide, chromic acid anhydride			

⑥ 산소산의 H의 일부가 치환된 산은 해당산 이름 앞에 오음을 넣어 치환을 표시한다.

보기					
HSO_3Cl	클로로황산 (클로로술폰산*)	chlorosulfuric acid (chlorosulfonic acid)	$NH(SO_3H)_2$	이미도황산	imidosulfuric acid
NH_2SO_3H	아미도황산 (술파미드산*)	amidosulfuric acid (sulfamidic acid)	$NH_2PO(OH)_2$	아미도인산	amidophosphoric acid

　　* 허용된 관용명임.

⑦ 황의 산소산은 여러 가지 있으므로 다음에 일괄한다.

보기						
H_2SO_2	술폭실산	sulfoxylic acid		$H_2S_2O_5$	과산화(일)황산	peroxo(mono)
$H_2S_2O_4$	아이티온산	dithionous acid				sulfuric acid
H_2SO_3	아황산	sulfurous acid		$H_2S_2O_6$	이티온산	dithionic acid
$H_2S_2O_2$	싸이오아황산	thiosulfurous		$H_2S_4O_6$	사티온산	tetrathionic acid
		acid		$H_2S_xS_6$	다중티온산	polythionic acid
$H_2S_2O_5$	이중아황산	disulfurous acid		$H_2S_2S_8$	과산화이중황산	peroxodisulfuric
H_2SO_4	호아산	sulfuric acid				acid
H_2S_2O	싸이오황산	thiosulfuric acid				
$H_2S_2O_7$	이중황산	disulfuric acid				

(4) 염

① 산소산의 염 및 에스터

염 및 에스터는 해당산 이름 다음에 양성성분의 이름을 적어서 명명한다.

보기					
$KClO_4$	과염소산칼륨	potassium perchlorate	NH_4SCN	싸이오사이안산암모늄	ammonium thiocyanate
$Ba(H_2PO_2)_2$	하이포아인산바륨	barium hypophosphite	$(C_2H_5O)_4Ti$	티탄산사에틸	tetraethyl–titanate
$K_2S_2O_8$	과산화이중황산칼륨	potassium peroxodisulfate	$(CH_3)_2SO_4$	황산이메틸	dimethylsulfate
Na_3AsO_4	비산삼나트륨	trisodium arsenate	$Na_3AsO_2S_2$	이싸이오비산삼나트륨	trisodium dithioarsenate
Na_3AsO_3S	일싸이오비산삼나트륨	trisodium thioarsenate	Na_3AsS_4	사싸이오비산삼나트륨	trisodium tetrathioarsenate

② 산성염

산성염은 산이름 다음에 수소를 붙여서 명명한다. 또 제일, 제이, 제삼을 앞세워서 산성수소 원자가 치환된 수효를 나타내도 좋다.

보기					
$NaHCO_3$	탄산수소나트륨 (중탄산나트륨이라 하지 않는다.)	sodium hydrogen carbonate	KH_2PO_4	인산이수소칼륨 제일인산칼륨	potassium dihydrogen phosphate
$FeHPO_4$	인산수소철(Ⅱ)	iron(Ⅱ) hydrogen phosphate			

③ 염기성염

다음과 같이 명명한다.

보기

$Ca(OH)Cl$	염화수산화칼슘	calcium hydroxide chloride
$BiOCl$	염화산화비스무트	bismuth oxide chloride
$Mg(OH)Cl$	염화수산화마그네슘	magnesium hydroxide chloride
$VOSO_4$	황산산화바나듐(IV)	vanadium(IV) oxide sulfate
$Cu_2(OH)_3Cl$	염화삼수산화이구리	dicopper trihydroxide chloride

리간드로 작용하는 원소 이름 끝을 오음으로 바꾸고 이어 중심원소의 산 또는 그의 염의 이름을 붙여 명명한다. 물은 부가화합물에 준하여 명명한다. 조성을 나타내기 위한 10 이상의 숫자는 아라비아 숫자로 적는다.

보기

$H_3PO_4 \cdot 12WO_3 \cdot 29H_2O$	12텅스토인산-29물	dodecawolframophosphate-29 water
$Na_3PO_4 \cdot 12MoO_3$	12몰리브도인산삼나트륨	sodium dodecamolybdophophate
$2Na_3PO_4 \cdot 17WO_3$	17텅스토이인산육나트륨	hexasodium-17 wolframodiphosphate
$Na_6TeO_6 \cdot 6MoO_3$	육몰리브도텔루르산나트륨	hexasodium hexamolybdotellurate

❹ 방사성 원소

(1) 방사선의 종류와 작용

① 방사선 핵충돌 반응

방사선 붕괴 : 핵이 자연적으로 붕괴되어 방사선을 발생(α, β, γ)

핵충돌 반응 : 핵입자가 충분한 에너지를 가지고 충돌할 때 새로운 핵 생성

② α선

전기장을 작용하면 (−)쪽으로 구부러지므로 그 자신은 (+)전기를 가진 입자의 흐름임을 알게 되었다. 이것은 헬륨의 핵(He^{2+})으로, (+)전하의 질량수가 4이다. 투과력은 가장 약하다.

③ β선

전기장의 (+)쪽으로 구부러지므로 그 자신은 (−)전기를 띤 입자의 흐름, 즉 전자의 흐름이다. 투과력은 α선보다 크고 γ선보다 작다.

④ γ선

전기장에 대하여 영향을 받지 않고 곧게 나아가므로 그 자신은 전기를 띤 알맹이가 아니며, 광선이나 X선과 같은 일종의 전자파이다. γ선의 파장은 X선보다 더 짧으며 X선보다 투과력이 더 크다.

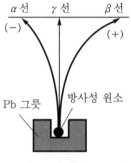

방사선의 종류

⑤ 방사선의 작용

ㄱ 투과력이 크며, 사진 건판을 감광한다.

ㄴ 공기를 대전시킨다.

ㄷ 물질에 에너지를 줌으로써 형광을 내게 한다.

ㄹ 라듐(Ra)의 방사선은 위암의 치료에 이용된다.

방사선	본체	붕괴 후		방사선의 작용
		원자 번호	질량수	
α선	$_2^4$He원자핵	−2	−4	투과 작용, $\alpha < \beta < \gamma$
β선	e^-의 흐름	+1	변동없음.	전리 작용(공기를 대전)
γ선	전자파	변동없음.	변동없음.	형광 작용(형광 물질의 형광)

⑥ 핵방정식

α입자의 방출($_2^4$He 핵을 잃음.)에 의한 $_{92}^{238}$U 의 방사성 붕괴의 핵방정식은 다음과 같이 쓴다.

$$_{92}^{238}\text{U} \longrightarrow {}_{90}^{234}\text{Th} + {}_2^4\text{He}$$

[참고] 입자 표시 방법

핵반응에 있어서 화학적인 환경은 영향을 미치지 않으므로 표시할 필요는 없다.

양성자(proton) : $_1^1\mathrm{H}$ 혹은 $_1^1\mathrm{P}$

중성자(neutron) : $_0^1\mathrm{n}$

전자(electron) : $_{-1}^0\mathrm{e}$ 혹은 $_{-1}^0\beta$

양전자(positron) : $_1^0\mathrm{e}$ 혹은 $_1^0\beta$

감마광자(gamma proton) : $_0^0\gamma$

(2) 원소의 붕괴

방사성 원소는 단체이든 화합물의 상태이든, 온도 · 압력에 관계없이 방사선을 내고 다른 원소로 된다.

이와 같은 현상을 원소의 붕괴라 한다.

① α붕괴

어떤 원소에서 α붕괴가 일어나면 질량수가 4 감소되고 원자 번호가 2 적은 새로운 원소로 된다. 따라서 주기율표에는 두 칸 앞자리의 원소로 된다.

$$_{88}\mathrm{Ra}^{226} \xrightarrow{\alpha\text{붕괴}} {}_2\mathbf{He}^4 + {}_{86}\mathrm{Rn}^{222}$$

α선

⇒ α붕괴에 의하여, 원자번호 2, 질량수가 4 감소된다.

② β붕괴

어떤 원소에서 β붕괴가 일어나면 질량수는 변동없고, 원자 번호가 하나 증가하여 새로운 원소로 된다. 따라서 주기율표에서 한 칸 뒷자리의 원소로 된다.

$$_{82}^{214}\mathrm{RaB} \longrightarrow {}_{-1}^0\mathrm{e} + {}_{83}^{214}\mathrm{RaC}$$

β선 방출

⇒ β선 붕괴에 의하여 원자 번호는 1 증가하고, 질량수는 변동없다.

③ γ선

γ선은 방출되어도 질량수나 원자 번호는 변하지 않는다.

 $^{238}_{92}U$ 이 α 붕괴와 β 붕괴를 각각 4번씩 했을 때, 새로 생긴 이 원소의 원자번호와 질량수는?

$$^{238}_{92}U \longrightarrow {}^{222}_{84}A \longrightarrow {}^{222}_{88}B$$

풀이

구 분	원자 번호	질량수
α붕괴	-2	-4
β붕괴	$+1$	변화없음.
γ붕괴	변화없음.	변화없음.

---

(3) 핵반응

원자핵이 자연 붕괴되거나 가속 입자로 원자핵이 붕괴되는 현상을 핵반응이라 하며, 이 반응을 화학식으로 표시한 식을 핵반응식이라 한다. 이때 왼편과 오른쪽의 질량수의 총합과 원자 번호의 총합은 반드시 같아야 한다.

$$_4Be^9 + {}_2He^4 \longrightarrow {}_6C^{12} + {}_0n^1$$
$$_3Li^7 + {}_1H^1 \longrightarrow {}_2He^4 + {}_2He^4$$

예제 1. ^9_4Be의 원자핵에 α입자를 충격하였더니 중성자 ^1_0n이 방출되었다. 다음 방정식을 완결하기 위하여 $\boxed{}$ 속에 넣어야 할 것은?

$$^9_4Be + {}^4_2He \longrightarrow \boxed{} + {}^1_0n$$

풀이 왼쪽과 오른쪽 핵의 질량수의 총합과 양성자수의 총합은 같으므로
질량수 $=(9+4)-1=12$
양성자수 $=(4+2)-0=6$ $\qquad \therefore {}^{12}_6C$

2. 다음 원자핵 반응에서 생성되는 물질은?

$$^{10}_5B + ^1_0n \longrightarrow \quad ^7_3Li + \boxed{}$$

풀이 왼쪽과 오른쪽의 원자번호의 합과 질량수의 합이 같다. $\quad\quad \therefore \ ^4_2He \ \alpha선$

 3. 각 $^{239}_{94}Pu$(플루토늄)핵이 한 개의 α입자와 충돌하여 한 개의 중성자를 방출하였다. 생성된 핵은 무엇인가?

풀이 $^{239}_{94}Pu + ^4_2He \ \rightarrow \ ^A_Z X + ^1_0n$

$239+4=A+1, \ \therefore \ A=242$

$94+2=Z+O, \ \therefore \ Z=96$

$\therefore$ 생성물은 $^{242}_{96}Cm$(퀴륨)

(4) 반감기

방사성 핵의 반감기는 핵의 반이 붕괴하는 데 걸리는 시간으로 정의한다.

즉, A $\longrightarrow$ 생성물

이며, 반감기는 A의 반이 반응하는 데 걸리는 시간이다.

※ 반감기와의 관계

① 1차 화학반응의 반감기는 반응물의 농도와 무관하다.

② 방사성 핵의 반감기는 시료의 양과는 무관하다. 따라서, 방사성 시료의 반감기는 그 시료의 반이 붕괴되는데 소요되는 시간을 관찰하여 알 수 있다. 즉, 방사성원소는 방사선을 내놓음으로서 다른 원소로 바뀌어지는데, 이 속도는 원소에 따라 다르다. 붕괴되는 속도는 붕괴되기 전의 원소의 양(원자수, 방사능세기)의 반으로 감소하기까지에 걸리는 기간으로 나타내는데, 이 기간을 반감기라 하는 것이다.

$$M = m \times \left(\frac{1}{2}\right)^{\frac{t}{T}}$$

여기서, M : 최후의 질량

m : 최초의 질량

T : 반감기

t : 경과시간

1. 어떤 방사능 물질의 반감기가 10년이라면 10g의 물질이 20년 후에는 몇 g이 남는가?

풀이 $M = m\left(\dfrac{1}{2}\right)^{\frac{t}{T}}$ 에서

$$M = 10 \times \left(\dfrac{1}{2}\right)^{\frac{20}{10}} = 2.5\text{g}$$

$$\therefore 2.5\text{g}$$

 2. 반감기가 8일인 방사성 동위원소 $_{53}I^{131}$을 포함한 NaI를 주문하는 데 16일이 걸려서 도착한다면 2.5g이 꼭 필요할 때 최소한 몇 g을 주문해야 하는가?

풀이 $2.5 = m \times \left(\dfrac{1}{2}\right)^{\frac{16}{8}}$

$$\therefore m = 10\text{g}$$

(5) 원자에너지

아인슈타인의 일반 상대성원리에 의하면 물질의 질량과 에너지는 서로 바뀔 수 있으며,

$$E = mc^2 \begin{cases} E : \text{생성되는 에너지(erg)} \\ m : \text{질량결손(원자핵이 파괴될 때 없어진 질량)} \\ c : \text{광속도(cm/s)} = 3 \times 10^{10}\text{cm/s} \end{cases}$$

와 같은 관계가 성립한다.

(6) 원자탄

우라늄의 동위원소 : $_{92}U^{234}$, $_{92}U^{235}$, $_{92}U^{238}$ 등

$$_{92}U^{235} + {_0}n^1 \longrightarrow {_{36}}K^{92} + {_{56}}Ba^{151} + 3{_0}n^1 + E \text{(막대한 에너지 발생)}$$

이때 생긴 3개의 중성자가 다른 $_{92}U^{235}$를 충격하므로, 반응은 순식간에 계속되어 우라늄은 핵분열을 일으킨다.

{ **출제예상문제**

01 다음 불활성 기체 중 대기 중에 가장 많이 포함되어 있는 것은?

① Ne   ② He

③ Ar   ④ Kr

정답 ③

02 다음 중 상온에서 액체인 금속은?

① Br   ② Hg

③ Pb   ④ Ag

해설 금속 중 상온에서 액체인 것은 수은(Hg)만이 유일하며 다른 금속은 상온에서 고체로 존재한다.

정답 ②

03 다음 화합물 중 황화수소(H_2S)를 통과시키면 노란색 침전이 생성되는 것은?

① $Cd(NO_3)_2$ ② $AgNO_3$

③ $Pb(NO_3)_2$ ④ $BaNO_3$

해설 $Cd(NO_3)_2 + H_2S \rightarrow CdS \downarrow (침전) + 2HNO_3$

정답 ①

04 다음 중 알칼리 금속에 대한 설명으로 옳지 않은 것은?

① 물과 반응하여 수소기체를 발생시킨다.

② 공기 중에서 쉽게 산화되어 금속광택을 잃는다.

③ 원자번호가 증가할수록 융점과 끓는점이 높아진다.

④ 금속성이 커서 +1가 양이온이 되기 쉽다.

해설 알칼리 금속은 원자번호가 증가할수록 결합이 약해져서 융점과 끓는점이 낮아진다.

정답 ③

05 다음 중 알칼리 금속 원소에 대한 설명으로 옳은 것은?

① 알칼리 금속은 주기율표상 1족 원소를 말한다.

② 물과 반응하여 산소기체를 발생시킨다.

③ 매우 안정하여 반응성이 작다.

④ 반응성의 순서는 K<Na<Li이다.

해설 알칼리 금속 원소는 주기율표상 1족 원소이며, 물과 반응하여 수소기체를 발생시킨다.

정답 ①

06 NaCl과 KCl을 구별할 수 있는 가장 좋은 방법은 무엇인가?

① H_2SO_4 용액을 가한다.

② $AgNO_3$ 용액을 가한다.

③ 불꽃반응을 실시해 불꽃 색을 비교한다.

④ 페놀프탈레인 용액을 가한다.

해설 Na의 불꽃반응 색은 노란색, K는 보라색을 나타낸다.

정답 ③

07 무색의 액체가 든 병이 있다. 이 병에 진한 암모니아수가 든 병을 가까이 가져가니 흰 연기가 생겼다. 이 병에 든 화합물은 무엇인가?

① HCl

② H_2O_2

③ NaOH

④ KNO_3

해설 HCl과 NH_3가 반응하면 흰색의 염화암모늄 연기를 만든다.

정답 ①

08 탄산칼슘($CaCO_3$)은 물에 녹기 어려운 고체이나, 이산화탄소를 포함한 물에는 조금 녹는다. 그 이유는 무엇인가?

① 탄산칼슘이 분해되기 때문에
② 탄산성분이 생겨서 분해되기 때문에
③ 수산화칼슘이 녹기 때문에
④ 탄산수소칼슘이 생기기 때문에

해설 $CaCO_3 + H_2O + CO_2 \rightarrow Ca(HCO_3)_2$

정답 ④

09 묽은 염산을 가할 때 기체를 발생시키는 금속은?

① Cu   ② Au
③ Ag   ④ Mg

해설 금속의 이온화 경향 : K>Ca>Na>Mg>Al>Zn>Fe> Ni>Sn>Pb>(H)>Cu>Hg>Ag>Pt>Au

정답 ④

10 질산은($AgNO_3$) 용액을 가했을 때 노란색 침전이 생기는 것은?

① HF   ② HCl
③ HBr   ④ HI

해설 HI와 반응하면 노란색 앙금이 생성된다. 반면 HCl과 반응하면 흰색 앙금이 생성된다.

정답 ④

11 CO_2와 CO의 성질에 대하여 틀린 설명은?

① CO_2는 환원력이 없고, CO는 환원력이 있다.
② 모두 무색 기체로서 CO_2는 독성이 없고, CO는 독성이 있다.
③ CO_2는 불연성 기체이며, CO는 가연성 기체로 파란 불꽃을 내며 탄다.
④ CO와 CO_2 모두 석회수와 반응하여 흰색 앙금이 생긴다.

해설 CO_2는 석회수와 반응하여 탄산칼슘의 앙금을 생성하나, CO는 석회수와 반응하지 않는다.

정답 ④

12 상온에서 찬물과 격렬하게 반응하여 수소기체를 발생시키는 금속은?

① Al
② Mg
③ Fe
④ K

해설 알칼리 금속(1족 원소)은 물과 격렬하게 반응하여 수소를 발생시킨다.

정답 ④

13 알루미늄이 건축 자재나 가구 또는 용기 등을 만드는 데 많이 쓰이는 이유는?

① 단단하고 질기기 때문에
② 값이 저렴해서 경제적이기 때문에
③ 표면에 치밀한 산화막을 만들면 내부가 보호되기 때문에
④ 수분에 강하기 때문에

해설 알루미늄은 표면에 치밀한 산화막(알루마이트)을 만들면 내부를 보호할 수 있다.

정답 ③

14 다음 중 수소의 폭발한계는?

① 2.5~8.1%
② 5.3~13.9%
③ 4.0~75%
④ 12.5~17%

정답 ③

15 다음 화학반응 중에서 수소 제법으로 틀린 것은?

① $2Al+2NaOH+2H_2O \rightarrow 2NaAlO_2+3H_2\uparrow$

② $2Na+2H_2O \rightarrow 2NaOH+H_2\uparrow$

③ $2CuO+2HCl \rightarrow 2CuCl+O_2+H_2\uparrow$

④ $Fe+2HCl \rightarrow FeCl_2+H_2\uparrow$

해설 Cu는 H보다 이온화 경향이 작기 때문에 수소기체를 발생시킬 수 없다.

정답 ③

16 다음 중 할로젠 원소가 아닌 것은?

① F   ② Ra

③ Cl   ④ At

정답 ②

17 할로젠 원소의 수소와의 화합력 세기를 옳게 표시한 것은?

① $F > Cl > Br > I$ ② $F > Br > I > Cl$

③ $I > Br > Cl > F$ ④ $I > Cl > F > Br$

정답 ①

18 불활성 기체의 설명으로 적합하지 않은 것은?

① 원자가전자는 8개이다(단, He은 2개).

② 저압에서 방전되면 색을 나타낸다.

③ 화합물을 잘 만든다.

④ 단원자 분자이다.

해설 불활성 기체는 가장 안정된 기체로 다른 원소와 화합물을 만들기 어렵다.

정답 ③

19 대리석에 염산을 부을 때 발생하는 기체는?

① CO_2 ② H_2O

③ SO_2 ④ Cl_2

해설 $CaCO_3+2HCl \rightarrow CaCl_2+H_2O+CO_2\uparrow$

정답 ①

20 다음 탄소족 원소 중 금속과 비금속의 중간에 속하는 물질이 있다. 반도체로서 트랜지스터에 이용되는 것은?

① C   ② Se

③ Ge   ④ Sn

정답 ③

21 다음 염소기체를 건조하는 데 적당한 건조제는?

① 진한 황산   ② 가성소다

③ 질산   ④ 석회수

해설 산성 기체이므로 산성 건조제를 이용한다.

정답 ①

22 우라늄이 붕괴되며 나오는 방사선이 아닌 것은?

① 알파선   ② 베타선

③ 엑스선   ④ 감마선

해설 방사선은 알파선, 베타선, 감마선 3종류가 있다.

정답 ③

23 방사선의 특성 설명 중 틀린 것은?

① 강력한 투과력을 가지고 있다.

② 공기나 그 밖의 기체를 통과하면 그들이 이온화하여 전기를 전하게 하는 성질을 갖는다.

③ 베타선은 원자핵 주위에 돌고 있는 전자가 떨어져 나와 생긴 것이다.

④ 알파선은 He 원자핵의 흐름으로써 감광성이나 형광성이 크다.

해설 베타선은 전자의 흐름으로 생기는 방사선이다.

정답 ③

24 반감기가 5일인 물질 M(g)이 15일 후에는 얼마로 되겠는가?

① $\dfrac{1}{16}$ M(g) ② $\dfrac{1}{8}$ M(g)

③ $\dfrac{1}{4}$ M(g) ④ $\dfrac{1}{2}$ M(g)

해설 $m = M\left(\dfrac{1}{2}\right)^{\frac{t}{T}}$ 에서 $m = M\left(\dfrac{1}{2}\right)^{\frac{15}{5}} = \dfrac{1}{8}M(g)$

정답 ②

25 라돈(Rn)의 반감기는 3.8일이다. 1×10^{-2}g의 라돈이 19일 후에는 얼마나 남겠는가?

① 2.13×10^{-4}g ② 3.13×10^{-4}g

③ 4.05×10^{-6}g ④ 4.18×10^{-6}g

해설 $m = M\left(\dfrac{1}{2}\right)^{\frac{t}{T}} = 1 \times 10^{-2}\left(\dfrac{1}{2}\right)^{\frac{19}{3.8}} = 3.13 \times 10^{-4}$g

정답 ②

26 mc^2(m : 질량, c : 빛의 속도)의 CGS 단위는?

① dyne ② kcal

③ erg ④ Joule

정답 ③

27 다음 물질 중 상온에서 액체이며 독성이 강한 것은?

① Br_2 ② Cl_2

③ F_2 ④ CO

정답 ①

28 $_{93}Np^{239}$가 β입자 하나를 내놓으면 무엇이 되는가?

① $_{91}^{235}Pu$ ② $_{92}^{228}u$

③ $_{92}^{229}u$ ④ $_{94}^{239}Pu$

해설 원자번호 1 증가, 질량수 변화없다.

정답 ④

29 $_{4}^{9}Be$의 원자핵에 α입자를 충격하는 중성자 $_{1}^{0}n$이 방출되었다. 다음 방정식을 완결하기 위해서 $\square$ 속에 넣어야 할 것은 아래 어느 것인가?

$$_{4}^{9}Be + _{2}^{4}He \rightarrow \boxed{} + _{0}^{1}n$$

① $_{4}^{10}Be$ ② $_{5}^{11}B$

③ $_{6}^{12}C$ ④ $_{6}^{13}C$

해설
- 질량수 $= (9+4) - 1 = 12$
- 양성자수(원자번호) $= (4+2) - 0 = 6$

정답 ③

30 $_{14}^{27}Si$이 붕괴하면 $_{13}^{27}Al$과 다음의 무엇이 생기는가?

① 양성자 ② 중성자

③ 전자 ④ 양전자

해설 $_{14}^{27}Si \longrightarrow _{13}^{27}Al + _{1}^{0}e$
$_{1}^{1}H$ 또는 $_{1}^{1}P$은 양성자, $_{1}^{0}e$ 또는 $_{1}^{0}\beta$은 양전자

정답 ④

31 어떤 핵반응에서 방출된 에너지(원자력)가 9×10^{18} erg였다면 새로운 핵이 구성될 때 생긴 질량결손은 얼마인가?

① 0.01mg ② 0.01g

③ 0.02g ④ 100mg

해설 $E = mc^2$
9×10^{18}erg $= m \times (3 \times 10^{10})^2$
$\therefore m = 0.01g = 10mg$

정답 ②

8 유기화합물

위험물 산업기사 및 기능장 대비

① 유기화합물의 특성

(1) 유기화합물의 특성

① 유기화합물은 대개 가연성이다.

② 분자간의 인력이 작아서 녹는점과 끓는점이 낮으며(300℃ 이하) 물리적·화학적 변화도 쉽게 받는다.

③ 물에는 녹기 어려우나 알코올, 아세톤, 에터, 벤젠 등의 유기용매에는 잘 녹는다.

④ 분자를 이루고 있는 원자간의 결합력이 강하여 반응하기 어렵고, 반응속도가 매우 느리다.

⑤ 무기화합물보다 구조가 복잡하며 이성질체가 많다.

⑥ 대부분 공유결합을 하고 있으므로 비전해질이다.

　●예외 저급유기산(폼산, 아세트산, 옥살산 등)은 약전해질이다.

⑦ 무기화합물의 수가 6~7만인데 비하여 100만 이상이나 된다.

⑧ 유기화합물의 성분원소는 주로 C, H, O, N, P, S, 할로젠 원소 등 몇 종류 밖에 되지 않는다.

　●예 알코올, 알데하이드, 아세트산, 설탕, 포도당, 아미노산은 잘 녹는다.

유기화합물에서 가장 간단한 메테인의 분자는 정사면체의 중심에 탄소 1원자와 그 정점에 수소 4원자가 위치하고 있으며, 구조식은 단지 원자의 결합선(가표)으로 연결한 것이고, 분자의 참된 모형까지는 표시할 수 없다. 실제의 분자는 입체적인 구조이나, 구조식은 평면상에 투영된 그림에 지나지 않는다.

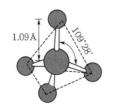 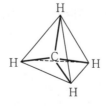 

254

(2) 구조상의 표시방법

유기화합물의 표시방법

구분	전자배치	실선으로 결합 표시방법	간략화 표시방법	3차원 구조식
ethane	$H:\overset{..}{\underset{..}{C}}:\overset{..}{\underset{..}{C}}:H$	$H-\overset{H}{\underset{H}{C}}-\overset{H}{\underset{H}{C}}-H$	CH_3CH_3	
ethylene	$\overset{H}{\underset{H}{C}}::\overset{H}{\underset{H}{C}}$	$\overset{H}{\underset{H}{C}}=\overset{H}{\underset{H}{C}}$	$CH_2=CH_2$	
acetylene	$H:C:::C:H$	$H-C\equiv C-H$	$CH\equiv CH$	$H-C\equiv C-H$

중요한 작용기

구분	CH_3-CH_3	$CH_2=CH_2$	$CH\equiv CH$
혼성궤도	sp^3	sp^2	sp
결합각	$109.5°$	$120°$	$180°$
C－C결합의 길이	$1.544 Å$	$1.334 Å$	$1.204 Å$

(주) $Å = 10^{-10} m = 10^{-1} nm$

(3) 탄소와 공유결합

$$H-\overset{H}{\underset{H}{C}}-H \qquad Cl-\overset{Cl}{\underset{Cl}{C}}-Cl$$

(4) 다중공유결합

CO_2의 경우

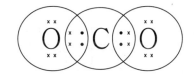

(5) 이성질 현상

구조 이성질체 : 분자식은 같고 구조식이 서로 다른 물질

분자식이 C_2H_6O이고 서로 다른 화학적 물질이 있다.

H H | | H — C — C — OH | | H H ethyl alcohol	H H | | H — C — O — C — H | | H H dimethyl ether
b.p. 78.5℃	b.p. −23.6℃
무색의 액체	무색의 기체

(6) 이성질체

탄소 원자가 중심이 되어 여기에 수소, 산소가 결합하여 분자를 만들 경우, 탄소 골격의 배열의 차이로 인하여 같은 분자식으로 표시되어도 분자를 구성하는 원자 배열이 다른 것이 생기게 된다. 이것을 이성질체라 한다.

① 메테인계 탄화수소

CH_4부터 C_3H_8까지는 이성질체가 없고 그 이상에서는 다음과 같이 이성질체가 있다.

② 뷰테인(C_4H_{10})

프로페인(C_3H_8)의 H 1개가 메틸기(CH_3)로 치환된 것

$$-\overset{|}{\underset{|}{C}}-\overset{|}{\underset{|}{C}}-\overset{|}{\underset{|}{C}}-\overset{|}{\underset{|}{C}}- \qquad\qquad -\overset{|}{\underset{|}{C}}-\overset{|}{\underset{|}{C}}-\overset{|}{\underset{|}{C}}-$$

n-뷰테인 $\qquad\qquad$ iso-뷰테인

③ 펜테인(C_5H_{12})

펜테인에는 세 가지 이성질체가 있다.

n-펜테인 $\qquad$ iso-펜테인 $\qquad$ neo-펜테인

• 이성질체의 성질 비교

안정성	$n > iso > neo$
반응성	$n < iso < neo$
끓는점	$n > iso > neo$

 1. 다음 화학식 중 이성질체 관계끼리 짝지은 것을 찾아라.

① $-C-C-C-$, $\begin{matrix} C-C \\ | \\ C \end{matrix}$

② C_2H_5OH, $CH_3 \cdot O \cdot CH_3$

③ $\begin{matrix} H & Cl \\ | & | \\ H-C-C-H \\ | & | \\ Cl & H \end{matrix}$ $\begin{matrix} Cl & Cl \\ | & | \\ H-C-C-H \\ | & | \\ H & H \end{matrix}$

④ $C-C=C-C$, $\begin{matrix} C-C \\ \| \\ C-C \end{matrix}$

풀이 C_2H_5OH와 CH_3OCH_3는 C_2H_6O이므로 이성질체

정답 : ②

 2. 다음 구조식은 펜테인(C_5H_{12})의 이성질체를 나타낸 것이다. 중복된 것은?

A. $C-C-C-C-C$

B. $\begin{matrix} C-C-C-C \\ | \\ C \end{matrix}$

C. $\begin{matrix} C-C-C-C \\ | \\ C \end{matrix}$

D. $\begin{matrix} C \\ | \\ C-C-C \\ | \\ C \end{matrix}$

① A와 B ② B와 C
③ C와 D ④ D와 A

풀이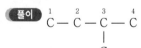

정답 : ②

(7) 위치 이성질체

위치 이성질체 현상은 사슬 상의 작용기의 위치가 변화한다. 아래 표에서, hydroxyl기는 n-펜테인 사슬 상의 3가지 다른 위치를 차지하여 3가지 서로 다른 화합물이 형성될 수 있다.

Example of position 이성질체 현상

1-펜탄올	2-펜탄올	3-펜탄올

(8) 분자골격에 따른 분류

① 사슬화합물

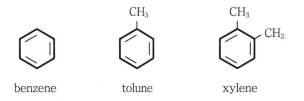

② 탄소고리화합물

benzene   tolune   xylene

③ 헤테로고리화합물(탄소 이외의 원자, 즉 헤테로 원자를 적어도 1개 이상 가지고 있어야 한다. O, N, S 등)

258

(9) 구조식 약식화

$$H-\underset{\underset{H}{|}}{\overset{\overset{H}{|}}{C}}-\underset{\underset{H}{|}}{\overset{\overset{H}{|}}{C}}-OH \quad \rightarrow \quad CH_3-CH_2-OH \ \text{또는} \ CH_3CH_2OH$$

$$H-\underset{\underset{H}{|}}{\overset{\overset{H}{|}}{C}}-O-\underset{\underset{H}{|}}{\overset{\overset{H}{|}}{C}}-H \quad \rightarrow \quad CH_3-O-CH_3 \ \text{또는} \ CH_3OCH_3$$

$$CH_3-CH_2-CH_2-CH_2-CH_3 \qquad CH_3-\underset{\underset{CH_3}{|}}{\overset{\overset{CH_3}{|}}{C}}-CH_3 \qquad CH_3-CH_2-\underset{\underset{CH_3}{|}}{CH}-CH_3$$

$$\textit{n}-\text{pentane} \qquad\qquad \textit{neo}-\text{pentane} \qquad\qquad \textit{iso}-\text{pentane}$$

$$CH_3(CH_2)_3CH_3 \qquad\qquad (CH_3)_4C \qquad\qquad (CH_3)_2CHCH_2CH_3$$

구조식을 완전히 줄여서 쓴다면 탄소골격만을 선으로 나타내서 쓸 수 있다.

$$\textit{n}-\text{pentane} \qquad\qquad \textit{iso}-\text{pentane} \qquad\qquad \textit{neo}-\text{pentane}$$

예제 1. 다음 물질의 모든 결합을 나타내는 구조식을 쓰라.

① $CH_3CCl_2CH_3$　　　　　　　　② $CH_3CH_2C(CH_3)_2CH_2CH_3$

풀이 ①

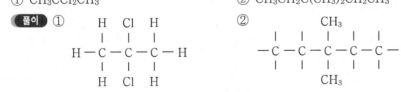

예제 2. 다음 보기 중 유기화합물에 속하는 것은?　　　　　(위험물기능장 38회)

① $(NH_2)_2CO$　　　　　　　　　② K_2CrO_4

③ HNO_3　　　　　　　　　　　④ CO

정답 : ①

② 유기화합물의 분류

(1) 결합형태에 따른 분류

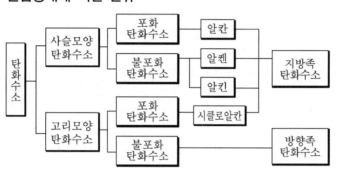

(가) 사슬모양의 탄화수소

(나) 고리모양의 탄화수소

사슬모양 탄화수소와 고리모양 탄화수소

(2) 관능기에 의한 분류

화합물을 구성하는 원소나 이온 중에서 그 물질의 특성을 결정하는 원자단을 유기화합물에 있어서 치환기 도는 관능기라 하며, 이 관능기에 따라 유기화합물의 특성이나 명명법이 뚜렷이 구별된다.

〈자료〉 몇 가지 작용기와 화합물

관능기	이름	관능기를 가지는 화합물의 일반식	일반명	화합물의 예
$-OH$	히드록시기	$R-OH$	알코올	CH_3OH, C_2H_5OH
$-O-$	에터 결합	$R-O-R'$	에터	CH_3OCH_3, $C_2H_5OC_2H_5$
$-C\overset{O}{\underset{H}{\diagup}}$	포르밀기	$R-C\overset{O}{\underset{H}{\diagup}}$	알데하이드	$HCHO$, CH_3CHO
$-\overset{\|}{\underset{O}{C}}-$	카르보닐기 (케톤기)	$R-\overset{O}{\underset{\|}{C}}-R'$	케톤	$CH_3COC_2H_5$
$-C\overset{O}{\underset{O-H}{\diagup}}$	카르복실기	$R-C\overset{O}{\underset{O-H}{\diagup}}$	카르복실산	$HCOOH$, CH_3COOH
$-C\overset{O}{\underset{O-}{\diagup}}$	에스터 결합	$R-C\overset{O}{\underset{O-R'}{\diagup}}$	에스터	$HCOOCH_3$, CH_3COOCH_3
$-NH_2$	아미노기	$R-NH_2$	아민	CH_3NH_2, $CH_3CH_2NH_2$

③ 알케인

(1) 알케인을 이용한 IUPAC 명명법

알케인류는 모두 단일결합($C-C$, $C-H$)으로 이루어졌으며, 탄소원자는 sp^3 혼성궤도이다. 사슬모양(鎖狀) 알케인의 분자식은 일반식 C_nH_{2n+2}로 나타내며 그 중에서 분자량이 가장 작은($n=1$) 것은 메테인(CH_4)이다. 그리고 에테인(C_2H_6) · 프로페인(C_3H_8) · 뷰테인(C_4H_{10})과 같이 CH_2의 단위가 증가함에 따라서 기체로부터 액체 · 고체로 물리적 성질도 변화된다.

주요 사슬모양 알케인(C_nH_{2n+2})

구분	명칭	분자식	구조식	비점(b.p.)(℃)	융점(m.p.)(℃)	밀도(g/mL, 20℃)	이성질체수
기체 (C₁~C₄)	methane	CH_4	CH_4	-161.5			1
	ethane	C_2H_6	CH_3CH_3	-83.6			1
	propane	C_3H_8	$CH_3CH_2CH_3$	-42.1			1
	butane	C_4H_{10}	$CH_3(CH_2)_2CH_3$	-0.5	-138.4		2
액체 (C₅~C₁₇)	pentane	C_5H_{12}	$CH_3(CH_2)_3CH_3$	36.1	-129.7	0.626	3
	hexane	C_6H_{14}	$CH_3(CH_2)_4CH_3$	68.7	-95.3	0.659	5
	heptane	C_7H_{16}	$CH_3(CH_2)_5CH_3$	98.4	-90.6	0.684	9
	octane	C_8H_{18}	$CH_3(CH_2)_6CH_3$	125.7	-56.8	0.703	18
	nonane	C_9H_{20}	$CH_3(CH_2)_7CH_3$	150.8	-53.5	0.718	35
	decane	$C_{10}H_{22}$	$CH_3(CH_2)_8CH_3$	174.1	-29.7	0.730	75
	undecane	$C_{11}H_{24}$	$CH_3(CH_2)_9CH_3$	195.9	-25.6	0.741	
	dodecane	$C_{12}H_{26}$	$CH_3(CH_2)_{10}CH_3$	216.3	-9.6	0.751	
	⋮	⋮	⋮	⋮	⋮	⋮	
고체 (C₁₈ 이상)	eicosane	$C_{20}H_{42}$	$CH_3(CH_2)_{18}CH_3$	149.5(1)*	36.8	0.778(36℃)	366,319
	triocontane	$C_{30}H_{62}$	$CH_3(CH_2)_{28}CH_3$	258.5(3)	65.8	0.768(90℃)	
	tetracontane	$C_{40}H_{82}$	$CH_3(CH_2)_{38}CH_3$	$150.0(10^{-5})$	81.0	0.779(84℃)	

※ ( ) 안은 감압하 mmHg

수	1	2	3	4	5	6	7	8	9	10
접두어	mono	di	tri	tetra	penta	hexa	hepta	octa	nona	deca

주요 알킬기

명칭	작용기의 구조(R−)
메틸(methyl)	CH_3-
에틸(ethyl)	CH_3CH_2-
$n-$프로필($n-propyl$)	$CH_3CH_2CH_2-$
이소프로필(isopropyl)	$\begin{matrix} CH_3 \searrow \\ \quad CH- \\ CH_3 \nearrow \end{matrix}$
$n-$부티르($n-butyl$)	$CH_3CH_2CH_2CH_2-$
$sec-$부티르($s-butyl$)	$CH_3CH_2CHCH_3$ $\quad\quad\quad\ \ \|$
이소부티르(isobutyl)	$\begin{matrix} CH_3 \searrow \\ \quad CHCH_2- \\ CH_3 \nearrow \end{matrix}$
$tert-$부티르($t-butyl$)	$\begin{matrix} CH_3 \\ \| \\ CH_3-C- \\ \| \\ CH_3 \end{matrix}$
$n-$펜틸($n-pentyl$)	$CH_3CH_2CH_2CH_2CH_2-$

예제 옥테인의 분자식은 어느 것인가?   (위험물기능장 41회)

① C_6H_{14} ② C_7H_{16} ③ C_8H_{18} ④ C_9H_{20}

정답 : ③

❑ 다음에 IUPAC 명명규칙에 따라서 알케인의 명칭을 명명해 보기로 한다.

1) 분자 중에서 가장 긴 탄소사슬을 골라 그 탄소사슬의 알케인 명칭을 모체로 하여 명명하고 치환기를 갖는 것은 그 화합물의 유도체로 생각한다.

2) 치환기의 결합 위치를 탄소번호로 나타낸다. 이때 번호의 숫자가 가능한 한 작게 되도록 모체 알케인의 어느 한 쪽으로부터 번호를 붙인다.

3) 치환기가 있는 화합물의 명칭은 모체가 되는 탄소사슬의 명칭 앞에 치환기의 이름을 붙인다.

4) 같은 치환기가 분자중에 2개 이상 있을 경우는 그 수를 접두어인 다이(di＝2), 트라이(tri－＝3), 테트라(terta－＝4) 등을 사용하여 표시한다. 또한 2개 이상의 치환기가 같은 탄소에 결합되어 있는 경우에는 그 탄소번호 사이에 ',' 를 붙이고 이어서 붙여나간다. 접두어는 알파벳 순을 고려하지 않아도 된다.

5) 모체가 되는 가장 긴 사슬이 여러 개 있는 경우는 치환 정도가 가장 높은 것을 우선하여 명명한다.

6) 이소프로페인, 이소뷰테인, 이소펜테인, 네오펜테인 등과 같이 관용어로 불려지는 알케인이 치환기로 되는 경우는 이소프로필기, 이소부티르기, 이소펜틸기, 네오펜틸기 등으로 부른다.

7) 할로젠 치환기는 어미 인(ine)을 오(－o)로 명명한다.

F(fluoro), Cl(chloro), Br(bromo), I(iodo)

[예] $CH_3 \cdot CH_2 \cdot CH_2 \cdot CH_2$
$$\overset{\displaystyle |}{Br}$$

$$CH_3-CH_2-\underset{\underset{\displaystyle CH_3}{|}}{\overset{\overset{\displaystyle CH_2CH_3}{|}}{CH}}-CH-CH_2-CH_3$$

(3－ethyl－4－methyl hexane)

$$CH_3-\underset{\underset{\displaystyle CH_3}{|}}{\overset{\overset{\displaystyle CH_3}{|}}{CH}}-CH-CH_2-CH_2\overset{\overset{\displaystyle CH_3}{|}}{CH}-CH_2-CH_3$$

(2.3.6－trimethyl octane)

$$CH_3-CH_2-\underset{\underset{\displaystyle Br}{|}}{\overset{\overset{\displaystyle Cl}{|}}{CH}}-CH-CH_3$$

(3－bromo－2－chloro pentane)

$$CH_3-CH_2-\overset{\overset{\displaystyle Br}{|}}{CH}-\overset{\overset{\displaystyle Br}{|}}{CH}-\underset{\underset{\displaystyle Cl}{|}}{\overset{\overset{\displaystyle Cl}{|}}{CH}}-CH-CH_3$$

(3.4－dibromo－2.5－dichloro heptane)

(2) 알케인의 물리적 성질

① 알칸의 특성은 비극성(nonpolar)이므로 비점(b.p. : 끓는점)과 융점(m.p. : 녹는점)이 다른 극성(polar)이 있는 화합물에 비하여 낮아진다.

② 실온에서 탄소수가 적은 C_1의 메테인에서 C_4의 뷰테인까지는 기체이고, C_5에서 C_{17}까지는 액체이며, 탄소수가 많은 C_{18} 이상은 고체이다.

③ 물에 대한 용해도(solubility)는 비극성 때문에 대단히 낮고, 가장 높은 메테인인 경우에는 물 100mL 중에 0.0025g밖에 용해되지 않는다.

④ 알케인은 물에는 불용해성이지만 비극성인 알케인, 알켄, 벤젠 등의 탄화수소에는 잘 용해하고 사염화탄소(CCl_4), 클로로프름($CHCl_3$), 염화메틸렌(CH_2Cl_2) 등의 염소계 유기화합물에도 잘 녹는다. "비슷한 것끼리는 잘 녹는다."라고 하는 일반 법칙이 잘 맞으며 이것은 극성에 관계되고 있다.

⑤ 알케인의 화학적 특징은 일반적으로 반응성이 낮고 불활성인 것이다. 알케인은 파라핀 (paraffin)이라고도 한다.

⑥ 알케인은 실내온도 조건하에서 알칼리, 산, 과망가니즈산칼륨, 금속나트륨 등과는 반응하지 않는다. 그러나 조건을 강하게 하면 독특한 반응을 일으키기도 한다.

(3) 알케인의 반응

① **알케인의 할로젠화** : 보통의 조건하에서 알케인은 할로젠에 의하여 할로젠화(halogenation) 되지 않는다. 그러나 알케인 및 할로젠을 가열하거나 자외선(ultraviolet ray)을 비쳐주면 반응이 개시되고 알케인의 수소 1원자가 할로젠 1원자와 치환반응(substitution reaction) 이 일어난다. 이때에 할로젠화수소가 1분자 생성된다.

$$-\overset{|}{\underset{|}{C}}-H + X_2 \xrightarrow[\text{자외선}]{\text{가열 또는}} -\overset{|}{\underset{|}{C}}-X + HX$$

알케인　　할로젠　　　　　　　　할로젠화수소

여기에서 X는 할로젠을 나타내며 알케인이 할로젠 분자와 반응하는 속도는 $F_2 \gg Cl_2 > Br_2 > I_2$의 순이다.

② **알케인의 산화** : 알케인은 고온하에서 산소와 반응하여 이산화탄소와 물을 생성한다. 이 산화반응(oxidation reaction)은 일반적으로 연소(combustion)라고 하는데 발열반응(發熱反應)이다. 알케인의 methylene 기($-CH_2-$) 1개당 약 160kcal/mol의 열을 방출한다.

$$CH_3CH_2CH_3 + 5O_2 \xrightarrow{\text{고온}} 3CO_2 + 4H_2O, \ \Delta H = -531kcal$$
propane

③ **알케인의 열분해** : 석유의 높은 끓는점 유분(留分)의 긴 사슬알케인을 고압하에서 가열(500~700℃) 하여 저분자량의 알케인이나 알케인으로 변화하는 방법을 가열크래킹(cracking)이라고 하는데 프로페인의 열분해(thermolysis)에서는 프로필렌 · 에틸렌 · 메테인 · 수소가 각각 생성된다.

$$CH_3CH_2CH_3 \xrightarrow{600℃} CH_3CH=CH_2 + CH_2=CH_2 + CH_4 + H_2$$
propane　　　　　　propylene　　　ethylene　　methane　수소

(4) 알케인의 제조법

① **수소첨가에 의한 알케인의 생성** : 접촉수소첨가법(접촉환원 : catalytic hydrogenation)은 불포화탄화수소(알켄, 알카인)를 포화알케인으로 유도하는 방법이다. 가장 많이 사용되는 방법이다. 수소첨가법에는 산화백금(PtO_2) · 팔라듐 – 탄소(Pd–C) · Raney–Ni 등이 금속촉매로 사용된다. 또 반응을 촉진시키기 위하여 고압의 수소를 사용하거나 가열하는 경우도 있다.

$$RCH = CHR' + H_2 \xrightarrow{\text{Pt, Pd 또는 Ni}} \underset{\substack{| \\ H}}{RCH} - \underset{\substack{| \\ H}}{CHR'}$$

$$\text{alkene}$$

$$RC \equiv CR' + 2H_2 \xrightarrow{\text{Pt, Pd 또는 Ni}} \underset{\substack{| \\ H}}{\overset{\substack{H \\ |}}{RC}} - \underset{\substack{| \\ H}}{\overset{\substack{H \\ |}}{CR'}}$$

$$\text{alkyne}$$

② Grignard시약의 가수분해 : R-Cl 및 R-Br의 할로젠화 알킬(alkyl halide)을 건조한 다이에틸에터 속에서 금속 마그네슘과 반응시키면 할로젠화 알킬 마그네슘(RMgX)을 생성한다. 이 화합물은 반응성이 매우 다양하므로 합성 중간체로서 여러 가지 유기화합물의 합성에 널리 사용된다.

1912년에 노벨상을 수상한 그리냐르(Grignard F.A.V)의 이름을 붙여서 Grignard reagent이라고 한다.

Grignard시약에 물을 작용시키면 알케인을 생성한다.

$$R-X \xrightarrow[\text{ether}]{\text{Mg}} \underset{\text{Grignard 시약}}{R-MgX} \xrightarrow{\text{H}_2\text{O}} R-H + MgXOH$$

③ Wurtz 반응 : 2mol의 할로젠화 알킬과 금속나트륨으로부터 알케인을 합성하는 방법을 뷔르츠 반응(Wurtz reaction)이라 하며, 뷔르츠(Wurtz C.A)에 의하여 1832년에 발견되었다.

$$2RX + 2Na \xrightarrow{\text{가열}} R-R + 2NaX$$

④ Kolbe 반응 : 1849년에 콜베(H. Kolbe)에 의하여 발견된 알케인의 합성법으로, 카르복실산의 금속염용액을 전기분해함으로써 양극에서 알케인을 얻을 수 있다. 이 반응을 콜베반응(Kolbe reaction)이라고 한다.

예를 들면, sodium acetate을 사용하면 에테인이 생성되고, potassium butyrate 으로부터는 n-hexane이 얻어진다.

$$2CH_3COONa + H_2O \longrightarrow \underbrace{CH_3CH_3 + 2CO_2}_{\text{양극}} + \underbrace{2NaOH + H_2}_{\text{음극}}$$

$$2CH_3CH_2CH_2COOK \longrightarrow CH_3CH_2CH_2CH_2CH_2CH_3$$

다음 중 Grignard 시약에 대한 설명이 옳은 것은? (위험물기능장 38회)

① 에터와 맹렬히 반응하므로 용매는 물이다.

② SN_2 치환반응에서 친핵제로 작용한다.

③ 몇몇 무기할로젠화합물로부터 할로젠을 부가시킬 수 있다.

④ 할로젠화알킬 또는 할로젠화아릴로부터 알코올을 제조하는 데 쓰인다.

정답 : ④

④ 고리모양 알케인

(1) 고리모양 알케인의 명명법

고리모양 알케인의 명명은 알케인과 같으며, 고리를 형성하고 있는 탄소수를 모체의 이름으로 하고, 그 앞에 고리를 나타내는 접두어 사이클로(cyclo)를 붙인다.

cyclopropane   cyclobutane   cyclohexane

고리모양 알케인의 표시

치환기가 1개 있는 경우에는 치환기의 명칭을 먼저 붙이고 사이클로알케인을 명명한다. 2개 이상 치환기가 있는 경우는 알파벳 순으로 치환기 명칭을 배열한 후 최초 치환기가 붙어 있는 탄소원자 C_1으로 하고, 다른 치환기가 붙는 번호를 가급적 작게 되도록 하는 방향으로 고리에 따라서 번호를 붙인다.

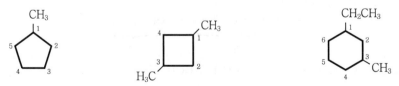

methylcyclo pentane   1, 3-dimethyl cyclo butane   1-ethyl-3-methyl cyclohexane

사이클로알케인의 명명법

(2) 고리모양 알케인의 변형과 형태

2종 화합물의 C−C 결합은 약하고 수소첨가에 의하여 용이하게 환원되어 고리가 열리어 사슬 알케인이 된다. 사이클로프로페인의 사이클로뷰테인보다 쉬운 조건에서 개환하는 것은 그만큼 변형이 크다는 것이다.

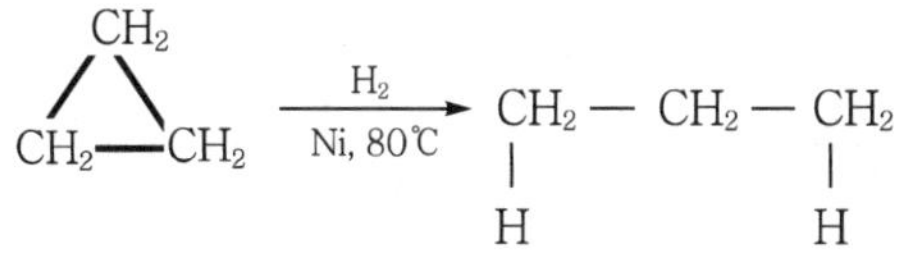

$$\underset{\text{cyclopropane}}{\overset{\displaystyle\text{CH}_2}{\underset{\text{CH}_2-\text{CH}_2}{\bigtriangleup}}} \xrightarrow[\text{Ni, 80℃}]{\text{H}_2} \underset{\text{propane}}{\overset{\displaystyle\text{CH}_2 - \text{CH}_2 - \text{CH}_2}{\underset{\displaystyle\text{H} \qquad\qquad \text{H}}{|\qquad\qquad\qquad|}}}$$

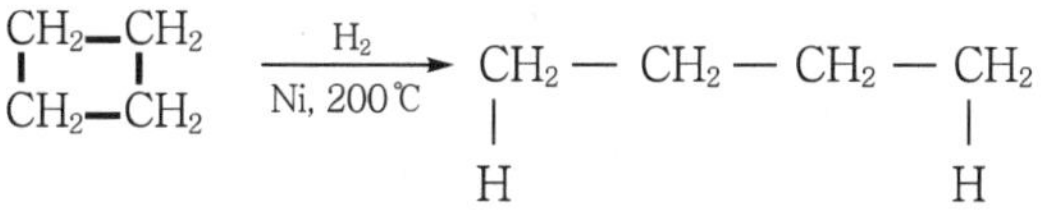

$$\underset{\text{cyclobutane}}{\overset{\text{CH}_2-\text{CH}_2}{\underset{\text{CH}_2-\text{CH}_2}{| \quad |}}} \xrightarrow[\text{Ni, 200℃}]{\text{H}_2} \underset{\text{n−butane}}{\text{CH}_2 - \text{CH}_2 - \text{CH}_2 - \text{CH}_2}$$

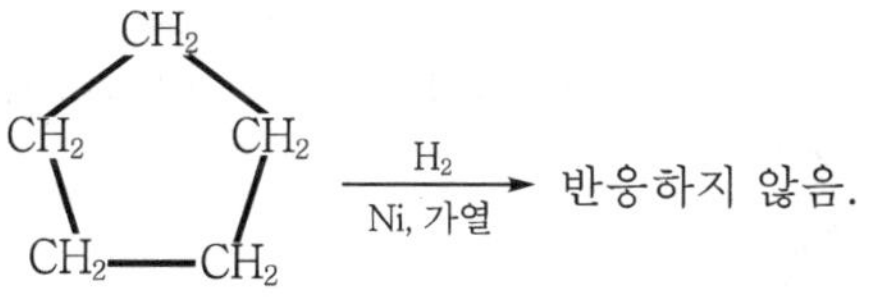

$$\underset{\text{cyclopentane}}{\bigcirc} \xrightarrow[\text{Ni, 가열}]{\text{H}_2} \text{반응하지 않음.}$$

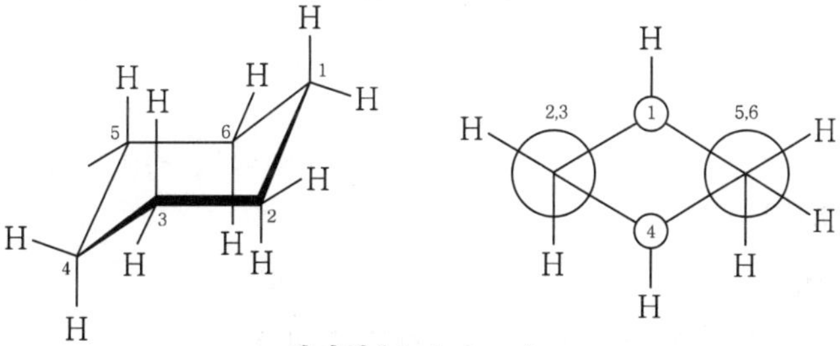

의자형 (chair form)

사이클로헥세인의 입체 구조

⑤ 알켄

(1) 알켄

지방족불포화탄화수소 중에 탄소-탄소 이중결합을 갖는 유기화합물은 알켄(alkene)이라고
총칭한다(olefine).

알켄의 성질

명칭	구조식	b.p.(℃)	m.p.(℃)
에텐(ethene)	$CH_2=CH_2$	−104	−169
프로펜(propene)	$CH_2=CHCH_3$	−48	−185
1-부텐(1-butene)	$CH_2=CHCH_2CH_3$	−6	−185
1-펜텐(1-pentene)	$CH_2=CHCH_2CH_2CH_3$	30	−165
1-헥세인(1-hexene)	$CH_2=CHCH_2CH_2CH_2CH_3$	64	−140
1-헵텐(1-heptene)	$CH_2=CHCH_2CH_2CH_2CH_2CH_3$	94	−119
1-옥텐(1-octene)	$CH_2=CHCH_2CH_2CH_2CH_2CH_2CH_3$	121	−102
1-노넨(1-nonene)	$CH_2=CHCH_2CH_2CH_2CH_2CH_2CH_2CH_3$	147	−81
1-데센(1-decene)	$CH_2=CHCH_2CH_2CH_2CH_2CH_2CH_2CH_2CH_3$	171	−66
사이클로펜텐(cyclopentene)		44	−135
사이클로헥센(cyclohexene)		83	−104

(2) 알켄의 명명법

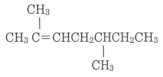

① 2중 결합을 가진 가장 긴 탄소사슬을 모체로 정한다.

② 모체의 탄소사슬에 대응하는 알케인의 명칭을 선정하여 그 어미의 "안"(-ane)을 "엔"(-ene)
으로 표시한다.

③ 2중 결합을 형성하는 탄소의 번호가 가장 작게 되도록 모체의 탄소사슬에 번호를 붙인다.

④ 2중 결합의 위치는 2중 결합을 형성하는 최초의 탄소 번호로서 표시한다. 따라서 위의 예
에서는 좌측에서 번호를 붙이고 모체는 2-heptene이 된다. 5-heptene(우측에서 번호
를 붙일 경우)이라고 해서는 안 된다.

⑤ 모체에 결합되어 있는 치환기의 위치는 결합된 탄소의 번호를 그 치환기 명칭 앞에 붙인다. 치환기는 알파벳 순으로 배열한다.

위의 예에서는 2, 5-dimethyl이 되며, 그 화합물의 IUPAC명칭은 2, 5-dimethyl-2-heptene이 된다.

옆 사슬기는 일반적 방법으로 명명한다.

$$\overset{1}{CH_2} = \overset{2}{\underset{|}{C}} - \overset{3}{CH_3}$$
$$CH_3$$

methylpropene
(isobutylene)

$$\overset{1}{CH_2} = \overset{2}{\underset{|}{C}} - \overset{3}{CH_2}\overset{4}{CH_3}$$
$$CH_3$$

2-methyl-1-butene

$$\overset{1}{CH_3} - \overset{2}{\underset{|}{C}} = \overset{3}{CH}\overset{4}{CH_3}$$
$$CH_3$$

2-methyl-2-butene

다음 예들에서 규칙들이 어떻게 적용되는지를 알아볼 수 있다.

$$\overset{1}{CH_3} - \overset{2}{CH} = \overset{3}{CH} - \overset{4}{\underset{|}{CH}} - \overset{5}{CH_3}$$
$$CH_3$$

4-methyl-2-pentene

$$\overset{1}{CH_2} = \overset{2}{\underset{|}{C}} - \overset{3}{CH_2}\overset{4}{CH_3}$$
$$CH_2CH_3$$

2-ethyl-1-butene

$$\overset{1}{CH_2} = \overset{2}{CH} - \overset{3}{CH} = \overset{4}{CH_2}$$

1, 3-butadiene

cyclopentene

(1개의 구조만
가능하기 때문에
에 번호가 필요
없다.)

3-methylcyclo-
pentene

(이중결합에서 번호가 시작
되고 이중결합을 거쳐 치환기
가 가장 적은 번호를 갖도록
한다. 5-메틸사이클로펜텐 또
는 1-메틸-2-사이클로펜텐은
옳지 않다.)

1, 3, 5 -cyclo-
hexatriene

1, 4-cyclo-
hexadiene

(3) 알켄의 이성질체

분자식이 C_4H_8인 butene의 구조식을 보면, 4개의 탄소원자가 직쇄상으로 배열된 구조인 것 3종(그림의 (a), (b), (c))과 가지가 있는 구조인 것 1종(그림의 (d)) 등이 있다. 이러한 4종은 서로 이성체이다.

그 중에서 (a)와 (b)·(c)는 2중 결합의 위치가 서로 다르며, 이것을 위치이성질체(positional isomer)라고 한다. 또 (b)와 (c)는 2중 결합에 대하여 치환기 또는 치환원자가 공간적으로 서로 다른 위치에 있는 이성질체로서 이것을 기하이성질체(geometric isomer), 또는 식스트란스 이성질체(cistrans isomer)라고 한다.

즉 치환기가 2중결합을 중심으로 같은 쪽에 있는 것을 시스화합물(ciscompound)이라 하고, 반대 쪽에 있는 것을 트란스화합물(transcompound)이라고 한다.

1−butene(그림 (a)), isobutylene(그림 (d))과 같이 2중 결합탄소의 한쪽에 2개의 같은 원자 ((a)의 경우는 $\begin{smallmatrix}H\\H\end{smallmatrix}>C=$), 또는 동일치환기 ((d)의 경우는 $\begin{smallmatrix}CH_3\\CH_3\end{smallmatrix}>C=$)가 결합하고 있는 경우에는 이러한 기하이성질체는 존재하지 않는다.

$$CH_2 = CH - CH_2CH_3$$

$$\begin{smallmatrix}CH_3\\H\end{smallmatrix}>C=C<\begin{smallmatrix}CH_3\\H\end{smallmatrix}$$

(a) 1−butene   (b) cis−2−butene
  (α −butylene)   (cis− β −butylene)

$$\begin{smallmatrix}CH_3\\H\end{smallmatrix}>C=C<\begin{smallmatrix}H\\CH_3\end{smallmatrix}$$

$$\begin{smallmatrix}CH_3\\CH_3\end{smallmatrix}>C=CH_2$$

(c) trans−2−butene   (d) methyl propene
  (trans− β −butylene)   (isobutylene)

butene의 이성체

(4) 알켄의 반응

① **수소의 첨가반응** : 알켄의 수소첨가반응(hydrogenation)은 알케인의 제조법의 부분에서(2−3 −4항) 기술한 바와 같이 여러 가지 촉매(Ni, Pd, Pt)를 사용하여 수소분자를 탄소−탄소 2중 결합 위치에 첨가시킨다. 이 반응은 촉매의 표면에 알켄과 수소분자가 흡착되어 각각 탄소−탄소 사이와 수소−수소 사이의 결합이 약화되고, 새로운 탄소−수소결합이 이루어진다.

촉매   **alkene의 수소 첨가반응**

생성된 알케인은 촉매표면으로부터 떨어지고 또 다른 알켄과 수소가 흡착되어 반응이 진행된다. 그림에서도 알 수 있는 바와 같이 수소분자는 알켄분자의 2중 결합에 대하여 동일방향에서 접촉되어 첨가되므로 cis 화합물이 생성된다.

② **할로젠의 첨가반응** : 염소 또는 브로민이 2중 결합의 탄소에 첨가하여 인접배치되는(vicinal) 디할로젠화 알킬을 생성한다.

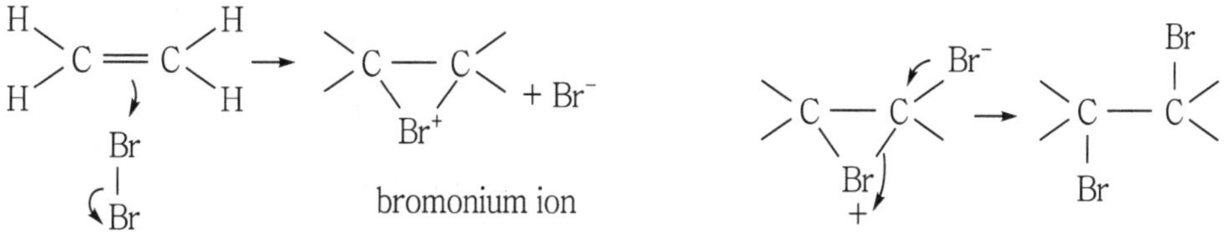

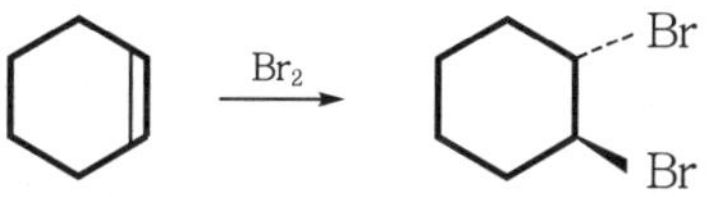

bromonium ion

③ **할로젠화수소의 첨가반응** : 염화수소(HCl), 브로민화수소(HBr), 아이오딘화수소(HI) 등의 할로젠화수소(HX)는 알켄과 반응하여 할로젠화 알킬(RX)을 생성한다.

●예 $CH_2 = CH_2 + HCl \longrightarrow CH_3 \cdot CH_2$ | Cl

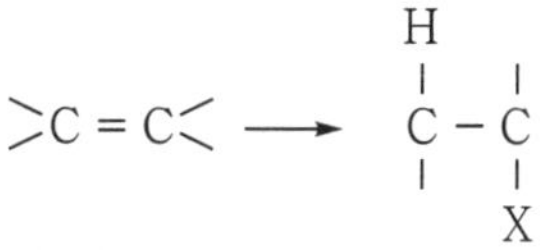

$>C = C< \longrightarrow$ (생략된 구조식)

④ **황산(黃酸)의 첨가** : 진한 황산은 알켄에 첨가하여 황산수소알킬을 생성한다. 이 반응은 Markownikoff형으로 진행된다. 황산수소알킬을 물과 함께 가열하면 알코올을 생성한다. 즉, propene으로부터 isopropylalcohol이 얻어진다.

$CH_3CH = CH_2 \xrightarrow{H_2SO_4} CH_3CHCH_3 \xrightarrow[가열]{H_2O} CH_3CHCH_3$

OSO_2 OH, OH

[알케인과 알켄의 식별방법]

알케인은 전술한 바와 같이 대단히 반응성이 낮고 진한 황산과 혼합하더라도 반응하지 않으며 알케인과 진한 황산이 2층으로 되어 분리된다. 그러나 알켄은 진한 황산과 잘 혼합하며 발열하면서 반응하며, 황산수소알킬을 생성하고 균일한 용액이 된다. 이와 같은 방법에 따라서 알케인과 알켄의 구별이 간단하게 이루어진다.

⑤ **글리콜화** : 탄소의 2중 결합에 과망가니즈산칼륨($KMnO_4$) 또는 4산화오스뮴(OsO_4) 등의 산화제를 반응시키면 인접한 탄소 원자에 2개의 수산기($-OH$)를 갖는 화합물을 용이하게 생성한다. 이 화합물을 글리콜(glycol), 또는 $1,2-diol$, 또는 $vic-diol$이라고 한다. glycol에는 ethylene glycol, propylene glycol 등이 있으며 이 두 화합물은 다같이 비점이 높고 물에 잘 녹기 때문에 자동차의 냉각수 등의 부동액에 사용된다.

$$
\begin{array}{cc}
CH_2 - CH_2 & CH_3 - CH - CH_2 \\
\ \ |\ \ \ \ \ \ \ | & \ \ \ \ \ \ \ |\ \ \ \ \ \ \ | \\
OH \ \ \ \ OH & OH \ \ \ OH
\end{array}
$$

$$
\begin{array}{cc}
\text{ethlene glycol} & \text{propylene glycol} \\
\text{(m.p. 198℃)} & \text{(m.p. 189℃)}
\end{array}
$$

⑥ **중합반응** : 알켄은 온도 및 압력을 조절하고 촉매작용으로 알켄을 단위로 한 긴 사슬모양의 고분자 화합물인 중합체(polymer)를 생성한다. 이 반응을 중합반응(polymerization)이라고 한다. 또 이 단위가 되는 알켄을 단량체(monomer)라고 한다.

$$
n \ \diagdown\!\!C = C\!\!\diagup \longrightarrow \left(\!\!\begin{array}{c} | \ \ \ | \\ C - C \\ | \ \ \ | \end{array}\!\!\right)_n
$$

$$
\begin{array}{cc}
\text{alkene} & \text{poly alkene} \\
\text{(monomer)} & \text{(polymer)}
\end{array}
$$

 [참고] 중합

> 1종류인 단위화합물을 분자가 2개 이상 결합하여 단위화합물의 정수배인 분자량을 가진 화합물 생성하는 화합반응. 알켄은 온도 및 압력을 조절하고 촉매작용으로 알켄을 단위로 한 긴 사슬모양의 고분자화합물인 중합체를 생성한다.

$$
n\,CH_2 = CH_2 \longrightarrow \ \left(\!CH_2 - CH_2\!\right)_n
$$

$$
\begin{array}{c}
\ \ \ \ \ CH_3 \\
\ \ \ \ \ \ | \\
n\,CH = CH_2 \longrightarrow \ \left(\!\!\begin{array}{c} CH_3 \\ | \\ CH - CH_2 \end{array}\!\!\right)_n
\end{array}
$$

$$
\begin{array}{cc}
\text{propylene} & \text{polypropylene}
\end{array}
$$

$$\underset{n}{CH} = CH_2 \longrightarrow \left(\underset{CH-CH_2}{\overset{Cl}{|}} \right)_n$$

vinyl chloride   polyvinyl chloride (PVC)

$$_n CF_2 = CF_2 \longrightarrow \left(CF_2 - CF_2 \right)_n$$

tetrafluoro-ethylene   Teflon

$$\underset{n}{CH} = CH_2 \longrightarrow \left(\underset{CH-CH_2}{\overset{CN}{|}} \right)_n$$

acrylonitrile   polyacrylonitrile (orlon)

여러 가지 중합반응

(5) 알켄의 합성

탄소−탄소 2중 결합의 생성, 즉 알켄의 합성에는 제거반응(elimination reaction)이 사용된다.

① **알코올의 탈수반응** : 산의 존재하에서 알코올을 가열하면 인접탄소로부터 수산기와 수소가 이탈하여 탈수되고 탄소−탄소 2중 결합을 생성한다.

$$-\overset{|}{\underset{H}{C}} - \overset{|}{\underset{OH}{C}} - \xrightarrow[\text{가열}]{H^+} \quad {>}C = C{<} + H_2O$$

그림에 나타낸 예에서는 ethanol이나 2−butanol에 비하여 tertbutyl alc로부터의 탈수 반응은 가장 용이하게 이루어진다. 즉, 알코올의 탈수반응에 의한 알켄생성의 용이성은 다음 순서와 같다.

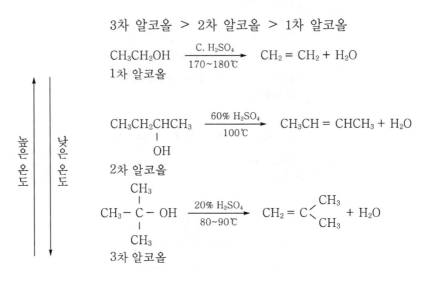

3차 알코올 > 2차 알코올 > 1차 알코올

$$CH_3CH_2OH \xrightarrow[170\sim180℃]{C. H_2SO_4} CH_2 = CH_2 + H_2O$$
1차 알코올

$$CH_3CH_2CHCH_3 \xrightarrow[100℃]{60\% H_2SO_4} CH_3CH = CHCH_3 + H_2O$$
$\quad\quad\quad\; |$
$\quad\quad\quad\, OH$
2차 알코올

$$CH_3 - \overset{\overset{\displaystyle CH_3}{|}}{\underset{\underset{\displaystyle CH_3}{|}}{C}} - OH \xrightarrow[80\sim90℃]{20\% H_2SO_4} CH_2 = C \overset{CH_3}{\underset{CH_3}{<}} + H_2O$$
3차 알코올

세로 화살표: 높은 온도 ↑ / 낮은 온도 ↓

alcohol의 탈수반응

② **탈할로젠화수소반응** : 할로젠화알킬류(RX)를 강염기성(에탄올에 용해시킨 수산화칼륨을 넣음)에서 처리하면 인접탄소에서 할로젠화수소(HX)가 이탈하여 탄소－탄소 2중 결합을 생성한다.

$$-\overset{|}{\underset{H}{C}} - \overset{|}{\underset{X}{C}} - \xrightarrow[C_2H_5OH]{KOH} \;>\!C = C\!< + KX + H_2O$$

③ **인접된 2개 할로젠화물(vicinal dihalide)의 탈할로젠화반응** : 인접하고 있는 탄소가 각각 할로젠 원자를 가지고 있는 화합물을 아연으로 처리하면 할로젠이 제거되고 탄소－탄소 2중 결합이 형성된다.

$$-\overset{|}{\underset{X}{C}} - \overset{|}{\underset{X}{C}} - \xrightarrow{Zn} \;>\!C = C\!< + ZnX_2$$

④ **알카인의 환원** : 탄소－탄소 3중 결합을 갖는 알카인류(8-6 참조)에 수소를 첨가하면 알켄이 된다.

$$R-C \equiv C-R \xrightarrow[\text{Pd-C}]{\text{被毒觸媒}} \begin{array}{c} R \\ H \end{array} C = C \begin{array}{c} R \\ H \end{array}$$

*cis*형

$$\xrightarrow[\text{Ni 또는 Na/liq NH}_3]{} \begin{array}{c} R \\ H \end{array} C = C \begin{array}{c} H \\ R \end{array}$$

*trans*형

예제 브로민을 탈색시키며, 완전연소할 때 CO_2와 H_2O가 같은 몰수로 생성되는 탄화수소에 해당하는 것은? (위험물기능장 43회)

① $CH_3 - C \equiv CH$

② $CH_3CH_2CH_3$

③ $CH_2 = C = CH_2$

④ $CH_3 - CH = CH_2$

풀이 프로펜(C_3H_6) $CH_3 - CH = CH_2$
$2C_3H_6 + 9O_2 \rightarrow 6CO_2 + 6H_2O$의 반응식으로 완전연소하며 알켄계 탄화수소이다.

정답 : ④

---

⑥ 알카인의 명명법 및 반응

알카인은 탄소-탄소 3중 결합을 갖는 화합물류를 말하며, 일반적으로는 C_nH_{2n-2}로 표시된다.

(1) 알카인의 명명법

알카인의 명명법은 알케인 또는 알켄에 준하지만 탄소사슬의 모체의 어미에 3중 결합을 나타내는 "인(-yne)"을 붙인다. 예를 들면 탄소사슬이 4인 화합물은 부틴(butyne)이 되고 탄소사슬이 6인 화합물은 헥신(hexyne)이 된다. 또 다음의 예에서와 같이 치환기가 붙어 있는 화합물은 4-ethyl-6-methyl-2-octyne이 된다.

$$\begin{array}{c} \qquad\qquad\qquad\qquad CH_3 \\ \overset{1}{}\ \overset{2}{}\qquad \overset{3}{}\overset{4}{}\overset{5}{}\ \overset{|6}{}\overset{7}{}\ \overset{8}{} \\ CH_3C \equiv CCHCH_2CHCH_2CH_3 \\ \qquad\qquad\quad | \\ \qquad\qquad CH_2CH_3 \end{array}$$

(2) 알카인의 반응

① **수소의 첨가반응** : 알카인을 백금·니켈·파라듐 등의 촉매를 사용하여 수소를 첨가하면 최종 생성물로서 알케인이 얻어진다. 또한 활성을 저하시킨 촉매(觸媒), 예를 들면 $Pd/BaSO_4$ 또는 $Pd/Pb(OCOCH_3)_2$ 등을 사용하면 1mol의 소수만을 흡수하고 반응이 정지되며 cis - 알켄이 생성된다.

$$R-C \equiv C-R' \xrightarrow[\text{Pd/BaSO}_4]{\text{H}_2} \quad {}^{H}_{R}{>}C=C{<}^{H}_{R'} \quad \xrightarrow[\text{Pt}]{\text{H}_2} \quad H-\overset{\overset{\displaystyle H}{|}}{\underset{\underset{\displaystyle R}{|}}{C}}-\overset{\overset{\displaystyle H}{|}}{\underset{\underset{\displaystyle R}{|}}{C}}-H$$

② **할로젠의 첨가** : 탄소 - 탄소 3중 결합에 2mol의 할로젠이 용이하게 첨가하여 1, 1, 2, 2 - 테트라할로젠화합물이 된다. 일반적으로 염소와 브로민이 반응을 잘 한다.

$$R-C \equiv C-R' + 2X_2 \longrightarrow R-\overset{\overset{\displaystyle X}{|}}{\underset{\underset{\displaystyle X}{|}}{C}}-\overset{\overset{\displaystyle X}{|}}{\underset{\underset{\displaystyle X}{|}}{C}}-R'$$

③ **할로젠화수소의 첨가** : 염화수소나 브로민화수소 등의 할로젠화수소가 알케인과 반응하면 먼저 1mol의 할로젠화수소를 첨가하여 할로알켄을 만들고 다시 1mol의 할로젠화수소가 반응하여 동일탄소원자에 2개의 할로젠원자를 갖는 *gem* - 디할로젠화합물이 된다. 여기에서 *gem*이란 1쌍의 geminal이란 의미이다. 즉 동일탄소에 동일원자 또는 치환기를 2개 갖는 화합물을 제미날(geminal)화합물이라고 한다.

$$R-C \equiv C-R' \xrightarrow{\text{HX}} R-\overset{\overset{\displaystyle H}{|}}{C}=\overset{\overset{\displaystyle X}{|}}{C}-R' \xrightarrow{\text{HX}} R-\overset{\overset{\displaystyle H}{|}}{\underset{\underset{\displaystyle H}{|}}{C}}-\overset{\overset{\displaystyle X}{|}}{\underset{\underset{\displaystyle X}{|}}{C}}-R'$$

④ **사이안화수소(HCN)의 첨가** : 알카인에는 할로젠화수소와 같이 사이안화수소(HCN)가 첨가된다. 예를 들면 아세틸렌은 사이안화수소와 반응하여 아크릴로나이트릴(acrylonitrile)을 생성한다. 이것을 중합시켜 실을 뽑으면 아크릴합성섬유가 된다.

$$H-C \equiv C-H \xrightarrow{\text{HCN}} H-\underset{\underset{\displaystyle CN}{|}}{C}=CH_2 \xrightarrow{\text{중합}} {\left(\begin{array}{c} CH-CH_2 \\ | \\ CN \end{array}\right)}_n$$

acrylonitrile   polyacrylonitrile

(3) 알카인의 합성

① **아세틸렌의 제법** : 공업적으로는 메테인을 열분해하여 만든다.

$$2CH_4 \xrightarrow{\ 1500℃\ } HC \equiv CH \ + \ 3H_2$$

또 석회석($CaCO_3$)과 코크스(C), 물로부터 다음 반응에 의하여 합성된다.

$$CaCO_3 \xrightarrow{\ 가열\ } \underset{\text{생석회}}{CaO} \ + \ CO_2$$

$$CaO \ + \ C \xrightarrow{\ 가열\ } \underset{\substack{\text{calcium}\\\text{carbide}}}{CaC_2} \ + \ CO$$

$$CaC_2 \ + \ 2H_2O \longrightarrow \underset{\text{소석회}}{Ca(OH)_2} \ + \ \underset{\text{acetylene}}{HC \equiv CH}$$

② **아세틸리드 및 1차 알킬 할로젠화물과의 반응에 의한 알카인의 합성** : Acetylide($HC \equiv CM$, M ; 금속)는 할로젠화알킬(RX)에 의하여 치환반응을 받아 알킬화된 아세틸렌 즉, 1알카인 ($HC \equiv CR$)을 생성한다. 또한 이 1알카인을 나트륨아미드로 처리하여 나트륨염으로 하고 할로젠화알킬과 반응시켜 긴 사슬의 2치환 알카인을 만들 수 있다.

$$HC \equiv CH \xrightarrow{\ NaNH_2\ } HC \equiv \overset{-}{C}Na^+ \xrightarrow{\ CH_3CH_2CH_2-Br\ } \underset{\text{1-pentyne}}{HC \equiv CCH_2CH_2CH_3}$$

$$\xrightarrow{\ NaNH_2\ } Na^+\overset{-}{C} \equiv CCH_2CH_2CH_3 \xrightarrow{\ CH_3-Br\ } \underset{\text{2-hexyne}}{CH_3C \equiv CCH_2CH_2CH_3}$$

③ **디할로알케인의 탈 할로젠화수소반응** : 인접 탄소원자상에 2개의 할로젠을 갖는 화합물(vic - dihalide)을 염기성 시약으로 처리하면 2mol의 할로젠화수소가 이탈하고 알카인이 얻어진 다. 원료의 1, 2 - dihaloalkane은 알켄에 할로젠을 첨가함으로써 용이하게 합성된다. 최 초의 1mol의 탈할로젠화 수소는 KOH에 의해서도 이루어지지만, 2번째의 할로젠화수소의 이탈에는 $NaNH_2$ 등의 보다 강한 염기가 사용된다.

$$CH_3CH = CH_2 \xrightarrow{\ Br_2\ } \underset{\underset{Br \quad Br}{|\quad\ |}}{CH_3CH - CH_2} \xrightarrow[\text{2) } NaNH_2]{\text{1) } KOH/EtOH} CH_3C \equiv CH$$

propene　　　　　1, 2 - dibromopropane　　　　peopyne

(4) 알케인(C_nH_{2n+2}), 알켄(C_nH_{2n}), 알카인(C_nH_{2n-2})의 특징 비교

비교항목	비교
결합력	$C_nH_{2n+2} < C_nH_{2n} < C_nH_{2n-2}$
안정성	$C_nH_{2n+2} > C_nH_{2n} > C_nH_{2n-2}$
반응성	$C_nH_{2n+2} < C_nH_{2n} < C_nH_{2n-2}$
결합길이	$C_nH_{2n+2} > C_nH_{2n} > C_nH_{2n-2}$
끓는점	$C_nH_{2n+2} < C_nH_{2n} < C_nH_{2n-2}$

 예제 다음 [보기]와 같은 공통점을 갖지 않는 것은?

> • 탄화수소이다.
> • 치환반응보다는 첨가반응을 잘 한다.
> • 석유화학공업 공정으로 얻을 수 있다.

① 에텐   ② 프로필렌   ③ 부텐   ④ 벤젠

풀이 벤젠(C_6H_6)은 방향족 탄화수소로, 매우 안정적이라 반응성이 약하며 대부분의 반응은 치환반응이다. 콜타르를 분별증류하거나 석유로부터 얻는다.   정답 : ④

⑦ 방향족 화합물

(1) 벤젠

벤젠구조 표현 방법은 공명구조이론에 의한 것이다. 벤젠에는 2종류의 기여구조(寄與構造)가 있고 그것들이 공명혼성체(resonance hybrid)로 된다. 따라서 Kekule의 구조식은 그 한쪽만을 나타내고 있고 실제의 구조식은 π 전자가 6개의 탄소 사이에 비편재화(delocalization)된 π 결합으로 되어 있는데 보통 다음과 같은 구조식을 사용한다. 즉 6개의 수소원자는 등가(等價)이고 6개의 탄소−탄소원자간의 거리도 각각 1.40Å이며, σ 결합의 거리 1.54Å과 π 결합의 1.33Å의 거의 중간치이다. 이 구조를 통하여 1, 2−dichlorobenzene이 1개 종류 밖에 존재하지 않는 이유도 이해된다.

(2) 방향족 화합물의 명명법

① **치환벤젠의 명명법** : 벤젠의 6개의 탄소원자가 등가이어서 1치환 벤젠에서는 그 치환 위치를 나타낼 필요가 없고 치환기의 명칭 뒤엔 "벤젠"(−benzene)을 붙이면 된다.

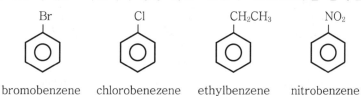

bromobenzene   chlorobenezene   ethylbenzene   nitrobenzene

또한, 방향족 탄화수소에는 많은 관용명이 사용되고 있으며, 그 예는 다음과 같다.

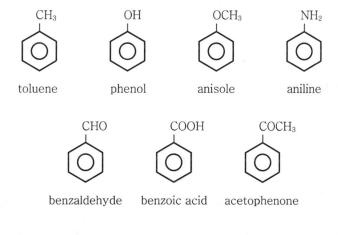

toluene   phenol   anisole   aniline

benzaldehyde   benzoic acid   acetophenone

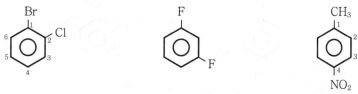

1−bromo−2−chlorobenzene   1, 3−difluorobenzene   4−nitrotoluene
또는 *o*−bromo · chlorobenzene   또는 *m*−difluorobenzene   또는 *p*−nitrotoluene

관용명으로 불리는 2치환벤젠의 예는 다음과 같이 한다.

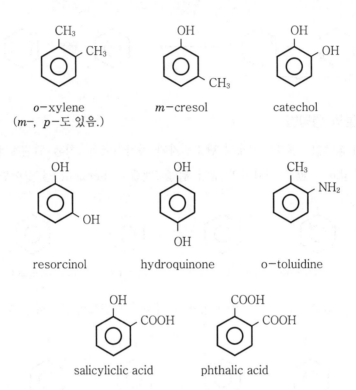

o−xylene
(m−, p−도 있음.)

m−cresol

catechol

resorcinol

hydroquinone

o−toluidine

salicyliclic acid

phthalic acid

(3) 다치환 벤젠의 명명법

1−bromo−2−chloro−3−nitro benzene

4−hydroxy−3−methoxy
−benzaldehyde (Vanilin)

2, 4 ,6−trinitrotoluene
(T.N.T.)

벤젠형 방향족 화합물 및 그 성질

벤젠형	방향족화합물	분자식	비점(b.p.) (℃)	융점(m.p.) (℃)
벤젠 (benzene)		C_6H_6	80	6
나프탈렌 (naphthalene)	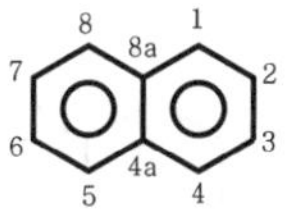	$C_{10}H_8$	218	80
안트라센 (anthracene)	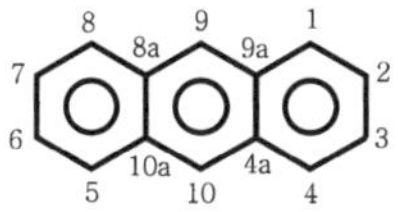	$C_{14}H_{10}$	355	217
페난트렌 (phenanthrene)	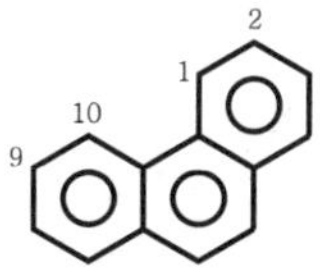	$C_{14}H_{10}$	340	100
크리센 (chrysene)	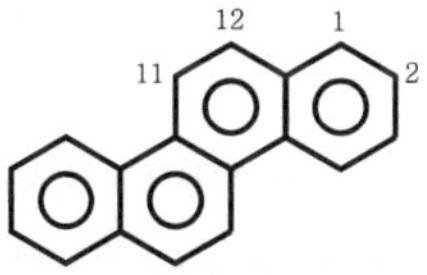	$C_{18}H_{12}$	448	255
코로넨 (coronene)	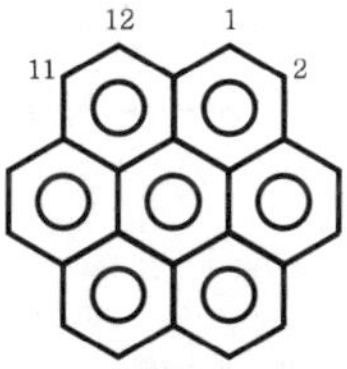	$C_{24}H_{12}$	-	442

(4) 벤젠의 반응

① Friedel-Crafts 반응

㉠ 알킬화반응 : 염화알루미늄과 같은 촉매 존재하에서 할로젠화알킬과 벤젠을 반응시키면 알킬벤젠이 생성된다.

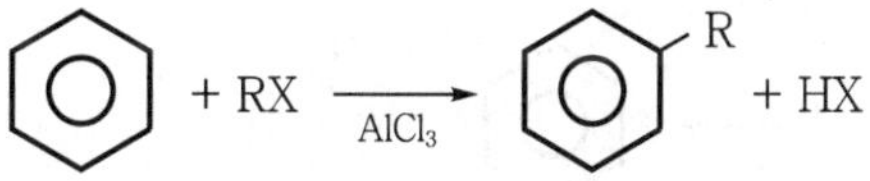

281

ⓛ 아실화반응 : 카르복실산의 할로젠화물(acid halide)은 친전자성시약의 존재하에서 벤젠과 Friedel−Crafts 반응을 하고 아실화(acylation)하여 알킬페닐케톤을 생성한다.

$$\underset{\text{RCX}}{\overset{\text{O}}{\parallel}} + \text{AlCl}_3 \longrightarrow \underset{\text{RC}^+}{\overset{\text{O}}{\parallel}} \cdots [\text{AlCl}_3\text{X}]^-$$

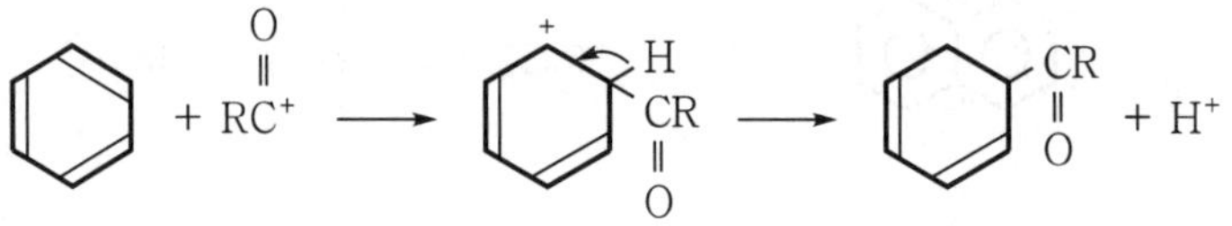

② **할로젠화반응**(halogenation)

벤젠핵은 염화철(Ⅲ), 브로민화철(Ⅲ), 또는 철을 촉매로 하여 할로젠화한다.

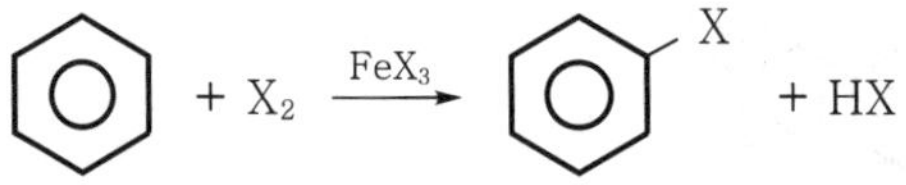

③ **나이트로화반응**(nitrotion)

질산은 황산에 의하여 proton화되고 다시 이탈하여 initronium ion(NO_2^+)을 이룬다. 이것은 강한 친전자성시약이며 벤젠과 반응하여 nitrobenzene을 생성한다.

$$\text{HNO}_3 + \text{H}_2\text{SO}_4 \longrightarrow \text{HSO}_4^- + \underset{\text{H}}{\overset{\text{H}}{>}}\overset{+}{\text{O}} - \text{NO}_2 \longrightarrow \text{NO}_2^+ + \text{H}_2\text{O}$$

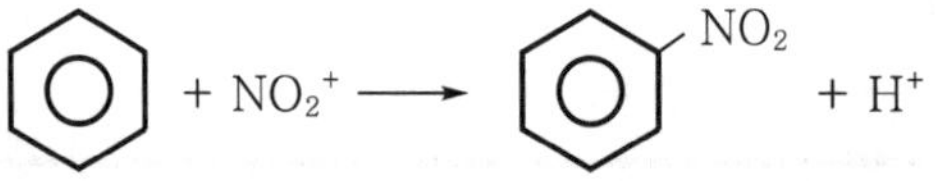

④ **술폰화반응**(sulfonation)

황산도 친전자성시약을 형성하고 벤젠과 반응하여 벤젠술폰산(benzenesulfonic acid)을 생성한다.

$$\text{H}_2\text{SO}_4 + \text{H}_2\text{SO}_4 \longrightarrow \text{HSO}_4^- + \underset{\text{H}}{\overset{\text{H}}{>}}\overset{+}{\text{O}} - \text{SO}_3\text{H} \longrightarrow \text{SO}_3\text{H}^+ + \text{H}_2\text{O}$$

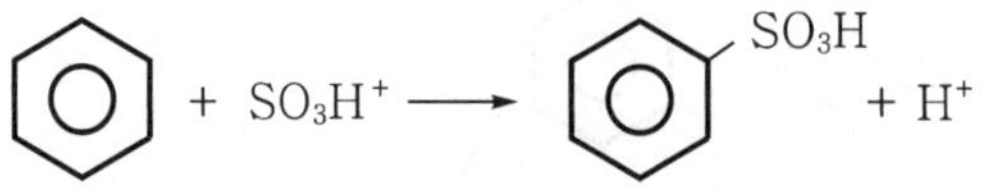

수산기(−OH)와 같이 오르토 및 파라위치로 치환하기 용이한 작용기 즉, 비공유전자쌍을 갖는 알콕시기(−OR), 아미노기(−NR₂), 할로젠기(−Br, −Cl) 또는 비공유전자쌍을 갖지 않으나 전자공여성의 알킬기(−R) 등을 오르토·파라 배향성기(ortho−para−orientation−radical)라고 한다.

치환기의 배향성

오르토 · 파라 배향성기	메타 배향성기
−OH, −OR	−NO₂
−NH₃, −NHR, −NR₂	−CHO, −COR
−F, −Cl, −Br, −I	−COOH, −COOR
−R(알킬)	−C≡N, −SO₃H

(5) 방향족 화합물의 반응

① **알킬치환기의 할로젠화** : 알킬벤젠화합물에 있어서 페닐기가 붙는 탄소(벤질위치의 탄소)는 대단히 활성이 높아 쉽게 할로젠화된다.

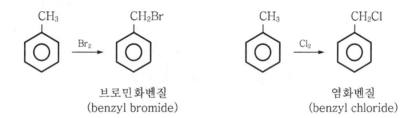

브로민화벤질 (benzyl bromide)	염화벤질 (benzyl chloride)

한편 benzyl chloride는 폼알데하이드와 염산을 이용한 벤젠의 클로로메틸화에 의해서도 얻어진다.

② **알킬치환기의 산화** : 벤젠고리의 알킬기는 과망가니즈산칼륨과 함께 가열 처리하면 산화되어 최종적으로 벤젠고리에 카르복실기가 치환된 형태로 된다. 이 반응은 알킬곁가지의 길이에 관계없이 모두 benzoic acid로 된다.

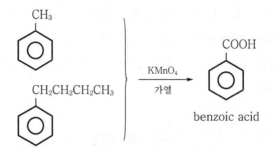

③ **벤젠술폰산의 알칼리용융 반응** : 벤젠술폰산을 고형(固形)의 수산화나트륨과 혼합하고 융점까지 가열하여 용융하면 페놀로 변환된다.

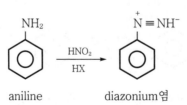

④ **나이트로기의 환원** : 방향족 나이트로 화합물을 접촉환원하거나 철과 염산의 환원에 의해 방향족 아민으로 유도된다. 방향족 1차 아민(aniline)은 각종 화합물의 원료로 된다.

NO2 $\xrightarrow[\text{또는 Fe/HCl}]{\text{H}_2/\text{Pd}-\text{C}}$ NH2

aniline

⑤ **다이아조늄화합물의 반응** : 아닐린은 아질산과 저온(0℃)에서 반응시키면 디아조늄염을 생성한다.

NH2 $\xrightarrow[\text{HX}]{\text{HNO}_2}$ $\overset{+}{N} \equiv NH^-$

aniline   diazonium염

⑧ 지방족 탄화수소의 유도체

(1) 알코올류(R – OH)

① 알코올의 분류

분류 기준	종류	설명	보기
–OH가 있는 C에 붙어 있는 알킬기의 수	1차 알코올	알킬기가 1개	$CH_3 - CH_2 - OH$
	2차 알코올	알킬기가 2개	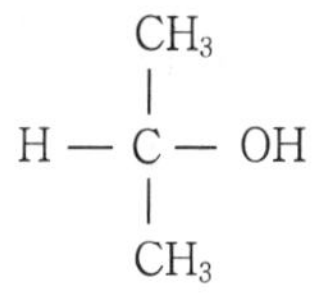 $H - \underset{\underset{CH_3}{\vert}}{\overset{\overset{CH_3}{\vert}}{C}} - OH$
	3차 알코올	알킬기가 3개	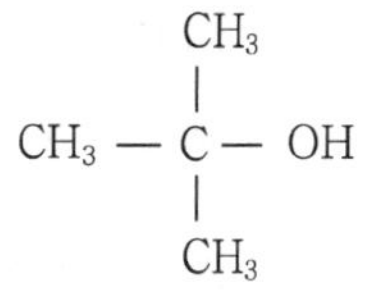 $CH_3 - \underset{\underset{CH_3}{\vert}}{\overset{\overset{CH_3}{\vert}}{C}} - OH$
–OH의 수	1가 알코올	–OH가 1개	C_2H_5OH
	2가 알코올	–OH가 2개	$C_2H_4(OH)_2$
	3가 알코올	–OH가 3개	$C_3H_5(OH)_3$

예제 글리세린은 다음 중 어디에 속하는가? (위험물기능장 35회)

① 1가 알코올 ② 2가 알코올

③ 3가 알코올 ④ 4가 알코올

정답 : ③

---

② 주요 알코올

주요 알코올

구조식	명칭 ( )는 알코올식 명명법	융점(m.p.) (℃)	비점(b.p.) (℃)
CH_3OH	methanol(methyl alc)	−97	65
CH_3CH_2OH	ethanol(ethyl alc)	−114	78
$CH_3CH_2CH_2OH$	1−propanol(n−propyl alc)	−126	97
$(CH_3)_2CHOH$	2−propano(isopropyl alc)	−89	82
$CH_3CH_2CH_2CH_2OH$	1−butanol(n−butyl alc)	−90	118
$(CH_3)_2CHCH_2OH$	2−methyl−1−propanol (isobutyl alc)	−108	108
$CH_3CH_2 \overset{\displaystyle OH}{\overset{\mid}{C}}HCH_3$	2−butanol(sec−butyl alc)	−115	100
$(CH_3)_3COH$	2−methyl−2−propanol (tert−butyl alc)	26	83
$CH_2(CH_2)_4OH$	1−pentanol(n−pentyl alc)	−79	138

③ 알코올의 일반성

　㉠ 저급일수록 물에 잘 녹으며 고급 알코올은 친유성을 띤다.

　　㉮ 분자량이 작은 것을 저급, 분자량이 큰 것을 고급이라 한다.

　　㉯ R−OH 중 R은 친유성을, −OH는 친수성을 띠고 있으며 R이 작으면 −OH의 친수
성이 강해서 물에 잘 녹고, R이 크면 친유성이 강해지고 상대적으로 친수성은 작아
져 물에 잘 녹지 않는다.

　㉡ 저급 알코올이 물에 이온화되지 않아 중성을 띤다.

　㉢ 알칼리 금속과 반응하여 수소 기체가 발생한다.

　　$2R-OH + 2Na \longrightarrow 2R-ONa + H_2$

　　※ **알칼리 금속과 반응하여 수소를 발생시키는 물질**

　　　알킬기에 −OH가 붙어 있는 물질은 모두 반응하며, NaOH와 같은 염기와는 반응하지 않는다.
　　　(−OH 검출 반응)

　　　●예 H−OH, R−OH, R−CO·OH, −OH, −CO·OH 등

ⓓ 극성을 띠고 있으며, 강한 수소 결합을 하여 분자량이 비슷한 알케인족 탄화수소보다 끓는점이 높다.

ⓜ 산화 반응을 잘 한다.

ⓗ 에터와 이성질체 관계에 있다.

④ **알코올의 반응성**

  ㉠ 산화반응

   ㉮ 1차 알코올의 산화

   1차 알코올을 1번 산화시키면 알데하이드, 다시 산화시키면 카르복실산이 된다.

$$R-CH_2-OH \xrightarrow[-H_2]{산화} R-CHO \xrightarrow[+O]{산화} R-COOH$$

   1차 알코올   알데하이드   카르복실산

$$CH_3OH \xrightarrow[CuO]{-H_2} HCHO \xrightarrow[Pt]{+O} HCOOH$$

   메탄올   폼알데하이드   폼산

$$C_2H_5OH \xrightarrow{-H_2} CH_3CHO \xrightarrow[Pt]{+O} CH_3COOH$$

   에탄올   아세트알데하이드   아세트산

   ㉯ 2차 알코올의 산화

   2차 알코올을 산화시키면 케톤이 된다.

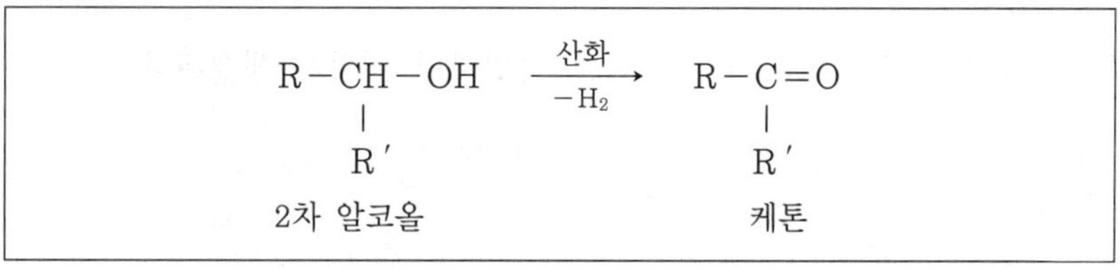

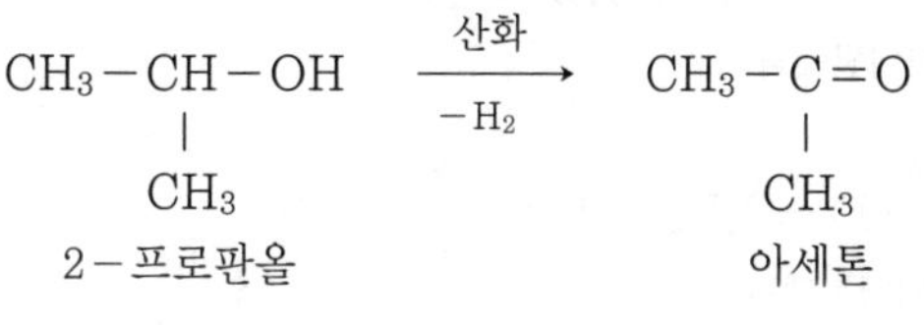

$$\underset{\underset{R'}{|}}{R-CH-OH} \xrightarrow{산화}{-H_2} \underset{\underset{R'}{|}}{R-C=O}$$

        2차 알코올   케톤

$$\underset{\underset{CH_3}{|}}{CH_3-CH-OH} \xrightarrow{산화}{-H_2} \underset{\underset{CH_3}{|}}{CH_3-C=O}$$

   2-프로판올   아세톤

1. 알코올을 산화시키면 알데하이드가 생성된다. 이때 알데하이드를 얻을 수 없는 알코올은?

① CH_3CH_2OH

② CH_3CHCH_2OH
$\quad\quad\quad\quad\ |$
$\quad\quad\quad\quad CH_3$

③ CH_3CHOH
$\quad\quad\quad |$
$\quad\quad\quad CH_3$

④ $CH_3CH_2CH_2OH$

풀이 2차 알코올은 산화시키면 케톤이 된다.

정답 : ③

 2. 산화시키면 카르복실산이 되고 환원시키면 알코올이 되는 것은?

① C_2H_5OH

② $C_2H_5OC_2H_5$

③ CH_3CHO

④ CH_3COCH_3

풀이 $C_2H_5OH \xrightarrow[\text{산화}]{} CH_3CHO \xrightarrow[\text{산화}]{} CH_3COOH$

정답 : ③

ⓛ 탈수반응

알코올에 진한 황산을 넣고 130℃로 가열하면 에터가 생성된다.

$$2\ \underset{\text{알코올}}{R-OH} \xrightarrow[c-H_2SO_4]{130℃} \underset{\text{에터}}{R-O-R} + H_2O$$

$$2\underset{\text{메탄올}}{CH_3-OH} \xrightarrow[c-H_2SO_4]{130℃} \underset{\text{다이메틸에터}}{CH_3-O-CH_3} + H_2O$$

$$2\underset{\text{에탄올}}{C_2H_5-OH} \xrightarrow[c-H_2SO_4]{130℃} \underset{\text{다이에틸에터}}{C_2H_5-O-C_2H_5} + H_2O$$

▷ 가열할 때 160~170℃로 가열하면 에틸렌이 생성된다.

$$C_2H_5-OH \xrightarrow[c-H_2SO_4]{160℃} \underset{\text{에틸렌}}{C_2H_4} + H_2O$$

288

ⓒ 에스터화 반응

알코올과 카르복실산을 놓고 진한 황산을 넣어 가열하면 에스터가 생성된다.

$$R-OH \ + \ R'-COOH \ \xrightarrow[c-H_2SO_4]{\text{에스터화}} \ R'-COO-R+H_2O$$
알코올　　　카르복시산　　　　　　　에스터

$$CH_3-OH \ + \ CH_3-COOH \ \xrightarrow[c-H_2SO_4]{\text{에스터화}} \ CH_3-COO-CH_3+H_2O$$
메탄올　　　　　아세트산

$$C_2H_5-OH \ + \ CH_3-COOH \ \xrightarrow[c-H_2SO_4]{\text{에스터화}} \ CH_3-COO-C_2H_5+H_2O$$
에탄올　　　　　아세트산　　　　　　　에테인산에틸

예제 **다음과 같은 반응은 무엇인가?**

$$HCOOH \ + \ CH_3OH \ \rightarrow \ HCOOCH_3 \ + \ H_2O$$

풀이 산 + 알코올 → 에스터 + 물
이를 에스터 반응이라 한다.

---

⑤ **메틸 알코올**(CH_3OH)

메테인의 수소원자 한 개가 OH로 치환된 형태이므로 메탄올이라고 한다.

㉠ 성질

㉮ 무색 투명한 액체이며, 에탄올과 같은 향기를 가진다.

㉯ 비등점은 64.56℃이며 물에 잘 녹는다.

㉰ 점화하면 연한 불꽃을 내며 탄다.

$$2CH_3OH+3O_2 \ \rightarrow \ 2CO_2+4H_2O$$

㉱ 가열된 산화구리를 환원하여 구리를 만들고 폼알데하이드로 된다. 폼알데하이드는 백금을 촉매로 하여 공기로 산화시키면 폼산으로 변한다.

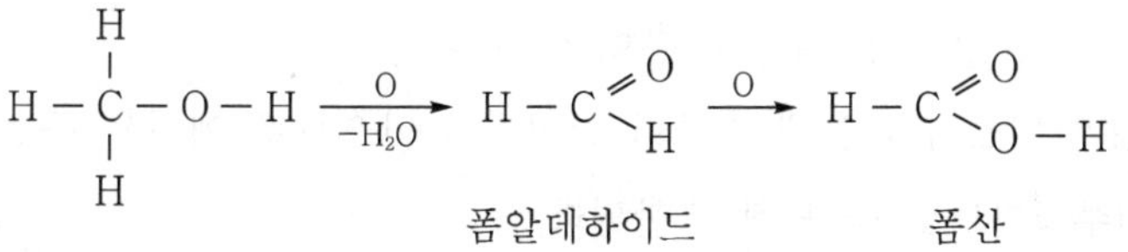

폼알데하이드　　　　폼산

㉲ 유독하며 마시면 눈이 멀게 된다.

ⓒ 제법

㉮ 목재를 건류하여 얻는다. 목재 건류물 속에는 아세트산(CH_3COOH), 아세톤(CH_3COCH_3), 메탄올의 혼합물이 있으므로 이것을 분리하여 얻는다.

㉯ 일산화탄소(CO)와 수소(H)의 혼합 기체로부터 합성된다(촉매 ZnO, Cr_2O_3).

$$CO + 2H_2 \xrightarrow[\text{400℃ 200 기압}]{\text{ZnO 또는 } Cr_2O_3} CH_3OH + 30.5kcal$$

ⓒ 폼알데하이드의 생성

> **Key Point** 메탄올의 산화 : 폼알데하이드의 생성
>
> $CH_3OH + CuO \rightarrow HCHO \rightarrow Cu + H_2O$
>
> 메탄올은 산화구리에 의해 산화됨.

예제 다음 중 산화하면 폼알데하이드가 되고 다시 한번 산화하면 폼산이 되는 것은 어느 것인가? (위험물기능장 45회)

① 에틸알코올 　　　　　　　② 메틸알코올

③ 아세트알데하이드 　　　　④ 아세트산

> **풀이** 메틸알코올(CH_3OH)은 산화과정 중 폼알데하이드($HCHO$)를 거쳐 폼산($HCOOH$)이 된다.
>
> 정답 : ②

---

⑥ 에틸알코올(C_2H_5OH)

에테인의 수소 원자 한 개가 OH로 치환된 형태이므로 에탄올이라고 한다.

㉠ 성질

㉮ 무색의 향기로운 휘발성 액체(비중 0.789/20℃, 비등점 78.3℃)로서 H_2O와 어떤 비율로도 혼합되며, 균일한 용액을 만든다.

㉯ $-OH$가 있으나 수용액 속에서 전리되지 않으므로 액성은 중성이다. 그러나 $-OH$는 친수성이므로 물과 잘 혼합된다.

㉰ 아이오딘이나 유기화합물을 녹이는 용제이다.

㉱ 공기 중에서 불을 붙이면 연한 불꽃을 내며 탄다.

$$C_2H_5OH + 3O_2 \rightarrow 3H_2O + 327.4kcal + 2CO_2$$

㉱ 증기를 300℃에서 구리 분말 위로 통하면 아세트알데하이드가 생기며, 다시 백금을 촉매로 하여 공기 중에서 산화시키면 초산이 얻어진다.

$$H-\underset{\underset{H}{|}}{\overset{\overset{H}{|}}{C}}-O-H \xrightarrow{\text{CuO}} H_2O + H-\underset{\underset{H}{|}}{\overset{\overset{H}{|}}{C}}-C\overset{O}{\underset{H}{<}} \xrightarrow{O} H-\underset{\underset{H}{|}}{\overset{\overset{H}{|}}{C}}-C\overset{O}{\underset{O-H}{<}}$$

아세트알데하이드 　　　　　 초산

·Key Point 에탄올의 산화 : 아세트알데하이드의 생성

$$3C_2H_5OH + K_2Cr_2O_7 + 4H_2SO_4 \longrightarrow K_2SO_4 + Cr_2(SO_4)_3$$
에탄올　다이크로뮴산칼륨　　　　　　　　　　　황산크로뮴

$$+ 3CH_3CHO + 7H_2O$$
아세트알데하이드

에틸알코올, 다이크로뮴산(칼륨)으로 아세트알데하이드

㉲ 아이오도폼 반응

에탄올 $\xrightarrow{\text{KOH}+\text{I}_2}$ 아이오도폼(CHI_3)(노란색)

㉳ 염화수소와 반응시키면 염화에틸이 생성된다.

$$C_2H_5OH + HCl \xrightarrow[\text{염화에틸}]{} C_2H_5Cl + H_2O$$

㉡ 제법

㉮ 포도당이나 과당 용액에 이스트를 가하여 따듯한 곳에 두면 이산화탄소가 생기면서 알코올이 생긴다.

$$C_6H_{12}O_6 \xrightarrow{\text{치마아제}} 2C_2H_5OH + 2CO_2$$

이 반응은 이스트가 내놓는 치마아제라는 효소의 촉매 작용에 의해 일어난 것이다. 미생물의 작용으로 분해가 일어나는 반응을 발효라고 한다.

•Key Point 알코올 발효·에탄올의 생성

$$C_6H_{12}O_6 \xrightarrow{\text{치마아제}} 2C_2H_5OH + 2CO_2 \uparrow$$

포도당

포도당은 알코올 발효로 에탄올이 생성

□ 반응식

• 포도당($C_6H_{12}O_6$)은 치마아제(효소)의 작용에 의해 에탄올이 된다(알코올 발효).

• 알코올 발효로 만든 에탄올을 증류에 의해 정제한 것이 술이다.

㉯ 아세틸렌으로 합성된 아세트알데하이드를 Ni 촉매하에 H_2로써 환원시킨다.

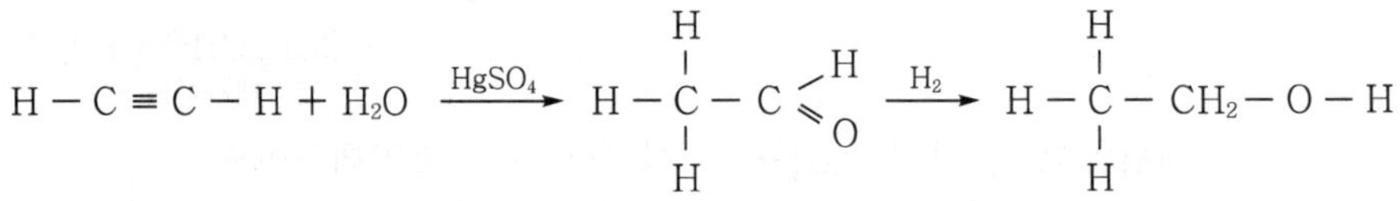

아세트알데하이드   에틸알코올

㉢ 에틸알코올 검출법

에탄올에 수산화칼륨(KOH)과 아이오딘(I_2)을 작용시키면 노란색 가루인 아이오도폼(CHI_3)의 침전이 생긴다. 이와 같은 반응은 다른 알코올에서 볼 수 없는 반응이므로 에탄올을 찾아내는데 이용되며, 이 반응을 아이오도폼 반응이라 한다.

$$\text{에탄올} \xrightarrow{KOH + I_2} \text{아이오도폼}(CHI_3, \text{노란색})$$

⑦ **프로필 알코올**(C_3H_7OH)

메탄올 에탄올은 탄화수소기와 OH기와의 결합의 차에 의한 이성질체는 없으나, 프로판올에는 다음과 같은 2종류의 이성질체가 있다.

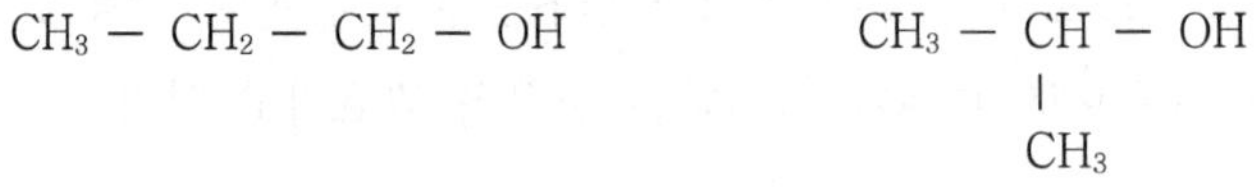

$$CH_3 - CH_2 - CH_2 - OH \qquad\qquad \begin{array}{c} CH_3 - CH - OH \\ | \\ CH_3 \end{array}$$

n-프로필알코올 iso-프로필알코올

이들은 산화되면 각각 다음의 생성물을 만듦으로서 구분된다.

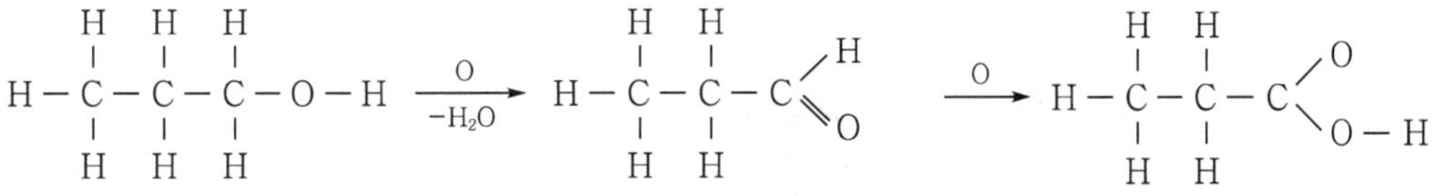

n-프로판올(제1급 알코올)　프로피온알데하이드(알데하이드)　　프로피온산(카르복시산)

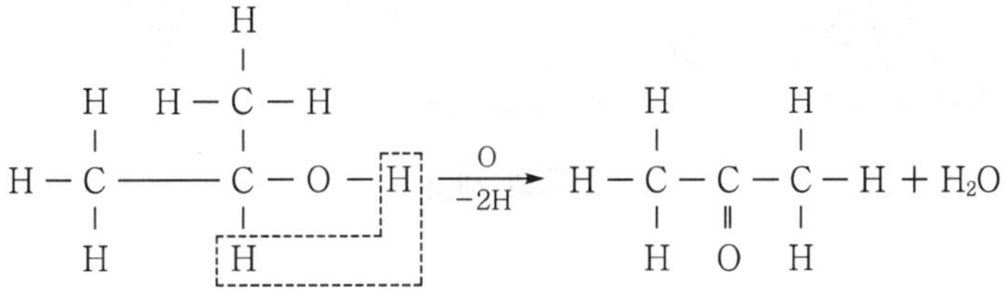

iso-프로판올(제2급 알코올)　　　　아세톤(케톤)

(2) 에터류(R - O - R′)

산소 원자에 2개의 알킬기와 결합된 화합물이다.

다이메틸에터[CH_3OCH_3(b.p. -23.7℃)]와 다이에틸에터[$C_2H_5OC_2H_5$(b.p. 34.6℃)]의 두 가지가 있다.

① 제법

알코올에 진한 황산을 넣고 가열한다.

$$R - O \boxed{H + HO} - R′ \xrightarrow[130℃]{진한 H_2SO_4} R - O - R′ + H_2O$$
$$에터$$

$$C_2H_5 \boxed{OH + H} OC_2H_5 \xrightarrow{진한 H_2SO_4} C_2H_5OC_2H_5 + H_2O$$
$$에틸에터$$

② 일반적 성질

㉠ 물에 난용성인 휘발성 액체이며, 인화성 및 마취성이 있다.

㉡ 기름 등 유기물을 잘 녹인다(유기 용매).

㉢ 수소 원자를 알킬기로 치환한다.

●예　$(C_2H_5)_2O$　[에틸에터]

　　　$C_2H_5OCH_3$　[에틸메틸에터]

보통 쓰고 있는 에터는 다이에틸에터로서 단지 에터라고 부르기도 한다.

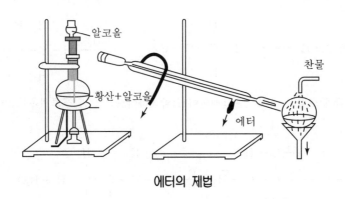

에터의 제법

③ 용도

용매, 마취제로 사용된다.

---

 1. CH_3OCH_3와 C_2H_5OH는 이성질체 관계가 있다. 이를 구별하는 방법으로 적당 하지 않은 것은?

① 끓는점을 비교하다.　　　　　　② Na와 반응시켜 본다.

③ 연소생성물을 본다.　　　　　　④ 아이오도폼 반응

풀이 CH_3OCH_3와 C_2H_5OH는 이성질체 관계이므로 원소의 구성비가 같아서 연소생성물이 같다.

정답 : ③

 2. 다음 중 에터의 일반식은 어느 것인가?　　　　　　(위험물기능장 40회)

① $R-O-R$　　　② $R-CHO$　　　③ $R-COOH$　　　④ $R-CO-R$

풀이 $R-O-R(C_2H_5OC_2H_5)$

정답 : ①

---

(3) 알데하이드류($R-CHO$)

알데하이드는 일반적으로 $R-CHO$로 표시되고(R는 알킬기) 원자단 $-CHO$를 알데하이드기 라고 한다.

㉠ 알데하이드기($-CHO$)는 산화되어서 카르복실기로 되는 경향이 강하므로 일반적으로 강한 환원성을 가지고 있다. 이 경우에 알데하이드는 카르복실산으로 된다.

$$-C \overset{O}{\underset{H}{\lessgtr}} \quad \overset{O}{\longrightarrow} \quad -C \overset{O}{\underset{O-H}{\lessgtr}}$$

ⓒ 펠링 용액을 환원하여 산화 제일구리의 붉은 침전(Cu_2O)을 만들거나 암모니아성 질산
은 용액을 환원하여 은을 유리시켜 은거울 반응을 한다. 알데하이드 검출에 이용한다.

① **폼알데하이드($HCHO$)**

㉠ 제법 : 메탄올의 증기를 300℃에서 구리 분말 위에서 공기로 산화시켜 만든다.

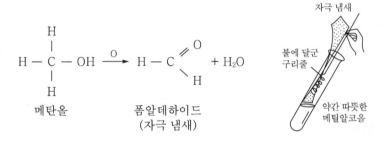

㉡ 성질

㉮ 자극성을 가진 무색 기체로 물에 잘 녹는다. 그 수용액(40%)을 포르말린이라 한다.

㉯ 용이하게 산화되어 폼으로 된다. 따라서 환원성이 강하다.

$$HCOH + O \longrightarrow HCOOH$$

② **아세트알데하이드(CH_3CHO)**

㉠ 제법 : 황산제이수은($HgSO_4$)을 촉매로 아세틸렌을 물과 부가 반응시키면 아세트알데히
드가 된다.

㉡ 성질

㉮ 특수한 자극성을 가진 휘발성의 무색 액체(비등점 20.8℃)로 물에 잘 녹으며 알코
올이나 에터와 잘 혼합된다.

㉯ 산화되기 쉽고 산화되어서 초산으로 된다.

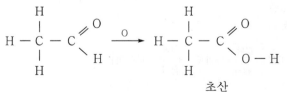

㉰ 폼알데하이드와 같이 환원력이 강하고 펠링 용액을 환원하여 산화제일구리의 붉은 침전(Cu_2O)을 만들며 은거울 반응을 한다.

Key Point 아세트알데하이드의 산화 ⇨ 초산의 생성

$$CH_3CHO + (O) \xrightarrow{\text{망가니즈염}} CH_3COOH$$
아세트알데하이드

초산은 아세트알데하이드의 산화에 의함.

- **반응식**
  - 망가니즈염을 촉매로 하여 아세트알데하이드를 공기 중에서 산화시키면 초산이 된다.
  - 아세트알데하이드(CH_3CHO)에는 환원성이 있어서 펠링 용액을 환원하여 은거울 반응을 나타낸다.

- **알데하이드의 산화·환원**
  - 1차 알코올, 알데하이드, 카르복실산의 관계는 다음과 같다.

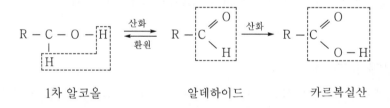

1차 알코올   알데하이드   카르복실산

예제 메탄올 증기를 300℃에서 구리 분말 위에서 공기로 산화시켜 만들고 자극성 냄새가 나는 기체로서, 살균력이 커 방부제나 소독제로 쓰이는 것은?

① 에틸렌 글리콜
② 글리세린
③ 에틸알코올
④ 폼알데하이드

풀이 $CH_3OH \underset{\text{환원}}{\overset{\text{산화}}{\rightleftarrows}} HCHO \underset{\text{환원}}{\overset{\text{산화}}{\rightleftarrows}} HCOOH$

정답 : ④

(4) 케톤(R-CO-R′)

일반적으로 R-CO-R′로 표시되는 (R, R′는 알킬기) 물질을 케톤이라 한다. 케톤은 카보닐기 ($>$C=O)를 가진 두 개의 알킬기로 연결된 화합물을 말한다. 양쪽에 모두 알킬기로 결합한 카보닐기를 케톤기라 한다.

다이메틸케톤……CH_3COCH_3, 에틸메틸케톤……$C_2H_5COCH_3$

아세톤 …… $CH_3-CO-CH_3$

① 제법

㉠ 목재의 건류로 만든다.

㉡ 초산을 수산화칼슘으로 중화하여 얻은 초산칼슘을 건류하여 얻는다.

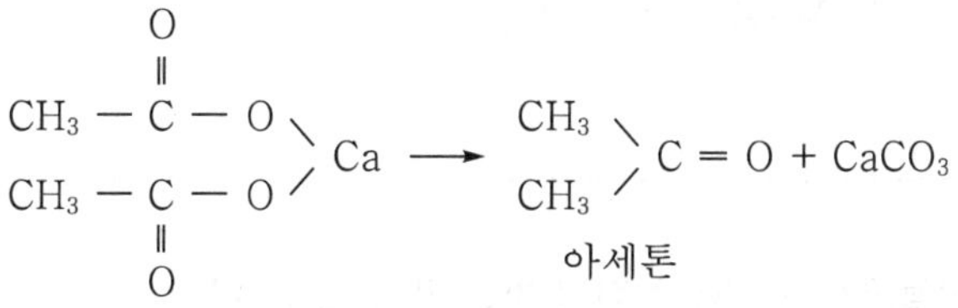

$$\begin{matrix} & & O & \\ & & \parallel & \\ CH_3 & - & C - O \\ & & & \searrow Ca \\ CH_3 & - & C - O \\ & & \parallel \\ & & O \end{matrix} \longrightarrow \begin{matrix} CH_3 \\ \searrow \\ CH_3 \end{matrix} C = O + CaCO_3$$

아세톤

㉢ 현재로는 i-프로필알코올(2급 알코올) $(CH_3)_2CHOH$의 증기를 촉매로써 산화해서 만든다.

② 성질

㉠ 알킬기(R-) 두 개와 카르보닐기(-CO-) 한 개가 결합된 형태이다(R-CO-R′).

㉡ 2차 알코올을 산화시켜 얻는다.

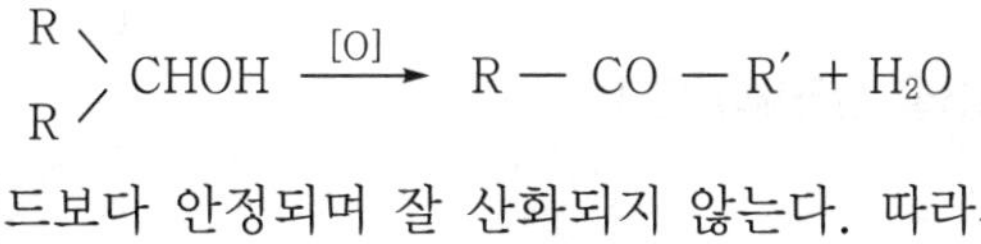

$$\begin{matrix} R \\ \searrow \\ R \end{matrix} CHOH \xrightarrow{[O]} R - CO - R' + H_2O$$

㉢ 케톤은 알데하이드보다 안정되며 잘 산화되지 않는다. 따라서 환원성이 없으므로 은거울 반응이나 펠링 용액을 환원시키지 못한다.

㉣ 저급의 케톤은 물에 잘 녹는다.

③ 아세톤(CH_3COCH_3 : 다이메틸케톤)

㉠ 프로필렌(CH_3CH_3=CH_2)에 물을 부가시켜 이소프로필알코올($(CH_3)_2$ CH·OH)을 산화시켜 얻는다.

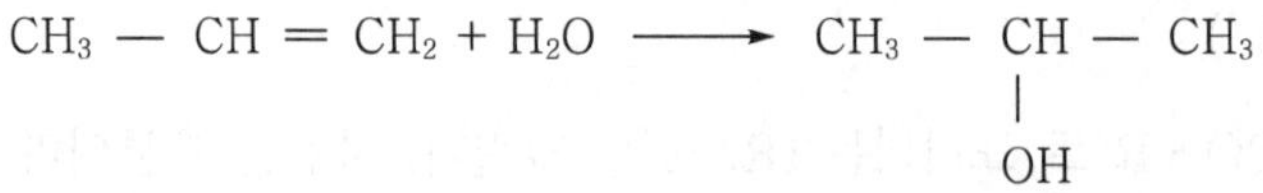

$$CH_3 - CH = CH_2 + H_2O \longrightarrow CH_3 - CH - CH_3$$
$$| $$
$$OH$$

이소프로필알코올

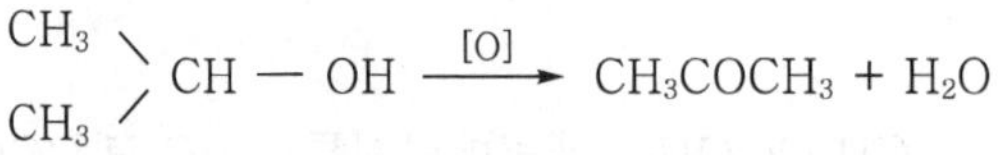

$$\begin{matrix} CH_3 \\ CH_3 \end{matrix} CH - OH \xrightarrow{[O]} CH_3COCH_3 + H_2O$$

ⓛ 자극성인 무색 액체로 극성 분자이므로 물에 잘 녹는다.

ⓒ 환원성이 없으므로 은거울 반응이나 펠링 용액을 환원시키지 못한다.

ⓔ 아이오도폼(CH_3I) 반응을 한다.

ⓜ 용해 작용이 커서 용매제로 사용된다.

예제 1. 케톤을 만들고자 할 때 산화시켜야 할 알코올은?

① C_2H_5OH

② $CH_3 \cdot CH \cdot CH_3$
          $|$
          OH

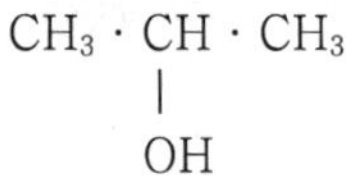

③
$$H$$
$$|$$
$$H - C - OH$$
$$|$$
$$H$$

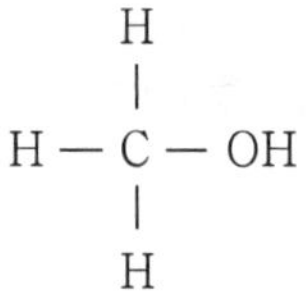

④
$$CH_3$$
$$|$$
$$CH_3 - C - CH_3$$
$$|$$
$$OH$$

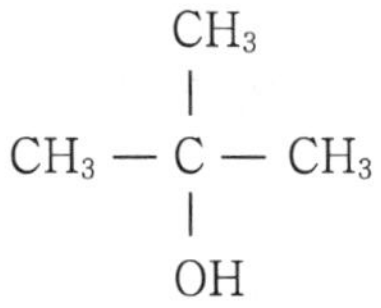

풀이 2차 알코올을 산화해야 된다.

정답 : ②

예제 2. 아이오도폼 반응을 하는 물질로 끓는점이 낮고 인화점이 낮아 위험성이 있어 화기를 멀리 해야 하고 용기는 갈색병을 사용하여 냉암소에 보관해야 하는 물질은 어느 것인가? (위험물기능장 34회)

① CH_3COCH_3

② CH_3CHO

③ C_6H_6

④ $C_6H_5NO_2$

정답 : ①

3. 아세톤의 성질에 대한 설명으로 옳지 않은 것은? (위험물기능장 37회)

① 보관 중 청색으로 변한다. ② 아이오도폼 반응을 일으킨다.

③ 아세틸렌 저장에 이용된다. ④ 유기물을 잘 녹인다.

> **풀이** 보관 중 황색으로 변한다. 정답 : ①

 4. CH_3COCH_3의 성질로 잘못된 것은? (위험물기능장 40회)

① 무색 액체로 냄새가 난다. ② 물에 잘 녹고 유기물을 잘 녹인다.

③ 아이오도폼 반응을 한다. ④ 비점이 높아 휘발성이 약하다.

> **풀이** 비점 $56.6\,℃$로 휘발성이 강하다. 정답 : ④

 5. 아세톤에 대한 다음 설명 중 틀린 것은?

① 보관 중 분해하여 청색으로 변한다. ② 아이오도폼 반응을 일으킨다.

③ 아세틸렌 가스의 흡수제에 이용된다. ④ 연소 범위는 약 $2.6 \sim 12.8\%$이다.

> **풀이** 아세톤(CH_3COCH_3)－제4류 위험물(인화성액체)
> 장기간 보관 시 황색으로 변질되며 햇빛에 의해 분해한다. 정답 : ①

(5) 카르복실산류(R－COOH)

① 일반적인 성질

　㉠ 유기산이라고도 하며 유기물 분자 내에 카르복실기(－COOH)를 갖는 화합물을 말한다.

　㉡ 알데하이드(R－CHO)를 산화시키면 카르복실산(R－COOH)이 된다.

　㉢ 물에 녹아 약산성을 나타낸다.

> **●예** $CH_3COOH + H_2O = CH_3COO^- + H_3O^+$

　㉣ 수소 결합을 하므로 비등점이 높다.

　㉤ 알코올(R－OH)과 반응하여 에스터(R－COO－R′)가 생성된다.

$$CH_3COOH + C_2H_5OH \xrightarrow[\text{탈수 축합}]{c-H_2SO_4} CH_3COOC_2H_5 + H_2O$$

ⓗ 염기와 중화 반응을 한다.

　●예 $RCOOH + NaOH \rightarrow RCOONa + H_2O$

ⓢ 알칼리 금속(K, Na 등)과 반응하여 수소(H_2)를 발생시킨다.

　●예 $2R-COOH + 2Na \rightarrow 2RCOONa + H_2\uparrow$

② 폼산(HCOOH) = 의산

　㉠ 제법 : 메탄올이나 폼알데하이드를 다이크로뮴산칼륨($K_2Cr_2O_7$)과 황산(H_2SO_4)의 혼합
　　용액에 떨어뜨려 산화하여 만든다.

$$H - \underset{\underset{H}{|}}{\overset{\overset{H}{|}}{C}} - O - H \xrightarrow[-H_2O]{(O)} H - C\overset{\nearrow O}{\underset{\searrow H}{}} \xrightarrow{(O)} H - C\overset{\nearrow O}{\underset{\searrow O - H}{}}$$

　　　　　　　　　　　　　　　　　폼알데하이드　　　　　폼산(개미산)

수산화나트륨 분말과 일산화탄소를 6~8기
압에서 120~150℃로 가열하여 폼산 나트륨
HCOONa을 만들고, 이것을 강산으로 분해
하여 증류해서 만든다.

$NaOH + CO \longrightarrow HCOONa$

$HCOONa + HCl \longrightarrow HCOOH + NaCl$

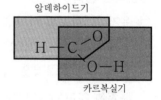

폼산의 화합된 모양

　㉡ 성질 : 자극성 냄새가 있는 무색의 액체로 (비
　　점 100.8℃), 피부에 닿으면 수포를 만들고
　　쐐기풀의 잎이나 개미의 체내(폼산은 개미산
　　을 뜻함.)에 존재한다.

진한 황산으로 탈수되어, 일산화탄소를 생성
한다.

$HCOOH \xrightarrow{C-H_2SO_4} H_2O + CO\uparrow$

폼산이 가지는 원자단

때문에 실험실에서 일산화탄소의 제법으로 이용된다.

개미산은 그 구조식에서 생각할 수 있는 것처럼 알데하이드의 성질을 가지고 환원성을
가진다.

$$H - C \overset{\displaystyle O}{\underset{\displaystyle OH}{}} \quad (\longrightarrow \text{알데하이드의 성질을 가짐.})$$

수용액은 산성을 나타내고, 지방산 중에서는 가장 강한 산이다.

$$HCOOH \rightleftarrows HCOO^- + H^+(aq)$$

예제 다음과 같은 성질을 가지는 물질은?　　　　　　　　　(위험물기능장 34회)

> - NaOH와 반응할 수 있다.
> - 은거울 반응을 할 수 있다.
> - CH_3OH와 에스터화 반응을 한다.

① CH_3COOH　　　② $HCOOH$　　　③ CH_3CHO　　　④ CH_3COCH_3

정답 : ②

---

③ 아세트산(CH_3COOH)

초산이라고도 하며, 포화 지방산의 일반식 $C_nH_{2n+1}COOH$에서 $n=1$에 해당하는 산이며 보통 식초 속에 3~4% 포함되어 있다.

㉠ 제법

　㉮ 알데하이드를 산화시켜도 초산이 된다.

$$H - \overset{\displaystyle H}{\underset{\displaystyle H}{C}} - \overset{\displaystyle H}{\underset{\displaystyle H}{C}} - O - H \xrightarrow{(O)} H - \overset{\displaystyle H}{\underset{\displaystyle H}{C}} - C \overset{\displaystyle O}{\underset{\displaystyle H}{}} \xrightarrow{(O)} H - \overset{\displaystyle H}{\underset{\displaystyle H}{C}} - C \overset{\displaystyle O}{\underset{\displaystyle O - H}{}}$$

　　　　　　　　　　　　　　　　아세트알데하이드　　　　　　　초산

　㉯ 아세틸렌을 물과 작용($HgSO_4$ 촉매)시켜 아세트알데하이드를 만들고 다시 이것을 촉매(초산망가니즈)를 사용하여 공기로 산화시켜서 만든다.

$$H - C \equiv C - H \xrightarrow{H_2O} H - \overset{\displaystyle H}{\underset{\displaystyle H}{C}} - C \overset{\displaystyle O}{\underset{\displaystyle H}{}} \xrightarrow{(O)} H - \overset{\displaystyle H}{\underset{\displaystyle H}{C}} - C \overset{\displaystyle O}{\underset{\displaystyle O - H}{}}$$

　　　　　　　　　　　아세트알데하이드　　　　　　　초산

ⓛ 성질

㉮ 순수한 초산(CH_3COOH)은 무색, 자극성 냄새를 가진 액체로 겨울에 잘 고화되므로 빙초산이라 한다. 점화하면 푸른 불꽃을 내며 이산화탄소와 물이 된다.

$$CH_3COOH + 2O_2 \rightarrow 2CO_2 + 2H_2O$$

㉯ H_2O와 잘 혼합하고 수용액은 카르복실기가 전리되어 약한 산성을 띤다.

$$CH_3COOH \rightarrow CH_3COO^- + H^+(aq)$$

㉰ 에탄올과 혼합하여 가열하면 초산에틸이 생긴다.

$$CH_3COOH + C_2H_2OH \xrightarrow[H_2SO_4]{140℃} CH_3COOC_2H_5 + H_2O$$
에스터화   초산에틸

㉱ 초산과 오산화인을 혼합하여 가열하면 초산 2분자에서 물 1분자가 탈수결합(축합)한 무수초산의 화합물이 생긴다.

(6) 에스터류(R-COO-R′)

① 일반식 : R-COO-R′로 표시되며 산의 -COOH와 알코올의 -OH로부터 물이 빠져서 생긴 물질을 말한다.

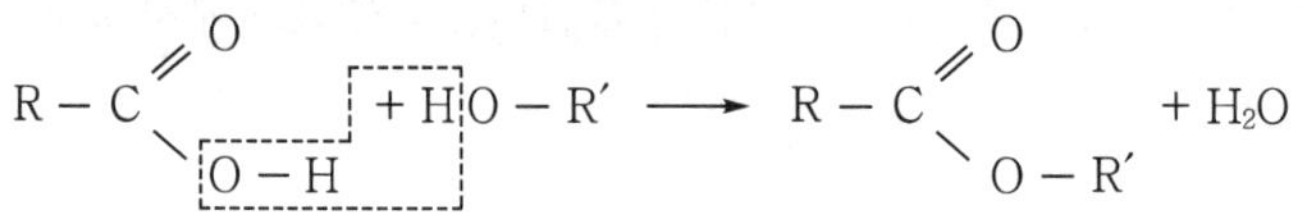

에스터

② 용도 : 저급 알코올의 초산에틸은 좋은 향기를 가지므로 과실 에센스로 사용되며 용매로도 사용한다.

  ●예 초산에틸($CH_3COOC_2H_5$) : 딸기 냄새, 초산아밀($CH_3COOC_5H_{11}$) : 배 냄새,
      낙산에틸($C_3H_7COOC_2H_5$) : 파인애플 냄새

③ 에스터 반응

㉠ 에스터화 반응

카르복실산과 알코올의 탈수 반응에 의해 만들어진다.

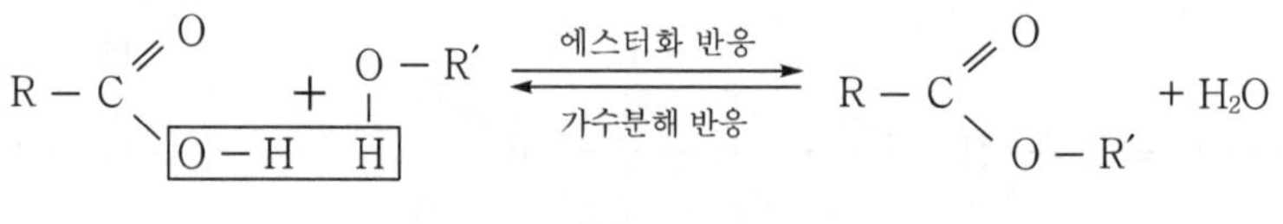

카르복실산   알코올   에스터   물

에스터화 반응

일종의 축합 반응이다.

알코올의 H와 카르복실산의 $-OH$가 반응하여 H_2O가 된다.

 ⓛ 가수 분해 반응

에스터화 반응의 역반응으로 에스터가 카르복실산과 알코올로 분해되는 반응이다.

$$R-COO-R'+H_2O \longrightarrow R-COOH+R'-OH$$

 ⓒ 비누화 반응

에스터에 NaOH를 넣고 가열하여 반응시키면 비누가 만들어진다.

$$RCOOR'+NaOH \longrightarrow \underset{비누}{RCOONa}+R'OH$$

▌예제▐ 비누화 반응은 어느 것인가?

 ① $CH_3COOH+C_2H_5OH \rightarrow CH_3COOC_2H_5+H_2O$

 ② $CH_3COOC_2H_5+NaOH \rightarrow CH_3COONa+C_2H_5OH$

 ③ $CH_3COOH+NaOH \rightarrow CH_3COONa+H_2O$

 ④ $CH\equiv CH+H_2O \rightarrow CH_3CHO$

 ▌풀이▐ 에스터＋강염기 $\underset{비누화}{\longrightarrow}$ 비누＋알코올. 이를 비누화 반응이라 한다.

                       정답 : ②

---

⑨ 방향족 유도체

(1) 벤젠

 ① 구조

  ㉠ 벤젠은 C와 H가 한 평면 내에 있으며 6각형 구조로서 단일결합과 2중결합의 중간 상태를 가지고 있는 공명 혼성체이다. 따라서 탄소와 탄소간의 거리는 단일 결합과 2중 결합의 중간이다.

  ㉡ C수에 비해 H수가 적으므로 연소되면 그을음을 많이 낸다.

  ㉢ 대단히 안정된 구조로서 주로 치환 반응을 한다.

  ㉣ 벤젠의 구조는 다음의 (Ⅰ)과 (Ⅱ)의 중간 상태라는 뜻에서 (Ⅰ)과 (Ⅱ) 사이에 표를 함으로서 (Ⅰ)과 (Ⅱ)의 공명 혼성체이며, 새로이 (Ⅲ)이나 (Ⅳ)와 같은 식으로 표시하기도 한다. 그러나 일반적으로는 (Ⅰ)식과 (Ⅱ)식을 사용한다.

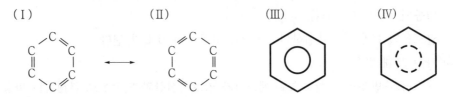

② 성질

㉠ 무색 휘발성 액체(비등점 80.13℃)로 독특한 냄새가 있고, 불붙기 쉽다.

㉡ 물에 녹지 않고 여러 가지 유기 물질을 잘 녹인다.

㉢ 치환 반응 : 2중 결합이 있으나, 분자가 공명되어 있으므로 안정하며, 부가 반응보다 다른 원자나 원자단과 바꾸어지는 치환 반응을 한다. 벤젠의 치환 반응에는 할로젠화, 니트로화, 술폰화 등이 있다.

> **·Key Point** 벤젠의 염소화 : 염화벤젠의 합성
>
> $$C_6H_6 + Cl_2 \xrightarrow{\text{Fe}} C_6H_5Cl + HCl$$
> $\quad\;$ 벤젠 $\qquad\qquad\qquad$ 염화벤젠
>
> 벤젠에 염소를 작용시키면 클로로(염화)벤젠이 생성된다.

㉣ 할로젠화 : 촉매(Fe 또는 요소)의 존재 하에 염소나 브로민과 반응한다.(햇빛에는 쬐지 않는다.)

벤젠 ⬡—[H + Cl]—Cl $\xrightarrow{\text{Fe}}$ ⬡—Cl + HCl 클로로벤젠

이렇게 다른 분자의 어떤 원자 대신 Cl이 바뀌어지는 것을 클로로화라 한다.

㉤ 나이트로화 : 진한 황산 존재하에 진한 질산을 작용시키면 나이트로벤젠이 된다.

벤젠 ⬡—[H + HO]NO₂ $\xrightarrow{\text{C-H}_2\text{SO}_4}$ ⬡—NO₂ + H₂O 나이트로벤젠

이 반응에서 원자단 −NO₂를 나이트로기, 나이트로기로 바꾸어지는 반응을 나이트로화라 한다.

ⓑ 술폰화 : 발연 황산(진한 황산)과 반응하여 벤젠술폰산이 된다.

$$\bigcirc\!\!\!\!\!\!\!\!-\boxed{H}+\boxed{HO}SO_3H \longrightarrow \bigcirc\!\!\!\!\!\!\!\!-SO_3H + H_2O$$

벤젠   벤젠술폰산

이 반응에서 원자단 $-SO_3H$를 술폰산기, 술폰산기로 바꾸어지는 반응을 술폰화라 한다.

Key Point 벤젠의 술폰화 ⇨ 벤젠술폰산

$$C_6H_6 + H_2SO_4 \longrightarrow \underset{\text{벤젠술폰산}}{C_6H_5SO_3H} + H_2O$$

벤젠은 진한 황산으로 (벤젠)술폰산

ⓢ 부가 반응 : 특수한 촉매와 특수한 조건에서는 부가 반응도 일어난다.

㉮ 수소 부가 : 벤젠에 Ni를 촉매로 하여 수소를 부가시키면 사이클로헥세인(cyclohexane)
이 된다.

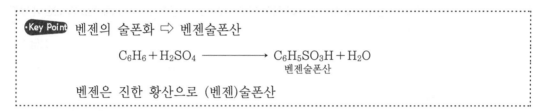

(사이클로헥세인)

㉯ 염소 부가 : 일광 존재하에 염소를 작용하면 벤젠헥사클로라이드(B.H.C.)가 얻어진
다. 이것은 농약의 살충제로 이용된다.

B.H.C.

벤젠 분자에 수소 하나가 없는 C_6H_5($\bigcirc\!\!\!\!\!\!\!\!-$)를 페닐기(phenyl radical)라 한다.

벤젠을 공기 중에서 태울 경우 매연이 많이 나오는 이유는 무엇인가?

① 벤젠의 조성이 수소에 비해 탄소를 많이 포함하고 있기 때문이다.

② 벤젠이 기체이기 때문이다.

③ 벤젠이 어느 정도 수분을 포함하고 있기 때문이다.

④ 벤젠이 액체연료이기 때문이다.

풀이 벤젠을 연소시킬 때 그을음이 많이 나오는 이유는 조성이 수소에 비해 탄소의 함량이 많기 때문이다.

정답 : ①

③ 톨루엔($C_6H_5 \cdot CH_3$)

벤젠과 유사한 액체(비점 111℃)로, 벤젠의 수소 원자 1개가 메틸기 $-CH_3$로 치환된 구조를 갖고 염료 · 폭약의 원료로 사용되며 톨루엔에 진한 질산을 작용시키면 수소 원자 3개가 나이트로화되어 트라이나이트로 톨루엔(TNT) $C_6H_2(NO_2)_3 \cdot CH_3$을 생성한다.

 톨루엔의 성질을 벤젠과 비교한 것 중 틀린 것은? (위험물기능장 44회)

① 독성은 벤젠보다 크다.　　② 인화점은 벤젠보다 높다.

③ 비점은 벤젠보다 높다.　　④ 융점은 벤젠보다 낮다.

풀이

구분	톨루엔($C_6H_5CH_3$)	벤젠(C_6H_6)
비점	111℃	80.13℃
인화점	4℃	−11℃
융점	−95℃	5.5℃
TLV	100ppm	10ppm

정답 : ①

④ 크실렌($C_6H_4(CH_3)_2$)

톨루엔보다 비점이 조금 높은 액체(b.p. 144℃)로 벤젠의 수소 원자 2개를
메틸기$-CH_3$로 치환한 구조를 가진 화합물이다.

치환한 메틸기의 상호의 치환에 따라 $o-$(오르토 ortho), $m-$(메타 meta),
$p-$(파라 para)의 3종의 이성질체가 존재한다.

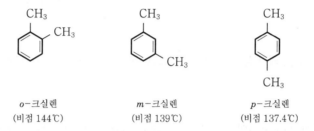

o-크실렌	m-크실렌	p-크실렌
(비점 144℃)	(비점 139℃)	(비점 137.4℃)

⑤ 나프탈렌($C_{10}H_8$)

특유의 냄새를 지닌 무색의 결정(융점 80℃)으로 벤젠환이 2개 융착한 것 같은 구조를 가
진다. 10개의 탄소 원자, 8개의 수소 원자는 벤젠과 동양 같은 모양, 평면상에 있다.
나프탈렌은 살충제·염료의 원료로서 중요하다.

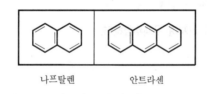

나프탈렌   안트라센

나프탈렌과 안트라센

⑥ 안트라센($C_{14}H_{10}$)

벤젠환 3개가 융착한 구조를 가진 무색의 결정성의 고체(융점 217℃)이다. 페난트렌과 이
성질체의 관계에 있다.
안트라센은 합성 염료의 원료로서 중요하다.

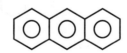

1. 다음 중 크실렌의 이성질체에 해당하는 것은 어느 것인가?

① CH₂CH₃ (벤젠고리에 CH₂CH₃)

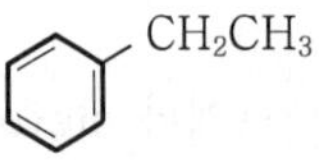

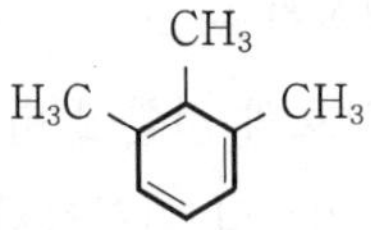

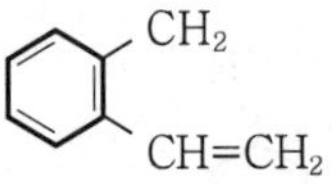

② H₃C —（벤젠고리, CH₃, CH₃）

③ CH₂ / CH=CH₂

④ CH=CH₂ (벤젠고리에 CH=CH₂)

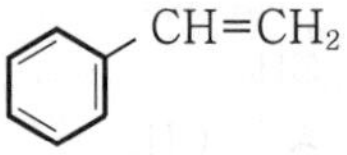

풀이 크실렌의 시성식은 $C_6H_4(CH_3)_2$로서 분자식은 C_8H_{10}이와 관계없는 것은 ①번이다.

정답 : ①

 2. 크실렌(Xylene)의 일반적인 성질에 대한 설명으로 옳지 않은 것은?

(위험물기능장 36회)

① 3가지 이성질체가 있다.
② 독특한 냄새를 가지며 갈색이다.
③ 유지나 수지 등을 녹인다.
④ 증기의 비중이 높아 낮은 곳에 체류하기 쉽다.

풀이 독특한 냄새를 가지며 무색투명하다.

정답 : ②

 3. 톨루엔에 염소를 반응시킬 때 촉매로 $FeCl_3$를 사용하였다. 이때의 생성물은?

① CH₃ (벤젠고리에 CH₃)

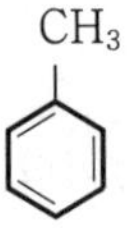

② CH₃ / Cl

③ CH₃ / Cl

④ CH₃ / Cl / Cl

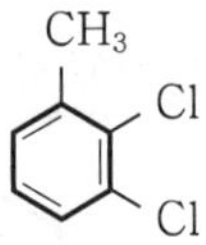

풀이

CH₃ (벤젠) $+ Cl_2 \xrightarrow{FeCl_3}$ CH₃ / Cl (벤젠) $+ HCl$

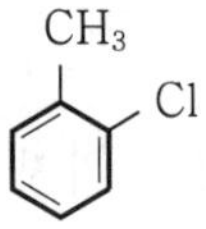

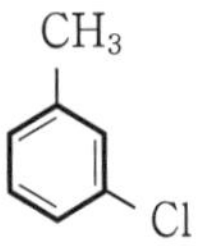

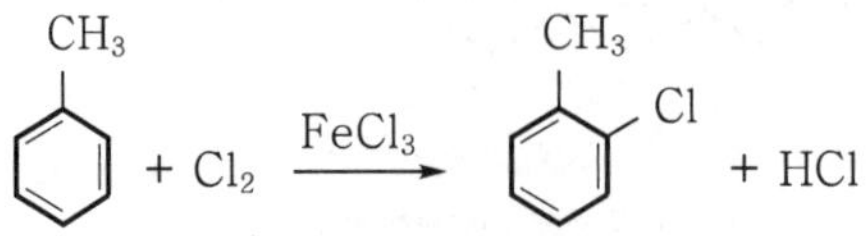

정답 : ②

4. 벤젠핵에 메틸기 한 개가 결합된 구조를 가진 무색 투명한 액체로서 방향성의 독특한 냄새를 가지고 있는 물질은?

(위험물기능장 37회)

① $C_6H_5CH_3$ ② $C_6H_4(CH_3)_2$ ③ CH_3COCH_3 ④ $HCOOCH_3$

풀이 톨루엔 ① $C_6H_5CH_3$ – 벤젠핵에 메틸기 한 개가 결합된 구조를 가진 무색 투명한 액체로서 방향성의 독특한 냄새를 가지고 있는 물질
벤젠핵에 메틸기 2개가 결합된 구조 – 크실렌 ② $C_6H_4(CH_3)_2$
아세톤 ③ CH_3COCH_3, 의산메틸 ④ $HCOOCH_3$ 정답 : ①

(2) 페놀

① 제법

벤젠의 술폰화로써 벤젠술폰산을 만들고

$$\text{[벤젠]} + HOSO_3H \xrightarrow{\text{술폰화}} \text{[}SO_3H\text{]} + H_2O$$

고체 수산화나트륨과 작용시킨다.

$$\text{[}SO_3H\text{]} + NaOH \xrightarrow{\text{중화}} \text{[}SO_3Na\text{]} + H_2O$$

나트륨페놀레이트를 만든다.

$$\text{[}SO_3Na\text{]}_{\text{벤젠술폰산나트륨}} + 2NaOH \xrightarrow{300℃} \text{[}ONa\text{]}_{\text{나트륨페놀레이트}} + Na_2SO_3 + H_2O$$

나트륨페놀레이트는 물에 잘 녹으나 여기에 염산이나 CO_2를 불어 넣으면 석탄산이 석출된다.

Key Point 석탄산의 생성

$$\underset{\text{석탄산나트륨}}{C_6H_5ONa} + H_2CO_3 \longrightarrow \underset{\text{석탄산}}{C_6H_5OH} + NaHCO_3$$

나트륨페놀레이트에 탄산을 가하면 페놀(석탄산)

② 성질

㉠ 특유한 자극성 냄새를 가진 무색의 결정으로 용융점 41℃, 비등점 181.4℃이며 공기 중
에서는 붉은색으로 변색한다.

㉡ 벤젠핵에 붙어 있는 수산기를 페놀성 수산기라 하며 페놀의 수용액에 $FeCl_3$ 용액 한 방
울을 가하면 보라색으로 되어 정색 반응을 한다.

㉢ 무수초산과 반응하여 에스터를 만든다.

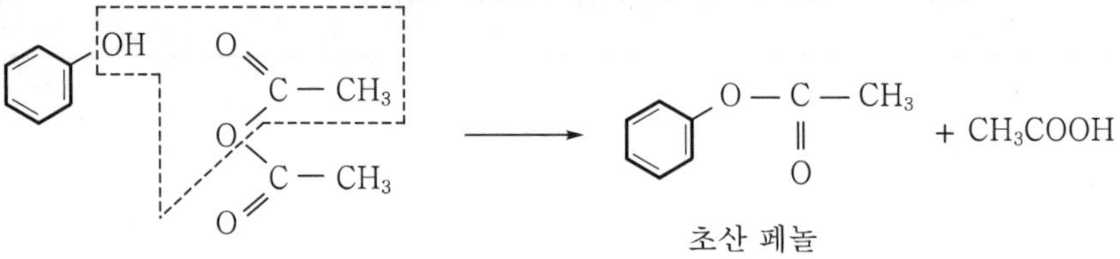

초산 페놀

㉣ 페놀은 벤젠보다 나이트로화가 쉽게 일어난다. 진한 황산과 진한 질산에 의하여 피크린
산이 된다.

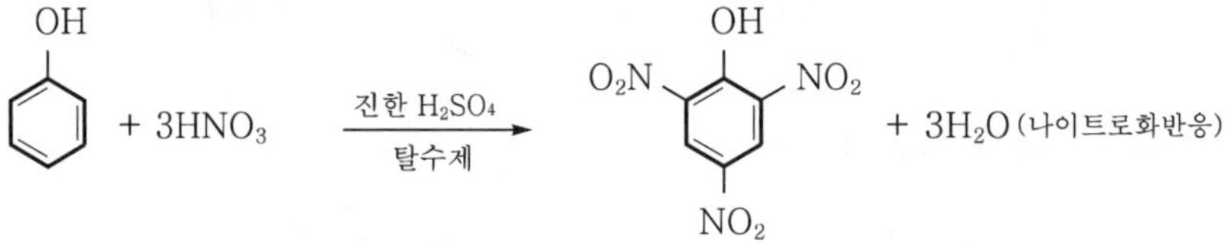

피크린산

③ 용도

소독, 살균제, 의약, 염료, 폭발물 및 페놀수지의 원료

예제 페놀에 대한 설명으로 옳은 것은?

① 산(−COOH)과 반응하여 에스터를 만들어 낸다.
② $FeCl_3$과 반응하여 수소기체를 발생시킨다.
③ 수용성은 염기성이다.
④ 금속나트륨과 반응하여 수소기체를 발생시킨다.

정답 : ①

---

④ 크레졸($C_6H_4(OH)CH_3$)

벤젠핵에 메틸기 −CH₃와 수산기 −OH를 1개씩 가진 일가 페놀로 2개의 치환기의 위치에
서 $o-$, $m-$, $p-$의 3개의 이성질체가 존재한다.

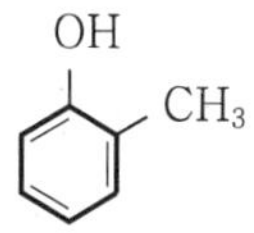

o-크레졸(융점 31℃) 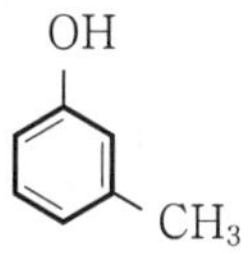   *m*-크레졸(융점 11.5℃)    *p*-크레졸(융점 34.5℃)

크레졸은 소독제(크레졸 비누액)나 합성 수지의 원료가 된다. 염화제이철 수용액에 의해 녹색으로 변한다.

⑤ **다가 페놀**

다가의 페놀류는 다음 표와 같다.

명칭	구조식	융점	성질 및 용도
카테콜 (1, 2 – 다이하이드록시벤젠)	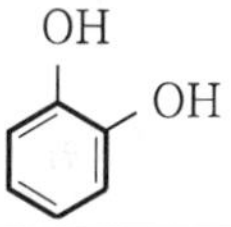	105℃	물에 잘 녹는다. 환원성이 있고 사진의 현상약으로 이용된다.
레조르시놀 (1, 3 – 다이하이드록시벤젠)	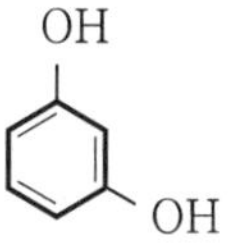	110℃	물에 잘 녹고 살균력이 있다. 의약의 원료로서 중요하다.
하이드로키논 (1, 4 – 다이하이드록시벤젠)		170.3℃	물에 녹기 쉽다. 환원성이 있고, 사진의 현상약으로 이용된다.
피로가롤 (1, 2, 3 – 트라이하이드록시벤젠)	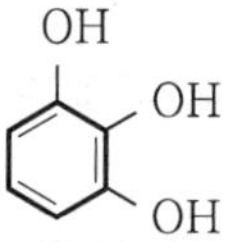	309℃	물에 잘 녹는다. 환원성이 강하고, 염기성 수용액은 공기 중의 산소를 흡수하기 쉬워서 산소의 정량에 사용한다.

⑥ **나프톨**($C_{10}H_7OH$)

나프탈렌환에 수산기가 1개 붙은 구조의 화합물로 물에 용해되기 어려운 결정이다. 수산기의 위치에 따라, α와 β의 2종의 이성체가 있다.

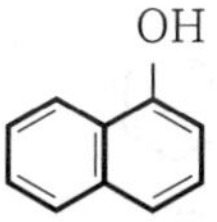

α –나프톨(융점 94.1℃) 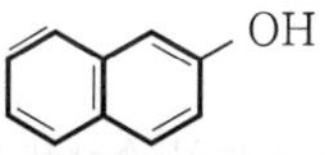 β –나프톨(융점 123℃)

나프톨을 만드는 반응은 석탄산을 만드는 경우와 같이 생각할 수 있다.

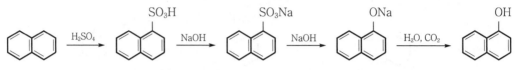

나프톨은 염료 합성의 원료에 이용된다.

⑦ 알코올과 페놀의 비교(출제빈도 높음)

구분	알코올성 수산기	페놀성 수산기
수용성	중성	극히 약한 산성
용해성	탄소수가 적은 것은 물에 잘 용해됨.	물에 극히 소량 용해됨.
NaOH을 가함	반응하지 않음.	반응하여 나트륨염(페놀레이트)을 생성함.
할로젠을 작용시킴	반응하지 않음.	벤젠핵의 수소와 직접 치환함.
염화제이철 수용액을 가함	정색하지 않음.	특유의 정색 반응을 나타냄.
산화제를 작용시킴	알데히드 또는 케톤을 생성함.	핵에 붙는 수소 원자가 산화되어 수산기로 됨.

 1. 알코올과 페놀을 구별하는 방법은?

① 맛, 색 등을 비교한다.
② FeCl₃ 용액에 대한 정색반응을 본다.
③ 금속 Na과 반응하여 수소가 발생하는지 본다.
④ 산과 작용하여 에스터가 만들어지는지 확인한다.

풀이 벤젠핵에 수산기가 붙어 있는 페놀류의 수용액에 FeCl₃ 수용액을 작용시키면 적자색을 띤다.

정답 : ②

 2. 다음 화합물 중 유기산과 작용하면 에스터를 만들며 FeCl₃를 가하면 보라색의 정색반응을 일으키는 것은?

① C₂H₅OH   ② CH₃OH
③ 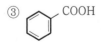   ④

풀이 정색반응은 페놀성 수산기가 있을 때 반응한다.

정답 : ④

(3) 살리실산

① 제법

건조된 나트륨페놀레이트를 약 7기압에서 이산화탄소와 $120 \sim 140℃$로 가열하면 살리실산 나트륨이 생기며, 이것을 염산과 같은 강산으로 분해시키면 살리실산이 생긴다.

② 성질

㉠ 무색, 바늘 모양의 결정이며 녹는점은 $-159℃$, 물에 약간 녹는다.

㉡ 수용액은 산성을 표시하며 $FeCl_3$를 가하면 붉은 보라색으로 된다.

[유도체] 살리실산의 유도체에는 살리실산나트륨, 아스피린, 살리실산메틸 등이 있다.

- 페놀과 카르복실산의 두 개의 산근을 가지므로 이염기산이며 수산화나트륨($NaOH$) 용액을 가하면 처음엔 $-COOH$기와 나중에는 $-OH$기와 두 단계로 중화한다.
- 살리실산은 에스터를 만들 수 있는 두 가지 원자단 $-OH$기와 $-COOH$기를 가지고 있으므로, 카르복실산이나 알코올과 각각 에스터를 만든다.(빙초산 대신에 보통 무수초산과 에스터를 잘 만든다.)

●참고● 아세틸살리실산은 아스피린(aspirin)이라고 하며 해열제로 쓰인다.

③ 용도

살리실산메틸은 진통 작용이 있으므로 신경통·류마티스 치료제로 외과 의약에 쓰인다. 또 음식물의 방부제, 의약, 물감의 원료로 쓰인다.

1. 벤젠에 진한 질산과 진한 황산의 혼합물을 작용시킬 때 얻어지는 화합물은?

① NO_2

② COOH

③ OH

④ CH_3

정답 : ①

 2. 살리실산에 무수 아세트산을 반응시키면 어떠한 물질이 생성된다. 이때 생성된 물질의 구조식은?

①

②

③

④

정답 : ①

 3. 위에서 생성된 물질의 용도는?

① 물감

② 해열제

③ 농약

④ 소독약

정답 : ②

 4. 위와 같은 반응을 무엇이라 하는가?

① 탈수

② 가수 분해

③ 에스터화

④ 비누화

OH / COOH + CH₃COOH → COOH / OCOCH₃ + H₂O

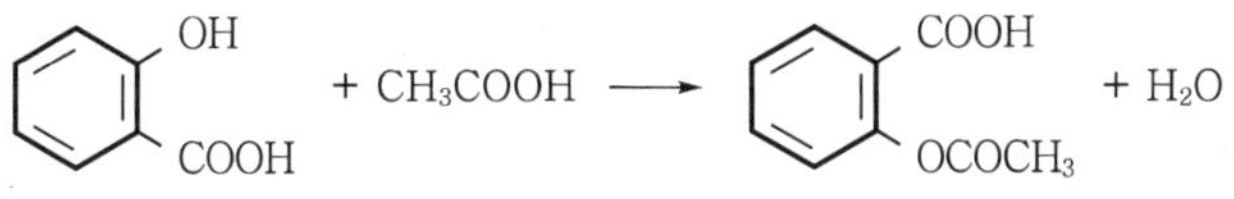

아세틸살리실산
(해열제)

정답 : ③

예제 5. 살리실산의 에스터 반응이다. 다음 물음에 답하여라.

(1) 살리실산에 메탄올을 넣고 탈수시킬 때 생기는 화합물을 구조식으로 구하여라.

(2) 살리실산에 초산을 넣고 탈수시킬 때 생기는 화합물을 구조식으로 구하여라.

풀이

(1) OH / COOH + CH₃OH → COOCH₃ / OH + H₂O

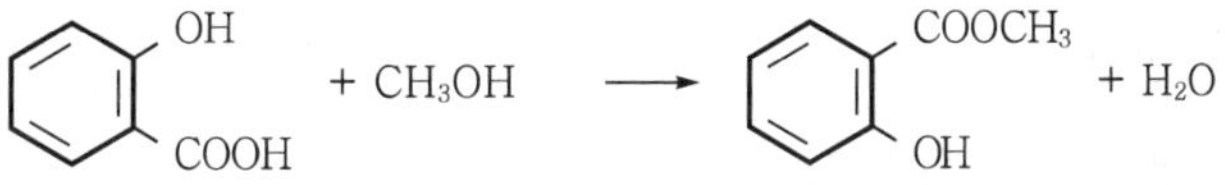

(2) OH / COOH + CH₃COOH → COOH / OCOCH₃ + H₂O

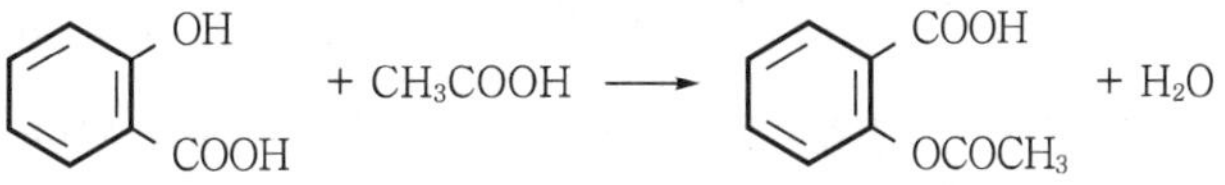

④ 안식향산(C_6H_5COOH)

㉠ 백색 결정(용융점 121℃)으로 승화되기 쉽다. 톨루엔을 이산화망가니즈(MnO_2)와 황산으로 산화시켜 만든다.

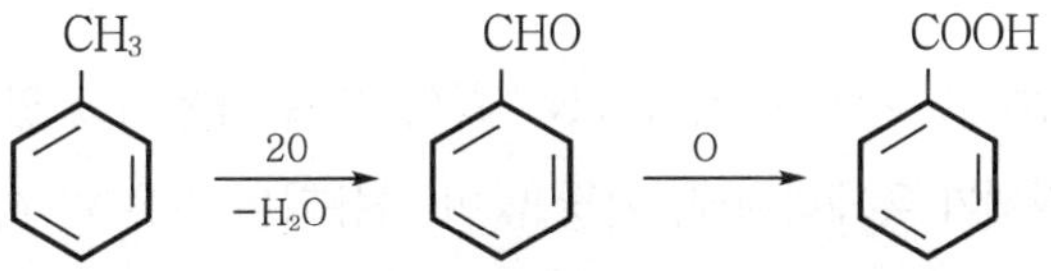

CH₃ $\xrightarrow[-H_2O]{2O}$ CHO $\xrightarrow{O}$ COOH

벤즈 알데히드   안식향산

㉡ 안식향산이나 그 나트륨염은 음식물의 방부제로 이용된다.

Key Point 톨루엔의 산화 ⇨ 안식향산의 생성

$$C_6H_5CH_3 + 3(O) \longrightarrow C_6H_5COOH + H_2O$$

톨루엔   안식향산

톨루엔은 산화되어 안식향산

---

(4) 나이트로화합물

① 나이트로벤젠($C_6H_5NO_2$)

㉠ 벤젠에 진한 질산(HNO_3)만을 가하면 나이트로화가 조금만 일어나므로 보통 진한 질산과 진한 황산의 혼산을 이용한다. 이때 진한 황산은 촉매와 탈수제의 역할을 한다.

나이트로벤젠

㉡ 특수한 냄새를 가진 노란색을 띤 액체(비중 1.2, 비등점 210.9℃)이며, 아닐린의 제조 원료로 쓰인다.

② 트라이나이트로톨루엔(TNT)[$C_6H_2CH_3(NO_2)_3$]

톨루엔을 혼산으로 나이트로화하면, 일단 o-나이트로톨루엔, p-나이트로톨루엔의 혼합물이 되어, 더욱 반응이 진행하면 트라이나이트로톨루엔이 된다.

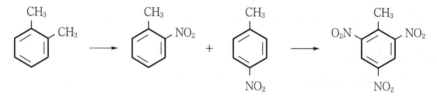

o-나이트로톨루엔 p-나이트로톨루엔   트라이나이트로톨루엔(TNT)

대단히 폭발력이 강하고, 강력한 폭약(TNT 화약)으로 사용되고 있다. 트라이나이트로톨루엔에는 몇 개의 이성질체가 존재하는데, 가장 많이 사용되는 것은 2, 4, 6-트라이나이트로톨루엔이다.

예제 TNT가 분해될 때 발생하는 주요 가스에 해당하지 않는 것은? (위험물기능장 42회)

① 질소   ② 수소   ③ 암모니아   ④ 일산화탄소

풀이 분해 시 질소, 일산화탄소, 수소, 탄소가 발생한다.
$$2C_6H_2CH_3(NO_2)_3 \rightarrow 12CO + 2C + 3N_2 + 5H_2$$
정답 : ③

---

(5) 방향족 아민

① 아닐린($C_6H_5NH_2$)

㉠ 제법

나이트로벤젠을 수소로써 환원하면 아닐린이 생성된다. 실험실에서는 주석과 염산에서 생기는 수소를 이용한다.

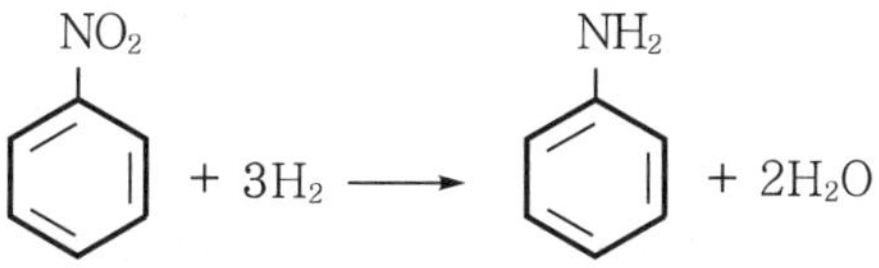

$$(Sn+2HCl \longrightarrow SnCl_2+H_2, \ SnCl_2+2HCl \longrightarrow SnCl_4+H_2)$$

㉡ 성질

㉮ 기름 모양의 무색 액체(비등점 184℃, 비중 1.02)로서 물에는 녹지 않는다. 방치하면 갈색으로 된다.

㉯ 암모니아의 수소 분자 1개가 페닐기(C_6H_5-)로 치환된 형의 화합물이므로 암모니아가 염산과 반응하듯이 아닐린도 염산과 반응하여 염산염을 만들므로 염기성이다.

㉰ 아닐린은 물에 녹지 않으나 염산과 반응하여 염(이온 화합물)을 만들므로 물에 녹는다.

$$C_6H_5NH_2+HCl \rightarrow C_6H_5NH_2 \cdot HCl \rightarrow [C_6H_5NH_3^+]Cl^-$$
아닐린(염기)　　　　염산아닐린(염)

㉱ 표백분($CaOCl_2$) 용액에서 아닐린은 붉은 보라색을 나타내며, 이 반응은 예민하므로 아닐린의 검출에 쓰인다.

㉲ 빙초산과 가열하면 판상 결정인 아세트아닐리드로 된다.

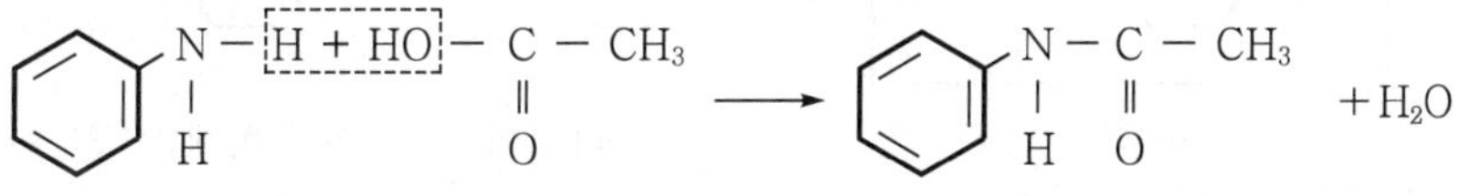

아세트아닐리드

㉳ 아세트아닐리드는 물에 녹지 않으며 해열제로 쓰인다(안티페브린).

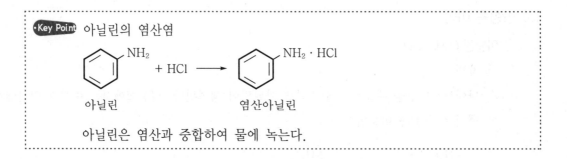

Key Point 아닐린의 염산염

아닐린   염산아닐린

아닐린은 염산과 중합하여 물에 녹는다.

② 다이아조화

아닐린은 저온(10℃ 이하)에서 아질산나트륨 용액과 묽은 염산의 혼합 용액에 반응하여 염화벤젠다이아조늄을 만든다.

$$NaNO_2 + HCl \xrightarrow{\text{저온}} NaCl + HNO_2$$

염화벤젠다이아조늄

③ 커플링 반응

방향족 다이아조늄 화합물에 페놀류나 방향족 아민을 작용시키면 아조기($-N=N-$)를 갖는 새로운 아조 화합물을 만드는 반응이다.

중화   파라하이드록시아즈 벤젠(염료)

318

예제 1. 다음 [ ] 속을 채워라.

> 벤젠에 진한 질산의 혼합용액을 작용하면 ① [ ]가 생기고 그 반응을 ② [ ]라
> 한다. 생긴 물질을 환원하면 ③ [ ]이 생기고 이 물질은 물에 ④ [ ]며 염산의
> H^+를 받아들이므로 ⑤ [ ]로 취급된다.

풀이 ① 나이트로벤젠 ② 나이트로화 ③ 아닐린 ④ 녹지 않으 ⑤ 염기

예제 2. 아닐린은 물에 잘 녹지 않지만 염화수소에 반응하면 물에 잘 녹는 물질이 생긴다.
이 화학 반응식을 쓰고 이 물질을 쓰시오.

풀이

01 유기화합물은 (   )을 하고 있어 무기화합물 간의 반응에 비해 일반적으로 더디게 일어난다. (   ) 안에 들어갈 말은?

① 이온결합   ② 공유결합
③ 수소결합   ④ 배위결합

해설 유기화합물은 공유결합성 물질로 비전해질이며, 반응속도도 대체로 느리다.

정답 ②

02 유기화합물의 특성을 설명한 것 중 옳지 않은 것은?

① 탄소화합물의 종류는 2만 종이 넘는다.
② 공유결합성 물질이며 전해질이다.
③ 화학적으로 안정하여 반응속도가 느리다.
④ 유기용매(에터, 벤젠)에 잘 녹는다.

해설 유기화합물은 공유결합성 물질이어서 비전해질이다.

정답 ②

03 탄소화합물의 특성을 설명한 것이다. 옳은 것을 고르면?

① 유기물은 연소하여 CO_2만 생성한다.
② 이온결합성 물질로 전기를 잘 통한다.
③ 분자식은 같으나 구조가 다른 이성질체가 존재한다.
④ 모두 물에 잘 녹는 가용성이다.

해설 탄소화합물은 연소하면 CO_2와 H_2O를 발생하며, 공유결합성 물질로 비전해질이며, 대부분이 물에 잘 녹지 않는 불용성이다(일부 가용성도 있음).

정답 ③

04 유기화합물과 무기화합물의 비교가 틀린 것은?

① 유기화합물의 반응속도는 매우 빠른 것이 많다.
② 유기화합물은 대부분 비전해질이다.
③ 유기화합물은 무기화합물보다 그 수가 더 많다.
④ 유기화합물은 무기화합물에 비해서 용융점이 낮다.

해설 유기화합물은 화학적으로 안정하여 반응속도가 느리다.

정답 ①

05 C_nH_{2n}의 일반식을 갖는 탄소화합물은 무엇인가?

① 알케인계   ② 파라핀계
③ 알카인계   ④ 에틸렌계

해설
• C_nH_{2n} : 알켄계, 에틸렌계, 올레핀계
• C_nH_{2n+2} : 알케인계, 메탄계, 파라핀계
• C_nH_{2n-2} : 알카인계, 아세틸렌계

정답 ④

06 다음 작용기 중에서 메틸(methyl)기는?

① $-OH$ ② CH_3-
③ $-COOH$ ④ $-NH_2$

정답 ②

07 다음 중 지방족 화합물이 아닌 것은?

① C_6H_6 ② C_2H_4
③ C_4H_4 ④ CH_4

해설 C_6H_6는 방향족 탄화수소이다.

정답 ①

08 펜탄(C_5H_{12})의 이성질체의 수는 몇 개인가?

① 2개

② 3개

③ 5개

④ 7개

> **해설** 이성질체 : 분자를 구성하는 원자는 같으나 원자의 배열이나 구조가 달라 물리적 · 화학적 성질이 다른 탄화수소
>
> **정답** ②

09 $CH_3 - CHCl - CH_3$의 명명법이 맞는 것은 어느 것인가?

① Di-methyl methane

② 1-ethyl propane

③ 2-chloro propane

④ Di-methyl-pentane

> **정답** ③

10 다음 분자식 중 알카인(Alkyne)족 화합물에 속하는 것은?

① CH_4

② C_3H_3

③ C_4H_6

④ C_2H_5

> **해설** 알카인 : C_nH_{2n-2}
>
> **정답** ③

11 포화탄화수소에 대한 설명 중 옳은 것은?

① 기하 이성질체를 갖는다.

② 첨가반응을 한다.

③ 2중 결합으로 되어 있다.

④ 치환반응을 한다.

> **정답** ④

12 $CH_2 = CH - CH = CH_2$를 정확히 명명한 것은?

① 1, 3-Butadiene

② 3-Butene

③ 1, 3-Butane

④ 1, 3-Di-methyl Butene

> **정답** ①

13 다음 포화탄화수소 화합물 중 액체상태인 것의 탄소수는?

① $C_1 \sim C_4$

② $C_5 \sim C_{17}$

③ $C_5 \sim C_{20}$

④ $C_5 \sim C_{30}$

> **해설**
> • 기체 : $C_1 \sim C_4$
> • 액체 : $C_5 \sim C_{17}$
> • 고체 : C_{18} 이상
>
> **정답** ②

14 분자식이 $C_{18}H_{30}$인 탄화수소 1분자 속에 2중 결합은 몇 개가 있는가?

① 1

② 4

③ 7

④ 10

> **해설** C가 18개 → $C_{18}H_{38}$ H가 38개가 필요하다.
> $$\therefore \frac{38-30}{2} = 4$$
>
> **정답** ②

15 다음 중 브로민수를 넣어서 적갈색으로 탈색되는 물질은?

① 메탄올

② 아세톤

③ 폼알데하이드

④ 아세틸렌

> **해설** 불포화탄화수소(에틸렌계, 아세틸렌계 탄화수소)에 브로민수를 통과시키면 이중결합이 있는 탄소에 브로민이 첨가반응을 일으켜 적갈색으로 탈색된다.
>
> **정답** ④

16 다음 반응식 중에서 첨가반응에 해당되는 것은?

① $3C_2H_2 \rightarrow C_6H_6$

② $CH_4 + Cl_2 \rightarrow CH_3Cl + HCl$

③ $C_2H_4 + Br_2 \rightarrow C_2H_4Br_2$

④ $C_2H_5OH \rightarrow C_2H_4 + H_2O$

해설 ① : 중합반응, ③ : 첨가반응

정답 ③

17 다음 중 아이오도폼 반응도 하고, 은거울 반응도 하는 물질은 어느 것인가?

① CH_3CHO ② CH_3CH_2OH

③ CH_3COCH_3 ④ $HCHO$

해설
- 아이오도폼 반응을 하는 물질 : 에틸알코올, 아세톤, 아세트알데하이드
- 은거울 반응을 하는 물질 : 아세트알데하이드, 폼알데하이드, 폼산

정답 ①

18 에틸알코올에 진한 황산을 넣고 130℃에서 가열할 때 생기는 물질을 무엇이라 하는가?

① 폼알데하이드

② 초산

③ 다이메틸에터

④ 다이에틸에터

해설 에틸알코올에 진한 황산을 가한 후 130℃로 가열하면 에터가 생기고, 160℃에서 가열하면 에틸렌이 생긴다.

정답 ④

19 에틸알코올에 어떤 물질을 가한 후 160℃로 가열하면 에틸렌이 생기는데, 이 물질은 무엇인가?

① 농질산 ② 염산

③ 진한 황산 ④ 염화칼륨

정답 ③

20 산화시키면 카르복실산이 되고, 환원시키면 알코올이 되는 것은?

① C_2H_5OH

② $C_2H_5OC_2H_5$

③ CH_3CHO

④ CH_3COCH_3

정답 ③

21 다음 중 카르보닐기는 어떤 것인가?

① $-OH$ ② $-CHO$

③ $\overset{O}{\underset{\|}{-C-}}$ ④ $-COOH$

해설 ① : 알코올기, ② : 알데하이드기, ④ : 카르복실기

정답 ③

22 다음은 관능기와 그 명칭을 적은 것이다. 잘못 적은 것은?

① $-CHO$: 알데하이드

② $-CO$: 알코올기

③ $-NO$: 나이트로소기

④ $-NH_2$: 아미노기

해설 $-CO$는 카르보닐기이다.

정답 ②

23 다음 중 카르복실기를 포함하고 있지 않은 것은?

① 아닐린

② 살리실산

③ 벤조산

④ 폼산

해설 아닐린 : $C_6H_5NH_2$

정답 ①

24 다음 주어진 반응의 이름은 무엇인가?

$$3C_2H_2 \rightarrow C_6H_6$$

① 중합반응　　② 치환반응
③ 첨가반응　　④ 침전반응

해설 아세틸렌이 50℃로 가열된 철판을 통과하면 중합되어 벤젠이 된다.

정답 ①

25 다음 중 페놀에 대한 설명으로 틀린 것은 어느 것인가?

① 벤젠보다 끓는점이 높다.
② 페놀은 벤젠보다 나이트로화가 어렵게 일어난다.
③ 물에 조금 녹는다.
④ 페놀의 수용액에 $FeCl_3$ 용액 한 방울을 가하면 정색반응을 한다.

해설 페놀은 벤젠보다 쉽게 나이트로화하여 피크린산을 쉽게 만든다.

정답 ②

26 알코올 두 분자에서 물 한 분자가 빠져나가면서 에터가 생성되는 반응은?

① 중합반응
② 분해반응
③ 축합반응
④ 치환반응

해설 알코올 두 분자가 결합하면서 물 한 분자가 빠져나가면서 에터가 되는데 이를 탈수축합반응이라고 한다.

정답 ③

27 다음과 같은 반응을 무엇이라 하는가?

$$CH_3OH + HCOOH \rightarrow HCOOCH_3 + H_2O$$

① 중화　　② 산화 · 환원
③ 에스터화　　④ 가수분해

해설 산+알코올 → 에스터+물(에스터화 반응)

정답 ③

28 다음 중 펠링용액을 환원시키는 물질은 어떤 것인가?

① 아세톤
② 초산
③ 메탄올
④ 아세트알데하이드

해설 알데하이드기를 가진 물질은 펠링용액을 환원시켜 적색의 Cu_2O 침전이 생기는 반응을 한다.

정답 ④

29 다음 중 에터와 관계가 없는 것은?

① 물에 잘 녹는다.
② 산소 원자에 두 개의 알킬기가 결합되어 있다.
③ 휘발성이 강하고 증기는 인화성, 마취성이 있다.
④ 에틸알코올에 진한 황산을 가하여 130℃로 가열하여 얻는다.

정답 ①

30 다음 중 에스터이면서 동시에 카르복실산인 것은?

① 페놀　　② 아닐린
③ 벤조산　　④ 아세틸살리실산

정답 ④

31 CH_3OCH_3와 C_2H_5OH는 이성질체 관계가 있다. 이들을 구별하는 방법으로 적당하지 못한 것은 어느 것인가?

① Na과 반응시켜 본다.
② 아이오도폼 반응
③ 끓는점을 비교한다.
④ 연소생성물을 비교한다.

해설 다이메틸에터와 에틸알코올은 둘 다 C, H로 이루어진 물질이기 때문에 연소생성물은 CO_2와 H_2O로 동일하다.

정답 ④

32 나프타(Naphtha)에 포함되어 있는 파라핀, 나프텐계 탄화수소를 방향족 탄화수소로 바꾸거나 이성화하는 조작을 무엇이라 하는가?

① 리포밍　　　　② 부가중합
③ 크래킹　　　　④ 축중합

해설 **리포밍** : 옥테인가가 낮은 탄화수소나 중질 나프타를 옥테인가 높은 가솔린으로 만들거나 파라핀계 탄화수소나 나프텐계 탄화수소를 방향족 탄화수소로 이성하는 조작

정답 ①

33 다음 중 방향족 화합물은?

① CH_4　　　　② C_2H_4
③ C_3H_8　　　　④ C_6H_6

해설 벤젠은 방향족 탄화수소의 대표물질이다.

정답 ④

34 다음 중 방향족 화합물이 아닌 것은?

① 톨루엔　　　　② 나프탈렌
③ 아세톤　　　　④ 페놀

해설 아세톤은 지방족 탄화수소로서 케톤($R-CO$)류에 속한다.

정답 ③

35 벤젠의 구조에 관한 설명 중 틀린 것은 어느 것인가?

① 6개의 C-C 결합 중 3개는 단일결합이며, 나머지 3개는 이중결합이다.
② C-C 결합의 길이는 모두 같다.
③ 한 탄소 원자가 다른 두 탄소 원자와 형성하는 결합각은 120°이다.
④ 같은 탄소수를 가진 사슬 모양의 포화탄화수소보다 8개의 수소가 부족하다.

해설 벤젠의 구조는 고리 모양으로 된 공명구조로 되어 있다.

정답 ①

36 벤젠을 햇빛 촉매하에서 염소와 반응시키면 어떤 물질이 생성되는가?

① 사이클로헥세인
② 벤젠술폰산
③ BHC
④ 염화벤젠

해설 BHC : Benzene Hexa Chloride

정답 ③

37 다음 중 $o-$, $m-$, $p-$의 세 가지 이성질체를 갖는 유기물질은?

① 나프탈렌　　　　② 아닐린
③ 페놀　　　　④ 크실렌

해설 $o-$크실렌은 인화점이 32℃, $m-$, $p-$크실렌의 경우 인화점이 25℃로서 제2석유류에 속한다.

정답 ④

38 다음 물질 중 염기성인 것은?

① C_6H_5OH　　　　② $C_6H_5NH_2$
③ $C_6H_5OCH_3$　　　　④ $C_6H_5NO_2$

정답 ②

39 포도당의 분자식은 무엇인가?

① $C_6H_{12}O_6$

② $C_6H_{10}O_6$

③ $C_{12}H_{22}O_{12}$

④ $(C_6H_{10}O_6)n$

정답 ①

40 아미노산이 꼭 포함하고 있는 원자단만을 짝지어 놓은 것은?

① $-COOH$와 $-NH_2$

② $-COOH$와 $-OH$

③ $-COOH$와 $-NO_2$

④ $-SO_3$와 $-NH_2$

정답 ①

41 다음 중 미생물의 작용으로 반응이 일어나는 것은 어느 것인가?

① 통기성 반응

② 발효

③ 촉매현상

④ 치환

해설 발효는 미생물에 의한 화학적 변화이다.

정답 ②

42 천연고무와 관계있는 것은?

① 뷰타다이엔의 중합체이다.

② 클로로프렌의 중합체이다.

③ 이소프렌의 중합체이다.

④ 염화바이닐의 중합체이다.

해설 천연고무는 이소프렌의 중합체이다.

정답 ③

43 나일론에는 어떤 결합이 들어 있는가?

① $-S-S-$

② $-O-$

③ $-NH-CO-$

④ $-CO-O-$

해설 나일론 6,6은 헥사메틸렌 다이아민과 아디프산을 축중합하여 만든 것으로서 펩티드 결합으로 되어 있다.

정답 ③

44 다음 중 열가소성 수지를 옳게 짝지은 것은?

① 폴리스티렌, 페놀수지

② PVC, 폴리에틸렌수지

③ 요소수지, 멜라민수지

④ 요소수지, PVC

해설 PVC(염화바이닐수지)와 폴리에틸렌수지는 열가소성 수지이다.

정답 ②

45 다음 사슬 화합물 가운데 동족체가 아닌 것은 어느 것인가?

① C_3H_8

② C_8H_{16}

③ C_4H_{10}

④ C_6H_{14}

해설 ②는 C_nH_{2n}으로 알켄이며, 나머지는 C_nH_{2n+2}의 일반식을 갖는 알케인(Alkane)류이다.

정답 ②

46 어떤 화합물을 분석한 결과 C_nH_{2n}이라는 일반식을 얻었다. 이 사실로서 짐작할 수 있는 것은?

① 포화탄화수소이다.

② 2중결합이 1개 있다.

③ 3중결합이 1개 있다.

④ 이 사실만으로는 알 수 없다.

해설 사슬인지 고리인지 알 수 없기 때문에 이 사실로는 알 수 없다.

정답 ④

47 다음 구조식은 펜테인의 이성질체를 나타낸 것이다. 중복된 것은?

```
A.  C ─ C ─ C ─ C ─ C

B.  C ─ C ─ C ─ C
            │
            C

C.  C ─ C ─ C ─ C
            │
            C

D.      C
        │
    C ─ C ─ C
        │
        C
```

① A와 B
② B와 C
③ C와 D
④ D와 A

정답 ②

48 에틸렌 계열 탄화수소에 속하는 것은?

① C_3H_6
② C_4H_{10}
③ C_5H_8
④ C_6H_{14}

해설 C_nH_{2n}

정답 ①

49 다음 화합물 중 물에 잘 녹는 것은?

① $CH_3COOC_2H_5$
② $CH_3 \cdot CO \cdot CH_3$
③ $CH_3 \cdot O \cdot C_2H_5$
④ $CHCl_3$

해설 $-OH$, $-CHO$, $-CO-$, $-COOH$가 있는 것은 대체로 물에 잘 용해된다.

정답 ②

50 다음 화합물 가운데 금속 Na을 넣어도 수소가 발생하지 않는 것은?

① C_2H_5OH
② CH_3COOH
③ $C_6H_4(OH)CH_3$
④ $CH_3 \cdot O \cdot CH_3$

해설 $-OH$가 있으면 Na과 반응하여 수소가 발생한다.

정답 ④

51 알데하이드에 반드시 있어야 할 원자단은?

①
$$\overset{O}{\underset{}{-\overset{\|}{C}-H}}$$

②
$$-\overset{O}{\overset{\|}{C}}-O-H$$

③
$$-\overset{O}{\overset{\|}{C}}-$$

④
$$-\overset{O}{\overset{\|}{C}}-CO$$

정답 ①

52 다음 중 알데하이드를 만들기 위해 산화시켜야 할 것은?

① 초산
② 아세틸렌
③ 1급 알코올
④ 2급 알코올

해설
• 1급 알코올 $\xrightarrow{[O]}$ 알데하이드 $\xrightarrow{[O]}$ 카르복실산
• 2급 알코올 $\xrightarrow{[O]}$ 케톤

정답 ③

53 다음 화합물에서 케톤에 속하는 것은?

①
$$CH_3-\overset{O}{\overset{\|}{C}}-H$$

②
$$CH_3-\overset{O}{\overset{\|}{C}}-O-H$$

③ CH_3-O-CH_3

④
$$CH_3-\overset{O}{\overset{\|}{C}}-CH_3$$

해설 케톤은 $R-CO-R'$이다.

정답 ④

54 카바이드에 물을 넣어 발생하는 기체에 수은염을 촉매로 물을 부가시켜 생성된 물질은?

① CH_3COOH
② CH_3CHO
③ C_2H_5OH
④ CH_2CHCl

해설
- $CaC_2 + 2H_2O \longrightarrow Ca(OH)_2 + C_2H_2$
- $C_2H_2 + H_2O \xrightarrow[(HgSO_4)]{} CH_3CHO$

정답 ②

55 벤젠의 구조에 대한 설명으로 옳은 것은?

① 분자 중의 모든 원자는 같은 평면에 있다.
② 벤젠 고리는 사이클로헥세인 고리와 같은 입체적인 모양을 갖고 있다.
③ 2중결합의 위치에 따라 다른 두 가지 분자로 존재한다.
④ 짧은 C=C 결합과 긴 C-C 결합이 있다.

해설 벤젠에는 뚜렷한 2중결합이 있는 것이 아니다. 단일결합과 2중결합의 중간 형태인 공명혼성체이다.

정답 ①

56 벤젠의 유도체 가운데 직접 치환될 수 없는 것은?

① $-NH_2$
② $-Cl$
③ $-NO_2$
④ $-SO_3H$

해설
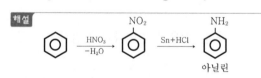

정답 ①

57 페놀의 성질로서 틀린 것은?

① 물에 조금 녹는다.
② 산과 반응하여 에스터를 만든다.
③ 수용액은 중성이다.
④ 벤젠보다 높은 온도에서 끓는다.

해설
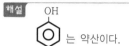 는 약산이다.

정답 ③

58 구조상 3가지 물질과 다른 것은?

① 살리실산
② 톨루엔
③ 폼산
④ 피크린산

해설

정답 ③

59 다음 화합물 중 같은 족이 아닌 것은?

① 사이클로헥세인
② 벤젠술폰산
③ 아닐린
④ 살리실산

해설 ②, ③, ④는 방향족 유도체, ①은 지방족 탄화수소류 고리화합물이다.

정답 ①

60 지방산에서 아이오딘값이 크다는 것은?

① 불포화 정도가 크다.
② 불포화 정도가 작다.
③ 탄소가 많이 들어 있다.
④ 탄소가 적게 들어 있다.

정답 ①

9 반응속도와 화학평형

① 화학반응과 에너지

(1) 화학반응과 에너지

물이 항상 낮은 곳으로 흐르는 것과 같이 자연계의 변화도 에너지가 높은 상태로부터 낮은 상태, 즉 불안정한 상태로부터 안정한 상태로 되려고 한다. 그림에서와 같이 A의 물이 산을 넘지 못하면 B로 흘러가지 못한다.

활성화 에너지

산을 넘기 위해서는 A못의 물을 B못으로 퍼 올려야 하는데 이러한 조작을 활성화한다고 하며, 이때 필요한 에너지를 활성화 에너지라 한다.

(2) 열화학 반응식

물질이 화학 변화를 일으키는 경우에는 열을 방출하거나 흡수한다. 이 열의 출입을 나타낸 식을 열화학 반응식이라 한다.

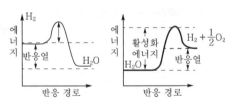

① 발열반응

발열 반응이 클수록 생성되기 쉽고 안정하다.

② 흡열반응

흡열 반응을 일으키기 위해서는 계속 열을 가해야 하며, 반응이 일어나기 힘들다.

③ 반응 엔탈피(enthalpy of reaction)

어떤 물질이 생성되는 동안 그 물질 속에 축적된 에너지이다. 화학 반응에서 열효과란 생성 물질의 엔탈피와 반응 엔탈피 간의 차이다.

$\langle \Delta H = $ 생성 물질의 엔탈피 $-$ 반응 물질의 엔탈피$\rangle$

 [참고] 엔탈피

일정한 압력에서 어떤 물질이 가지고 있는 고유한 총 에너지 함량

(3) 반응열

화학반응이 일어날 때 출입하는 열을 반응열 또는 반응 에너지라 한다.

① **반응열의 종류**

   ㉠ 생성열

     어떤 물질 1몰이 그 성분원소의 가장 안정한 물질로부터 화합물 1몰이 생성될 때의 반응열

      $H_2 + \dfrac{1}{2}O_2 \rightarrow H_2O + 68.3kcal$

   ㉡ 분해열

     어떤 물질 1몰이 성분원소의 가장 안정한 홑원소 물질로 분해될 때 출입하는 반응열

      $H_2O \rightarrow H_2 + \dfrac{1}{2}O_2 - 68.3kcal$

   ㉢ 연소열

     물질 1몰이 완전연소할 때 방출하는 열량으로 연소반응은 항상 발열반응임.

     예외 $C + O_2 \rightarrow CO_2 + 94.1kcal$

   ※ **반응식**

     • 흑연 1몰(12.0g)이 완전 연소하여, 1몰(44.0g)의 이산화탄소(CO_2)가 생기면 94.1kcal의 열량이 발생

     • 반응열은 1mol 가량의 열량을 kcal 단위로 표시하고 있다.

      $Q(kcal/mol)$

   ㉣ 용해열

     어떤 물질 1몰이 다량의 용매에 완전히 용해될 때 발생 또는 흡수하는 열량

     예외 $H_2SO_4 + aq \rightarrow H_2SO_4(aq) + 19.0kcal$

      aq는 라틴어의 aqua(물, 용매)란 어원을 가짐

   ㉤ 중화열

     • 산의 $H^+(aq)$ 1몰과 염기의 $OH^-(aq)$ 1몰이 중화 반응하여 안정한 물 1몰이 생성될 때 주위로 방출하는 열량

     • 강산과 강염기의 중화 반응은 알짜 이온 반응식이 동일하므로 산, 염기의 종류에 관계없이 $\Delta H = -13.7kcal$로 항상 일정하다.

     • $HCl(aq) + NaOH(aq) \rightarrow NaCl(aq) + H_2O(l) + 13.7kcal$

※ 반응식

- aq는 다량의 물을 표시하며 $HCl(aq) + NaOH(aq)$는 염산 수용액과 수산화나트륨의 중화 반응이다.
- 염산과 수산화나트륨 용액 1mol씩 중화했을때 13.7kcal 의 열이 발생한다.

 [참고] 반응열

⇨ 물질 1몰당의 열량 kcal로 표시한다.
생성열은 생성하는 물질 1몰, 연소열은 연소하는 물질 1몰, 용해열은 용해하는 물질 1몰, 중화열 은 H^+, OH^- 1몰당 출입하는 열량이다.

---

 (1) 탄소의 연소열은 94.1kcal이다. 탄소 1g이 연소할 때는 몇 kcal의 열이 발생하는가?

(2) 20℃의 물 100g에 1g의 수산화나트륨(고체)을 가하여 잘 저은 후 완전히 용해 되었을 때의 온도를 측정하니 22.5℃였다. 용해 후의 수용액의 비열을 1로 하고 발생한 열은 모두 수용액에 흡수되었다고 하면, 수산화나트륨의 용해열은 얼마인가? (단, 원자량 C=12, O=16, Na=23으로 한다.)

풀이 (1) 탄소의 원자량은 12이기 때문에 1몰당 12g이다. 1g의 발열량은 94.2÷12=7.85(kcal)

(2) 혼합 용액의 전 질량은 (100+1)g이고 그의 비열이 1이기 때문에 1g의 NaOH의 용해로 생긴 열량은 $Q = mc\Delta T = (100+1) \times (22.5-20) = 252.5$(cal)이다. 따라서 NaOH 1몰당(40g)의 용해열은 $252.5 \times 40 = 10100$(cal) = 10.1(kcal)

---

(5) 헤스의 법칙(Hess's law)

최초의 물질의 종류와 상태, 최후의 물질의 종류와 상태가 결정되면 그 도중의 반응은 어떤 단계로 일어나도 발생하는 열량, 또는 흡수하는 열량의 총합은 같다. 이것을 헤스 의 법칙이라 한다.

즉, ⅰ) C(흑연) + O_2 → CO_2 + 94.1kcal

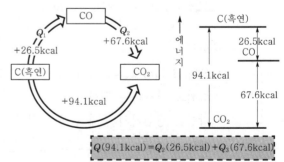

ii) C(흑연) $+ \dfrac{1}{2}O_2 \rightarrow CO + 26.5$kcal

iii) CO $+ \dfrac{1}{2}O_2 \rightarrow CO_2 + 67.6$kcal

헤스의 법칙에 의해서

$Q = Q_1 + Q_2$, 94.1kcal$=$26.5kcal$+$67.6kcal

$$+\begin{cases} \text{C(흑연)} + \dfrac{1}{2}\cancel{O_2} \rightarrow \cancel{CO} + 26.5\text{kcal} \\[2mm] \cancel{CO} + \dfrac{1}{2}O_2 \rightarrow CO_2 + 67.6\text{kcal} \end{cases}$$

$\quad$ C(흑연) $+ O_2 \rightarrow CO_2 + 94.1$kcal

② 반응속도

(1) 반응속도

화학반응이 얼마나 빨리 일어나는지를 양적으로 취급할 때 이 빠르기를 반응속도라고 하는데, 반응 속도는 온도, 농도, 압력, 촉매, 작용하는 물질의 입자 크기, 빛, 전기, 교반, 효소 등에 따라 달라진다.

> **[참고] 반응 속도**
>
> ⇨ 단위 시간에 감소 또는 증가한 물질의 농도로 표시
> $\quad$ 금속과 산과의 반응에서 금속은 양으로(g수), 산은 농도로 나타낸다.

(2) 반응속도에 영향을 주는 요소

① 농도(농도 표시 → [ ])

일정한 온도에서 반응 물질의 농도(몰/L)가 클수록 반응 속도가 커지는데, 반응 속도는 반응하는 순간에 반응 물질의 농도의 곱에 비례한다.

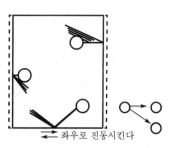

← → 좌우로 진동시킨다

② 반응속도와 온도 활성화 에너지

온도를 상승시키면 반응 속도는 증가한다. 일반적으로 수용액의 경우 온도가 10℃ 상승하면 반응 속도는 약 2배로 증가하고, 기체의 경우는 그 이상임이 알려졌다. 수소와 아이오딘이 반응하여 아이오딘화수소가 될 때 1몰당 2.5kcal의 열(방출열)을 방출한다.

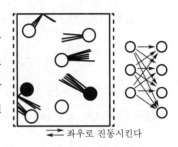

좌우로 진동시킨다

$$H_2 + I_2 \rightleftarrows 2HI + 2.5kcal$$

이것으로부터 수소와 아이오딘이 각각의 분자 상태로 존재하기보다는 아이오딘화수소 분자로서 존재하는 것이 화학적으로 안정하다는 것을 알 수 있다. 따라서 상온에서는 이 양쪽의 기체를 단지 혼합하는 것만으로는 반응은 일어나지 않으며, 약 400℃로 가열하면 비로소 반응이 시작된다. 이 사실은 아이오딘과 수소 각각의 분자에 열에너지를 주어 양쪽 기체의 분자 운동이 활발해져 충돌함으로써 아이오딘화수소가 생성되는 것을 말한다. 일반적으로 화학 반응을 진행시킨다든지 반응 속도를 빨리 할 때는 그 반응이 발열 반응이거나, 또는 흡열 반응이든 열을 가하지 않으면 안 된다. 일반적으로 어느 분자가 서로 열에너지를 얻어 다른 물질 분자로 변화할 때 서로가 충돌하여 특별한 결합의 중간 화합물을 만든다는 것을 알 수 있다. 이 상태는 분자가 에너지가 풍부한 즉 반응하기 쉬운 상태이며, 이 상태를 활성화 상태라 말한다. 또 활성화 상태로 된 특별 결합을 한 화합물을 활성 착합체(활성 착제)라 부르기도 한다.

그림은 수소와 아이오딘으로부터 아이오딘화수소가 생성될 때에 대하여 이상의 관계를 나타낸 것이다.

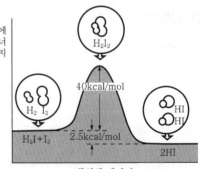

활성화 에너지

H_2, I_2가 에너지를 얻어서 활성화 상태의 착합체 H_2I_2를 거쳐 아이오딘화수소가 되는 것을 나타낸 것으로 활성화하기 위해 필요한 에너지를 활성화 에너지라 부르고, 이 경우 40kcal/mol이다.

$$H_2 \quad + \quad I_2 \quad \rightarrow \quad H_2I_2 \quad \rightarrow \quad 2HI$$

<활성화 상태>

[참고] 온도 상승과 반응 속도 관계

온도가 상승할수록 반응 속도가 커진다.
열을 가하여 온도를 높게 하면 활성화하는 분자의 수가 증가하기 때문에 반응 속도는 그만큼 커진다.

(3) 반응속도와 촉매

촉매는 자신은 변하지 않고 반응속도만을 증가시키거나 혹은 감소시키는 물질이다.

① 정촉매 …… 반응속도를 빠르게 하는 촉매

② 부촉매 …… 반응속도를 느리게 하는 촉매

●예외 $2H_2O_2 \dfrac{MnO_2(정촉매)}{H_3PO_4(부촉매)} \rightarrow 2H_2O + O_2$

 [참고] 정촉매와 부촉매

정촉매 → 활성화 에너지 낮아짐 → 반응 속도 증가
부촉매 → 활성화 에너지 높아짐 → 반응 속도 감소

산소가 흡착된다.

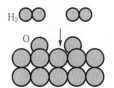

산소는 원자 상태로 흡착되어
이것에 수소가 충돌한다.

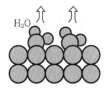

물의 분자가 되어
백금에서 분리된다.

 [참고] 촉매 작용과 활성화에너지

정촉매는 반응속도를 증가, 부촉매는 반응속도를 감소시킨다. 정촉매는 활성화 에너지를 작게 하려는 성질이 있기 때문에 낮은 온도에서도 반응이 일어나기 쉽다. 부촉매는 역으로 크게 하기 때문에 반응이 일어나기 어렵다.

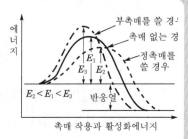

촉매 작용과 활성화에너지

> **[참고] 가역 반응**
>
> ⇨ 조건의 변화로 정·역 방향으로 진행하는 반응
> 온도나 농도, 압력 등의 조건의 변화에 따라 반응이 정·역 어느 방향으로도 진행되는 반응을 가역 반응이라 한다.

③ 반응속도론과 화학평형

화학반응이 일어나면 반응이 진행함에 따라 반응물질의 농도감소가 처음에는 빨리 일어나다가 점점 천천히 일어난다. 어느 시간에 이르러서는 더 이상 감소하지 않게 되는 상태가 되는데, 이러한 상태를 정반응과 역반응의 속도가 같은 상태, 즉 화학평형상태(chemical equilibrium state)라 한다.

화학평형상태의 계를 이루고 있는 생성물과 반응물의 상대적 비율을 결정하기 위해 다음의 일반적 반응식을 생각해 보자

$$a\mathrm{A(g)} + b\mathrm{B} \rightleftharpoons c\mathrm{C(g)} + d\mathrm{D(g)}$$

A와 B를 한 용기에 혼합하고 시간에 따른 A, B의 농도를 측정하여 다음 그림에 나타내었다.

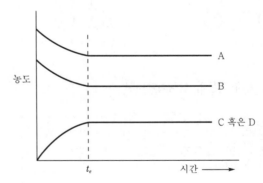

여기서 [A], [B], [C], [D]는 각 물질의 농도를 나타낸다. 이들은 시간 t_e에서 농도의 변화 없이 일정한 값을 보인다. 이 상태를 화학적 평형에 도달했다고 한다.

위 반응에서 C와 D가 생성되는 정반응과 A와 B가 생성되는 역반응의 속도는 각각 다음과 같다.

$$정반응 \ 속도 = k_f[\mathrm{A}]^a[\mathrm{B}]^b$$

$$\text{역반응 속도} = k_r[\text{C}]^c[\text{D}]^d$$

k_f와 k_r은 정반응 속도정수, 역반응 속도정수를 나타낸다. 정반응과 역반응의 속도가 같은 상태를 화학평형상태라 하고, 이를 식으로 나타내면 다음과 같다.

$$k_f[\text{A}]^a[\text{B}]^b = k_r[\text{C}]^c[\text{D}]^d$$

화학평형상태에서 생성물과 반응물의 농도는 k_f와 k_r의 비에 의하여 결정되는 이 값을 평형상수 K_C라고 한다. 이 관계는 질량작용의 법칙이라고 하며, 이 식을 질량작용식이라 한다.

$$\frac{k_f}{k_r} = \frac{[\text{C}]^c[\text{D}]^d}{[\text{A}]^a[\text{B}]^b}$$

$$K_C = \frac{[\text{C}]^c[\text{D}]^d}{[\text{A}]^a[\text{B}]^b}$$

한편 아래와 같은 두 단계로 된 반응을 생각해 보자. 두 반응은 모두 같은 온도에서 일어났다.

전체반응 $2\text{NO}_2\text{Cl}(g) \rightleftarrows 2\text{NO}(g) + \text{Cl}_2(g)$

1단계 $\text{NO}_2\text{Cl}(g) \underset{k_{r1}}{\overset{k_{f1}}{\rightleftarrows}} \text{NO}(g) + \text{Cl}(g)$

2단계 $\text{NO}_2\text{Cl}(g) + \text{Cl}(g) \underset{k_{r2}}{\overset{k_{f2}}{\rightleftarrows}} \text{NO}(g) + \text{Cl}_2(g)$

전체반응이 평형을 이루려면 반응메커니즘의 각 단계 반응도 평형을 이루어야 한다. 그러므로 평형상수는 다음과 같다.

$$K_C = \frac{[\text{NO}]^2[\text{Cl}_2]}{[\text{NO}_2\text{Cl}]^2}$$

$$K_1 = \frac{k_{f1}}{k_{r1}} = \frac{[\text{NO}][\text{Cl}]}{[\text{NO}_2\text{Cl}]}, \quad K_2 = \frac{k_{f2}}{k_{r2}} = \frac{[\text{NO}][\text{Cl}_2]}{[\text{NO}_2\text{Cl}][\text{Cl}]}$$

K_C, K_1, K_2는 각각 전체반응, 1단계 반응, 2단계 반응의 평형상수이다.

전체반응의 평형상수는 각 단계의 평형상수의 곱으로 표시된다.

$$K_C = K_1 \cdot K_2 = \frac{[\text{NO}][\text{Cl}]}{[\text{NO}_2\text{Cl}]} \times \frac{[\text{NO}][\text{Cl}_2]}{[\text{NO}_2\text{Cl}][\text{Cl}]} = \frac{[\text{NO}]^2[\text{Cl}_2]}{[\text{NO}_2\text{Cl}]^2}$$

각 단계의 평형상수의 곱은 전체반응의 평형상수와 같다. 여기서 보듯이 화학반응은 반응메커니즘에는 상관없이 평형상태에서는 언제나 같은 결과에 도달한다.

500K에서 1몰의 $NOCl(g)$를 1L 용기에 넣었다. 평형상태에서 $NOCl(g)$는 9.0% 해리된다.

$2NOCl(g) \rightleftarrows 2NO(g) + Cl_2(g)$ 500K에서 평형상수 K_C를 구하시오.

풀이 해리된 $NOCl$의 몰수 $= 1mol \times 0.09 = 0.09mol$

해리되지 않은 $NOCl$의 몰수 $= 1mol - 0.09mol = 0.91mol$

생성된 NO의 몰수 $= \dfrac{1}{2} \times 0.09mol = 0.045mol$

그러므로 평형상태에서 각 물질의 농도는 다음과 같다.

$[NOCl] = 0.91mol/h$

$[NO] = 0.09mol/L$

$[Cl_2] = 0.045mol/L$

위 값으로 K_C를 구하면 다음과 같다.

$$K_C = \frac{[NO]^2[Cl_2]}{[NOCl]^2} = \frac{(0.09mol/L)^2(0.045mol/L)}{(0.91mol/L)^2} = 4.4 \times 10^{-4} mol/L$$

④ 압력으로 나타낸 평형상수

기체의 농도는 그 물질의 분압으로 나타낼 수 있다. 따라서 기체의 화학반응에서의 평형상수도 기체의 농도 대신 분압으로 표시할 수 있다. 평형상수와 구분하기 위해 농도에 대한 평형상수를 K_C, 압력에 의한 평형상수를 K_P로 표시한다.

예로 다음 반응의 평형상수는

$$N_2(g) + 3H_2(g) \rightleftarrows 2NH_3(g)$$

$$K_C = \frac{[NH_3]^2}{[N_2][H_2]^3}$$

$$K_P = \frac{(P_{NH_3})^2}{(P_{N_2})(P_{H_2})^3}$$

로 나타낸다. 이때 P_{NH_3}, P_N, P_{H_2}는 평형상태를 유지하는 NH_3, N_2, H_2의 분압이다.

K_C와 K_P의 관계를 살피기 위해 일반적인 반응을 예로 들어보자.

$$aA(g) + bB(g) \rightleftarrows cC(g) + dD(g)$$

이 반응에서 K_P를 구하면 다음과 같다.

$$K_P = \frac{P_C{}^c \cdot P_D{}^d}{P_A{}^a \cdot P_B{}^b}$$

여기서 각 A, B, C, D 기체가 이상기체의 거동을 보인다고 가정하여 K_P를 구하면 다음과 같다.

$$PV = nRT$$

각 기체의 분압 P_i은 다음과 같다.

$$P_i = \frac{n_i}{V}RT = [i]RT$$

$$\frac{n_i}{V} = [i], \quad i = A, B, C, D$$

이를 이용해 K_P를 구하면 다음과 같다.

$$K_P = \frac{[C]^c(RT)^c(D)^d(RT)^d}{[A]^a(RT)^a(B)^b(RT)^b} = \frac{[C]^c[D]^d}{[A]^a[B]^b} \cdot (RT)^{(c+d-a-b)}$$

위 식에 K_C를 대입하면 다음 관계가 나온다.

$$K_P = K_C \cdot (RT)^{\Delta n}$$

여기서, Δn은 생성물의 몰수－반응물의 몰수이다. 생성물과 반응물의 몰수가 같으면 $\Delta n = 0$ 로 K_C와 K_P는 같은 값을 보인다.

⑤ Le Chatelier의 원리

평형계의 조건인 온도와 압력이 변화하면 그 평형계는 어떻게 될까? 1884년 Le Chatelier 는 평형에 이른 계가 외부에서 교란을 받으면 그 교란을 없애려는 방향으로 반응하여 새로운 평형상태에 이른다고 설명하였다. 이것을 Le Chatelier의 원리라 한다.

(1) 농도 변화

① 물질의 농도를 증가시키면 증가된 물질의 농도를 감소시키는 방향으로 반응이 진행된다.

② 물질의 농도를 감소시키면 감소된 물질의 농도를 증가시키는 방향으로 반응이 진행된다.

조건 변화	평형 이동
반응물의 농도 증가 생성물의 농도 감소	정반응 쪽으로 평형 이동 (반응물의 농도 감소, 생성물의 농도 증가 방향)
반응물의 농도 감소 생성물의 농도 증가	역반응 쪽으로 평형 이동 (반응물의 농도 증가, 생성물의 농도 감소 방향)

③ 다음계가 평형을 이루었다고 하자.

$$H_2(g) + I_2(g) \rightleftharpoons 2HI(g)$$

반응물이나 생성물의 농도를 조금이라도 변화시키면 이 평형이 깨진다. 예를 들면, H_2의 농도를 증가시키면, 평형이 깨지고 다시 새로운 평행을 이루기 위해 H_2의 농도를 감소시키는 방향, 즉 오른쪽으로 반응이 진행된다. H_2가 소모됨으로써 HI가 더 생성되어 처음의 평형상태에서 HI의 농도보다 더 커지게 된다. 이때 평형의 위치가 오른쪽으로 이동하였다고 한다.

Le Chatelier의 원리를 이용하면 반응물이나 생성물을 제거했을 때 반응계가 어떤 영향을 받는가도 예측할 수 있다. 이와 같은 원리를 이용하여 반응을 완결하는 쪽으로 깊숙이 진행시키려면 반응물의 한 성분을 과잉으로 넣거나 생성물을 제거하면 된다는 것을 예측할 수 있다.

(2) 온도 변화

① 온도를 높이면 온도를 낮추는 방향인 흡열 반응으로 평형이 이동한다.
② 온도를 낮추면 온도를 높이는 방향인 발열 반응으로 평형이 이동한다.
③ 온도 변화에 따른 평형 상수

그래프	의미	
평형 상수 (K) 정반응이 흡열 반응($Q<0$, 또는 $\Delta H>0$)일 때 정반응이 발열 반응($Q>0$, 또는 $\Delta H<0$)일 때 온도	정반응이 흡열 반응 ($\Delta H > 0$)	온도 증가 → 흡열 반응 쪽으로 평형 이동 → 생성물 증가 → K 증가
	정반응이 발열 반응 ($\Delta H < 0$)	온도 증가 → 흡열 반응 쪽으로 평형 이동 → 반응물 증가 → K 감소

평형상수는 온도함수이다. 그러므로 온도가 변하면 평형의 위치도 변화되고 변형상수값 자체도 영향을 받는다.

④ 다음의 발열반응을 예로 들어보자.

$$3H_2(g) + N_2(g) \rightleftarrows 2NH_3(g) + 22.0kcal$$

이 계가 평형에 이르렀을 때 온도를 가하면 평형은 깨지고 가해진 열의 일부를 소모하는 방향으로 반응이 진행한다. 그러므로 흡열변화를 일으켜 NH_3의 분해반응이 진행된다. 따라서 발열반응의 경우 계의 온도를 높이면 평형의 위치는 왼쪽으로 이동한다. NH_3의 농도는 작아지고 N_2와 H_2의 농도가 커지므로

$$K_C = \frac{[NH_3]^2}{[H_2]^3[N_2]}$$

K_C 값은 식에 따라 작아진다.

(3) 압력변화

① 압력을 높이면 압력이 낮아지는 방향으로 평형이 이동하므로 기체의 몰수가 감소하는 방향으로 평형이 이동한다.

② 압력을 낮추면 압력이 높아지는 방향으로 평형이 이동하므로 기체의 몰수가 증가하는 방향으로 평형이 이동한다.

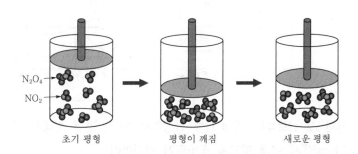

$N_2O_4(g) \rightleftarrows 2NO_2(g)$ 반응에서의 압력 변화에 따른 평형 이동

③ 압력의 변화에 무관한 경우

　㉠ 반응 전후에 기체의 몰수가 같은 반응

　㉡ 고체나 액체가 포함된 반응은 기체의 계수(몰수)만 고려한다.

　㉢ 일정한 부피의 용기, 반응에 영향을 주지 않는 기체(비활성 기체)를 넣은 경우는 평형에 영향을 주지 않는다.

④ 일정 온도에서 어떤 계의 외부압력을 높이면 부피는 감소한다(Boyle의 법칙).

$$PV = 상수$$

⑤ 평형계의 압력이 증가하면 평형은 계의 부피가 작아지는 방향으로 이동하고, 압력이 감소하면 계의 부피가 커지는 방향으로 이동한다. NH_3 생성반응을 상기하자.

$$N_2(g) + 3H_2(g) \rightleftharpoons 2NH_3(g)$$

이 반응은 Δn이 -2이므로 이 평형계에 증가시키면 반응이 오른쪽으로 진행하여 부피를 감소시킨다.

반응물과 생성물이 모두 고체나 액체일 경우 이들은 비압축성이므로 압력변화가 평형의 위치에 영향을 미치지 않는다. 또한 반응 전후의 기체몰수에 변화가 없는 경우, $\Delta n = 0$인 경우도 마찬가지다.

(4) 촉매의 영향

화학평형에서는 정반응과 역반응의 속도는 같다. 여기에 촉매를 가하면 정반응의 속도가 증가하며, 그것과 비례하여 역반응의 속도도 또한 증가한다. 따라서 평형상태는 변화가 없다. 촉매는 화학반응의 속도를 증가시키는 작용을 하지만, 화학평형을 이동시킬 수는 없다.

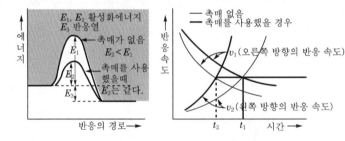

두 기체 A, B로부터 기체 C를 합성하려 한다. 평형 상태의 식 $A + 2B \rightleftharpoons 2C + 15kcal$에서 아래 항들을 올바르게 짝지어라.

(1) 압력을 높일 때 　　　ᄀ C가 많아진다.

(2) 온도를 높일 때 　　　ᄂ C가 적어진다.

(3) 촉매를 썼을 때 　　　ᄃ C의 양은 변화가 없다.

(4) A의 농도를 진하게 할 때

정답

(1) $A + 2B \rightarrow 2C$(즉 $3 \rightarrow 2$) ᄀ

(2) $A + 2B - 15kcal \leftarrow 2C$ 즉 ᄂ

(3) ᄃ

(4) ᄀ

⑥ 산의 이온화 평형

Arrhenius의 산은 물과 반응하여 수소이온과 짝염기이온을 만든다. 이 과정을 산이온화 또는 산해리(acid ionization or acid dissociation)라 한다.

센 산이라면 용액에서 완전히 이온화되고 이온의 농도는 산의 처음 농도로부터 화학양론적인 반응으로 결정된다. 그러나 약한 산은 용액에서 이온의 농도를 구할 때 그 산의 이온화에 대한 평형상수인 산이온화(해리)상수로 결정된다.

약한 일가의 산 HA를 생각해 보자.

$$HA(aq) + H_2O(l) \rightleftharpoons H_3O^+(aq) + A^-(aq)$$

간단히 $\qquad HA(aq) \rightleftharpoons H^+(aq) + A^-(aq)$

이 산의 이온화에 대한 평형상수(또는 산이온화상수) K_a는 아래와 같다.

$$K_a = \frac{[H^+][A^-]}{[HA]}$$

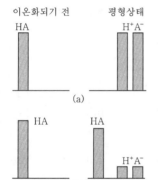

이온화되기 전   평형상태
HA   H⁺ A⁻
(a)

HA   HA
          H⁺ A⁻
(b)

HA   HA
          H⁺A⁻
(c)

(a) 100% 이온화된 센 산
(b) 약한 산
(c) 극히 약한 산

주어진 온도에서 산 HA의 세기는 K_a가 크면 클수록 산의 세기는 더욱 크고 결국 그것은 산의 이온화 때문에 평형에서 H⁺ 이온의 농도가 더 크다는 것을 의미한다.

약한 산의 이온화는 결코 완전할 수 없기 때문에 모든 화학종(이온화되지 않은 산, 수소이온 및 A⁻ 이온)이 평형에서 존재한다.

다음의 표는 약산에 대한 산이온화상수를 나타냈다. 가장 약한 산이 가장 작은 값을 갖는다.

K_a값은 산의 초기 농도와 용액의 pH를 계산할 수 있다.

① 초기농도와 농도 변화를 나타내는 미지의 x를 이용하여 모든 화학종의 평형농도를 표시한다.

② 평형농도를 이용하여 산의 이온화상수를 구한다. K_a값을 알 때는 x에 대하여 풀 수 있다.

③ x를 구한 다음 모든 화학종의 평형농도를 계산하고 또 용액의 pH를 구할 수 있다.

별도의 언급이 없을 때에는 모든 계산은 25℃에서 행한 것이다.

25℃에서 산이온화상수

물질	화학식	K_a
초산	$HC_2H_3O_2$	1.7×10^{-5}
벤조산	$HC_7H_5O_2$	6.3×10^{-5}
붕산	H_3BO_3	5.9×10^{-10}
탄산	H_2CO_3	4.3×10^{-7}
수소탄산이온	HCO_3^-	4.8×10^{-11}
사이안산소산	$HCNO$	3.5×10^{-4}
폼산	$HCHO_2$	1.7×10^{-4}
사이안산	HCN	4.9×10^{-10}
플로오린화수소산	HF	7.1×10^{-4}
수소황산이온	HSO_4^-	1.1×10^{-2}
황화수소산 *	H_2S HS^-	8.9×10^{-8} 1.2×10^{-13}
하이포아염소산	$HClO$	3.5×10^{-8}
아질산	HNO_2	4.5×10^{-4}
옥살산*	$H_2C_2O_4$ $HC_2PO_4^-$	6.5×10^{-2} 6.1×10^{-5}
아인산*	H_2PHO_3 $HPHO_3^-$	1.6×10^{-2} 7×10^{-7}
프로피온산	$HC_3H_5O_2$	1.36×10^{-5}
피르브산	$HC_3H_5O_3$	1.4×10^{-4}
아황산 *	H_2SO_3 HSO_3^-	1.3×10^{-2} 6.3×10^{-8}

* 다양성자산에 대한 이온화상수는 계속적인 이온화에 대한 것이다.

예제 0.100M의 일양성자성 약산 HA의 pH가 2.8이다. 이 산의 K_a는?

풀이 이 경우에는 pH를 주고 그것을 이용하여 평형농도를 구할 수 있으며, 또 평형농도를 이용하여 산의 이온화상수를 구할 수 있다.

단계 1 : 우선 pH값으로부터 수소이온 농도를 계산할 필요가 있다.

$pH = -\log[H^+]$

$2.8 = -\log[H^+]$

$[H^+] = 1.4 \times 10^{-3} M$

변화를 정리하면

농도(M)	HA(aq)	$\rightleftarrows$	H+(aq)	+	A-(aq)
처음	0.100		0		0
변화	-0.0014		$+0.0014$		$+0.0014$
평형	$(0.100-0.0014)$		0.0014		0.0014

단계 2 : 산의 이온화상수는 $K_a = \dfrac{[H^+][A^-]}{[HA]} = \dfrac{(0.0014)(0.0014)}{(0.100-0.0014)} = 2.0 \times 10^{-5}$

⑦ 용해도곱

염의 포화용액을 만들면 해리된 이온과 용기 밑바닥에 있는 녹지 않은 고체 사이에 동적평형이 이루어진다. 염화은의 포화용액에서 평형을 이루고 있다고 가정하면 다음과 같이 나타낼 수 있다.

$$AgCl(s) \rightleftarrows Ag^+(aq) + Cl^-(aq)$$

이 상태에 대한 평형상수는 다음과 같다.

$$K = \frac{[Ag^+][Cl^-]}{[AgCl(s)]}$$

순수한 고체의 농도는 존재하는 고체의 양과는 무관하다. 즉, 고체의 농도는 일정하며 상수 K 속에 포함시킬 수 있다. 따라서, 평형상수 K에 고체 AgCl의 농도를 곱한 것은 여전히 상수이며, 이것을 K_{sp}로 표시하고 용해도곱 상수라고 부른다.

$$K[AgCl(s)] = K_{sp} = [Ag^+][Cl^-]$$

$Mg(OH)_2$와 같이 녹지 않은 고체의 경우에는 해리평형의 계수가 전부 1이 아니다.

$$Mg(OH)_2(s) \rightleftarrows Mg^{2+}(aq) + 2OH^-(aq)$$

$Mg(OH)_2$의 K_{sp}는 다음과 같다.

$$K_{sp} = [\text{Mg}^{2+}][\text{OH}^-]^2$$

용해도곱 상수는 포화용액에서의 이온농도들을 해리반응식의 화학양론적 계수만큼 거듭 제곱한 다음 서로 곱해준 것과 같다.

용해도곱 상수

화합물	K_{SP}	화합물	K_{SP}
Al(OH)_3	2×10^{-33}	PbS	7×10^{-27}
BaCO_3	8.1×10^{-9}	Mg(OH)_2	1.2×10^{-11}
BaCrO_4	2.4×10^{-10}	NgC_2O_4	8.6×10^{-5}
BaF_2	1.7×10^{-6}	Mn(OH)_2	4.5×10^{-14}
BaSO_4	1.5×10^{-9}	MnS	7×10^{-16}
CdS	3.6×10^{-29}	Hg_2Cl_2	2×10^{-18}
CaCO_3	9×10^{-9}	HgS	1.6×10^{-54}
CaF_2	1.7×10^{-10}	NiS	2×10^{-21}
CaSO_4	2×10^{-4}	$\text{AgC}_2\text{H}_3\text{O}_2$	2.3×10^{-3}
CoS	3×10^{-26}	Ag_2CO_3	8.2×10^{-12}
CuS	8.5×10^{-36}	AgCl	1.7×10^{-10}
Cu_2S	2×10^{-47}	AbBr	5×10^{-13}
Fe(OH)_2	2×10^{-15}	AgI	8.5×10^{-17}
Fe(OH)_3	1.1×10^{-36}	Ag_2CrO_4	1.9×10^{-19}
FeC_2O_4	2.1×10^{-7}	AgCN	1.6×10^{-14}
FeS	3.7×10^{-19}	Ag_2S	2×10^{-49}
PbCl_2	1.6×10^{-5}	Sn(OH)_2	5×10^{-26}
PbCrO_4	1.8×10^{-14}	SnS	1×10^{-26}

예제 1. 25℃에서 물에 대한 AgCl의 용해도는 얼마인가? (단, AgCl의 $K_{sp}=1.7\times10^{-10}$)

풀이 용해평형은 다음과 같다.

$AgCl(s) \rightleftarrows Ag^+ + Cl^-$

K_{SP} 값은 다음과 같다.

$K_{SP} = [Ag^+][Cl^-] = 1.7\times10^{-10}$

1mol 속에 용해되어 있는 AgCl의 몰수를 x 라 하면 AgCl이 수용액에서 완전히 해리되므로 Ag^+와 Cl-의 농도는 다음과 같다.

	처음 농도	변화 농도	평형 농도
Ag^+	0.0	$+x$	x
Cl^-	0.0	$+x$	x

이 평형농도를 K_{SP}식에 대입한다.

$K_{SP} = (x)(x) = 1.7\times10^{-10}$

$x^2 = 1.7\times10^{-10}$

$x = 1.3\times10^{-5}$

따라서 물에 대한 AgCl의 몰용해도(mol/dm^{-3}의 단위로 나타낸 용해도)는 $1.3\times10^{-5}M$이 된다.

예제 2. 25℃에서 물에 대한 Ag_2CrO_4의 포화용액에 있는 Ag^+와 CrO_4^{2-}의 농도를 구하시오. (단, Ag_2CrO_4의 $K_{SP}=1.9\times10^{-12}$)

풀이 $AgCrO_4$의 평형반응은 다음과 같다.

$Ag_2CrO_4(s) \rightleftarrows 2Ag^+ + CrO_4^{2-}$

CrO_4^{2-} 1mol이 생성될 때마다 2mol의 Ag^+가 생성된다. 1mol 속에 용해되어 있는 $AgCrO4$의 몰수를 x 라 하면 다음과 같은 표를 만들 수 있다.

구분	처음 농도	변화 농도	평형 농도
Ag^+	0.0	$+2x$	$2x$
Cl^-	0.0	$+x$	x

K_{SP}식은 다음과 같다.

$K_{SP} = [Ag^+]^2[CrO_4^{2-}] = (2x)^2(x)$

여기에 K_{SP}값(표 11-2)을 대입하고 x에 대하여 푼다.

$K_{SP} = (x)(2x)^2 = 1.9\times10^{-12}$

$x(4x^2) = 4x^3 = 1.9\times10^{-12}$

그러므로 $x = 7.8\times10^{-5}$

따라서

$[Ag^+] = 2(7.8\times10^{-5}) = 1.6\times10^{-4}M$

$[CrO_4^{2-}] = 7.8\times10^{-5}M$

포화용액은 이온 곱, 즉 알맞게 제곱승한 이온 농도들의 곱이 엄밀하게 K_{SP}와 같을 때만 존재할 수 있다. 이온곱이 K_{SP}보다 작을 때는 이것과 같아질 때까지 더 많은 염이 녹아서 이온 농도를 증가시키므로 불포화용액이다. 반면에 이온곱이 K_{SP}보다 클 때는 이온 농도를 낮추려고 염의 일부가 침전되며 과포화용액이라 한다.

01 CO, H_2, CH_4, C_2H_2의 1mol당 연소열은 아래와 같다. 다음 중 1g당 연소열의 차례가 올바른 것은 어느 것인가?

기체	CO	H_2	CH_4	C_2H_2
kcal	67.5	68.3	213	312.4

① $CO \rightarrow H_2 \rightarrow CH_4 \rightarrow C_2H$

② $H_2 \rightarrow CH_4 \rightarrow C_2H_2 \rightarrow CO$

③ $H_2 \rightarrow C_2H_2 \rightarrow CH_4 \rightarrow CO$

④ $C_2H_2 \rightarrow CH_4 \rightarrow H_2 \rightarrow CO$

해설

$$\frac{67.5\text{kcal}-CO}{28\text{g}-CO} \bigg| \frac{1\text{mol}-CO}{} = 2.410\text{kcal}-CO/g-CO$$

$$\frac{68.3\text{kcal}-H_2}{2\text{g}-H_2} \bigg| \frac{1\text{mol}-H_2}{} = 34.15\text{kcal}-H_2/g-H_2$$

$$\frac{213\text{kcal}-CH_4}{16\text{g}-CH_4} \bigg| \frac{1\text{mol}-CH_4}{} = 13.312\text{kcal}-CH_4/g-CH_4$$

$$\frac{312.4\text{kcal}-C_2H_2}{26\text{g}-C_2H_2} \bigg| \frac{1\text{mol}-C_2H_2}{} = 12.01\text{kcal}-C_2H_2/g-C_2H_2$$

H_2 > CH_4 > C_2H_2 > CO
34.15   13.312   12.01   2.410

정답 ②

02 다음 반응 중 흡열반응인 것은?

① $N_2 + 3H_2 \rightleftharpoons 2NH_3 + 24\text{kcal}$

② $\frac{1}{2}N_2 + \frac{1}{2}O_2 \rightarrow NO(\Delta H = +21.6\text{kcal})$

③ $CO + \frac{1}{2}O_2 - 52\text{kcal} \rightarrow CO_2$

④ $H_2 + \frac{1}{2}O_2 \rightarrow H_2O(Q = +68\text{kcal})$

해설
• 발열반응 : $Q > 0$ 또는 $\Delta H < 0$
• 흡열반응 : $Q < 0$ 또는 $\Delta H > 0$

정답 ②

03 물의 생성열은 68kcal이며, 암모니아가 연소하는 방정식은 다음과 같다. 암모니아의 생성열은?

$$NH_3 + \frac{3}{4}O_2 \rightarrow \frac{1}{2}N_2 + \frac{3}{2}H_2O + 91\text{kcal}$$

① 11kcal
② 22kcal
③ 102kcal
④ 193kcal

해설

$$H_2 + \frac{1}{2}O_2 \rightarrow H_2O + 68\text{kcal} \cdots \bigcirc \times \frac{3}{2}$$

$$\frac{3}{2}H_2 + \frac{3}{4}O_2 \rightarrow \frac{3}{2}H_2O + 102\text{kcal} \cdots \bigcirc'$$

$$NH_3 + \frac{3}{4}O_2 \rightarrow \frac{1}{2}N_2 + \frac{3}{2}H_2O + 91\text{kcal} \cdots \bigcirc' \quad -$$

$$\frac{3}{2}H_2 - NH_3 \rightarrow -\frac{1}{2}N_2 + 11\text{kcal}$$

$$\frac{1}{2}N_2 + \frac{3}{2}H_2 \rightarrow NH_3 + 11\text{kcal}$$

정답 ①

04 다음 ㉠, ㉡ 식을 이용하여 일산화탄소 14g이 생성될 때의 생성열로 알맞은 것은?

$$C + O_2 \rightarrow CO_2 + 94\text{kcal} \cdots \bigcirc$$
$$CO + \frac{1}{2}O_2 \rightarrow CO_2 + 68\text{kcal} \cdots \bigcirc$$

① 172kcal
② 94kcal
③ 26kcal
④ 13kcal

해설

$$C + O_2 \rightarrow CO_2 + 94\text{kcal}$$
$$CO + \frac{1}{2}O_2 \rightarrow CO_2 + 68\text{kcal} \quad -$$
$$C + \frac{1}{2}O_2 \rightarrow CO + 26\text{kcal}$$

$C \xrightarrow{x} CO \xrightarrow{68\text{kcal}} CO_2$ 94kcal
$\qquad\qquad$ 94kcal

$\therefore x = 94 - 68 = 26\text{kcal}$

$$\therefore \frac{14\text{g}-CO}{28\text{g}-CO} \bigg| \frac{1\text{mol}-CO}{} \bigg| \frac{26\text{kcal}}{1\text{mol}-CO} = 13\text{kcal}$$

정답 ④

05 온도가 10℃ 올라감에 따라 반응속도는 3배 빨라진다. 30℃ 때보다 80℃에서는 반응속도가 몇 배 빨라지겠는가?

① 3^5배   ② 3^6배

③ 3^7배   ④ 3^8배

해설 3^n 배

정답 ①

06 A+B → C+D의 반응에서 A와 B의 농도가 각각 2배로 되면 반응속도는 몇 배가 되겠는가?

① 2배   ② 4배

③ 8배   ④ 16배

해설 $v=k[A][B]$에서 $v=[2][2]=[4]$배

정답 ②

07 다음과 같은 반응에서 만약 A와 B의 농도를 둘 다 2배로 해주면 반응속도는 몇 배가 되겠는가?

$$A + 2B \rightarrow 3C + 4D$$

① 2배   ② 4배

③ 8배   ④ 16배

해설 $v=k[A][B]^2$에서 $v=k[2][2]^2=[8]$배

정답 ③

08 어떤 반응의 반응속도 정수에 대한 설명 중 옳지 않은 것은?

① 일정온도에서 일정한 값을 갖는다.

② 반응속도 정수의 값이 클수록 반응속도 정수가 커진다.

③ 일반적으로 온도가 상승하면 반응속도 정수가 커진다.

④ 반응속도 정수는 비례정수이므로 온도와 농도에 관계없이 일정한 값을 갖는다.

정답 ④

09 어떤 물질의 농도가 0.050mol/L인데 4초 후에는 0.042mol/L로 변하였다. 이때의 반응속도를 구하면?

① -0.002mol/L·s   ② -0.004mol/L·s

③ -0.006mol/L·s   ④ -0.008mol/L·s

해설 $v=\dfrac{0.042-0.05}{4}=\dfrac{-0.008}{4}=-0.002\text{mol/L}\cdot\text{s}$

정답 ①

10 초산은 용액에서 다음과 같은 평형을 이룬다. 초산의 묽은 용액에 소량의 초산나트륨 결정을 가하면?

$$CH_3COOH + H_2O \rightleftarrows H_3O^+ + CH_3COO^-$$

① 평형상수 k값이 커진다.

② pH가 증가한다.

③ 평형상수 k값이 작아진다.

④ pH가 감소한다.

해설 초산나트륨이 물에 녹으면 $CH_3COONa \rightarrow CH_3COO^- + Na^+$으로서 CH_3COO^-의 농도가 증가하므로 이 농도를 감소하는 방향(←)으로 평형이 진행되어 H_3O^+의 농도가 감소되고 pH의 값은 증가한다.

정답 ②

11 수소 기체와 아이오딘 기체로부터 아이오딘화수소 기체가 생길 때 반응성분들의 농도를 시간에 따라 관찰하여 다음과 같은 결과를 얻었다. 이 반응의 평형상수는?

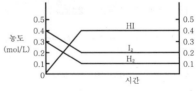

① 1.25×10^{-1} ② 5.0×10^{-2}

③ 8   ④ 20

해설 $I_2 + H_2 \rightarrow 2HI$

$\therefore\ k=\dfrac{[HI]^2}{[I_2][H_2]}=\dfrac{[0.4]^2}{[0.2][0.1]}=\dfrac{0.16}{0.02}=8$

정답 ③

12 다음 기체반응에서 평형상태에 도달하였다. 이 가운데 일정온도에서 압력을 변화시켜도 평형은 이동하지 않으나, 일정압력에서 온도를 낮추면 평형이 오른쪽으로 이동되는 것은 어느 것인가?

① $4NH_3+5O_2 \longrightarrow 4NO+6H_2O+215.6kcal$

② $2H_2+O_2 \longrightarrow 2H_2O+115.6kcal$

③ $N_2+O_2 \longrightarrow 2NO-43.2kcal$

④ $H_2+I_2 \longrightarrow 2HI+2.8kcal$

해설 압력을 변화시켰을 때 평형이 이동하지 않는다는 것은 화학반응에서 반응물과 생성물의 몰수가 같다는 것을 의미하므로 ①과 ②는 제외한다. 온도를 낮추면 온도변화를 줄이는 방향으로 반응이 진행되므로 발열반응 쪽으로 이동하므로 발열반응이 정반응인 ④가 정답이다.

정답 ④

13 다음 중 화학반응의 속도에 영향을 주지 않는 것은 어느 것인가?

① 촉매

② 압력변화

③ 온도변화

④ 형태변화

정답 ④

14 아이오딘화수소는 다음과 같이 분해한다. 일정한 온도에서 아이오딘화수소를 첨가하여 그 농도를 2배로 하면 아이오딘화수소의 분해속도는 처음의 몇 배가 되겠는가?

$$2HI(g) \longrightarrow H_2(g) \longrightarrow I_2(g)$$

① 2배

② 4배

③ 6배

④ 8배

해설 $V=K[HI^2]$이므로 $V=K[2]^2$에서 4배이다.

정답 ②

15 A와 B의 반응에서 A의 농도를 일정하게 하고 B의 농도를 두 배로 해주었더니 반응속도가 두 배로 되었으며, B의 농도를 일정하게 하고 A의 농도를 두 배로 해주었더니 네 배가 되었다. 몇 차 반응인가?

① 1차 반응

② 2차 반응

③ 3차 반응

④ 4차 반응

해설 $v=k[A]^2[B]$에서 3차 반응이다.

정답 ③

16 두 기체 A, B로부터 기체 C를 합성하려 한다. 평형상태의 식 $A+2B \rightleftarrows 2C+15kcal$에서 촉매를 썼을 때의 변화를 예측하면?

① C의 양이 2배 많아진다.

② C의 양이 4배 많아진다.

③ C의 양이 적어진다.

④ C의 양은 변화가 없다.

해설 촉매는 반응의 속도와만 관계있다.

정답 ④

17 다음의 열화학반응식을 이용하여 에테인 C_2H_6 1mol을 연소시킬 때 발생되는 열량을 계산하면?

- $2C(s)+3H_2(g) \longrightarrow C_2H_6(g)+20.2kcal \cdots \bigcirc$
- $C(s)+O_2(g) \longrightarrow CO_2(g)+94.1kcal \cdots \bigcirc$
- $H_2(g)+\dfrac{1}{2}O_2(g) \longrightarrow H_2O(g)+57.8kcal \cdots \bigcirc$

① 172kcal

② 341.4kcal

③ 168kcal

④ 173.4kcal

해설 $\bigcirc \times 2 - \bigcirc + \bigcirc \times 3$

즉 $2C+2O_2 \rightarrow 2CO_2+94.1\times 2kcal$

$-) 2C+3H_2 \rightarrow C_2H_6+20.2kcal$

$\overline{\qquad 2O_2-3H_2 \rightarrow 2CO_2-C_2H_6+168kcal}$

$+) 3H_2+\dfrac{3}{2}O_2 \rightarrow 3H_2O+57.8\times 3kcal$

$\overline{\quad C_2H_6+\dfrac{7}{2}O_2 \rightarrow 2CO_2+3H_2O+341.4kcal}$

정답 ②

18 $H_2(g)$, $Br_2(g)$, $HBr(g)$의 결합에너지는 각각 104kcal/mol, 46kcal/mol, 87kcal/mol이다. 이것을 이용하여 다음 반응의 반응열을 계산하면?

$$H_2(g) + Br_2(g) \longrightarrow 2HBr(g)$$

① 24kcal 　　② 58kcal
③ 41kcal 　　④ −63kcal

해설 반응열
＝생성물질의 결합에너지의 합−반응물질의 결합에너지의 합
＝$2 \times 87 - (104 + 46) = 24$kcal

정답 ①

19 반응물질 A가 생성물질 B로 변화되는 반응에서 A의 몰농도와 시간의 관계가 다음 그림과 같다. 이 반응의 속도는?

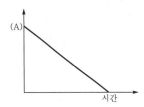

① 일정하다.
② [A]에 비례한다.
③ [A][B]에 비례한다.
④ $[A]_2$에 비례한다.

해설 농도나 시간에 관계없이 일정한 속도로 진행되는 반응은 0차 반응이다. 시간이 지나면 반응물질은 모두 반응해 버린다.

정답 ①

20 25℃에서 아세트산 CH_3COOH 1mol과 에탄올 C_2H_5OH 1mol을 섞어 방치해 두었더니 아세트산 에틸 $CH_3COOHC_2H_5$이 $\frac{2}{3}$ mol 생기고 평형상태에 도달하였다. 이때의 평형상수 k의 값을 구하면?

① 1 　　② 2
③ 3 　　④ 4

해설
$CH_3COOH + C_2H_5OH \rightleftharpoons CH_3COOC_2H_5 + H_2O$

처음	1mol	1mol	0	0
반응	$-\frac{2}{3}$ mol	$-\frac{2}{3}$ mol		
평형상태	$\frac{1}{3}$ mol	$\frac{1}{3}$ mol	$\frac{2}{3}$ mol	$\frac{2}{3}$ mol

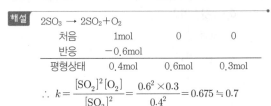

$$\therefore k = \frac{[CH_3COOC_2H_5][H_2O]}{[CH_3COOH][C_2H_5OH]} = \frac{\frac{2}{3} \times \frac{2}{3}}{\frac{1}{3} \times \frac{1}{3}} = \frac{\frac{4}{9}}{\frac{1}{9}} = 4$$

정답 ④

21 어떤 온도에서 1L들이 반응용기에 SO_3 1mol을 넣고 반응시킨 다음 평형에 도달했을 때 내용물을 분석해 보았더니 SO_2가 0.6mol 들어 있었다. 이 반응의 평형상수는 얼마인가?

① 0.3 　　② 0.4
③ 0.6 　　④ 0.7

해설
$2SO_3 \longrightarrow 2SO_2 + O_2$

처음	1mol	0	0
반응	-0.6mol		
평형상태	0.4mol	0.6mol	0.3mol

$$\therefore k = \frac{[SO_2]^2[O_2]}{[SO_3]^2} = \frac{0.6^2 \times 0.3}{0.4^2} = 0.675 ≒ 0.7$$

정답 ④

22 다음 화학반응의 평형상수 값은?

$$CH_3OH(g) \rightleftharpoons CO(g) + 2H_2(g)$$

	$CH_3OH(g)$	$CO(g)$	$H_2(g)$
반응 전 몰농도(M)	0.5	0	0
평형 몰농도(M)		0.1	

① 0 　　② 0.01
③ 0.5 　　④ 5

해설
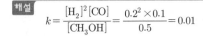
$$k = \frac{[H_2]^2[CO]}{[CH_3OH]} = \frac{0.2^2 \times 0.1}{0.5} = 0.01$$

정답 ②

23 다음 반응의 평형상태에 관한 설명 중 올바른 것은?

$$2SO_3(g) \rightarrow 2SO_2(g)+O_2(g)-45kcal$$

① $O_2(g)$을 제거하면 평형은 왼쪽으로 이동한다.
② 압력을 가하면 평형은 오른쪽으로 이동한다.
③ 온도를 내리면 평형은 왼쪽으로 이동한다.
④ 촉매를 가하면 평형은 오른쪽으로 이동한다.

해설 분해반응이면서 흡열반응에 해당하므로 온도를 내리면 평형이 왼쪽으로 이동하는 경우이다. 즉, 가열하면 흡열 반응으로, 냉각하면 발열반응으로 이동한다. 흡열반응 에서 온도를 올리면 정반응이다.

정답 ③

24 화력발전소나 공장의 가열로에서는 연료를 연소 시킴에 따라 대기오염을 유발시키는 NO가 다음과 같은 반응에 의해 생성된다. 이때 NO의 생성을 감소시키기 위해 사용할 수 있는 방법 중 옳은 것은?

$$N_2(g)+O(g)+43.5kcal \rightleftarrows 2NO(g)$$

① 가열로의 연소온도를 낮춘다.
② 가열로의 용량(부피)을 크게 한다.
③ 가열로에 적당한 부촉매를 넣는다.
④ 가열로에 주입하는 공기의 양을 늘린다.

해설 흡열반응으로 온도를 내리면 평형이 왼쪽으로 이동한다. 따라서 NO의 생성을 감소시키기 위해서는 왼쪽 방향으로 이동해야 한다.

정답 ①

25 어떤 화학반응 $AB_2 \rightleftarrows A_2^+ + 2B^-$의 평형상수는 4.0×10^{-15}이다. 이 평형상태에서 1.0mol의 AB_2를 녹인 1L 용액에 존재하는 B^-의 농도는?

① 1.0×10^{-5}M
② 2.0×10^{-5}M
③ 3.0×10^{-5}M
④ 4.0×10^{-5}M

해설 $k = \dfrac{[A^{2+}][B^-]^2}{AB_2} ≒ \dfrac{x(2x)^2}{1-x} ≒ 4x^3 = 4.0 \times 10^{-15}$

$\therefore x = 1.0 \times 10^{-5}$

$\therefore [B^-] = 2x = 2.0 \times 10^{-5}$M

정답 ②

메모

부 록

최근의 과년도 출제문제 수록

제 **1**회 과년도 출제문제

01 원소 질량의 표준이 되는 것은?

① ^1H ② ^{12}C

③ ^{16}O ④ ^{235}U

해설 원소 질량의 표준 : 탄소 원자 $^{12}_{6}C$ 1개의 질량을 12로 정하고, 이와 비교한 다른 원자들의 질량비를 원자량이라 한다.

원자의 질량은 그 값이 매우 작으므로 한 원소의 원자를 특정한 수로 기준을 삼아, 나머지는 이 기준에 대한 상대적인 값으로 표시한다. 현재 사용하는 국제 원자량은 탄소의 동위원소 중 탄소 ($^{12}_{6}C$)를 기준으로 하여 이것을 원자량 12.0으로 정한다.

02 분자식 $HClO_2$의 명명으로 옳은 것은?

① 염소산   ② 아염소산

③ 차아염소산   ④ 과염소산

해설
① 염소산 : $HClO_3$
② 아염소산 : $HClO_2$
③ 차아염소산 : $HClO$
④ 과염소산 : $HClO_4$

03 다음 중 카르보닐기를 갖는 화합물은?

① $C_6H_5CH_3$ ② $C_6H_5NH_2$

③ CH_3OCH_3 ④ CH_3COCH_3

해설 카르보닐기[$-C=O-$] : 산소 원자(O)와 이중결합으로 결합된 탄소 원자(C)가 있는 작용기이다.

예 CH_3COCH_3(아세톤(=다이메틸케톤))

04 백금 전극을 사용하여 물을 전기분해 할 때 (+)극에서 5.6L의 기체가 발생하는 동안 (-)극에서 발생하는 기체의 부피는?

① 5.6L   ② 11.2L

③ 22.4L   ④ 44.8L

해설
- (+)극 : $H_2O \rightarrow \frac{1}{2}O_2(g) + 2H^+(aq) + 2e^-$
- (-)극 : $2H_2O + 2e^- \rightarrow H_2(g) + 2OH^-(aq)$

전체 반응식 : $H_2O(l) \rightarrow H_2(g) + \frac{1}{2}O_2(g)$

∴ O_2가 5.6L 발생했다면 H_2는 $5.6 \times 2 = 11.2L$의 기체가 발생한다.

05 80℃와 40℃에서 물에 대한 용해도가 각각 50, 30인 물질이 있다. 80℃의 이 포화용액 75g을 40℃로 냉각시키면 몇 g의 물질이 석출되겠는가?

① 25   ② 20

③ 15   ④ 10

해설 용해도 : 용매 100g 속에 녹아들어 갈 수 있는 용질의 최대 g수

용액   용매(물)
(소금물)   용질(소금)

㉠ 80℃에서 용해도 50

→ 용액 : 150g   용매 : 100g   용질 : 50g

- 포화용액 75g   용매 : 50g   용질 : 25g

- $\dfrac{75g - 용액}{} \Big| \dfrac{100g - 용매}{150g - 용액} \Big| = 50g - 용매$

ⓛ 40℃에서 용해도 30

→ 용액 : 130g ┌ 용매 : 100g
　　　　　　└ 용질 : 30g

80℃에서 포화용액 75g을 40℃로 냉각시키면

$\dfrac{50g - 용매}{100g - 용매} \Big| \dfrac{30g - 용질}{} = 15g - 용질$

• 80℃에서의 녹아들어간 용질 −40℃ 녹을 수 있
는 용질

∴ 25g − 15g = 10g 석출

06 주양자수가 4일 때 이 속에 포함된 오비탈수는?

① 4
② 9
③ 16
④ 32

해설

주양자수	1	2	
주기	K	L	
궤도	s ▫	s ▫	p ▭▭▭
오비탈수	1	1+3=4	
전자수	2	8	

주양자수	3		
주기	M		
궤도	s ▫	p ▭▭▭	d ▭▭▭▭▭
오비탈수	1+3+5=9		
전자수	18		

주양자수	4			
주기	N			
궤도	s ▫	p ▭▭▭	d ▭▭▭▭▭	f ▭▭▭▭▭▭▭
오비탈수	1+3+5+7=16			
전자수	32			

07 아세토페논의 화학식에 해당하는 것은?

① C_6H_5OH
② $C_6H_5NO_2$
③ $C_6H_5CH_3$
④ $C_6H_5COCH_3$

해설
① C_6H_5OH : 페놀
② $C_6H_5NO_2$: 나이트로벤젠
③ $C_6H_5CH_3$: 톨루엔
④ $C_6H_5COCH_3$: 아세토페논

08 10.0mL의 0.1M−NaOH을 25.0mL의 0.1M−HCl에 혼합하였을 때 이 혼합용액의 pH는 얼마인가?

① 1.37
② 2.82
③ 3.37
④ 4.82

해설
NaOH와 HCl의 경우 N=M이므로
혼합용액의 농도
$MV \pm MV' = M''(V + V')$
(액성이 같으면 +, 액성이 다르면 −)
NaOH : 염기성, HCl : 산성
$0.1M \cdot 1mL - 0.1M \cdot 25mL = M''(10mL + 25mL)$
$M'' = \dfrac{0.1M \cdot 10mL - 0.1M \cdot 25mL}{10mL + 25mL} = 0.0428$
$pH = -\log[H^+]$
　　$= -\log(0.04286) = -\log(4.286 \times 10^{-2})$
　　$= 2 - \log 4.286 = 1.37$

09 $CO + 2H_2 \rightarrow CH_3OH$의 반응에 있어서 평형상수 K를 나타내는 식은?

① $K = \dfrac{[CH_3OH]}{[CO][H_2]}$

② $K = \dfrac{[CH_3OH]}{[CO][H_2]^2}$

③ $K = \dfrac{[CO][H_2]}{[CH_3OH]}$

④ $K = \dfrac{[CO][H_2]^2}{[CH_3OH]}$

해설 $CO + 2H_2 \rightarrow CH_3OH$의 반응에서 평형상수 K는

$$K = \frac{[CH_3OH]}{[CO][H_2]^2} \text{이다.}$$

10 0℃, 일정 압력하에서 1L의 물에 이산화탄소 10.8g을 녹인 탄산음료가 있다. 동일한 온도에서 압력을 1/4로 낮추면 방출되는 이산화탄소의 질량은 몇 g인가?

① 2.7 ② 5.4
③ 8.1 ④ 10.8

해설

$$PV = nRT, \quad PV = \frac{wRT}{M}$$

• 압력을 구한다.

$$P = \frac{wRT}{MV}$$

$$= \frac{10.8g \cdot 0.082atm \cdot L/K \cdot mol \cdot (0+273.15)K}{44g/mol \cdot 1L}$$

$$\fallingdotseq 5.5atm$$

• 압력을 1/4로 낮추면 방출되는 이산화탄소의 질량

$$w = \frac{PVM}{RT}$$

$$= \frac{\left(5.5 \times \frac{1}{4}\right)atm \times 1L \times 44g/mol}{0.082atm \cdot L/K \cdot mol \times (0+273.15)K}$$

$$\fallingdotseq 2.70g의 \text{ 이산화탄소}(CO_2)가 \text{ 방출된다.}$$

11 4℃의 물이 얼음의 밀도보다 큰 이유는 물분자의 무슨 결합 때문인가?

① 이온결합 ② 공유결합
③ 배위결합 ④ 수소결합

해설 보통 다른 물질들은 고체가 되면 분자끼리 최대한 거리를 줄이는 배열을 하게 되어 부피가 줄어들지만 물분자는 수소결합이라는 독특한 결합형태를 가지고 있기 때문에 온도가 낮아져 0℃ 이하가 되면 수소결합에 의해 분자가 규칙적으로 배열되어 육각구조가 나타나게 되며 액체상태의 무질서한 분포보다 분자 사이의 빈 공간이 많아지게 되어 부피는 다시 증가하게 된다. 따라서 얼음은 같은 질량의 물보다 부피가 커지는 현상이 발생하게 된다.

부피의 변화가 생기는 전환점이 4℃ 부근이다. 4℃에서의 물분자는 운동에너지에 의한 부피 팽창의 효과도 있지만 수소결합이 완전히 해체되기 때문에 부피 감소 효과가 더 크게 나타난다. 따라서 부피는 최소가 되고 반대로 밀도는 최대가 된다(4℃에서의 물 밀도 : 1g/mL).
※ 고체, 액체의 비중을 구할 때 표준물질인 물은 4℃, 1atm 아래에서의 밀도가 최대값(1g/mL)을 갖기 때문에 표준물질로 사용하는 것이다.

12 프로페인 1몰을 완전 연소하는 데 필요한 산소의 이론량을 표준상태에서 계산하면 몇 L가 되는가?

① 22.4
② 44.8
③ 89.6
④ 112.0

해설 $C_3H_8 + 5O_2 \rightarrow 3CO_2 + 4H_2O$

$$1mol - C_3H_8 \left| \frac{5mol - O_2}{1mol - C_3H_8} \right| \frac{22.4L - O_2}{1mol - O_2} = 112L - O_2$$

13 다음 중 공유결합 화합물이 아닌 것은 어느 것인가?

① NaCl
② HCl
③ CH_3COOH
④ CCl_4

해설 화학결합
• 금속결합(금속+금속) : 금속의 양이온(+)과 자유전자(-)의 전기적인 인력에 의한 결합
• 이온결합(금속 +비금속) : 금속의 양이온(+)과 비금속의 음이온(-)의 정전기적인 인력에 의한 결합
• 공유결합(비금속+비금속) : 비금속과 비금속의 결합으로 원자들이 전자를 공유하였을 때 결합
① Na(금속) + Cl(비금속) → 이온결합
② H(비금속) + Cl(비금속) → 공유결합
③ C(비금속) + H(비금속) → 공유결합
④ C(비금속) + Cl(비금속) → 공유결합

14 같은 분자식을 가지면서 각각을 서로 겹치게 할 수 없는 거울상의 구조를 갖는 분자를 무엇이라 하는가?

① 구조 이성질체
② 기하 이성질체
③ 광학 이성질체
④ 분자 이성질체

해설

이성질체(異性質體) : 분자식은 같지만 서로 다른 물리 · 화학적 성질을 갖는 분자들을 이르는 말이다. 이성질체인 분자들은 원소의 종류와 개수는 같으나 구성 원자단이나 구조가 완전히 다르거나, 구조가 같더라도 상대적인 배열이 달라서 다른 성질을 갖게 된다.
- 구조 이성질체 : 원자의 연결 순서가 다른 이성질체
- 입체 이성질체 : 결합의 순서와는 관계없이 결합의 기하적 위치에 의하여 차이를 보이는 이성질체
- 광학 이성질체 : 카이랄성 분자가 갖는 이성질체이며 거울상 이성질체라고도 한다.
※ 카이랄성 : 키랄성(Chirality) : 수학, 화학, 물리학, 생물학 등 다양한 과학 분야에서 비대칭성을 가리키는 용어이다.

15 물이 브뢴스테드의 산으로 작용한 것은?

① $HCl + H_2O \rightleftharpoons H_3O^+ + Cl^-$
② $HCOOH + H_2O \rightleftharpoons HCOO^- + H_3O^+$
③ $NH_3 + H_2O \rightleftharpoons NH_4^+ + OH^-$
④ $3Fe + 4H_2O \rightleftharpoons Fe_3O_4 + 4H_2$

해설

$$H_2O + NH_3 \rightleftharpoons NH_4^+ + OH^-$$
산　　염기　　　산　　염기

※ 브뢴스테드–로우리 산 · 염기설
　㉠ 산 : 수소 양이온(H^+)을 주는 분자
　㉡ 염기 : 수소 양이온(H^+)을 받는 분자

16 불꽃반응 시 보라색을 나타내는 금속은?

① Li
② K
③ Na
④ Ba

해설

불꽃반응(flame reaction) : 홑원소물질 또는 화합물을 불꽃 속에 넣어 가열하면 불꽃이 그 원소 특유의 색을 띠는 반응. 염색반응(焰色反應)이라고도 하며 색은 열에 의해 들뜬 원자가 불안정한 들뜬 상태에서 안정된 들뜬 상태로 돌아올 때 발하는 휘선스펙트럼 때문인데, 알칼리금속이나 알칼리토금속 등 원소의 정성분석에 보조수단으로 이용된다.
① Li(리튬) : 빨강색
② K(칼륨) : 보라색
③ Na(나트륨) : 노랑색
④ Ba(바륨) : 황록색

17 일정한 온도하에서 물질 A와 B가 반응을 할 때 A의 농도만 2배로 하면 반응속도가 2배가 되고, B의 농도만 2배로 하면 반응속도가 4배로 된다. 이 반응의 속도식은? (단, 반응속도 상수는 k이다.)

① $v = k[A][B]^2$
② $v = k[A]^2[B]$
③ $v = k[A][B]^{0.5}$
④ $v = k[A][B]$

해설

- A의 농도를 2배로 하면 반응속도가 2배가 되므로, 반응속도(v)는 A 농도에 비례한다.
$$v = k[A]$$
- B의 농도를 2배로 하면 반응속도가 4배로 되며, 반응속도(v)는 B 농도의 제곱에 비례한다.
$$v = k[B]^2$$
$$\therefore v = k[A][B]^2$$

18 귀금속인 금이나 백금 등을 녹이는 왕수의 제조 비율로 옳은 것은?

① 질산 3부피 + 염산 1부피
② 질산 3부피 + 염산 2부피
③ 질산 1부피 + 염산 3부피
④ 질산 2부피 + 염산 3부피

해설

왕수(王水, aqua regia) : 진한 염산(HCl)과 진한 질산(HNO_3)을 3 : 1로 섞은 용액이다. 일반 산에는 녹지 않는 금이나 백금 등의 귀금속을 녹이므로, '왕의 물'이라는 뜻의 이름이 붙었다.

19 솔베이법으로 만들어지는 물질이 아닌 것은?

① Na_2CO_3　　② NH_4Cl

③ $CaCl_2$　　④ H_2SO_4

해설 솔베이법은 석회석($CaCO_3$)과 식염($NaCl$)을 주원료로, 암모니아(NH_3)를 부원료로 하여 소다회(Na_2CO_3)를 제조하는 방법으로서, 황산(H_2SO_4)과는 연관이 없다. 탄산나트륨(Na_2CO_3)

• 제법

$$NH_3 + H_2O + CO_2 \rightarrow NH_4HCO_3(탄산수소암모늄)$$

$$NaCl + NH_4HCO_3 \rightarrow NaHCO_3(탄산수소나트륨) + NH_4Cl$$

$$2NaHCO_3 \xrightarrow{500℃} Na_2CO_3 + H_2O + CO_2$$

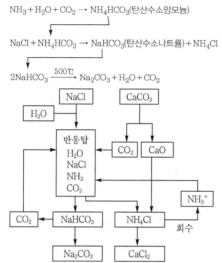

〈암모니아소다법〉

※ 솔베이법 : 1866년에 솔베이(벨기에)가 창안한 방법으로 암모니아소다법을 말하며 경제적으로 탄산수소나트륨($NaHCO_3$)과 탄산나트륨(Na_2CO_3)을 만들게 된 방법이다.

• 성질
 – 흰색의 분말(소다석회)로서 수용액은 물과 반응하여 알칼리성을 나타낸다. 결정을 만들 때는 결정 탄산나트륨($Na_2CO_3 \cdot 10H_2O$)의 무색 결정수를 얻는다.
 – 산을 가하면 CO_2를 발생한다.
$$Na_2CO_3 + 2HCl \rightarrow 2NaCl + H_2O + CO_2\downarrow$$
$$Na_2CO_3 + H_2SO_4 \rightarrow Na_2SO_4 + H_2O + CO_2\downarrow$$

• 용도
 세탁용 소다, 유리의 원료, 펄프, 물감, 알칼리 공업에 이용된다.

20 나이트로벤젠의 증기에 수소를 혼합한 뒤 촉매를 사용하여 환원시키면 무엇이 되는가?

① 페놀　　② 톨루엔

③ 아닐린　　④ 나프탈렌

해설 아닐린($C_6H_5NH_2$) : 나이트로벤젠을 수소로써 환원하면 아닐린이 생성된다. 실험실에서 주석과 염산에서 생기는 수소를 이용한다.

$$Sn + 2HCl \rightarrow SnCl_2 + H_2, \quad SnCl_2 + 2HCl \rightarrow SnCl_4 + H_2$$

제2회 과년도 출제문제

01 다음 중 $H^+ = 2 \times 10^{-6}$ M인 용액의 pH는 약 얼마 인가?

① 5.7
② 4.7
③ 3.7
④ 2.7

해설
H^+이온은 가수가 +1이므로 N=M임.
$pH = -\log[H^+]$
$= -\log(2 \times 10^{-6})$
$= 6 - \log 2$
$= 5.699 = 5.7$

02 다음 중 완충용액에 해당하는 것은?

① CH_3COONa와 CH_3COOH
② NH_4Cl와 HCl
③ CH_3COONa와 NaOH
④ $HCOONa$와 Na_2SO_4

해설
완충용액(buffer solution) : 약산에 그 약산의 염을 포함한 혼합용액에 산을 가하거나 또는 약염기에 그 약염기의 염을 포함한 혼합용액에 염기를 가하여도 혼합 용액의 pH는 그다지 변하지 않는다.
예 $CH_3COOH + CH_3COONa$(약산+약산의 염)
  $NH_4OH + NH_4Cl$(약염기+약염기의 염)

03 730mmHg, 100℃에서 257mL 부피의 용기 속에 어떤 기체가 채워져 있으며 그 무게는 1.671g이다. 이 물질의 분자량은 약 얼마인가?

① 28
② 56
③ 207
④ 257

해설
$PV = nRT$, $PV = \dfrac{wRT}{M}$

$M = \dfrac{wRT}{PV}$

$= \dfrac{1.67g \cdot 0.082atm \cdot L/K \cdot mol \cdot (100 + 273.15)K}{\left(\dfrac{730}{760}\right)atm \cdot \left(\dfrac{257}{1,000}\right)L}$

$= 207g/mol$

04 다음 중 다이에틸에터에 관한 설명으로 옳지 않은 것은?

① 휘발성이 강하고 인화성이 크다.
② 증기는 마취성이 있다.
③ 2개의 알킬기가 있다.
④ 물에 잘 녹지만 알코올에는 불용이다.

해설
물에는 잘 녹지 않지만 알코올에는 잘 녹는다.

05 암모니아 분자의 구조는?

① 평면
② 선형
③ 피라밋
④ 사각형

해설
암모니아 분자의 구조(피라밋, p^3형)
암모니아 분자의 결합각은 107°20′이고, 극성을 띤다.
NH_3는 p^3형으로 삼각형 피라밋형이다.

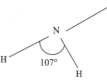

※ NH_3와 H_2O의 결합각
CH₄, NH_3, H_2O에서 각 화합물의 중심 원자의 주위에는 4개의 전자쌍을 가지고 있다. 따라서 이들 4개의 전자 구름의 축은 다음 그림과 같이 정사면체의 꼭짓점에 위치하려고 한다.
CH_4 분자에서는 4개의 전자쌍은 공유되어 있어서 반발력은 같아지고 결합각도는 109°28′으로 고정된다. 그러나 NH_3는 한 쌍의 비공유 전자쌍과 3쌍의

정답 01. ① 02. ① 03. ③ 04. ④ 05. ③

공유 전자쌍으로 이루어져 있다. 이때 한 쌍의 비공유
전자쌍은 3쌍의 공유 전자쌍들이 서로 반발하는 것보
다 세게 반발시켜 107°의 결합각(結合角)을 만든다. 또
또 H_2O 분자는 두 쌍의 비공유 전자쌍이 있으므로,
이들은 공유 전자쌍을 보다 많이 반발시켜 최초에
위치한 각도를 훨씬 감소시켜서 105°로 만든다. 이
사실은 H_2O와 NH_3에서 NH_3의 결합각이 H_2O의 결
합각보다 큰 것을 설명해 준다.

정사면체　　삼각형 피라밋　　V자형

〈CH_4, NH_3, H_2O의 결합각도의 비교〉

06 표준상태에서의 생성 엔탈피가 다음과 같다고
가정할 때 가장 안정한 것은?

① $\Delta H_{HF} = -269\,kcal/mol$

② $\Delta H_{HCl} = -92.30\,kcal/mol$

③ $\Delta H_{HBr} = -36.2\,kcal/mol$

④ $\Delta H_{HI} = 25.21\,kcal/mol$

해설　생성 엔탈피가 작을수록 안정하다.

07 어떤 기체의 확산속도는 SO_2의 2배이다. 이 기
체의 분자량은 얼마인가?

① 8　　　　　　② 16

③ 32　　　　　④ 64

해설　그레이엄의 확산속도 법칙

$$\frac{U_A}{U_B} = \sqrt{\frac{M_B}{M_A}}$$

여기서, U_A, U_B : 기체의 확산속도

M_A, M_B : 분자량

$$\frac{2SO_2}{SO_2} = \sqrt{\frac{64g/mol}{M_A}}$$

$$M_A = \frac{64g/mol}{2^2} = 16g/mol$$

08 원자에서 복사되는 빛은 선스펙트럼을 만드는
데 이것으로부터 알 수 있는 사실은?

① 빛에 의한 광전자의 방출

② 빛이 파동의 성질을 가지고 있다는 사실

③ 전자껍질의 에너지의 불연속성

④ 원자핵 내부의 구조

해설　원자로에서 복사되는 빛은 선스펙트럼을 만들며 이것은
전자껍질의 에너지의 불연속성이다.

09 밀도가 $2g/mL$인 고체의 비중은 얼마인가?

① 0.002　　　　② 2

③ 20　　　　　　④ 200

해설

$$고체의\ 비중 = \frac{물질의\ 밀도}{4℃의\ 물\ 밀도(1g/mol)} = \frac{2}{1} = 2$$

10 CH_4 16g 중에는 C가 몇 mol 포함되어 있는가?

① 1　　　　　　② 2

③ 4　　　　　　④ 16

해설

$$\frac{16g-CH_4}{} \left| \frac{1mol-CH_4}{16g-CH_4} \right| \frac{1mol-C}{1mol-CH_4} = 1mol-C$$

11 방사성 원소에서 방출되는 방사선 중 전기장의
영향을 받지 않아 휘어지지 않는 선은?

① α선　　　　② β선

③ γ선　　　　④ α, β, γ선

해설　방사선의 종류와 작용

• α선 : 전기장을 작용하면 (−)쪽으로 구부러지므로
(+)전기를 가진 입자의 흐름이다.

• β선 : 전기장의 (+)쪽으로 구부러지므로 그 자신은
(−)전기를 띤 입자의 흐름, 즉 전자의 흐름이다.

• γ선 : 전기장에 대하여 영향을 받지 않고 곧게 나아가
므로 그 자신은 전기를 띤 입자가 아니며 광선이나
X선과 같은 일종의 전자파이다.

12 다음 산(acid)의 성질을 설명한 것 중 틀린 것은 어느 것인가?

① 수용액 속에서 H^+를 내는 화합물이다.
② pH값이 작을수록 강산이다.
③ 금속과 반응하여 수소를 발생하는 것이 많다.
④ 붉은색 리트머스 종이를 푸르게 변화시킨다.

해설 산은 푸른색 리트머스 종이를 붉게 변화시킨다.

13 다음 중 전자의 수가 같은 것으로 나열된 것은 어느 것인가?

① Ne, Cl^-　　② Mg^{+2}, O^{-2}
③ F, Ne　　④ Na, Cl^-

해설 원자번호 = 양성자수 = 전자수
① Ne : 10, Cl^- : 17+1=18
② Mg^{+2} : 12−2=10, O^{-2} : 8+2=10
③ F : 9, Ne : 10
④ Na : 11, Cl^- : 17+1=18

14 다음 할로젠 원소에 대한 설명 중 옳지 않은 것은 어느 것인가?

① 아이오딘의 최외각 전자는 7개이다.
② 할로젠 원소 중 원자 반지름이 가장 작은 원소는 F이다.
③ 염화이온은 염화은의 흰색 침전 생성에 관여한다.
④ 브로민은 상온에서 적갈색 기체로 존재한다.

해설 할로젠 원소
• 주기율표 17족 원소
(F : 플루오린, Cl : 염소, Br : 브로민, I : 아이오딘)
모두 최외각 전자 7개

원소기호	주기	원자반지름	상태(상온)
$_9$F		증가 (주기가 늘어남에 따라 원자 반지름 증가)	기체 (청황색)
$_{17}$Cl			기체 (녹색)
$_{35}$Br			액체 (적색)
$_{53}$I			고체 (짙은 검은색)

※ 브로민은 상온에서 적갈색의 액체로 존재한다.

15 분자식이 같으면서도 구조가 다른 유기 화합물을 무엇이라고 하는가?

① 이성질체
② 동소체
③ 동위원소
④ 방향족 화합물

해설
② 동소체 : 같은 원소로 되어 있으나 원자배열이 다른 것. 즉, 성질이 다르다.
③ 동위원소 : 양성자수는 같으나 중성자수가 다른 원소. 즉, 원자번호는 같으나 질량수가 다른 원소, 전자수가 같아서 화학적 성질은 같으나 물리적인 성질이 다른 원소
④ 방향족 화합물 : 벤젠 고리나 나프탈렌 고리를 가진 탄화수소

16 $CH_4(g)+2O_2(g) \rightarrow CO_2(g)+2H_2O(g)$의 반응에서 메테인의 농도를 일정하게 하고 산소의 농도를 2배로 하면 동일한 온도에서 반응속도는 몇 배로 되는가?

① 2배　　② 4배
③ 6배　　④ 8배

해설 반응속도는 반응하는 물질의 농도의 곱에 비례하므로 $[CH_4][O_2]^2=1\times2^2=4$배이다.

17 다음은 열역학 제 몇 법칙에 대한 내용인가?

> 0K(절대영도)에서 물질의 엔트로피는 0이다.

① 열역학 제0법칙 ② 열역학 제1법칙
③ 열역학 제2법칙 ④ 열역학 제3법칙

해설
① 열역학 제0법칙(열적평형의 법칙) : 서로 열적평형
에 있는 두 물체는 같은 온도가 되려고 하고 같은
온도에서 열적평형에 달한다.
② 열역학 제1법칙(에너지 보존의 법칙)
③ 열역학 제2법칙(엔트로피 법칙) : 어떤 자발과정에
대해서 우주의 엔트로피는 증가하고, 가역과정에 대
해서는 우주의 엔트로피는 일정하다.
④ 열역학 제3법칙 : 절대영도에서 완전한 결정구조의
엔트로피는 0이다.

18 $CuSO_4$ 수용액을 10A의 전류로 32분 10초 동안 전기분해시켰다. 음극에서 석출되는 Cu의 질량은 몇 g인가? (단, Cu의 원자량은 63.6이다.)

① 3.18   ② 6.36
③ 9.54   ④ 12.72

해설
패러데이의 법칙(Faraday's law) : 전기분해 될 때 생
성 또는 소멸되는 물질의 양은 전하량에 비례한다.

$$Q = I \times t$$
전하량 전류 시간
[C]   [A]   [s]

1A의 전기가 1s 동안 흘러갔을 때의 전하량 1C
※ 전자 1개(전하량) = -1.6×10^{-19}C
   전자 1mol(전하량)
   = -1.6×10^{-19}C × 6.02×10^{23}개(아보가드로수)
   = 96,500C
   = 1F
문제에서 $CuSO_4$ 수용액을 10A의 전류로 32분 10초
동안 전기분해하였을 때의 전하량은 다음과 같다.
$Q = 10A \times [(32 \times 60)s + 10s] = 19,300C$
금속의 석출량(g) = F × 당량
※ 당량 = 원자량/원자가
   = $(19,300/96,500) \times (63.6/2)$
   = 6.36g

19 원자번호 19, 질량수 39인 칼륨 원자의 중성자수는 얼마인가?

① 19   ② 20
③ 39   ④ 58

해설
원자번호 = 양성자수 = 전자수
원자량 = 양성자수 + 중성자수
$39 = 19 + x$, $x = 20$

20 다음 중 부동액으로 사용되는 것은?

① 에테인
② 아세톤
③ 이황화탄소
④ 에틸렌글리콜

해설
부동액(antifreezing solution) : 내연기관의 냉각용
으로서 물에 염류를 혼합하여 물의 비등점을 높게, 응고점
은 낮게 한 수용액 염류로 에틸렌글리콜을 널리 이용한다.
냉각액은 비등점이 높을수록 대기와의 온도차를 크게
취하기 때문에 냉각기는 소형으로도 가능하다. 응고점
이 낮으면 한랭 시 동결의 걱정이 없다.

제**3**회 과년도 출제문제

01 물분자들 사이에 작용하는 수소결합에 의해 나타나는 현상과 가장 관계가 없는 것은 다음 중 어느 것인가?

① 물의 기화열이 크다.
② 물의 끓는점이 높다.
③ 무색투명한 액체이다.
④ 얼음이 물 위에 뜬다.

해설 수소결합 : F, O, N 등 전기음성도가 강한 원자와 수소를 갖는 분자가 이웃한 분자의 수소 원자 사이에서 생기는 인력으로 일종의 분자간 인력(분자 사이에 끌어당기는 힘)이다. 수소결합을 하는 물질은 분자량이 비슷한 다른 분자들에 비해 결합력이 강하기 때문에 다음과 같은 현상이 발생한다.
• 녹는점(M.P), 끓는점(B.P)이 높다.
• 융해열, 기화열이 크다.
• 얼음이 되면 수소결합에 의해 분자가 규칙적으로 배열되어 육각구조가 나타나게 되며 액체상태의 무질서한 분포보다 분자 사이의 빈 공간이 많아지게 되어 부피가 증가하기 때문에 얼음이 물 위에 뜨는 현상이 발생한다.

02 염화나트륨 수용액의 전기분해 시 음극(cahode)에서 일어나는 반응식을 옳게 나타낸 것은?

① $2H_2O(L) + 2Cl^-(aq)$
$\rightarrow H_2(g) + Cl_2(g) + 2OH^-(aq)$
② $2Cl^-(aq) \rightarrow Cl_2(g) + 2e^-$
③ $2H_2O(L) + 2e^- \rightarrow H_2(g) + 2OH^-(aq)$
④ $2H_2O \rightarrow O_2 + 4H^+ = 4e^-$

해설

NaCl 수용액 $\begin{cases} NaCl \rightarrow Na^+ + Cl^- \\ H_2O \end{cases}$

• (+)극 : $2Cl^- \rightarrow Cl_2 + 2e$ (산화)
　　　　　(aq)　　(g)

• (−)극 : $2H_2O + 2e^- \rightarrow 2OH^- + H_2$ (환원)
　　　　　(l)　　　　(aq)　　(g)

03 A는 B이온과 반응하나 C이온과는 반응하지 않고 D는 C이온과 반응한다고 할 때, A, B, C, D의 환원력 세기를 큰 것부터 차례대로 나타낸 것은? (단, A, B, C, D는 모두 금속이다.)

① A > B > D > C
② D > C > A > B
③ C > D > B > A
④ B > A > C > D

해설 금속의 이온화 경향
K > Ca > Na > Mg > Al > Zn > Fe > Ni > Sn > Pb > (H) > Cu > Hg > Ag > Pt > Au

04 다음 중 이상기체의 밀도에 대한 설명으로 옳은 것은?

① 절대온도에 비례하고 압력에 반비례한다.
② 절대온도와 압력에 반비례한다.
③ 절대온도에 반비례하고 압력에 비례한다.
④ 절대온도와 압력에 비례한다.

해설 $PV = \dfrac{w}{M}RT$에서 밀도 $= \dfrac{w}{V} = \dfrac{PM}{RT}$

∴ 이상기체의 밀도는 절대온도에 반비례하고 압력에 비례한다.

05 공유결정(원자결정)으로 되어 있어 녹는점이 매우 높은 것은?

① 얼음　　　　　② 수정
③ 소금　　　　　④ 나프탈렌

정답 01. ③　02. ③　03. ②　04. ③　05. ②

해설

공유결합
- 공유결정(원자결정)
  - 원자와 원자가 공유결합에 의해 그물구조를 형성
  - 녹는점, 끓는점 높고 경도가 크다.
    [수정(SiO_2), 다이아몬드(C)]
- 분자성 결정
  - 기체나 액체상태의 공유결합 분자, 비활성 기체들이 이룬 결정
  - 분자 사이의 인력 약함(녹는점, 끓는점 낮다).

06 다음 중 기하 이성질체가 존재하는 것은 어느 것인가?

① C_5H_{12}

② $CH_3CH{=}CHCH_3$

③ C_3H_7Cl

④ $CH{\equiv}CH$

해설

기하 이성질체 : 분자 안에서의 작용기의 방향에 따른 입체 이성질체(stereoisomer)의 한 형태이다. 이러한 이성질체는 회전할 수 없는 이중결합을 포함하며 시스(cis)형과 트랜스(trans)형이 있다.
※ 시스(cis) : "같은 면"
   트랜스(trans) : "다른 면"
예 2-부텐($CH_3CH{=}CHCH_3$)

CiS-2-부텐   trans-2-부텐

07 어떤 기체가 탄소 원자 1개당 2개의 수소원자를 함유하고 0℃, 1기압에서 밀도가 1.25g/L일 때 이 기체에 해당하는 것은?

① CH_2

② C_2H_4

③ C_3H_6

④ C_4H_8

해설

$$밀도(g/L) = \frac{분자량(g)}{22.4(L)}$$

① $CH_2 = \dfrac{12+2g}{22.4L} = 0.625\,g/L$

② $C_2H_4 = 24+4 = \dfrac{28g}{22.4L} = 1.25\,g/L$

③ $C_3H_6 = 36+6 = \dfrac{42g}{22.4L} = 1.875\,g/L$

④ $C_4H_8 = 48+8 = \dfrac{56g}{22.4L} = 2.5\,g/L$

08 0.001N-HCl의 pH는?

① 2

② 3

③ 4

④ 5

해설

$$pH = -\log[H^+] = -\log[10^{-3}] = 3$$

09 평면구조를 가진 $C_2H_2Cl_2$의 이성질체의 수는?

① 1개

② 2개

③ 3개

④ 4개

해설

$C_2H_2Cl_2$의 이성질체는 3가지이다.

cis형   trans형   구조 이성질체

10 산성 산화물에 해당하는 것은?

① CaO

② Na_2O

③ CO_2

④ MgO

해설

산화물
- 금속 산화물(=염기성 산화물) : CaO, MgO, Na_2O
  예 CaO + H_2O → $Ca(OH)_2$
  수산화칼슘 : 염기성
- 비금속 산화물(=산성 산화물) : CO_2, NO_2, SO_2
  예 CO_2 + H_2O → H_2CO_3
  탄산 : 산성

11 염소는 2가지 동위원소로 구성되어 있는데 원자량이 35인 염소는 75% 존재하고, 37인 염소는 25% 존재한다고 가정할 때, 이 염소의 평균 원자량은 얼마인가?

① 34.5
② 35.5
③ 36.5
④ 37.5

해설 평균 원자량＝$35 \times 0.75 + 37 \times 0.25 = 35.5$

12 염소원자의 최외각 전자수는 몇 개인가?

① 1
② 2
③ 7
④ 8

해설 염소원자 : $_{17}Cl$

전자껍질	K	L	M
전자수	2	8	7

13 가열하면 부드러워져서 소성을 나타내고 식히면 경화하는 수지는?

① 페놀 수지
② 멜라민 수지
③ 요소 수지
④ 폴리염화바이닐 수지

해설
• 열가소성 수지 : 열을 가했을 때 녹고, 온도를 충분히 낮추면 고체상태로 되돌아가는 수지
  예 폴리염화바이닐 수지(PVC), 폴리에틸렌, 폴리스티렌 아크릴 수지, 규소 수지(실리콘 수지)
• 열경화성 수지 : 축중합에 의한 중합체로 한번 성형되어 경화된 후에는 재차 용융하지 않는 수지
  예 페놀 수지, 멜라민 수지, 요소 수지

14 다음 반응식에서 산화된 성분은?

$$MnO_2 + 4HCl \rightarrow MnCl_2 + 2H_2O + Cl_2$$

① Mn
② O
③ H
④ Cl

해설
• 산화 : 산화수가 증가
• 환원 : 산화수가 감소
  $Cl^- \rightarrow Cl_2$ 산화수 $-1 \rightarrow 0$ 증가 : 산화

15 옥텟규칙(octet rule)에 따르면 게르마늄이 반응할 때, 다음 중 어떤 원소의 전자수와 같아지려고 하는가?

① Kr
② Si
③ Sn
④ As

해설 옥텟규칙(octet rule) : 모든 원자들은 주기율표 18족에 있는 비활성 기체(Ne, Ar, Kr, Xe 등)와 같이 최외각 전자 8개를 가져서 안정되려는 경향(단, He은 2개의 가전자를 가지고 있으며 안정하다.)

16 $Fe(CN)_6{}^{4-}$와 4개의 K^+ 이온으로 이루어진 물질 $K_4Fe(CN)_6$을 무엇이라고 하는가?

① 착화합물
② 할로젠화합물
③ 유기혼합물
④ 수소화합물

해설 착염 : 성분염과 다른 이온을 낼 때 이 염을 착염이라 한다.
예 $FeSO_4 + 2KCN \longrightarrow Fe(CN)_2 + K_2SO_4$
$Fe(CN)_2 + 4KCN \longrightarrow K_4Fe(CN)_6$
사이안화철(II)산칼륨
이때 성분염이 물에 녹아서 내는 이온
$Fe(CN)_2 \longrightarrow Fe^{2+} + 2CN^-$
$4KCN \longrightarrow 4K^+ + 4CN^-$
생성염이 물에 녹아서 내는 이온
$K_4Fe(CN)_6 \longrightarrow 4K^+ + Fe(CN)_6{}^{4-}$
사이안화철(II)산칼륨   사이안화철(II)산이온
즉, 성분염과 생성염이 물에 녹아서 동일한 이온을 내지 않으므로 $K_4Fe(CN)_6$은 착염이다.

17 공유결합과 배위결합에 의하여 이루어진 것은?

① NH_3 ② $Cu(OH)_2$

③ K_2CO_3 ④ $[NH_4]^+$

해설 배위결합(配位結合)은 두 원자가 공유결합을 할 때 결합에 관여하는 전자가 형식적으로 한쪽 원자에서만 제공되어 결합된 경우를 말한다.

예 암모늄이온$[NH_4]^+$

$$H\!:\!\overset{\displaystyle H}{\underset{\displaystyle H}{\overset{\times\times}{N}}}\!:\!H \ + \ [H]^+ \ \longrightarrow \ H\!:\!\overset{\displaystyle H}{\underset{\displaystyle H}{\overset{\times\times}{N}}}\!:\!H$$

$$H\!-\!\overset{\displaystyle H}{\underset{\displaystyle H}{N}}\!-\!H \ + \ [H]^+ \ \longrightarrow \ H\!-\!\overset{\displaystyle H}{\underset{\displaystyle H}{\overset{\uparrow}{N}}}\!-\!H$$

18 아미노기와 카르복실기가 동시에 존재하는 화합물은?

① 식초산 ② 석탄산

③ 아미노산 ④ 아민

해설 아미노산(amino acid)은 생물의 몸을 구성하는 단백질의 기본 구성단위이다. 단백질을 완전히 가수분해하면 암모니아와 아미노산이 생성되는데, 아미노산은 아미노기($-NH_2$)와 카르복실기($-COOH$)를 포함한 모든 분자를 지칭한다. 화학식은 $NH_2CHRnCOOH$(단, $n=1\sim20$)이다.

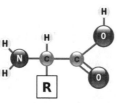

19 Be의 원자핵에 α 입자를 충격하였더니 중성자 n이 방출되었다. 다음 반응식을 완결하기 위하여 ( ) 속에 알맞은 것은?

$$Be + {}^{4}_{2}He \ \rightarrow \ (\quad) + {}^{1}_{0}n$$

① Be ② B

③ C ④ N

해설 ${}^{9}_{4}Be + {}^{4}_{2}He \ \rightarrow \ \left({}^{12}_{6}C\right) + {}^{1}_{0}n$

20 산화 – 환원에 대한 설명 중 틀린 것은?

① 한 원소의 산화수가 증가하였을 때 산화되었다고 한다.

② 전자를 잃은 반응을 산화라 한다.

③ 산화제는 다른 화학종을 환원시키며, 그 자신의 산화수는 증가하는 물질을 말한다.

④ 중성인 화합물에서 모든 원자와 이온들의 산화수의 합은 0이다.

해설

구분	산화 (oxidation)	환원 (reduction)
산소	+	−
전자	−	+
수소	−	+
산화수	증가	감소

제4회 과년도 출제문제

01

CuCl₂의 용액에 5A 전류를 1시간 동안 흐르게 하면 몇 g의 구리가 석출되는가? (단, Cu의 원자량은 63.54이며, 전자 1개의 전하량은 1.602×10^{-19}C이다.)

① 3.17
② 4.83
③ 5.93
④ 6.335

해설

• 염화구리(CuCl₂) 수용액

$$CuCl_2 \xrightarrow{H_2O} Cu^{2+} + 2Cl^-$$

• 염화구리(CuCl₂) 수용액의 전기분해
 (+)극 : $2Cl^- \rightarrow Cl_2 + 2e^-$(산화반응)
 (−)극 : $Cu^{2+} + 2e^- \rightarrow Cu$(환원반응)

※ (+)극 : 염화이온(Cl^-)은 전자를 잃어서 염소 기체 (Cl_2)가 발생한다.
 (−)극 : 구리이온(Cu^{2+})은 전자를 얻어서 금속 구리 (Cu)가 석출된다.

※ (−)극에서 2몰(mol)의 전자가 흘러서 1몰(mol)의 금속 구리(Cu)가 석출된다.

• 5A의 전류가 1시간 동안 흘러갔을 때의 전하량[C]

$$Q = I \times t$$
전하량 전류 시간
 [C] [A] [s]
$$= 5A \times 3,600s$$
$$= 18,000C$$

• 18,000C의 전하량으로 석출할 수 있는 금속 구리 (Cu)의 질량(g)

$$\frac{18,000C}{96,500C} \left| \frac{1mol-e^-(전자)}{2mol-e^-(전자)} \right| \frac{1mol-Cu}{1mol-Cu} \left| \frac{63.54g-Cu}{1mol-Cu} \right| = 5.93g-Cu$$

※ 패러데이의 법칙(Faraday's law) : 전기분해를 하는 동안 전극에 흐르는 전하량(전류×시간)과 전기분해로 인해 생긴 화학변화의 양 사이의 정량적인 관계를 나타내는 법칙(전기분해 될 때 생성 또는 소멸되는 물질의 양은 전하량에 비례한다.)

$$Q = I \times t$$
전하량 전류 시간
 [C] [A] [s]
1A의 전기가 1초 동안 흘러갔을 때의 전하량 1C
※ 전자 1개의 전하량 = -1.6×10^{-19}C
 전자 1몰(mol)의 전하량
 = -1.6×10^{-19}C$\times 6.02 \times 10^{23}$개
     (아보가드로수)
=96,500C
=1F

02

다음 중 반응이 정반응으로 진행되는 것은 어느 것인가?

① $Pb^{2+} + Zn \rightarrow Zn^{2+} + Pb$
② $I_2 + 2Cl^- \rightarrow 2I^- + Cl_2$
③ $2Fe^{3+} + 3Cu \rightarrow 3Cu^{2+} + 2Fe$
④ $Mg^{2+} + Zn \rightarrow Zn^{2+} + Mg$

해설

① 납(pb)보다 아연(Zn)의 이온화 경향이 크기 때문에 정반응으로 진행된다.

※ 금속의 이온화 경향
 K > Ca > Na > Mg > Al > Zn > Fe > Ni > Sn > Pb > H > Cu > Hg > Ag > Pt > Au

03

다음 중 전자 배치가 다른 것은?

① Ar
② F⁻
③ Na⁺
④ Ne

해설

구분	원자번호	전자수	준위별 전자수	전자 배열
Ar	18	18	2, 8, 8	$1s^2\ 2s^2\ 2p^6\ 3s^2\ 3p^6$
F⁻	9	10	2, 8	$1s^2\ 2s^2\ 2p^6$
Na⁺	11	10	2, 8	$1s^2\ 2s^2\ 2p^6$
Ne	10	10	2, 8	$1s^2\ 2s^2\ 2p^6$

04 지시약으로 사용되는 페놀프탈레인 용액은 산성에서 어떤 색을 띠는가?

① 적색
② 청색
③ 무색
④ 황색

해설 페놀프탈레인은 산염기를 구별하는 지시약으로 염기성에서 붉은색, 산성과 중성에서 무색을 나타낸다.

05 다음 중 전리도가 가장 커지는 경우는?

① 농도와 온도가 일정할 때
② 농도가 진하고, 온도가 높을수록
③ 농도가 묽고, 온도가 높을수록
④ 농도가 진하고, 온도가 낮을수록

해설 전리도는 온도가 높을수록, 농도가 묽을수록 커진다.
※ 전리도 : 전해질 용액 속에서 용질 중 이온으로 분리된 (해리) 것의 비율

06 볼타전지의 기전력은 약 1.3V인데 전류가 흐르기 시작하면 곧 0.4V로 된다. 이러한 현상을 무엇이라 하는가?

① 감극
② 소극
③ 분극
④ 충전

해설 볼타전지에서 전류가 흐르면 (+)극에서 수소 기체가 발생하고, 이 수소 기체가 환원반응이 일어나는 것을 막아 전류의 흐름을 방해해 전압이 떨어지는 현상이다. 이를 해결하기 위해서는 염다리를 설치하거나 수소 기체를 없애기 위한 산화제를 첨가해야 한다.

※ Cu판 표면에 H_2 발생으로 기전력이 떨어진다.

07 다음 반응식 중 흡열반응을 나타내는 것은?

① $CO + \frac{1}{2}O_2 \rightarrow CO_2 + 68kcal$
② $N_2 + O_2 \rightarrow 2NO, \ \Delta H = +42kcal$
③ $C + O_2 \rightarrow CO_2, \ \Delta H = -94kcal$
④ $H_2 + \frac{1}{2}O_2 - 58kcal \rightarrow H_2O$

해설 ② 엔탈피(ΔH)가 양수이면 흡열반응이다.
①, ③, ④는 연소반응으로서 발열반응이고, ②는 질소의 산화반응으로 엔탈피(ΔH)가 양수이므로 흡열반응이다.

08 유기화합물을 질량 분석한 결과 C 84%, H 16%의 결과를 얻었다. 다음 중 이 물질에 해당하는 실험식은?

① C_5H
② C_2H_2
③ C_7H_8
④ C_7H_{16}

해설
• 질량 백분율(%)을 질량(g)으로 환산한다.
  C : 84% → 84g
  H : 16% → 16g
• 질량(g)을 몰수(mol)로 환산한다.

$$\frac{84g-\cancel{C}}{} \ \frac{1mol-C}{12g-\cancel{C}} = 7mol$$

$$\frac{16g-\cancel{H}}{} \ \frac{1mol-H}{1g-\cancel{H}} = 16mol$$

• 몰(mol)비를 간단한 정수비로 나타낸다.
  C : H = 7mol : 16mol
       = 7 : 16
  ∴ C_7H_{16}

09 벤젠에 수소원자 한 개는 $-CH_3$기로, 또 다른 수소원자 한 개는 $-OH$기로 치환되었다면 이성질체수는 몇 개인가?

① 1
② 2
③ 3
④ 4

해설 크레졸(cresol)은 석탄 타르 및 나무 타르 중에서 석탄산과 함께 발생하는 물질이다. 소독약과 방부제로 쓰인다.

o-cresol	m-cresol	p-cresol
(o-methylphenol)	(m-methylphenol)	(p-methylphenol)

〈크레졸 이성질체〉

10 NaCl의 결정계는 다음 중 무엇에 해당되는가?

① 입방정계   ② 정방정계
③ 육방정계   ④ 단사정계

해설 염화나트륨(NaCl)은 결정성 고체구조로 정육면체의 각 꼭짓점에 1개의 입자가 배열되어 있는 입방정계 구조이다.

11 수성가스(water gas)의 주성분을 옳게 나타낸 것은?

① CO_2, CH_4 ② CO, H_2
③ CO_2, H_2, O_2 ④ H_2, H_2O

해설 수성가스(water gas)의 주성분 : 수소가스(H_2), 일산화탄소(CO)

※ 수성가스(water gas)의 성분비
  ㉠ 수소가스(H_2) : 49%
  ㉡ 일산화탄소(CO) : 42%
  ㉢ 이산화탄소(CO_2) : 4%
  ㉣ 질소가스(N_2) : 4.5%
  ㉤ 메테인(CH_4) : 0.5%

12 탄소 3g이 산소 16g 중에서 완전연소 되었다면, 연소한 후 혼합기체의 부피는 표준상태에서 몇 L가 되는가?

① 5.6   ② 6.8
③ 11.2   ④ 22.4

해설
• 연소반응식을 완결한다.
  $C + O_2 \rightarrow CO_2$
• 한계반응물을 찾는다.
  3g의 탄소(C)가 연소하기 위해서는 8g의 산소가스(O_2)가 필요하다. 문제에서 주어진 산소가스(O_2)는 16g이므로 3g의 탄소(C)는 모두 반응할 수 있다(한계반응물).

$$\frac{3g-C}{} \left| \frac{1mol-C}{12g-C} \right| \frac{1mol-O_2}{1mol-C} \left| \frac{32g-O_2}{1mol-O_2} \right. = 8g-O_2$$

  16g 산소가스(O_2)로 연소시킬 수 있는 탄소(C)는 6g이다. 문제에서 주어진 탄소(C)는 3g이므로 16g 산소가스(O_2)는 모두 반응하지 못하고 남을 것이다(과잉반응물).

$$\frac{16g-O_2}{} \left| \frac{1mol-O_2}{32g-O_2} \right| \frac{1mol-C}{1mol-O_2} \left| \frac{12g-C}{1mol-C} \right. = 6g-C$$

• 한계반응물을 기준으로 생성되는 기체의 부피(L)를 구한다.

$$\frac{3g-C}{} \left| \frac{1mol-C}{12g-C} \right| \frac{1mol-CO_2}{1mol-C} \left| \frac{22.4L-CO_2}{1mol-CO_2} \right. = 5.6L-CO_2$$

• 반응하지 않고 남은 8g의 산소의 부피

$$\frac{8g-O_2}{} \left| \frac{1mol-O_2}{32g-O_2} \right| \frac{22.4L-O_2}{1mol-O_2} = 5.6L-O_2$$

그러므로 연소한 후 혼합기체의 부피는 이산화탄소 5.6L와 미반응물 산소 5.6L를 더하면 11.2L가 된다.

13 다음 화합물 중 2mol이 완전연소 될 때 6mol의 산소가 필요한 것은?

① CH_3-CH_3
② $CH_2=CH_2$
③ $CH\equiv CH$
④ C_6H_6

해설
• 2몰(mol)의 C_2H_6(에테인) 연소반응식
  $2C_2H_6 + 7O_2 \rightarrow 4CO_2 + 6H_2O$
• 2몰(mol)의 C_2H_4(에텐 ; 에틸렌) 연소반응식
  $2C_2H_4 + 6O_2 \rightarrow 4CO_2 + 4H_2O$
• 2몰(mol)의 C_2H_2(에틴 ; 아세틸렌) 연소반응식
  $2C_2H_2 + 5O_2 \rightarrow 4CO_2 + 2H_2O$
• 2몰(mol)의 C_6H_6(벤젠) 연소반응식
  $2C_6H_6 + 15O_2 \rightarrow 12CO_2 + 6H_2O$

14 물 36g을 모두 증발시키면 수증기가 차지하는 부피는 표준상태를 기준으로 몇 L인가?

① 11.2L   ② 22.4L

③ 33.6L   ④ 44.8L

해설

$$\frac{36g-H_2O}{} \left| \frac{1mol-H_2O}{18-H_2O} \right| \frac{22.4L-H_2O}{1mol-H_2O} = 44.8L$$

15 알칼리금속이 다른 금속 원소에 비해 반응성이 큰 이유와 밀접한 관련이 있는 것은 다음 중 어느 것인가?

① 밀도가 작기 때문이다.
② 물에 잘 녹기 때문이다.
③ 이온화에너지가 작기 때문이다.
④ 녹는점과 끓는점이 비교적 낮기 때문이다.

해설

알칼리금속은 주기율표상 1족에 속하는 원소로 원자가 전자가 1개이기 때문에 전자를 잃기 쉽다(이온화에너지가 작다). 따라서 산화되기 쉽고(반응성이 크다), 산화되면 1가의 양이온이 된다.

※ 이온화에너지 : 원자나 분자에서 전자 하나를 떼어내는 데 필요한 에너지(이온화에너지가 작을수록 전자를 잃기 쉽기 때문에 이온화에너지가 작을수록 반응성이 더 크다)

16 다음 중 아세틸렌 계열 탄화수소에 해당되는 것은 어느 것인가?

① C_5H_8 ② C_6H_{12}

③ C_6H_8 ④ C_3H_2

해설

탄화수소

구분	Alkane (파라핀계)	Alkene (에틸렌계 : 올레핀계)	Alkyne (아세틸렌계)
결합	단일결합(—)	이중결합(=)	삼중결합(≡)
기본식	C_nH_{2n+2}	C_nH_{2n}	C_nH_{2n-2}

17 다음 중 물이 산으로 작용하는 반응은 어느 것인가?

① $NH_4^+ + H_2O \rightarrow NH_3 + H_3O^+$
② $HCOOH + H_2O \rightarrow HCOO^- + H_3O^+$
③ $CH_3COO^- + H_2O \rightarrow CH_3COOH + OH^-$
④ $HCl + H_2O \rightarrow H_3O^+ + Cl^-$

해설

③ 아세트산(CH_3COOH). Brönsted-Lowry설에 의하면 양성자(H^+)를 줄 수 있는 물질은 산, 양성자(H^+)를 받을 수 있는 물질은 염기이므로 ③에서 H_2O는 산으로 H^+를 CH_3COO^-에 제공한다.

18 어떤 용액의 $[OH^-]=2\times10^{-5}$M이었다. 이 용액의 pH는 얼마인가?

① 11.3
② 10.3
③ 9.3
④ 8.3

해설

OH^-는 가수가 -1가이므로 N=M임.
$$pOH = -\log[2\times10^{-5}]$$
$$= 5 - \log 2$$
$$≒ 4.7$$
$$∴ \ pH = 14-4.7$$
$$= 9.3$$

19 다음 물질 중 sp^3 혼성 궤도함수와 가장 관계가 있는 것은?

① CH_4
② $BaCl_2$
③ BF_3
④ HF

해설

CH_4의 분자구조(정사면체형 : sp^3형)

20 전극에서 유리되고 화학물질의 무게가 전지를 통하여 사용된 전류의 양에 정비례하고 또한 주어진 전류량에 의하여 생성된 물질의 무게는 그 물질의 당량에 비례한다는 화학법칙은?

① 르 샤틀리에의 법칙
② 아보가드로의 법칙
③ 패러데이의 법칙
④ 보일-샤를의 법칙

해설
① 르 샤틀리에의 법칙 : 화학평형상태의 화학계에서 농도, 온도, 부피, 부분압력 등이 변화할 때, 화학평형은 변화를 가능한 상쇄시키는 방향으로 움직여 화학평형상태를 형성한다는 법칙
② 아보가드로의 법칙 : 같은 온도와 압력하에서 모든 기체는 같은 부피 속에 같은 수의 분자가 있다는 법칙
④ 보일-샤를의 법칙 : 일정량의 기체의 체적은 압력에 반비례하고, 절대온도에 정비례한다는 법칙

정답 20. ③

제5회 과년도 출제문제

01
염화칼슘의 화학식량은 얼마인가? (단, 염소의 원자량은 35.5, 칼슘의 원자량은 40, 황의 원자량은 32, 아이오딘의 원자량은 127이다.)

① 111   ② 121
③ 131   ④ 141

해설
염화칼슘($CaCl_2$)
　　Ca : 40g
(+) Cl_2 : 35.5×2=71g
　　111g/mol
※ 화학식량(formula weight, 化學式量)
　화학식에 포함되어 있는 원자의 원자량 총합을 말한다.
※ 염화칼슘($CaCl_2$)
　금속(Ca ; 칼슘)과 비금속(Cl ; 염소)의 결합=이온결합

$$Ca^{+2} + Cl^{-1} \rightarrow CaCl_2$$

※ 화학결합
　• 금속결합 = 금속 + 금속
　• 이온결합 = 금속 + 비금속
　• 공유결합 = 비금속 + 비금속

02
방사선 동위원소의 반감기가 20일일 때 40일이 지난 후 남은 원소의 분율은?

① $\frac{1}{2}$ ② $\frac{1}{3}$
③ $\frac{1}{4}$ ④ $\frac{1}{6}$

해설
$$M = M'\left(\frac{1}{2}\right)^{\frac{t}{T}}$$
여기서, M : 나중 질량, M' : 처음 질량
　　　　t : 경과된 시간, T : 반감기

반감기가 20일인 방사선 동위원소가 40일이 지난 후 남은 원소의 분율은 다음과 같다.
$$\frac{M}{M'} = \left(\frac{1}{2}\right)^{\frac{40}{20}} = \frac{1}{4}$$

03
BF_3는 무극성 분자이고, NH_3는 극성 분자이다. 이 사실과 가장 관계가 있는 것은?

① 비공유 전자쌍은 BF_3에는 있고, NH_3에는 없다.
② BF_3는 공유결합 물질이고, NH_3는 수고결합 물질이다.
③ BF_3는 평면 정삼각형이고, NH_3는 피라미드형 구조이다.
④ BF_3는 혼성 sp^3 오비탈을 하고 있고, NH_3는 sp^3 혼성 오비탈을 하고 있다.

해설

구분	NH_3	BF_3
비공유 전자쌍	있음	없음
구조	입체	평면
극성 or 무극성	극성	무극성
결합각	107	120

04
수소와 질소로 암모니아를 합성하는 반응식의 화학반응식은 다음과 같다. 암모니아의 생성률을 높이기 위한 조건은?

$$N_2 + 3H_2 \rightarrow 2NH_3 + 22.1kcal$$

① 온도와 압력을 낮춘다.
② 온도는 낮추고, 압력은 높인다.
③ 온도를 높이고, 압력은 낮춘다.
④ 온도와 압력을 높인다.

해설 암모니아의 합성(synthesis of ammonia)

$N_2(g) + 3H_2(g) \rightarrow 2NH_3(g)$

질소(N_2)와 수소(H_2)를 이용해 암모니아를 제조하는 반응은 발열반응이다. 따라서 주변에 온도가 낮을수록 역반응보다 정반응이 우세하게 일어나기 때문에 더 많은 양의 암모니아를 제조할 수 있다.

05 찬물을 컵에 담아서 더운 방에 놓아 두었을 때 유리와 물의 접촉면에 기포가 생기는 이유로 가장 옳은 것은?

① 물의 증기 압력이 높아지기 때문에
② 접촉면에서 수증기가 발생하기 때문에
③ 방 안의 이산화탄소가 녹아 들어가기 때문에
④ 온도가 올라갈수록 기체의 용해도가 감소하기 때문에

해설 헨리의 법칙(Henry's law) : 난용성 기체의 용해도는 온도가 낮을수록, 압력이 높을수록 증가한다.

06 질소 2몰과 산소 3몰의 혼합기체가 나타나는 전압력이 10기압일 때 질소의 분압은 얼마인가?

① 2기압
② 4기압
③ 8기압
④ 10기압

해설 돌턴(Dalton)의 분압법칙

$$P_A = P_T \cdot X_A$$

여기서, P_A : A 기체의 부분압력

P_T : 전체압력(total)

X_A : A 기체의 몰분율

따라서, 질소(N_2)의 분압은 다음과 같다.

$P_{N_2} = P_T \cdot X_{N_2}$

$P_{N_2} = 10\text{atm} \cdot \dfrac{2\text{mol}}{2\text{mol} + 3\text{mol}}$

$\quad = 4\text{atm}$

07 물 500g 중에 설탕($C_{12}H_{22}O_{11}$)이 171g이 녹아 있는 설탕물의 몰랄농도는?

① 2.0
② 1.5
③ 1.0
④ 0.5

해설 몰랄농도(m)란 용매 1kg에 녹아 있는 용질의 몰수를 나타낸 농도를 말한다.

$$몰랄농도(m) = \frac{용질의\ 몰수(mol)}{용매의\ 질량(kg)}$$

따라서, 설탕물의 몰랄농도는

$$m = \frac{\left(\dfrac{171}{342}\right)\text{mol}}{\left(\dfrac{500}{1,000}\right)\text{kg}} = 1\text{m(mol/kg)}$$

※ 설탕($C_{12}H_{22}O_{11}$)의 분자량 : 342g/mol
※ 원자량 : C(12), H(1), O(16)

08 같은 온도에서 크기가 같은 4개의 용기에 다음과 같은 양의 기체를 채웠을 때 용기의 압력이 가장 큰 것은?

① 메테인 분자 1.5×10^{23}
② 산소 1그램 당량
③ 표준상태에서 CO_2 16.8L
④ 수소기체 1g

해설 아보가드로의 법칙(Avogadro's law) : 같은 온도와 압력하에서 모든 기체는 같은 부피 속에 같은 수의 분자가 있다는 법칙

(0℃, 1atm에서 모든 기체 1mol은 22.4L 속에 6.02×10^{23}개의 분자가 있다.)

① 1.5×10^{23}개-CH_4=0.25atm

$$\frac{1.5 \times 10^{23}개\text{-}CH_4}{} \left| \frac{1\text{mol-}CH_4}{6.02 \times 10^{23}개\text{-}CH_4} \right| \frac{1\text{atm-}CH_4}{1\text{mol-}CH_4} = 0.25\text{atm-}CH_4$$

② 산소원자(O) 1g 당량=0.5atm

$$\frac{8\text{g-}O}{} \left| \frac{1\text{mol-}O}{16\text{g-}O} \right| \frac{1\text{atm-}O}{1\text{mol-}O} = 0.5\text{atm-}O$$

※ 원소의 g당량 $= \dfrac{원자량}{원자가}$

∴ 산소원자(O)의 g당량 $= \dfrac{16\text{g}}{2} = 8\text{g}$

③ 16.8L−CO_2=0.75atm

$$\frac{16.8\text{L}-CO_2}{} \left| \frac{1\text{mol}-CO_2}{22.4\text{L}-CO_2} \right| \frac{1\text{atm}-CO_2}{1\text{mol}-CO_2} = 0.75\text{atm}-CO_2$$

④ 1g−H_2=0.5atm

$$\frac{1\text{g}-H_2}{} \left| \frac{1\text{mol}-H_2}{2\text{g}-H_2} \right| \frac{1\text{atm}-H_2}{1\text{mol}-N_2} = 0.5\text{atm}-H_2$$

09 11g의 프로페인이 연소하면 몇 g의 물이 생기는가?

① 4

② 4.5

③ 9

④ 18

해설

프로페인(C_3H_8)의 연소반응식

$C_3H_8 + 5O_2 \rightarrow 3CO_2 + 4H_2O$

따라서, 생성되는 물(H_2O)의 질량(g)은 다음과 같다.

$$\frac{11\text{g}-C_3H_8}{} \left| \frac{1\text{mol}-C_3H_8}{44\text{g}-C_3H_8} \right| \frac{4\text{mol}-H_2O}{1\text{mol}-C_3H_8} \left| \frac{18\text{g}-H_2O}{1\text{mol}-H_2O} \right| = 18\text{g}-H_2O$$

10 포화 탄화수소에 해당하는 것은?

① 톨루엔

② 에틸렌

③ 프로페인

④ 아세틸렌

해설

포화 탄화수소 : Alkane(C_nH_{2n+2})

화학식	IUPAC	물질명
CH_4	methane	메테인
C_2H_6	ethane	에테인
C_3H_8	propane	프로페인
C_4H_{10}	butane	뷰테인
C_5H_{12}	pentane	펜테인
C_6H_{14}	hexane	헥세인

① 톨루엔[$C_6H_5CH_3$]

② 에틸렌 ; 에텐[C_2H_4]

③ 프로페인[C_3H_8]

④ 아세틸렌[C_2H_2]

11 다음 중 나타내는 수의 크기가 다른 하나는?

① 질소 7g 중의 원자수

② 수소 1g 중의 원자수

③ 염소 71g 중의 분자수

④ 물 18g 중의 분자수

해설

① 7g−N=0.5mol−N

$$\frac{7\text{g}-N}{} \left| \frac{1\text{mol}-N}{14\text{g}-N} \right| \frac{6.02\times10^{23}\text{개의 N}}{1\text{mol}-N} = 3.01\times10^{23}\text{개의 N}$$

② 1g−H=1mol−H

$$\frac{1\text{g}-H}{} \left| \frac{1\text{mol}-H}{1\text{g}-H} \right| \frac{6.02\times10^{23}\text{개의 H}}{1\text{mol}-H} = 6.02\times10^{23}\text{개의 H}$$

③ 71g−Cl_2=1mol−Cl_2

$$\frac{71\text{g}-Cl_2}{} \left| \frac{1\text{mol}-Cl_2}{71\text{g}-Cl_2} \right| \frac{6.02\times10^{23}\text{개의 }Cl_2\text{ 분자}}{1\text{mol}-Cl_2} = 6.02\times10^{23}\text{개의 }Cl_2\text{ 분자}$$

④ 18g−H_2O=1mol−H_2O

$$\frac{18\text{g}-H_2O}{} \left| \frac{1\text{mol}-H_2O}{18\text{g}-H_2O} \right| \frac{6.02\times10^{23}\text{개의 }H_2O\text{ 분자}}{1\text{mol}-H_2O} = 6.02\times10^{23}\text{개의 }H_2O\text{ 분자}$$

※ 원자량

H : 1, O : 16, N : 14, Cl : 35.5

12 분자 운동에너지와 분자 간의 인력에 의하여 물질의 상태 변화가 일어난다. 다음 그림에서 (a), (b)의 변화는?

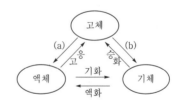

① (a) 융해, (b) 승화

② (a) 승화, (b) 융해

③ (a) 응고, (b) 승화

④ (a) 승화, (b) 응고

해설 물질의 상태 변화

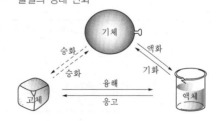

13 96wt% H_2SO_4(A)와 60wt% H_2SO_4(B)를 혼합하여 80wt% H_2SO_4 100kg을 만들려고 한다. 각각 몇 kg씩 혼합하여야 하는가?

① A : 30, B : 70

② A : 44.4, B : 55.6

③ A : 55.6, B : 44.4

④ A : 70, B : 30

해설

$0.96x + 0.6(100-x) = 0.8 \times 100$

$0.96x + 60 - 0.6x = 80$

$0.36x = 20$

$x = 55.6$

∴ A = 55.6kg, B = 44.4kg

14 8g의 메테인을 완전 연소시키는 데 필요한 산소 분자의 수는?

① 6.02×10^{23}

② 1.204×10^{23}

③ 6.02×10^{24}

④ 1.204×10^{24}

해설

메테인(CH_4)의 연소반응식

$CH_4 + 2O_2 \rightarrow CO_2 + 2H_2O$

$\dfrac{8g-CH_4}{} \left| \dfrac{1mol-CH_4}{16g-CH_4} \right| \dfrac{2mol-O_2}{1mol-CH_4} \left| \dfrac{6.02 \times 10^{23}개-O_2}{1mol-O_2} \right. = 6.02 \times 10^{23}개 - O_2$

15 같은 질량의 산소 기체와 메테인 기체가 있다. 두 물질이 가지고 있는 원자수의 비는?

① 5 : 1   ② 2 : 1

③ 1 : 1   ④ 1 : 5

해설

구분	산소 기체	메테인 기체
분자식	O_2	CH_4
원자수	2	5
분자량(g/mol)	32g/mol	16g/mol
질량비	2	1

따라서, 메테인 기체(CH_4)가 1mol의 산소 기체(O_2)와 질량이 같아지려면 2mol의 분자가 필요하다.

구분	1mol-산소 기체	2mol-메테인 기체
분자식	$1mol - O_2$	$2mol - CH_4$
질량(g)	32g	32g
원자수	2	10
원자수비	1	5

16 $KMnO_4$에서 Mn의 산화수는 얼마인가?

① +3

② +5

③ +7

④ +9

해설

$+1 + Mn + (-2 \times 4) = 0$

$Mn = +7$

산화수 : 원자가에 (+)나 (−)부호를 붙인 것으로 물질이 산화 또는 환원된 정도를 나타낸 수이다.

• 단체의 산화수는 "0"이다.

• 수소의 산화수는 "+1"이다.

• 산소의 산화수는 "−2"이다.

  (예외 : 과산화물의 산소의 산화수는 "−1"이다.)

• 알칼리금속의 산화수는 대부분 "+1"이다.

• 할로젠 원자는 산화물 이외에서는 대부분 "−1"이다.

• 이온의 산화수는 그 이온의 전하와 같다.

• 화합물의 원자의 산화수 총합은 "0"이다.

17 다음 산화수에 대한 설명 중 틀린 것은?

① 화학결합이나 반응에서 산화, 환원을 나타내는 척도이다.

② 자유원소 상태의 원자의 산화수는 0이다.

③ 이온결합 화합물에서 각 원자의 산화수는 이온전하의 크기와 관계없다.

④ 화합물에서 각 원자의 산화수는 총합이 0이다.

해설

16번 해설 참고

18 다음 핵화학반응식에서 산소(O)의 원자번호는 얼마인가?

$$^{14}_{7}N + ^{4}_{2}He(\alpha) \rightarrow O + ^{1}_{1}H$$

① 6 ② 7

③ 8 ④ 9

해설 반응물과 생성물의 질량수의 총합과 양성자수의 총합은 같으므로

양성자수=8

※ 원자번호=양성자수=전자수

19 다음 물질 중 감광성이 가장 큰 것은 무엇인가?

① HgO ② CuO

③ NaNO₃ ④ AgCl

해설 염화은(AgCl)은 감광성을 가지므로 사진기술에 응용된다.

※ 감광성 : 필름이나 인화지 등에 칠한 감광제(感光劑)가 각 색에 대해 얼마만큼 반응하느냐 하는 감광역을 말한다.

20 분자량의 무게가 4배이면 확산속도는 몇 배인가?

① 0.5배 ② 1배

③ 2배 ④ 4배

해설 그레이엄의 확산속도 법칙

$$\frac{U_A}{U_B} = \sqrt{\frac{M_B}{M_A}}$$

여기서, U_A, U_B : 기체의 확산속도

M_A, M_B : 분자량

따라서, 무게가 4배일 때 확산속도는

$$\frac{U_A}{U_B} = \sqrt{\frac{M_B}{4M_A}} = 0.5배$$

제 6 회 과년도 출제문제

01 어떤 물질 1g을 증발시켰더니 그 부피가 0℃, 4atm에서 329.2mL였다. 이 물질의 분자량은? (단, 증발한 기체는 이상기체라 가정한다.)

① 17 ② 23
③ 30 ④ 60

해설 이상기체 상태방정식

$$PV = nRT$$

$PV = \dfrac{wRT}{M}$ 에서

$M = \dfrac{wRT}{PV}$

$M = \dfrac{1g \times 0.082atm \cdot L/K \cdot mol \times (0+273.15)K}{4atm \times (329.2/1,000)L}$

$= 17g/mol$

02 $H_2S + I_2 \rightarrow 2HI + S$에서 I_2의 역할은?

① 산화제이다.
② 환원제이다.
③ 산화제이면서 환원제이다.
④ 촉매역할을 한다.

해설 I는 산화수 0에서 −1로 감소하였으므로 스스로는 환원되면서 산화제 역할을 한 것이다.

03 다음 중 단원자 분자에 해당하는 것은 어느 것인가?

① 산소
② 질소
③ 네온
④ 염소

해설
① 산소(O_2) : 이원자 분자
② 질소(N_2) : 이원자 분자
③ 네온(Ne) : 단원자 분자
④ 염소(Cl_2) : 이원자 분자

※ 분자의 종류
㉠ 단원자 분자 : 1개의 원자로 구성된 분자
  예 He, Ne, Ar 등 주로 불활성 기체
㉡ 이원자 분자 : 2개의 원자로 구성된 분자
  예 H_2, N_2, O_2, CO, F_2, Cl_2, HCl 등
㉢ 삼원자 분자 : 3개의 원자로 구성된 분자
  예 H_2O, O_3, CO_2 등
㉣ 다원자 분자 : 여러 개의 원자로 구성된 분자
  예 $C_6H_{12}O_6$, $C_{12}H_{23}O_{11}$ 등
㉤ 고분자 : 다수의 원자로 구성된 분자
  예 녹말, 수지 등

04 다음 중 3차 알코올에 해당되는 것은 어느 것인가?

①

해설

알코올의 분류

분류기준	종류	설명	보기
−OH가 있는 C에 붙어 있는 알킬기의 수	1차 알코올	알킬기가 1개	CH_3-CH_2-OH
	2차 알코올	알킬기가 2개	$H-\overset{\displaystyle CH_3}{\underset{\displaystyle CH_3}{C}}-OH$
	3차 알코올	알킬기가 3개	$CH_3-\overset{\displaystyle CH_3}{\underset{\displaystyle CH_3}{C}}-OH$
−OH의 수	1가 알코올	−OH가 1개	C_2H_5OH
	2가 알코올	−OH가 2개	$C_2H_4(OH)_2$
	3가 알코올	−OH가 3개	$C_3H_5(OH)_3$

05 커플링(coupling) 반응 시 생성되는 작용기는?

① $-NH_2$

② $-CH_3$

③ $-COOH$

④ $-N=N-$

해설

커플링 반응 : 방향족 다이아조늄 화합물에 페놀류나 방향족 아민을 작용시키면 아조기($-N=N-$)를 갖는 새로운 아조화합물을 만드는 반응

06 이산화황이 산화제로 작용하는 화학반응은?

① $SO_2 + H_2O \longrightarrow H_2SO_4$

② $SO_2 + NaOH \longrightarrow NaHSO_3$

③ $SO_2 + 2H_2S \longrightarrow 3S + 2H_2O$

④ $SO_2 + Cl_2 + 2H_2O \longrightarrow H_2SO_4 + 2HCl$

해설

$SO_2 + 2H_2S \longrightarrow 3S + 2H_2O$

SO_2는 산화제인 동시에 자신에게는 환원제로 작용하고, H_2S는 환원작용을 한다.

07 탄소수가 5개인 포화 탄화수소 펜테인의 구조 이성질체 수는 몇 개인가?

① 2개

② 3개

③ 4개

④ 5개

해설

펜테인(pentane : C_5H_{12})의 이성질체

펜테인 (n-pentane)	
iso-펜테인 (2-methyl-butanne)	
neo-펜테인 (2,2dimehyl-propane)	

이성질체(異性質體) : 분자식은 같지만 서로 다른 물리·화학적 성질을 갖는 분자들을 이르는 말이다. 이성질체인 분자들은 원소의 종류와 개수는 같으나 구성 원자단이나 구조가 완전히 다르거나, 구조가 같더라도 상대적인 배열이 달라서 다른 성질을 갖게 된다.

• 구조 이성질체 : 원자의 연결 순서가 다른 이성질 현상

• 입체 이성질체 : 결합의 순서와는 관계없이 결합의 기하적 위치에 의하여 차이를 보이는 이성질체

• 광학 이성질체 : 카이랄성 분자가 갖는 이성질체이며 거울상 이성질체라고도 한다.

※ 카이랄성[= 키랄성(Chirality)] : 수학, 화학, 물리학, 생물학 등 다양한 과학 분야에서 비대칭성을 가리키는 용어이다.

08

구리선의 밀도가 7.81g/mL이고, 질량이 3.72g이다. 이 구리선의 부피는 얼마인가?

① 0.48
② 2.09
③ 1.48
④ 3.09

해설

$$밀도 = \frac{질량}{부피}$$

$$부피 = \frac{질량}{밀도} = \frac{3.72g}{7.81g/mL} = 0.47mL$$

09

다음의 화합물 중 화합물 내 질소분율이 가장 높은 것은?

① $Ca(CN)_2$
② $NaCN$
③ $(NH_2)_2CO$
④ NH_4NO_3

해설

① $Ca(CN)_2 = \dfrac{14 \times 2}{40 + 12 \times 2 + 14 \times 2} = 0.3043$

② $NaCN = \dfrac{14}{23 + 12 + 14} = 0.2857$

③ $(NH_2)_2CO$

$= \dfrac{14 \times 2}{14 \times 2 + 1 \times 2 \times 2 + 12 + 16} = 0.4667$

④ $NH_4NO_3 = \dfrac{14 \times 2}{14 + 1 \times 4 + 14 + 16 \times 3} = 0.35$

※ 원자량

   $C : 12, \ H : 1, \ Na : 23, \ O : 16, \ N : 14$

10

원자 A가 이온 A^{2+}로 되었을 때의 전자수와 원자번호 n인 원자 B가 이온 B^{3-}으로 되었을 때 갖는 전자수가 같았다면 A의 원자번호는?

① $n-1$
② $n+2$
③ $n-3$
④ $n+5$

해설

2가의 양이온 A원자(전자 2개를 잃음) : A^{+2}
3가의 음이온 B원자(전자 3개를 얻음) : B^{-3}
전자 2개를 잃은 A원자와 전자 3개를 얻은 B원자의 원자번호가 같다고 하므로
$A - 2 = B + 3$
B원자의 원자번호가 n이므로
$A - 2 = n + 3$
$A = n + 5$
따라서, A원자의 원자번호는 $n+5$이다.

11

다이크로뮴산칼륨에서 크로뮴의 산화수는?

① 2
② 4
③ 6
④ 8

해설

다이크로뮴산칼륨($K_2Cr_2O_7$)
$+1 \times 2 + 2Cr + (-2 \times 7) = 0$
$2Cr = 12$
$Cr = 6$

※ 산화수 : 원자가에 (+)나 (-)부호를 붙인 것으로 물질이 산화 또는 환원된 정도를 나타낸 수이다.
   ㉠ 단체의 산화수는 "0"이다.
   ㉡ 수소의 산화수는 "+1"이다.
   ㉢ 산소의 산화수는 "-2"이다.
     (예외 : 과산화물의 산소의 산화수는 "-1"이다.)
   ㉣ 알칼리금속의 산화수는 대부분 "+1"이다.
   ㉤ 할로젠 원자는 산화물 이외에서는 대부분 "-1"이다.
   ㉥ 이온의 산화수는 그 이온의 전하와 같다.
   ㉦ 화합물의 원자의 산화수 총합은 "0"이다.

12

물 450g에 NaOH 80g이 녹아있는 용액에서 NaOH의 몰분율은? (단, Na의 원자량은 23이다.)

① 0.074
② 0.178
③ 0.200
④ 0.450

해설

· 용액 530g ┌ 용매(H_2O) : 450g
             └ 용질(NaOH) : 80g

· 450g - H_2O(용매) → 25mol - H_2O

$$\frac{450g - H_2O}{} \ \left| \ \frac{1mol - H_2O}{18g - H_2O} \ \right| = 25mol - H_2O$$

- $80g-NaOH(용질) \rightarrow 2mol-NaOH$

$$\frac{80g-NaOH}{} \left| \frac{1mol-NaOH}{40g-NaOH} \right. = 2mol-NaOH$$

따라서, NaOH의 몰분율은

$$X_{NaOH} = \frac{2mol}{25mol + 2mol} = 0.074$$

13 다음 작용기 중에서 메틸(methyl)기에 해당하는 것은?

① $-C_2H_5$

② $-COCH_3$

③ $-NH_2$

④ $-CH_3$

해설

① 에틸기   ② 아세틸기

③ 아미노기   ④ 메틸기

14 수소 1.2몰과 염소 2몰이 반응할 경우 생성되는 염화수소의 몰수는?

① 1.2   ② 2

③ 2.4   ④ 4.8

해설

수소와 염소의 화학반응식

$H_2 + Cl_2 \rightarrow 2HCl$

한계반응물인 1.2mol-H_2가 기준으로 생성되는 염화수소(HCl)의 몰수는

$$\frac{1.2mol-H_2}{} \left| \frac{2mol-HCl}{1mol-H_2} \right. = 2.4mol-HCl$$

※ 한계반응물

화학반응에서 모두 반응할 수 있으면 한계반응물 모두 반응할 수 없으면 과잉반응물이 된다.

1.2mol의 수소(H_2)가 반응하기 위해서 필요한 염소(Cl_2)는 1.2mol이 필요한데 2mol이 있으므로 모두 반응할 수 있다. → 한계반응물

2mol의 염소(Cl_2)가 모두 반응하려면 2mol의 수소(H_2)가 필요하지만 1.2mol 밖에 없으므로 모두 반응할 수 없다. → 과잉반응물

15 수소 5g과 산소 24g의 연소반응 결과 생성된 수증기는 0℃, 1기압에서 몇 L인가?

① 11.2   ② 16.8

③ 33.6   ④ 44.8

해설

$2H_2 + O_2 \rightarrow 2H_2O$

$5g-H_2 \rightarrow 2.5mol$ (과잉)

$24g-O_2 \rightarrow 0.75mol$ (한계)

$$\frac{0.75mol-O_2}{} \left| \frac{2mol-H_2O}{1mol-O_2} \right| \frac{22.4L-H_2O}{1mol-H_2O} = 33.6L-H_2O$$

16 중성원자가 무엇을 잃으면 양이온으로 되는가?

① 중성자   ② 핵전하

③ 양성자   ④ 전자

해설

이온 : 중성인 원자가 전자를 잃거나(양이온), 얻어서(음이온) 전기를 띤 상태를 이온이라 하며 양이온, 음이온, 라디칼(radical) 이온으로 구분한다.

- 양이온 : 원자가 전자를 잃으면 (+)전기를 띤 전하가 되는 것

예 Na 원자 $\longrightarrow$ $Na^+ + e^-$

(양성자 11, 전자 11개)   (양성자 11, 전자 10개)

Ca 원자 $\longrightarrow$ $Ca^{2+} + 2e^-$

(양성자 20개, 전자 20개)   (양성자 20개, 전자 18개)

- 음이온 : 원자가 전자를 얻으면 (-)전기를 띤 전하가 되는 것

예 Cl 원자 + e^- $\longrightarrow$ Cl^- 이온

(양성자 17개, 전자 17개)   (양성자 17개, 전자 18개)

O 원자 + $2e^-$ $\longrightarrow$ O^{2-} 이온

(양성자 8개, 전자 8개)   (양성자 8개, 전자 10개)

17 벤젠을 약 300℃, 높은 압력에서 Ni 촉매로 수소와 반응시켰을 때 얻어지는 물질은?

① Cyclopentane   ② Cyclopropane

③ Cyclohexane   ④ Cyclooctane

해설

벤젠의 수소첨가반응

$C_6H_6 + 3H_2 \rightarrow C_6H_{12}$ (사이클로헥세인)

18 결합력이 큰 것부터 작은 순서로 나열한 것은?

① 공유결합 > 수소결합 > 반 데르 발스 결합
② 수소결합 > 공유결합 > 반 데르 발스 결합
③ 반 데르 발스 결합 > 수소결합 > 공유결합
④ 수소결합 > 반 데르 발스 결합 > 공유결합

해설 결합력의 세기
공유결합 > 이온결합 > 금속결합 > 수소결합 >
반 데르 발스 결합

19 1기압의 수소 2L와 3기압의 산소 2L를 동일 온도에서 5L의 용기에 넣으면 전체 압력은 몇 기압이 되는가?

① $\dfrac{4}{5}$ ② $\dfrac{8}{5}$

③ $\dfrac{12}{5}$ ④ $\dfrac{16}{5}$

해설 보일의 법칙에 의해 $P_1 V_1 = P_2 V_2$에서

• 용기 내 수소의 부분압력

$$P_{H_2} = (1\text{atm}) \times \dfrac{2L}{5L} = \dfrac{2}{5}\text{atm}$$

• 용기 내 산소의 부분압력

$$P_{O_2} = (3\text{atm}) \times \dfrac{2L}{5L} = \dfrac{6}{5}\text{atm}$$

∴ 전체 압력은 $\dfrac{2}{5} + \dfrac{6}{5} = \dfrac{8}{5}\text{atm}$

20 KNO_3의 물에 대한 용해도는 70℃에서 130이며 30℃에서 40이다. 70℃의 포화용액 260g을 30℃로 냉각시킬 때 석출되는 KNO_3의 양은 약 얼마인가?

① 92g   ② 101g
③ 130g   ④ 153g

해설 용해도 : 일정한 온도에서 용매 100g에 녹을 수 있는 용질의 최대량으로 용질의 그램수(g)
70℃에서 용해도 130
용매 100g에 녹을 수 있는 용질의 최대 양은 130g이다.
30℃에서 용해도 40
용매 100g에 녹을 수 있는 용질의 최대 양은 40g이다.
(70℃)
$230 : 130 = 260 : x$
∴ $x = 146.96$g의 용질이므로 용매는 113.04g이 됨.
260g−포화용액−146.96g−용질(KNO_3)
−113.04g−용매(H_2O)
따라서, 30℃에서 용매 113.04g에 녹을 수 있는 용질의 양은

$$113.04\text{g-용매}(H_2O) \left| \dfrac{40\text{g-용질}(KNO_3)}{100\text{g-용매}(H_2O)} \right. = 45.22\text{g-용질}(KNO_3)$$

따라서, 석출되는 용질(KNO_3)의 양은 다음과 같다.
$146.96\text{g} - 45.22\text{g} = 101.74\text{g}$

제7회 과년도 출제문제

01
폴리염화바이닐의 단위체와 합성법이 옳게 나열된 것은?

① $CH_2=CHCl$, 첨가중합
② $CH_2=CHCl$, 축합중합
③ $CH_2=CHCN$, 첨가중합
④ $CH_2=CHCN$, 축합중합

해설
첨가중합 : 이중결합 또는 삼중결합을 가지는 단위체가 같은 종류의 분자와 첨가반응을 반복하여 중합체를 생성하는 반응이다.

02
다음 중 헨리의 법칙으로 설명되는 것은?

① 극성이 큰 물질일수록 물에 잘 녹는다.
② 비눗물은 0℃보다 낮은 온도에서 언다.
③ 높은 산 위에서는 물이 100℃ 이하에서 끓는다.
④ 사이다의 병마개를 따면 거품이 난다.

해설
헨리의 법칙 : 일정한 온도에서 기체의 용해도는 그 기체의 압력인 분압이 증가할수록 증가하고, 기체가 액체에 용해될 때에는 발열반응이므로 일정한 압력에서 온도가 낮을수록 증가한다.

예 탄산음료의 탄산가스가 압축되어 있다가 마개를 따면 용기의 내부압력이 내려가면서 용해도가 줄어들기 때문에 거품이 솟아오른다.

03
$CH_3-CHCl-CH_3$의 명명법으로 옳은 것은?

① 2-chloropropane
② di-chloroethylene
③ di-methylmethane
④ di-methylethane

해설

2-chloropropane

04
집기병 속에 물에 적신 빨간 꽃잎을 넣고 어떤 기체를 채웠더니 얼마 후 꽃잎이 탈색되었다. 이와 같이 색을 탈색(표백)시키는 성질을 가진 기체는?

① He
② CO_2
③ N_2
④ Cl_2

해설
염소 기체(Cl_2)는 물과 반응하여(물에 적신 빨간 꽃잎) 염산(HCl)과 하이포염소산(차아염소산, HClO)을 다음과 같이 발생한다.
$Cl_2+H_2O \rightarrow HCl+HOCl$
이때, 생성된 하이포염소산은 반응성이 아주 큰 산소인 발생기 산소[O]로 분해되고, 이 산소가 색소와 반응하여 표백작용을 하거나 병원균의 세포 성분을 변성시켜 살균·소독작용을 하게 된다.

05
암모니아성 질산은 용액과 반응하여 은거울을 만드는 것은?

① CH_3CH_2OH
② CH_3OCH_3
③ CH_3COCH_3
④ CH_3CHO

해설
은거울 반응 : 주로 포르밀기를 가진 화합물이 일으키는 반응으로, 암모니아성 질산은 용액(톨렌스 시약)과 아세트알데하이드를 함께 넣고 가열해 은이온을 환원시켜 시험관 표면에 얇은 은박을 생성시키는 반응이다.
① 에탄올
② 다이메틸에터
③ 다이메틸케톤(아세톤)
④ 아세트알데하이드

06 25℃의 포화용액 90g 속에 어떤 물질이 30g 녹아 있다. 이 온도에서 이 물질의 용해도는 얼마인가?

① 30
② 33
③ 50
④ 63

해설

용해도 : 용매 100g 속에 녹아 들어갈 수 있는 용질의 최대 g수
(25℃)

포화용액(90g) {
용매(90g−30g=60g)
용질(30g)

$\dfrac{100g-용매}{} \cdot \dfrac{30g-용질}{60g-용매} = 50g-용질$

∴ 용해도=50

07 질산은 용액에 담갔을 때 은(Ag)이 석출되지 않는 것은?

① 백금
② 납
③ 구리
④ 아연

해설

금속의 이온화도 경향도
K > Ca > Na > Mg > Al > Zn > Fe > Ni > Sn > Pb > (H+) > Cu > Hg > Ag > Pt > Au
※ 은(Ag)보다 늦게 석출되는 것은 백금(Pt)과 금(Au)이다.

08 다음 밑줄 친 원소 중 산화수가 +5인 것은?

① Na$_2$Cr$_2$O$_7$
② K$_2$SO$_4$
③ KNO$_3$
④ CrO$_3$

해설

① $(+1\times2)+2Cr+(-2\times7)=0$
$2Cr=(14-2)$
$Cr=+6$

② $(+1\times2)+S+(-2\times4)=0$
$S=+6$
③ $+1+N+(-2\times3)=0$
$N=+5$
④ $Cr+(-2\times3)=0$
$Cr=+6$

※ 산화수 : 원자가에 (+)나 (−)부호를 붙인 것으로 물질이 산화 또는 환원된 정도를 나타낸 수이다.
㉠ 단체의 산화수는 "0"이다.
㉡ 수소의 산화수는 "+1"이다.
㉢ 산소의 산화수는 "−2"이다.
　(예외 : 과산화물의 산소의 산화수는 "−1"이다.)
㉣ 알칼리금속의 산화수는 대부분 "+1"이다.
㉤ 할로젠 원자는 산화물 이외에서는 대부분 "−1"이다.
㉥ 이온의 산화수는 그 이온의 전하와 같다.
㉦ 화합물의 원자의 산화수 총합은 "0"이다.

09 벤젠에 진한 질산과 진한 황산의 혼합물을 작용시킬 때 황산이 촉매와 탈수제 역할을 하여 얻어지는 화합물은?

① 나이트로벤젠
② 클로로벤젠
③ 알킬벤젠
④ 벤젠술폰산

해설

나이트로벤젠(나이트로벤젠) : 연한 노란색의 기름모양 액체로 아닐린의 원료이며, 벤젠에 진한 질산과 진한 황산을 가해 만든다.

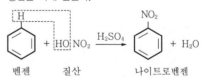

벤젠　　　질산　　　　　　나이트로벤젠

10 다음 중 볼타전지에 관련된 내용으로 가장 거리가 먼 것은?

① 아연판과 구리판
② 화학전지
③ 진한 질산 용액
④ 분극현상

해설 볼타전지 : 최초의 화학전지(화학에너지 → 전기에너지)로 묽은 황산을 전해질 속에서 구리판(+극)과 아연판(−극)을 세우면 전기가 발생한다. 이때 구리판에 미처 떨어져 나가지 못한 수소 기포가 빽빽하게 달라붙어 전하의 흐름을 방해하므로 전압이 크게 떨어진다. 이러한 현상을 분극현상이라고 하며, 분극현상을 억제하려면 산화제(이산화망가니즈 등)를 구리판 주변에 뿌려 준다.

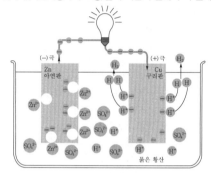

〈볼타전지의 원리〉
※ 진한 질산 용액과는 관련이 없다.

---

11 25°C에서 83% 해리된 0.1N HCl의 pH는 얼마인가?

① 1.08
② 1.52
③ 2.02
④ 2.25

해설
$$pH = -\log[H^+]$$
$$= -\log\left[0.1 \times \frac{83}{100}\right] = -\log[0.083]$$
$$= -\log[8.3 \times 10^{-2}] = 2 - \log 8.3$$
$$= 1.08$$

---

12 $C_n H_{2n+2}$의 일반식을 갖는 탄화수소는?

① Alkyne
② Alkene
③ Alkane
④ Cycloalkane

해설

구분	일반식	결합형태
알케인(Alkane)	$C_n H_{2n+2}$	단일결합
사이클로알케인(Cycloalkane)	$C_n H_{2n}$	단일결합
알케인(Alkene)	$C_n H_{2n}$	이중결합
알카인(Alkyne)	$C_n H_{2n-2}$	삼중결합

---

13 다음 중 프리델−크래프츠 반응에서 사용하는 촉매는 어느 것인가?

① $HNO_3 + H_2SO_4$
② SO_3
③ Fe
④ $AlCl_3$

해설 프리델−크래프츠 반응 : 벤젠 등의 방향족 탄화수소가 무수염화알루미늄($AlCl_3$)의 촉매하에서 할로젠화알킬에 의해 알킬화하는 반응 및 할로젠화아실에 의해 아실화하는 반응이다.

---

14 다음 중 수용액에서 산성의 세기가 가장 큰 것은 어느 것인가?

① HF
② HCl
③ HBr
④ HI

해설 $HI > HBr > HCl > HF$

---

15 다음 중 이성질체로 짝지어진 것은?

① CH_3OH와 CH_4
② CH_4와 C_2H_8
③ CH_3OCH_3와 $CH_3CH_2OCH_2CH_3$
④ C_2H_5OH와 CH_3OCH_3

해설 구조 이성질체(異性質體) : 분자식은 같지만 구조식은 서로 다른 것
• 분자식 : C_2H_6O

Ethanol   Dimethylether

※ 이성질체 : 분자식은 같지만 서로 다른 물리 · 화학적 성질을 갖는 분자들을 이르는 말이다. 이성질체인 분자들은 원소의 종류와 개수는 같으나 구성 원자단이나 구조가 완전히 다르거나, 구조가 같더라도 상대적인 배열이 달라서 다른 성질을 갖게 된다.

16

다음 중 이온화에너지에 대한 설명으로 옳은 것은?

① 바닥상태에 있는 원자로부터 전자를 제거하는 데 필요한 에너지이다.
② 들뜬 상태에서 전자를 하나 받아들일 때 흡수하는 에너지이다.
③ 일반적으로 주기율표에서 왼쪽으로 갈수록 증가한다.
④ 일반적으로 같은 족에서 아래로 갈수록 증가한다.

해설

이온화에너지(ionization energy) : 바닥상태에 있는 원자 또는 분자에서 1개의 전자를 꺼내어 1개의 양이온과 자유전자로 완전히 분리하는 데 필요한 에너지이다.
※ 주족원소 요약
　㉠ 주기율표의 같은 족에서 아래로 내려올수록 최외각 전자들이 양의 전하를 띤 핵으로부터 멀기 때문에 주기율표의 같은 족에서 아래로 내려올수록 이온화에너지는 작아진다.
　㉡ 주기율표의 같은 주기에서 오른쪽으로 갈수록 최외각 전자들이 느끼는 유효 핵전하가 커지기 때문에 주기율표의 같은 주기에서 오른쪽으로 갈수록 이온화에너지는 증가한다.

17

다음의 변화 중 에너지가 가장 많이 필요한 경우는 어느 것인가?

① 100℃의 물 1몰을 100℃의 수증기로 변화시킬 때
② 0℃의 얼음 1몰을 50℃의 물로 변화시킬 때
③ 0℃의 물 1몰을 100℃의 물로 변화시킬 때
④ 0℃의 얼음 10g을 100℃의 물로 변화시킬 때

해설

① 100℃의 물 1몰이 100℃의 수증기로 변화 시 1몰의 물은 18g이므로
$18g \times 539cal/g = 9,702cal$

② 0℃의 얼음 1몰이 50℃의 물로 변화 시
0℃의 얼음 1몰이 0℃의 물 1몰로 변화한 후 50℃의 물로 변화(얼음의 용융열은 80cal/g이고 0℃부터 50℃까지는 비열로 계산)
융해잠열＋현열
$= (18g \times 80cal/g) + (18g \times 1cal/g \cdot ℃ \times 50℃)$
$= 1,440 + 900 = 2,340cal$

③ 0℃의 물 1몰이 100℃의 물로 변화 시
현열$= (18g \times 1cal/g \cdot ℃ \times 100℃) = 1,800cal$

④ 0℃의 얼음 10g이 100℃의 물로 변화 시
0℃의 얼음 10g이 0℃의 물 10g으로 변화한 후 100℃의 물로 변화
융해잠열＋현열
$= (10g \times 80cal/g) + (10g \times 1cal/g \cdot ℃ \times 100℃)$
$= 800 + 1,000 = 1,800cal$

※ 현열/잠열/비열
　㉠ 현열($Q = mC\Delta t$) : 물질의 상태는 그대로이고, 온도의 변화가 생길 때의 열량
　㉡ 잠열(숨은열, $Q = mr$) : 온도는 변하지 않고, 물질의 상태 변화에 사용되는 열량
　㉢ 비열($C = Q/m\Delta t$) : 물질 1g을 1℃ 올리는 데 필요한 열량
　　여기서, Q : 열량, C : 비열(cal/℃), m : 질량(g), Δt : 온도차(℃), r : 잠열(cal/g)

18

황산구리 수용액에 1.93A의 전류를 통할 때 매초 음극에서 석출되는 Cu의 원자수를 구하면 약 몇 개가 존재하는가?

① 3.12×10^{18}　　② 4.02×10^{18}
③ 5.12×10^{18}　　④ 6.02×10^{18}

해설

・황산구리($CuSO_4$) 수용액
$$\begin{bmatrix} CuSO_4 \rightarrow Cu^{2+} + SO_4^{2-} \\ H_2O \end{bmatrix}$$

・황산구리($CuSO_4$) 수용액의 전기분해
(－)극 : $Cu^{2+} + 2e^- \rightarrow Cu$(환원반응)

※ (－)극 : 구리이온(Cu^{2+})은 전자를 얻어서 금속 구리(Cu)가 석출된다.
(－)극에서 2몰(mol)의 전자가 흘러서 1몰(mol)의 금속 구리(Cu)가 석출된다.

• 1.93A의 전류가 1초 동안 흘러갔을 때의 전하량[C]

$$Q = I \times t$$

전하량	전류	시간
[C]	[A]	[s]

$$= 1.93A \times 1s$$
$$= 1.93C$$

• 1.93C의 전하량으로 석출할 수 있는 금속 구리(Cu)의 원자수

$$\frac{1.93C}{} \left| \frac{1mol-e^-(\text{전자})}{96,500C} \right| \frac{1mol-Cu}{2mol-e^-(\text{전자})} \left| \frac{6.02\times10^{23}\text{개}-Cu}{1mol-Cu} \right| = 6.02\times10^{18}\text{개}-Cu$$

[참고] 패러데이의 법칙(Faraday's law) : 전기분해를 하는 동안 전극에 흐르는 전하량(전류×시간)과 전기분해로 인해 생긴 화학변화의 양 사이의 정량적인 관계를 나타내는 법칙(전기분해될 때 생성 또는 소멸되는 물질의 양은 전하량에 비례한다.)

$$Q = I \times t$$

전하량	전류	시간
[C]	[A]	[s]

1A의 전기가 1s 동안 흘러갔을 때의 전하량 1C

※ 전자 1개의 전하량 $= -1.6 \times 10^{-19}C$

전자 1몰(mol)의 전하량
$$= -1.6 \times 10^{-19}C \times 6.02 \times 10^{23}\text{개}(\text{아보가드로수})$$
$$= 96,500C = 1F$$

19 1기압에서 2L의 부피를 차지하는 어떤 이상기체를 온도의 변화 없이 압력을 4기압으로 하면 부피는 얼마가 되겠는가?

① 2.0L
② 1.5L
③ 1.0L
④ 0.5L

해설 보일(Boyle)의 법칙 : 등온의 조건에서 기체의 부피는 압력에 반비례한다.

$$P_1 V_1 = P_2 V_2$$
$$1atm \cdot 2L = 4atm \cdot V_2$$
$$V_2 = \frac{1atm \cdot 2L}{4atm} = 0.5L$$

20 비활성 기체원자 Ar과 같은 전자배치를 가지고 있는 것은?

① Na^+
② Li^+
③ Al^{3+}
④ S^{2-}

해설 아르곤(Ar)의 전자배치

$_{18}Ar$ 2 8 8

①
$_{11}Na^+$ 2 8
전자수 11−1=10

②
$_3Li^+$ 2
전자수 3−1=2

③
$_{13}Al^{3+}$ 2 8
전자수 13−3=10

④
$_{16}S^{2-}$ 2 8 8
전자수 16+2=18

제**8**회 과년도 출제문제

01 다음 물질 중 수용액에서 약한 산성을 나타내며, 염화제이철 수용액과 정색반응을 하는 것은?

① 〔NH₂〕 ② 〔OH〕

③ 〔NO₂〕 ④ 〔Cl〕

해설 페놀(phenol, 석탄산, C_6H_5OH) : 벤젠핵에 붙어 있는 수산기(−OH)를 페놀성 수산기라 하며, 페놀의 수용액에 $FeCl_3$ 용액 한 방울을 가하면 보라색으로 되어 정색반응을 한다.

02 이소프로필알코올에 해당하는 것은?

① C_6H_5OH ② CH_3CHO
③ CH_3COOH ④ $(CH_3)_2CHOH$

해설 이성질체 : 사슬 이성질체는 가지의 유무와 가짓수에 의해 분류되는 이성질체로 탄소 사슬의 모양이 다른 경우 구조에 따라 노르말(n−), 이소(iso−), 네오(neo−)를 앞에 붙인다.

$$\cdot \begin{array}{c} \;H\;\;\;H\;\;\;H \\ H-C-C-C-OH \\ \;H\;\;\;H\;\;\;H \end{array}$$

n−propylalcohol

$$\cdot \begin{array}{c} \;\;\;\;H\;\;\;\;\;H \\ H-C-\;\;\;C-OH \\ \;\;\;\;H \\ H-C-H \\ \;\;\;\;H \end{array}$$

iso−propylalcohol

03 어떤 물질이 산소 50wt%, 황 50wt%로 구성되어 있다. 이 물질의 실험식을 옳게 나타낸 것은 어느 것인가?

① SO ② SO_2
③ SO_3 ④ SO_4

해설
- 질량 백분율(%)을 질량(g)으로 환산한다.
  S : 50% → 50g
  O : 50% → 50g
- 질량(g)을 몰수(mol)로 환산한다.

$$\frac{50g\cancel{-S}}{} \left| \frac{1mol-S}{32g\cancel{-S}} = 1.5625mol \right.$$

$$\frac{50g\cancel{-O}}{} \left| \frac{1mol-O}{16g\cancel{-O}} = 3.125mol \right.$$

- 몰(mol)비를 간단한 정수비로 나타낸다.
  S : O=1.5625mol : 3.125mol=1 : 2
  ∴ SO_2

04 NaOH 수용액 100mL를 중화하는 데 2.5N의 HCl 80mL가 소요되었다. NaOH 용액의 농도 (N)는?

① 1 ② 2
③ 3 ④ 4

해설 $NV = N'V'$
$N \times 100mL = 2.5N \times 80mL$
∴ $N = \dfrac{2.5N \cdot 80mL}{100mL} = 2N$

05 수소 분자 1mol에 포함된 양성자수와 같은 것은 어느 것인가?

① $\dfrac{1}{4}O_2$ mol 중의 양성자수

② NaCl 1mol 중의 ion 총 수

③ 수소 원자 $\dfrac{1}{2}$ mol 중의 원자수

④ CO_2 1mol 중의 원자수

[해설]

※ 원자번호＝양성자수＝전자수

$$\frac{1\text{mol}-H_2 \quad | \quad 2\text{개}-\text{양성자}}{1\text{mol}-H_2} = 2\text{개}-\text{양성자}$$

① $$\frac{\frac{1}{4}\text{mol}-O_2 \quad | \quad 32\text{개}-\text{양성자}}{1\text{mol}-O_2} = 8\text{개}-\text{양성자}$$

② $Na^+ + Cl^- \rightarrow NaCl$

Na^+(양이온 1개)와 Cl^-(음이온 1개)의 이온결합 물질이다.

③ $$\frac{\frac{1}{2}\text{mol}-H \quad | \quad 1\text{개}-\text{양성자}}{1\text{mol}-H} = 0.5\text{개}-\text{양성자}$$

④

탄소(C) 원자 1개와 산소(O) 원자 2개가 공유결합한 물질이다.

06 다음 반응식에서 평형을 오른쪽으로 이동시키기 위한 조건은?

$$N_2(g) + O_2(g) \rightarrow 2NO(g) - 43.2kcal$$

① 압력을 높인다.　② 온도를 높인다.
③ 압력을 낮춘다.　④ 온도를 낮춘다.

[해설] 질소(N_2)와 산소(O_2)를 통해 일산화질소를 얻는 반응은 흡열반응이다. 따라서 주변의 온도가 높을수록 역반응보다 정반응이 우세하게 일어나기 때문에 더 많은 양의 일산화질소를 제조할 수 있다.

07 비극성 분자에 해당하는 것은?

① CO　　　　② CO_2
③ NH_3　　　④ H_2O

[해설] 극성 : 공유결합에서 전기음성도가 큰 쪽으로 전자가 치우쳐진 분자를 말한다.

- 극성 공유결합 : 불균등하게 전자들을 공유하는 원자들 사이의 결합
- 무(비)극성 공유결합 : 전기음성도가 같은 두 원자가 전자를 내어 놓고 그 전자쌍을 공유하여 이루어진 결합으로 전하의 분리가 일어나지 않는 결합

① $: C \equiv O :$　　② $O = C = O$

③ $H - \overset{..}{N} - H$ (아래 H)　　④ $\underset{H \quad H}{O}$

08 방사능 붕괴의 형태 중 $^{226}_{88}Ra$이 α붕괴될 때 생기는 원소는?

① $^{222}_{86}Rn$　　② $^{232}_{90}Th$
③ $^{231}_{91}Pa$　　④ $^{238}_{92}U$

[해설]
- α붕괴 : 원자번호 2 감소, 질량수 4 감소
- β붕괴 : 원자번호 1 증가

09 은거울 반응을 하는 화합물은?

① CH_3COCH_3
② CH_3OCH_3
③ HCHO
④ CH_3CH_2OH

[해설] 폼알데하이드(HCHO)는 메탄올을 산화하여 만드는 냄새가 강하고 무색인 액체로 아세트알데하이드와 함께 은거울 반응을 한다.

10 알루미늄이온(Al^{3+}) 한 개에 대한 설명으로 틀린 것은?

① 질량수는 27이다.
② 양성자수는 13이다.
③ 중성자수는 13이다.
④ 전자수는 10이다.

[해설] 알루미늄이온(Al^{3+})
- 원자번호 : 13
- 양성자수 : 13
- 중성자수 : 14
- 질량수 : 27
- 전자수 : 10
※ 원자번호＝양성자수＝전자수
　질량수＝양성자수＋중성자수

11

CO_2 44g을 만들려면 C_3H_8 분자가 약 몇 개 완전 연소해야 하는가?

① 2.01×10^{23} ② 2.01×10^{22}

③ 6.02×10^{23} ④ 6.02×10^{22}

해설 프로페인의 연소반응식

$C_3H_8 + 5O_2 \longrightarrow 3CO_2 + 4H_2O$

$$\frac{44g\text{-}CO_2}{} \left| \frac{1mol\text{-}CO_2}{44g\text{-}CO_2} \right| \frac{1mol\text{-}C_3H_8}{3mol\text{-}CO_2} \left| \frac{6.02 \times 10^{23}\text{개-}C_3H_8}{1mol\text{-}C_3H_8} \right| = 2.01 \times 10^{23}\text{개-}C_3H_8$$

12

60℃에서 KNO_3의 포화용액 100g을 10℃로 냉각시키면 몇 g의 KNO_3가 석출되는가? (단, 용해도는 60℃에서 100g KNO_3/100g H_2O, 10℃에서 20g KNO_3/100g H_2O이다.)

① 4 ② 40

③ 80 ④ 120

해설 용해도 : 용매 100g 속에 녹아들어 갈 수 있는 용질의 최대 g수

· 60℃에서 용해도 100 : 용매 100g에 녹을 수 있는 용질의 최대 양은 100g이다.

· 10℃에서 용해도 20 : 용매 100g에 녹을 수 있는 용질의 최대 양은 20g이다.

(60℃)

$$\frac{100g - \text{용액}}{} \left| \frac{100g - \text{용질}}{200g - \text{용액}} \right| = 50g - \text{용질}$$

※ 60℃ 포화용액 100g은 용질 50g과 용매 50g으로 되어 있다. 이때 10℃로 냉각시키면 용매 50g에 녹을 수 있는 용질은 다음과 같다.

(10℃)

$$\frac{50g - \text{용매}}{} \left| \frac{20g - \text{용질}}{100g - \text{용매}} \right| = 10g - \text{용질}$$

∴ 50g-10g=40g이 석출된다.

13

공기의 평균 분자량은 약 29라고 한다. 이 평균 분자량을 계산하는 데 관계된 원소는?

① 산소, 수소 ② 탄소, 수소

③ 산소, 질소 ④ 질소, 탄소

해설 공기의 평균 분자량

공기(Air) ─┌ 질소(N_2) : 79% → 22.12g
           └ 산소(O_2) : 21% → 6.72g

→ 28.84g/mol

∴ 원자량
  N : 14g, O : 16g

14

$CuSO_4$ 용액에 0.5F의 전기량을 흘렸을 때 몇 g의 구리가 석출되겠는가? (단, 원자량은 Cu : 64, S : 32, O : 16이다.)

① 16

② 32

③ 64

④ 128

해설

· 황산구리($CuSO_4$) 수용액

$$CuSO_4 \xrightarrow{H_2O} Cu^{2+} + SO_4^{-2}$$

· 황산구리($CuSO_4$) 수용액의 전기분해

$(-)$극 : $Cu^{2+} + 2e^- \longrightarrow Cu$(환원반응)

※ $(-)$극 : 구리이온(Cu^{2+})은 전자를 얻어서 금속 구리(Cu)가 석출된다.

$(-)$극에서 2몰(mol)의 전자가 흘러서 1몰(mol)의 금속 구리(Cu)가 석출된다.

· 0.5F의 전기량이 흘렀을 때 석출되는 구리의 질량(g)

$$\frac{0.5F\text{-}e^-(\text{전하})}{} \left| \frac{1mol\text{-}e^-(\text{전하})}{1F\text{-}e^-(\text{전하})} \right| \frac{1mol\text{-}Cu}{2mol\text{-}e^-(\text{전하})} \left| \frac{64g\text{-}Cu}{1mol\text{-}Cu} \right| = 16g\text{-}Cu$$

∴ 16g의 구리(Cu)가 석출된다.

[참고] 패러데이의 법칙(Faraday's law)

전기분해를 하는 동안 전극에 흐르는 전하량(전류×시간)과 전기분해로 인해 생긴 화학변화의 양 사이의 정량적인 관계를 나타내는 법칙(전기분해될 때 생성 또는 소멸되는 물질의 양은 전하량에 비례한다.)

$$Q = I \times t$$

전하량 전류 시간
[C]   [A]   [s]

1A의 전기가 1s 동안 흘러갔을 때의 전하량 1C

※ 전자 1개의 전하량 $= -1.6 \times 10^{-19}C$

전자 1몰(mol)의 전하량
$= -1.6 \times 10^{-19}C \times 6.02 \times 10^{23}$개(아보가드로수)
$= 96,500C = 1F$

15 C_6H_{14}의 구조 이성질체는 몇 개가 존재하는가?

① 4 ② 5
③ 6 ④ 7

해설 이성질체(異性質體) : 분자식은 같지만 서로 다른 물리·화학적 성질을 갖는 분자들을 이르는 말이다. 이성질체인 분자들은 원소의 종류와 개수는 같으나 구성 원자단이나 구조가 완전히 다르거나, 구조가 같더라도 상대적인 배열이 달라서 다른 성질을 갖게 된다.

- C－C－C－C－C－C
- C－C－C－C－C
　　　 |
　　　 C
- C－C－C－C
　　 |
　　 C
　　 |
- C－C－C－C－C
　　　　 |
　　　　 C
- C－C－C－C
　　 |　 |
　　 C　 C

[참고] 탄소수가 늘어날수록 이성질체 수는 증가한다.

이름	가능한 이성질체의 수
메테인(methane)	－
에테인(ethane)	－
프로페인(propane)	－
뷰테인(butane)	2
펜테인(pentane)	3
헥세인(hexane)	5
헵테인(heptane)	9
옥테인(octane)	18
노네인(nonane)	35
데케인(decane)	75

16 이온평형계에서 평형에 참여하는 이온과 같은 종류의 이온을 외부에서 넣어주면 그 이온의 농도를 감소시키는 방향으로 평형이 이동한다는 이론과 관계 있는 것은?

① 공통이온효과
② 가수분해효과
③ 물의 자체 이온화 현상
④ 이온용액의 총괄성

해설 공통이온효과에 관한 설명이다.

17 sp^3 혼성 오비탈을 가지고 있는 것은?

① BF_3
② $BeCl_2$
③ C_2H_4
④ CH_4

해설 CH_4의 분자구조(정사면체형 : sp^3형)

18 어떤 금속(M) 8g을 연소시키니 11.2g의 산화물이 얻어졌다. 이 금속의 원자량이 140이라면 이 산화물의 화학식은?

① M_2O_3
② MO
③ MO_2
④ M_2O_7

해설

금속	＋	산소	→	금속 산화물
8g		3.2g		11.2g

$\underline{8g}$: $\underline{3.2g}$ = $\underline{x}$: $\underline{8g}$
금속의 질량 산소의 질량　금속의 당량 산소의 당량

$3.2gx = 8.8g$

$x = \dfrac{8.8g}{3.2g} = 20g$

원자가 $= \dfrac{원자량}{당량} = \dfrac{140}{20} = 7가$

∴ M+7+O-2 → M_2O_7

※ 금속 산화물 → 이온결합(금속＋비금속)

19 밑줄 친 원소의 산화수가 같은 것끼리 짝지어진 것은?

① $\underline{S}O_3$와 $Ba\underline{O}_2$
② $Ba\underline{O}_2$와 $K_2\underline{Cr}_2O_7$
③ $K_2\underline{Cr}_2O_7$과 $\underline{S}O_3$
④ $H\underline{N}O_3$와 $\underline{N}H_3$

해설 산화수 : 원자가에 (+)나 (−)부호를 붙인 것으로 물질이 산화 또는 환원된 정도를 나타낸 수이다.
- 단체의 산화수는 "0"이다.
- 수소의 산화수는 "+1"이다.
- 산소의 산화수는 "−2"이다.
  (예외 : 과산화물의 산소의 산화수는 "−1"이다.)
- 알칼리금속의 산화수는 대부분 "+1"이다.
- 할로젠 원자는 산화물 이외에서는 대부분 "−1"이다.
- 이온의 산화수는 그 이온의 전하와 같다.
- 화합물의 원자의 산화수 총합은 "0"이다.

① $\underline{S}O_3$: $S+(-2\times3)=0$
$\qquad S=+6$
$\underline{Ba}O_2$: $Ba+(-2\times2)=0$
$\qquad Ba=+4$

② $\underline{Ba}O_2$: $Ba+(-2\times2)=0$
$\qquad Ba=+4$
$K_2\underline{Cr}_2O_7$: $+1\times2+2Cr+(-2\times7)=0$
$\qquad 2Cr=+12$
$\qquad Cr=+6$

③ $K_2\underline{Cr}_2O_7$: $+1\times2+2Cr+(-2\times7)=0$
$\qquad 2Cr=+12$
$\qquad Cr=+6$
$\underline{S}O_3$: $S+(-2\times3)=0$
$\qquad S=+6$

④ $H\underline{N}O_3$: $+1+N+(-2\times3)=0$
$\qquad N=+5$
$\underline{N}H_3$: $N+(+1\times3)=0$
$\qquad N=-3$

20 농도 단위에서 "N"의 의미를 가장 옳게 나타낸 것은?

① 용액 1L 속에 녹아있는 용질의 몰수
② 용액 1L 속에 녹아있는 용질의 g당량수
③ 용액 1,000g 속에 녹아있는 용질의 몰수
④ 용액 1,000g 속에 녹아있는 용질의 g당량수

해설 노르말(N) 농도 : 용액 1L 속에 녹아있는 용질의 g당량수

제9회 과년도 출제문제

01 다음은 에탄올의 연소반응이다. 반응식의 계수 x, y, z를 순서대로 옳게 표시한 것은?

$$C_2H_5OH + xO_2 \longrightarrow yH_2O + zCO_2$$

① 4, 4, 3
② 4, 3, 2
③ 5, 4, 3
④ 3, 3, 2

02 촉매하에 H_2O의 첨가반응으로 에탄올을 만들 수 있는 물질은?

① CH_4
② C_2H_2
③ C_6H_6
④ C_2H_4

해설

구조식	IUPAC명	분자모양	결합각
$H-C\equiv C-H$	ethyne	직선형	180°
+H_2 (첨가반응)			
$\begin{smallmatrix}H\\\ \ \ \ \ \end{smallmatrix} C=C \begin{smallmatrix}H\\\ \ \ \ \ \end{smallmatrix}$	ethene	평면3각형	120°
+H_2 (첨가반응)			
$H-C-C-H$	ethane	정4면체	109.5°

03 다음 중 수용액의 pH가 가장 작은 것은 어느 것인가?

① 0.01N HCl
② 0.1N HCl
③ 0.01N CH_3COOH
④ 0.1N NaOH

해설
① pH=2
② pH=1
③ pH=2
④ pOH=1, pH=14-1=13

04 어떤 용기에 산소 16g과 수소 2g을 넣었을 때 산소와 수소의 압력의 비는?

① 1:2
② 1:1
③ 2:1
④ 4:1

해설

$$PV = nRT, \quad P = \frac{nRT}{V}$$

(같은 용기이므로 기체상수, 절대온도는 고려하지 않음)

$$\frac{16g-O_2}{} \left| \frac{1mol-O_2}{32g-O_2} \right. = 0.5mol-O_2$$

$$\frac{2g-H_2}{} \left| \frac{1mol-H_2}{2g-H_2} \right. = 1mol-H_2$$

$$P_{O_2} = \frac{0.5}{1} = 0.5atm$$

$$P_{H_2} = \frac{1}{1} = 1atm$$

$$P_{O_2} : P_{H_2} = 0.5atm : 1atm$$
$$\qquad\quad 1 \quad : \quad 2$$

05 1패럿(Farad)의 전기량으로 물을 전기분해하였을 때 생성되는 수소기체는 0℃, 1기압에서 얼마의 부피를 갖는가?

① 5.6L
② 11.2L
③ 22.4L
④ 44.8L

해설
물(H_2O)의 전기분해
• (−)극 : $2H_2O + 2e \rightarrow H_2 + 2OH^-$ (염기성)
• (+)극 : $2H_2O \rightarrow O_2 + 4H^+ + 4e$ (산성)
음극(−)에서 전자 2몰(mol)이 흘렀을 때 생성되는 수소기체(H_2)는 1몰(mol)이다.

따라서, 1F(패럿)의 전기량으로 물을 전기분해했을 때 생성되는 수소기체(H_2)는

$$\frac{1\cancel{F-전자(e^-)}}{} \left| \frac{1mol-H_2}{2\cancel{F-전자(e^-)}} \right| \frac{22.4L-H_2}{1mol-H_2} = 11.2L-H_2$$

[참고] 패러데이의 법칙(Faraday's law)
전기분해를 하는 동안 전극에 흐르는 전하량(전류×시간)과 전기분해로 인해 생긴 화학변화의 양 사이의 정량적인 관계를 나타내는 법칙(전기분해될 때 생성 또는 소멸되는 물질의 양은 전하량에 비례한다.)

$$Q = I \times t$$
전하량   전류   시간
[C]   [A]   [s]

1A의 전기가 1s 동안 흘러갔을 때의 전하량 1C
※ 전자 1개의 전하량 $= -1.6 \times 10^{-19}$C
    전자 1몰(mol)의 전하량
    $= -1.6 \times 10^{-19}$C $\times 6.02 \times 10^{23}$개(아보가드로수)
    $= 96,500$C
    $= 1$F

06 다음 중 헨리의 법칙이 가장 잘 적용되는 기체는 어느 것인가?

① 암모니아
② 염화수소
③ 이산화탄소
④ 플루오린화수소

[해설] 헨리의 법칙은 용해도가 작은 기체이거나 무극성 분자일 때 잘 적용된다. 차가운 탄산음료수의 병마개를 뽑으면 거품이 솟아오르는데, 이는 탄산음료수에 탄산가스가 압축되어 있다가 병마개를 뽑으면 압축된 탄산가스가 분출되어 용기의 내부 압력이 내려가면서 용해도가 줄어들기 때문이다.
예 H_2, O_2, N_2, CO_2 등 무극성 분자

07 방사선 중 감마선에 대한 설명으로 옳은 것은 어느 것인가?

① 질량을 갖고 음의 전하를 띰.
② 질량을 갖고 전하를 띠지 않음.
③ 질량이 없고 전하를 띠지 않음.
④ 질량이 없고 음의 전하를 띰

[해설]
· 알파 : 질량이 있고 양전하를 띰.
· 베타 : 질량이 거의 없고 전자의 움직임으로 인해 1단위의 음전하를 띰.
· 감마 : 질량이 없고 전하를 띠지 않음.

08 다음 중 벤젠에 관한 설명으로 틀린 것은 어느 것인가?

① 화학식은 C_6H_{12}이다.
② 알코올, 에터에 잘 녹는다.
③ 물보다 가볍다.
④ 추운 겨울날씨에 응고될 수 있다.

[해설]
① 벤젠(Benezene)의 화학식 : C_6H_6
② 무극성으로 물에 섞이지 않고(무극성), 알코올·에터·아세톤 등에 잘 녹으며, 유지나 수지 등을 잘 녹인다.
③ 액비중이 0.8787로 물보다 가볍다.
④ 녹는점이 5.5℃이기 때문에 녹는점 이하의 온도(추운 겨울날씨)에서 응고될 수 있다.

09 휘발성 유기물 1.39g을 증발시켰더니 100℃, 760mmHg에서 420mL였다. 이 물질의 분자량은 약 몇 g/mol인가?

① 53
② 73
③ 101
④ 150

[해설] 이상기체 상태방정식

$$PV = nRT$$

$PV = \dfrac{wRT}{M}$ 에서

$M = \dfrac{wRT}{PV}$

$M = \dfrac{1.39\text{g} \times 0.082\text{atm} \cdot \text{L/K} \cdot \text{mol} \times (100+273.15)\text{K}}{760/760\text{atm} \times (420/1,000)\text{L}}$

    $= 101.27\text{g/mol}$

10 원자량이 56인 금속 M 1.12g을 산화시켜 실험식이 M_xO_y인 산화물 1.60g을 얻었다. x, y는 각각 얼마인가?

① $x=1$, $y=2$ ② $x=2$, $y=3$
③ $x=3$, $y=2$ ④ $x=2$, $y=1$

해설

	금속	+	산소	→	금속 산화물
(질량)	1.12g		0.48g		1.60g

(몰수) $\dfrac{1.12g}{56g/mol}=0.02mol$, $\dfrac{0.48g}{32g/mol}=0.015mol$

※ 산소(O)의 당량 $=\dfrac{원자량}{원자가}=\dfrac{16g}{2}=8g$당량

$$\dfrac{8g\ 산소}{32g\ 산소}\Big|\dfrac{1mol\ 산소}{0.015mol\ 산소}\Big|\dfrac{0.02mol\ 금속}{1mol\ 금속}\Big|\dfrac{56g\ 금속}{} =18.67g\ 금속$$

※ 금속(M)의 원자가 $=\dfrac{원자량}{g당량}=\dfrac{56g}{18.67g}=3$

∴ $M^{+3}+O_2^{-2} \rightarrow M_2O_3$

11 활성화에너지에 대한 설명으로 옳은 것은?

① 물질이 반응 전에 가지고 있는 에너지이다.
② 물질이 반응 후에 가지고 있는 에너지이다.
③ 물질이 반응 전과 후에 가지고 있는 에너지이다.
④ 물질이 반응을 일으키는 데 필요한 최소한의 에너지이다.

12 요소 6g을 물에 녹여 1,000L로 만든 용액의 27℃에서의 삼투압은 약 몇 atm인가? (단, 요소의 분자량은 60이다.)

① 1.26×10^{-1} ② 1.26×10^{-2}
③ 2.46×10^{-3} ④ 2.56×10^{-4}

해설 이상기체 상태방정식

$$PV=nRT$$

$PV=\dfrac{wRT}{M}$ 에서 $P=\dfrac{wRT}{MV}$

$P=\dfrac{6g\times0.082atm\cdot L/K\cdot mol\times(27+273.15)K}{60g/mol\times1,000L}$

$=2.46\times10^{-3}atm$

13 어떤 금속의 원자가는 2이며, 그 산화물의 조성은 금속이 80wt%이다. 이 금속의 원자량은?

① 32
② 48
③ 64
④ 80

해설

원자량 = 당량×원자가

(산소) 원자량 $=8g\times2=16g$

금속 산화물 중 산소의 조성은 20wt%이므로 금속 산화물(x)의 질량은

$\dfrac{16g}{x}\times100=20\%$, $x=80g$

∴ 금속 산화물 중 금속의 조성은 80wt%이다.

$80g\times\dfrac{80}{100}=64g$

14 산의 일반적 성질을 옳게 나타낸 것은?

① 쓴 맛이 있는 미끈거리는 액체로 리트머스시험지를 푸르게 한다.
② 수용액에서 OH^- 이온을 내놓는다.
③ 수소보다 이온화 경향이 큰 금속과 반응하여 수소를 발생한다.
④ 금속의 수산화물로서 비전해질이다.

해설

산(acid)
• 신맛이 나며, 리트머스시험지를 붉게 한다.
• 수용액에서 수소이온(H^+)을 내놓는다.
• 염기(鹽基)와 중화하여 염(鹽)을 만든다.

15 아세트알데하이드에 대한 시성식은?

① CH_3COOH ② CH_3COCH_3
③ CH_3CHO ④ CH_3COOCH_3

해설
① 아세트산
② 다이메틸케톤(＝아세톤)
④ 초산메틸

16 같은 주기에서 원자번호가 증가할수록 감소하는 것은?

① 이온화에너지 　② 원자의 반지름
③ 비금속성 　　　④ 전기음성도

해설 원자 반지름의 주기성

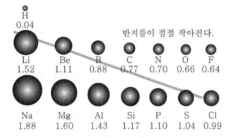

• 같은 주기에서는 원자번호가 증가할수록 원자의 반지름은 감소한다.
　→ 같은 주기에서는 원자번호가 증가할수록 유효핵전하량이 증가하여 전자를 수축하기 때문이다.
• 같은 족에서는 원자번호가 증가할수록 원자의 반지름은 증가한다.
　→ 전자껍질이 증가하여 핵으로부터 멀어지기 때문이다.

17 Mg^{2+}의 전자수는 몇 개인가?

① 2 　　　　　　② 10
③ 12 　　　　　④ 6×10^{23}

해설 원자번호＝양성자수＝전자수
Mg^{2+} : $12-2=10$

18 pH＝12인 용액의 $[OH^-]$는 pH＝9인 용액의 몇 배인가?

① 1/1,000 　　　② 1/100
③ 100 　　　　　④ 1,000

해설
pH＝12 → pOH＝2
pH＝9 → pOH＝5
※ pOH＝1(증가) → 10배 희석
　따라서, 1,000배

19 다음 중 1차 이온화에너지가 가장 작은 것은?

① Li 　　　　　　② O
③ Cs 　　　　　　④ Cl

해설
① $_3$Li : 1족 2주기 원소(최외각 전자 1개)
② $_8$O : 6족 2주기 원소(최외각 전자 6개)
③ $_{55}$Cs : 1족 6주기 원소(최외각 전자 1개)
④ $_{17}$Cl : 7족 3주기 원소(최외각 전자 7개)
※ 같은 족에서는 원자번호가 증가할수록 원자의 반지름은 증가한다.
　→ 전자껍질이 증가하여 핵으로부터 멀어지기 때문이다. 따라서, 원자번호가 증가할수록 이온화에너지는 작아진다.
[참고] 이온화에너지
원자나 분자에서 전자 하나를 떼어내는 데 필요한 에너지 (이온화에너지가 작을수록 전자를 잃기 쉽기 때문에 이온화에너지가 작을수록 반응성이 더 크다.)

20 다음 물질 중 환원성이 없는 것은?

① 설탕 　　　　　② 엿당
③ 젖당 　　　　　④ 포도당

해설

종류	단당류	이당류	다당류 (비당류)
분자식	$C_6H_{12}O_6$	$C_{12}H_{22}O_{11}$	$(C_6H_{10}O_5)_n$
이름	포도당 과당 갈락토오스	설탕 맥아당 젖당	녹말 셀룰로오스 글리코겐
가수 분해 생성물	가수분해 되지 않는다.	포도당+과당 포도당+포도당 포도당+갈락토오스	포도당 포도당 포도당
환원 작용	있다.	없다. 있다. 있다.	없다.

01 산화에 의하여 카르보닐기를 가진 화합물을 만들 수 있는 것은?

① $CH_3-CH_2-CH_2-COOH$

② $CH_3-CH-CH_3$
  $\quad\quad\quad |$
  $\quad\quad\quad OH$

③ $CH_3-CH_2-CH_2-OH$

④ CH_2-CH_2
  $\quad |\quad\quad |$
  $\quad OH\quad OH$

해설 2차 알코올을 산화시키면 케톤이 된다.

$$R-CH-OH \xrightarrow[-H_2]{산화} R-C=O$$
$$\quad | \quad\quad\quad\quad\quad\quad\quad |$$
$$\quad R' \quad\quad\quad\quad\quad\quad\quad R'$$
2차 알코올 케톤

$$CH_3-CH-OH \xrightarrow[-H_2]{산화} CH_3-C=O$$
$$\quad\quad\quad | \quad\quad\quad\quad\quad\quad\quad\quad\quad |$$
$$\quad\quad\quad CH_3 \quad\quad\quad\quad\quad\quad\quad CH_3$$
2-프로판올 아세톤

02 H_2O가 H_2S보다 비등점이 높은 이유는 다음 중 어느 것인가?

① 이온결합을 하고 있기 때문에
② 수소결합을 하고 있기 때문에
③ 공유결합을 하고 있기 때문에
④ 분자량이 적기 때문에

해설 수소결합(Hydrogen bond) : F, O, N과 같이 전기음성도가 큰 원자와 수소(H)가 결합되어 있고, 그 주위에 다시 F, O, N 원자가 위치하게 되면 이들 사이에는 강력한 인력이 작용하는데 이를 수소결합이라고 한다.
※ 물(H_2O)의 경우 수소결합으로 인해 녹는점과 끓는점이 높게 나타난다.

03 27℃에서 500mL에 6g의 비전해질을 녹인 용액의 삼투압은 7.4기압이었다. 이 물질의 분자량은 약 얼마인가?

① 20.78
② 39.89
③ 58.16
④ 77.65

해설
$$PV=nRT,\ PV=\frac{wRT}{M}$$

$$M=\frac{wRT}{PV}$$

$$=\frac{6g \cdot 0.082atm \cdot L/K \cdot mol \cdot (27+273)K}{7.4atm \cdot \left(\frac{500}{1,000}\right)L}$$

$$\fallingdotseq 39.89g/mol$$

04 염(salt)을 만드는 화학반응식이 아닌 것은?

① $HCl+NaOH \rightarrow NaCl+H_2O$
② $2NH_4OH+H_2SO_4 \rightarrow (NH_4)_2SO_4+2H_2O$
③ $CuO+H_2 \rightarrow Cu+H_2O$
④ $H_2SO_4+Ca(OH)_2 \rightarrow CaSO_4+2H_2O$

해설 염이란 산의 음이온과 염기의 양이온이 만나서 이루어지는 이온성 물질이다.

05 최외각 전자가 2개 또는 8개로서 불활성인 것은?

① Na과 Br
② N와 Cl
③ C와 B
④ He과 Ne

해설 불활성 기체로서 0족 기체를 의미한다.

06 물 200g에 A물질 2.9g을 녹인 용액의 빙점은? (단, 물의 어는점 내림상수는 1.86℃ · kg/mol 이고, A물질의 분자량은 58이다.)

① -0.465℃
② -0.932℃
③ -1.871℃
④ -2.453℃

해설

$$\frac{\frac{2.9}{58}\text{mol}}{\frac{200}{1,000}\text{kg}} = 0.25\text{m}$$

$$\Delta T_f = m \cdot k_f = 0.25 \times 1.86 = 0.465$$

따라서, $-0.465℃$이다.

07 다음 중 d-오비탈이 수용할 수 있는 최대 전자의 총 수는?

① 6 ② 8
③ 10 ④ 14

해설

오비탈의 이름	전자 수	오비탈의 표시법	
s-오비탈	2	s^2	↑↓
p-오비탈	6	p^6	↑↓ ↑↓ ↑↓
d-오비탈	10	d^{10}	↑↓ ↑↓ ↑↓ ↑↓ ↑↓
f-오비탈	14	f^{14}	↑↓ ↑↓ ↑↓ ↑↓ ↑↓ ↑↓ ↑↓

08 다음의 그래프는 어떤 고체물질의 용해도 곡선이다. 100℃ 포화용액(비중 1.4) 100mL를 20℃의 포화용액으로 만들려면 몇 g의 물을 더 가해야 하는가?

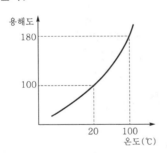

① 20g ② 40g
③ 60g ④ 80g

해설

용해도 : 용매 100g에 녹을 수 있는 용질의 최대 g수
※ 액체의 비중값은 액체의 밀도값과 같다.

$$\text{액체의 비중} = \frac{\text{액체의 밀도(g/mL)}}{4℃ \text{ 물의 밀도(g/mL)}}$$

∴ 액체의 비중 = 액체의 밀도(g/mL)

· 액비중이 1.4인 용액 100mL의 질량은?

$$\frac{100\text{mL}}{}\left|\frac{1.4\text{g}}{1\text{mL}}\right| = 140\text{g}$$

· 100℃에서 용해도가 180인 포화용액 140g은?

$$\frac{140\text{g}-\text{용액}}{}\left|\frac{180\text{g}-\text{용질}}{280\text{g}-\text{용액}}\right| = 90\text{g}-\text{용질}$$

∴ 포화용액 140g-용질 90g
(100℃)   -용매 50g

· 이 용액을 20℃의 포화용액으로 만들려면 필요한 물의 양은?
(20℃에서의 용해도 100)

$$\frac{90\text{g}-\text{용질}}{}\left|\frac{100\text{g}-\text{용매}}{100\text{g}-\text{용질}}\right| = 90\text{g}-\text{용매}$$

포화용액-용질 90g
(20℃) -용매 90g(50g+x)
∴ $x = 40\text{g}$

09 0.01N NaOH 용액 100mL에 0.02N HCl 55mL를 넣고 증류수를 넣어 전체 용액을 1,000mL로 한 용액의 pH는?

① 3 ② 4
③ 10 ④ 11

해설

혼합용액의 농도(액성이 같으면 +, 액성이 다르면 −)
$NV \pm N'V' = N''(V + V')$에서
$0.02\text{N} \times 55\text{mL} - 0.01\text{N} \times 100\text{mL}$
$= N''(55\text{mL}+100\text{mL})$

$$N'' = \frac{0.02 \times 55 - 0.01 \times 100}{155}$$
$$= 6.45 \times 10^{-4}\text{N} - \text{HCl}$$

농도의 희석
$NV = N'V'$
$6.45 \times 10^{-4} \times 155 = N' \times 1,000$

$$N' = \frac{6.45 \times 10^{-4} \times 155}{1,000} = 9.99 \times 10^{-5}$$

$\text{pH} = -\log[\text{H}^+]$
$= -\log[9.99 \times 10^{-5}]$
$= 5 - \log[9.99] = 4$
∴ $\text{pH} = 4$

10 다음 화합물들 가운데 기하학적 이성질체를 가지고 있는 것은?

① $CH_2 = CH_2$

② $CH_3 - CH_2 - CH_2 - OH$

③ $CH_3 \underset{CH_3}{\diagdown} C = C \underset{CH_3}{\diagup} CH_3$

④ $CH_3 - CH = CH - CH_3$

해설
알켄화합물 중 2중 결합에 대하여 치환기 또는 치환원자가 공간적으로 서로 다른 위치에 있는 이성질체로서 이것을 기하 이성질체(geometric isomer)라고 한다.

$$CH_2 = CH - CH_2CH_3$$

• 1−butene(α−butylene)

$CH_3 \underset{H}{\diagdown} C = C \underset{H}{\diagup} CH_3$

• cis−2−butene(cis−β−butylene)

$CH_3 \underset{H}{\diagdown} C = C \underset{CH_3}{\diagup} H$

• trans−2−butene(trans−β−butylene)

11 다음 물질 중 C_2H_2와 첨가반응이 일어나지 않는 것은?

① 염소
② 수은
③ 브로민
④ 아이오딘

해설
알카인(C_nH_{2n-2})의 경우 수소, 할로젠, 사이안화수소의 첨가반응이 가능하다.

12 n그램(g)의 금속을 묽은 염산에 완전히 녹였더니 m몰의 수소가 발생하였다. 이 금속의 원자가를 2가로 하면 이 금속의 원자량은?

① $\dfrac{n}{m}$
② $\dfrac{2n}{m}$
③ $\dfrac{n}{2m}$
④ $\dfrac{2m}{n}$

해설
원자가가 2가인 금속의 묽은 염산과의 반응식은 다음과 같다.
$$M + 2HCl \rightarrow MCl_2 + H_2$$
반응한 금속의 몰(mol)과 생성된 수소의 몰(mol)은 같다.
n그램(g)의 금속이 묽은 염산과 반응하여 생성된 수소는 m몰이므로 금속의 원자량 = $\dfrac{n}{m}$ 이다.

13 에틸렌(C_2H_4)을 원료로 하지 않는 것은?

① 아세트산
② 염화바이닐
③ 에탄올
④ 메탄올

해설
① 에틸렌을 산화시켜 아세트산을 제조한다.
$$\underset{\text{에틸렌}}{C_2H_4} + \underset{\text{산소}}{O_2} \rightarrow \underset{\text{아세트산}}{CH_3COOH}$$
② 염화에틸렌을 480~510℃에서 가열하거나 묽은 수산화나트륨 용액으로 처리하여 염화바이닐을 만든다.
③ 에틸렌을 물과 합성하여 제조한다.
$$C_2H_4 + H_2O \xrightarrow[300℃, \ 70kg/cm^2]{\text{인산}} \underset{\text{(에탄올)}}{C_2H_5OH}$$

14 20℃에서 4L를 차지하는 기체가 있다. 동일한 압력 40℃에서는 몇 L를 차지하는가?

① 0.23
② 1.23
③ 4.27
④ 5.27

해설
등압의 조건에서 기체의 부피는 절대온도에 비례한다(샤를의 법칙).
$$\frac{V_1}{T_1} = \frac{V_2}{T_2}$$
$T_1 = 20℃ + 273.15K = 293.15K$
$T_2 = 40℃ + 273.15K = 313.15K$
$V_1 = 4L$
$$V_2 = \frac{V_1 T_2}{T_1} = \frac{4L \cdot 313.15K}{293.15K} = 4.27L$$

15 pH에 대한 설명으로 옳은 것은?

① 건강한 사람의 혈액의 pH는 5.7이다.
② pH값은 산성 용액에서 알칼리성 용액 보다 크다.
③ pH가 7인 용액에 지시약 메틸오렌지를 넣으면 노란색을 띤다.
④ 알칼리성 용액은 pH가 7보다 작다.

해설 혈액의 pH는 7.4로 유지되는 완충용액이며, pH값은 알칼리성 용액에서 산성 용액보다 크다. 또한 산성 용액의 pH는 7보다 작다.

16 3가지 기체 물질 A, B, C가 일정한 온도에서 다음과 같은 반응을 하고 있다. 평형에서 A, B, C가 각각 1몰, 2몰, 4몰이라면 평형상수 K의 값은?

A + 3B → 2C + 열

① 0.5
② 2
③ 3
④ 4

해설
$$K = \frac{[C]^2}{[A][B]^3} = \frac{[4]^2}{[1][2]^3} = 2$$

17 25g의 암모니아가 과잉의 황산과 반응하여 황산암모늄이 생성될 때 생성된 황산암모늄의 양은 약 얼마인가? (단, 황산암모늄의 몰 질량은 132g/mol이다.)

① 82g
② 86g
③ 92g
④ 97g

해설 $2NH_3 + H_2SO_4 \rightarrow (NH_4)_2SO_4$에서

25g-NH₃	1mol-NH₃	1mol-(NH₄)₂SO₄	132g-(NH₄)₂SO₄
	17g-NH₃	2mol-NH₃	1mol-(NH₄)₂SO₄

$= 97.05g - (NH_4)_2SO_4$

18 일반적으로 환원제가 될 수 있는 물질이 아닌 것은?

① 수소를 내기 쉬운 물질
② 전자를 잃기 쉬운 물질
③ 산소와 화합하기 쉬운 물질
④ 발생기의 산소를 내는 물질

해설 환원제 : 자신은 산화되면서 다른 물질을 환원시키는 물질. 즉, 수소를 내기 쉽거나, 산소와 결합하거나, 전자를 잃기 쉬운 물질이 환원제가 된다.

19 표준상태에서 11.2L의 암모니아에 들어 있는 질소는 몇 g인가?

① 7
② 8.5
③ 22.4
④ 14

해설

$$\frac{11.2L-NH_3}{} \left| \frac{1mol-NH_3}{22.4L-NH_3} \right| \frac{1mol-N}{1mol-NH_3} \left| \frac{14g-N}{1mol-N} \right. = 7g-N$$

20 에테인(C_2H_6)을 연소시키면 이산화탄소(CO_2)와 수증기(H_2O)가 생성된다. 표준상태에서 에테인 30g을 반응시킬 때 발생하는 이산화탄소와 수증기의 분자수는 모두 몇 개인가?

① 6×10^{23}개
② 12×10^{23}개
③ 18×10^{23}개
④ 30×10^{23}개

해설 $2C_2H_6 + 7O_2 \rightarrow 4CO_2 + 6H_2O$

30g-C₂H₆	1mol-C₂H₆	4mol-CO₂	6.02×10²³개-CO₂
	30g-C₂H₆	2mol-C₂H₆	1mol-CO₂

$= 12.04 \times 10^{23}$개$- CO_2$

30g-C₂H₆	1mol-C₂H₆	6mol-H₂O	6.02×10²³개-CO₂
	30g-C₂H₆	2mol-C₂H₆	1mol-H₂O

$= 18.06 \times 10^{23}$개$- CO_2$
따라서, 12.04×10^{23}개$+ 18.06 \times 10^{23}$개
$\qquad = 30.1 \times 10^{23}$개

제11회 과년도 출제문제

01 대기압하에서 열린 실린더에 있는 1mol의 기체를 20℃에서 120℃까지 가열하면 기체가 흡수하는 열량은 몇 cal인가? (단, 기체 몰열 용량은 4.97cal/mol이다.)

① 97
② 100
③ 497
④ 760

해설

$Q = mc\Delta T$
$= mc(T_2 - T_1)$
$= 1\text{mol} \times 4.97\text{cal/mol} \times (120 - 20)$
$= 497\text{cal}$

02 분자구조에 대한 설명으로 옳은 것은?

① BF_3는 삼각 피라미드형이고, NH_3는 선형이다.
② BF_3는 평면 정삼각형이고, NH_3는 삼각 피라미드형이다.
③ BF_3는 굽은형(V형)이고, NH_3는 삼각 피라미드형이다.
④ BF_3는 평면 정삼각형이고, NH_3는 선형이다.

해설

· BF_3 · NH_3

03 다음 보기의 내용은 열역학 제 몇 법칙에 대한 내용인가?

> 0K(절대영도)에서 물질의 엔트로피는 0이다.

① 열역학 제0법칙
② 열역학 제1법칙
③ 열역학 제2법칙
④ 열역학 제3법칙

해설

① 열역학 제0법칙 : 어떤 계의 물체 A와 B가 열적 평형 상태에 있고 B와 C가 열적 평형상태에 있으면, A와 C도 열평형 상태에 있다.
② 열역학 제1법칙 : 에너지 보존의 법칙. 즉, 공급되는 열량은 외부에 해준 일에 내부에너지의 변화량을 더한 값과 같다.
③ 열역학 제2법칙 : 고립계에서 무질서도의 변화는 항상 증가하는 방향으로 일어난다.

04 물(H_2O)의 끓는점이 황화수소(H_2S)의 끓는점보다 높은 이유는?

① 분자량이 작기 때문에
② 수소결합 때문에
③ pH가 높기 때문에
④ 극성결합 때문에

해설

수소결합은 전기음성도가 극히 큰 플루오린(F)·산소(O)·질소(N) 원자가 수소 원자와 결합된 HF, OH, NH와 같은 원자단을 포함한 분자와 분자 사이의 결합을 말한다. 일반적으로 수소결합을 이루는 분자, 즉 H_2O, HF, NH_3 등은 약하기는 하나 서로 결합되어 있으므로 주기율표의 같은 족의 수소 화합물보다 유난히 비등점이 높고 증발열이 크다.

05 다음 중 비공유 전자쌍을 가장 많이 가지고 있는 것은?

① CH_4
② NH_3
③ H_2O
④ CO_2

해설

①  비공유 전자쌍 없음

② 비공유 전자쌍 1개

③ 비공유 전자쌍 2개

④ 비공유 전자쌍 4개

06 NH₄Cl에서 배위결합을 하고 있는 부분을 옳게 설명한 것은?

① NH_3의 N−H 결합
② NH_3와 H^+와의 결합
③ NH_4^+와 Cl^-와의 결합
④ H^+와 Cl^-와의 결합

해설 암모늄이온(Ammonium ion) NH_4^+, 암모니아(Ammonia) NH_3 가스를 염산 용액에 통할 때 염화암모늄이 생기는 반응은 $NH_3 + HCl \rightarrow NH_4Cl$이다.
이것을 이온 방정식으로 표시하면 $NH_3 + H^+ + Cl^- \rightarrow NH_4^+ + Cl^-$이다.
즉, $NH_3 + H^+ \rightarrow NH_4^+$로 된다.

07 다이크로뮴산이온($Cr_2O_7^{2-}$)에서 Cr의 산화수는?

① +3 ② +6
③ +7 ④ +12

해설 $2Cr + (-2) \times 7 = -2$에서
$Cr = +6$

08 어떤 비전해질 12g을 물 60.0g에 녹였다. 이 용액이 −1.88℃의 빙점 강하를 보였을 때 이 물질의 분자량을 구하면? (단, 물의 몰랄 어는점 내림상수 $K_f = 1.86℃/m$이다.)

① 297
② 202
③ 198
④ 165

해설

$$\Delta T_f = K_f \cdot m = 1.86 \times \frac{\dfrac{12}{M}}{\dfrac{60}{1,000}} = 1.88$$

$$\therefore M \fallingdotseq 197.8$$

09 페놀 수산기(−OH)의 특성에 대한 설명으로 옳은 것은?

① 수용액이 강알칼리성이다.
② −OH기가 하나 더 첨가되면 물에 대한 용해도가 작아진다.
③ 카르복실산과 반응하지 않는다.
④ $FeCl_3$ 용액과 정색반응을 한다.

해설 페놀은 특유한 자극성 냄새를 가진 무색의 결정으로 용융점 41℃, 비등점 181.4℃이며 공기 중에서는 붉은색으로 변색한다. 벤젠핵에 붙어 있는 수산기를 페놀성 수산기라 하며 페놀의 수용액에 $FeCl_3$ 용액 한 방울을 가하면 보라색으로 되어 정색반응을 한다.

10 시약의 보관방법으로 옳지 않은 것은?

① Na : 석유 속에 보관
② NaOH : 공기가 잘 통하는 곳에 보관
③ P_4(흰인) : 물속에 보관
④ HNO_3 : 갈색병에 보관

해설 NaOH의 경우 조해성이 있어 공기 중의 수분을 흡수하여 스스로 녹는 현상이 있으므로 밀폐된 공간에 보관해야 한다.

11 17g의 NH₃와 충분한 양의 황산이 반응하여 만들어지는 황산암모늄은 몇 g인가? (단, 원소의 원자량은 H : 1, N : 14, O : 16, S : 32이다.)

① 66g
② 106g
③ 115g
④ 132g

해설

$$2NH_3 + H_2SO_4 \rightarrow (NH_4)_2SO_4$$

17g-NH₃	1mol-NH₃	1mol-(NH₄)₂SO₄	132g-(NH₄)₂SO₄
	17g-NH₃	2mol-NH₃	1mol-(NH₄)₂SO₄

$$= 66g-(NH_4)_2SO_4$$

12 다음에서 설명하는 물질의 명칭은?

- HCl과 반응하여 염산염을 만든다.
- 나이트로벤젠을 수소로 환원하여 만든다.
- CaOCl₂ 용액에서 붉은 보라색을 띤다.

① 페놀
② 아닐린
③ 톨루엔
④ 벤젠술폰산

해설

아닐린($C_6H_5NH_2$)

• 제법
나이트로벤젠을 수소로써 환원하면 아닐린이 생성된다. 실험실에서는 주석과 염산에서 생기는 수소를 이용한다.

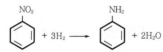

$$(Sn + 2HCl \rightarrow SnCl_2 + H_2,$$
$$SnCl_2 + 2HCl \rightarrow SnCl_4 + H_2)$$

• 성질
- 기름모양의 무색 액체(비등점 184℃, 비중 1.02)로서 물에는 녹지 않는다. 방치하면 갈색으로 된다.
- 암모니아의 수소 분자 1개가 페닐기($C_6H_5^-$)로 치환된 형의 화합물이므로 암모니아가 염산과 반응하듯이 아닐린도 염산과 반응하여 염산염을 만들므로 염기성이다.

- 아닐린은 물에 녹지 않으나 염산과 반응하여 염(이온 화합물)을 만들므로 물에 녹는다.
$$C_6H_5NH_2 + HCl \rightarrow C_6H_5NH_2 \cdot HCl \rightarrow [C_6H_5NH_3^+]Cl^-$$
아닐린(염기)   염산아닐린(염)
- 표백분(CaOCl₂) 용액에서 아닐린은 붉은 보라색을 나타내며, 이 반응은 예민하므로 아닐린의 검출에 쓰인다.

13 원자에서 복사되는 빛은 선스펙트럼을 만드는데 이것으로부터 알 수 있는 사실은?

① 빛에 의한 광전자의 방출
② 빛이 파동의 성질을 가지고 있다는 사실
③ 전자껍질의 에너지의 불연속성
④ 원자핵 내부의 구조

해설

원자에서 방출되는 빛이 선스펙트럼을 가지는 이유는 원자에 포함된 전자가 가질 수 있는 에너지가 불연속적이기 때문이다. 전자가 연속적으로 모든 에너지를 가질 수 있다면 원자에서 나오는 빛 또한 연속 스펙트럼을 갖게 된다.

14 다음의 반응에서 환원제로 쓰인 것은?

$$MnO_2 + 4HCl \rightarrow MnCl_2 + 2H_2O + Cl_2$$

① Cl₂
② MnCl₂
③ HCl
④ MnO₂

해설

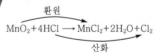

• MnO₂의 경우 Mn의 산화수는 Mn+(−2)×2=0에서 Mn=+4
• MnCl₂의 경우 Mn의 산화수는 Mn+(−1)×2=0에서 Mn=+2
• Mn의 경우 산화수가 +4에서 +2로 감소하였으므로 환원에 해당한다.
HCl의 경우 Cl의 산화수는 −1이고, Cl₂는 0이므로 산화수가 −1에서 0으로 증가하였으므로 산화에 해당한다. 본인은 산화되면서 다른 물질은 환원시키는 물질이 환원제이므로 HCl은 환원제이다.

15

원자가전자 배열이 as^2ap^2인 것은? (단, a=2, 3 이다.)

① Ne, Ar
② Li, Na
③ C, Si
④ N, P

해설

$2s^22p^2$에서 2는 주기를 말하며, 상첨자의 2+2=4로 족수를 의미한다.

a가 2인 경우 2주기, a가 3인 경우 3주기에 해당하므로, 2주기 4족 원소는 ③의 C와 Si를 의미한다.

16

벤조산은 무엇을 산화하면 얻을 수 있는가?

① 톨루엔
② 나이트로벤젠
③ 트라이나이트로톨루엔
④ 페놀

해설

벤조산(Benzoic acid)은 방향계 카르복실산이며, 상온에서는 흰색의 결정으로 존재한다. 분자식은 C_6H_5COOH으로, 카르복실기가 벤젠고리에 붙어 있는 형태를 가지고 있다. 보존료 등 식품 첨가물로 쓰이고, 몇몇 식물에 자연적으로 들어 있기도 하며, 러시아 정교회에서 향을 피울 때 쓰는 안식향의 주요 성분이기 때문에 안식향산(安息香酸)이라 부르기도 한다. 또한 톨루엔을 산화시켜서 만들고, 미국에서는 연간 12만 6,000톤의 벤조산을 생산하며, 벤조산의 유도체로는 살리실산, 그리고 아세틸살리실산(아스피린)이 있다.

17

질산칼륨을 물에 용해시키면 용액의 온도가 떨어진다. 다음 사항 중 옳지 않은 것은?

① 용해시간과 용해도는 무관하다.
② 질산칼륨의 용해 시 열을 흡수한다.
③ 온도가 상승할수록 용해도는 증가한다.
④ 질산칼륨 포화용액을 냉각시키면 불포화용액이 된다.

해설

질산칼륨 포화용액을 냉각시키면 과포화용액이 된다.

18

다음 화학반응으로부터 설명하기 어려운 것은?

$$2H_2(g) + O_2(g) \rightarrow 2H_2O(g)$$

① 반응물질 및 생성물질의 부피비
② 일정성분비의 법칙
③ 반응물질 및 생성물질의 몰수비
④ 배수비례의 법칙

해설

배수비례의 법칙 : 한 원소의 일정량과 다른 원소가 반응하여 두 가지 이상의 화합물을 만들 때 다른 원소의 무게비는 간단한 정수비가 성립한다.

19

볼타전지에서 갑자기 전류가 약해지는 현상을 "분극현상"이라 한다. 이 분극현상을 방지해 주는 감극제로 사용되는 물질은?

① MnO_2 ② $CuSO_3$
③ $NaCl$ ④ $Pb(NO_3)_2$

해설

분극작용

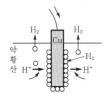

그림과 같이 Cu판 표면에 H_2 기체가 발생하므로 전지의 기전력이 떨어진다. 따라서 이러한 분극현상을 없애기 위해서 MnO_2와 같은 감극제를 사용한다.

20

다이클로로벤젠의 구조 이성질체 수는 몇 개인가?

① 5   ② 4
③ 3   ④ 2

해설

1,2-다이클로로벤젠 1,3-다이클로로벤젠 1,4-다이클로로벤젠

제12회 과년도 출제문제

01 황산구리 수용액을 전기분해하여 음극에서 63.54g의 구리를 석출시키고자 한다. 10A의 전기를 흐르게 하면 전기분해에는 약 몇 시간이 소요되는가? (단, 구리의 원자량은 63.54이다.)

① 2.72
② 5.36
③ 8.13
④ 10.8

해설 전기량 1F에 의해 석출되는 Cu의 양은

$$\frac{63.54}{2}=31.77g$$

따라서, $96,500:31.77=x:63.54$에서
$x=193,000C$이다.
그러므로

$q=it$에서 $t=\dfrac{q}{i}=\dfrac{193,000C}{10A}=19,300s$

$\dfrac{19,300s}{}\left|\dfrac{1hr}{3,600s}\right|=5.36hr$

02 100mL 메스플라스크로 10ppm 용액 100mL를 만들려고 한다. 1,000ppm 용액 몇 mL를 취해야 하는가?

① 0.1　　② 1
③ 10　　④ 100

해설 $Mv=M'V'$에서
$10\times100=1,000\times V'$에서 $V'=1$

03 발연황산이란 무엇인가?

① H_2SO_4의 농도가 98% 이상인 거의 순수한 황산
② 황산과 염산을 1:3의 비율로 혼합한 것

③ SO_3를 황산에 흡수시킨 것
④ 일반적인 황산을 총괄하는 것

해설 발연황산(fuming sulfuric acid) : 97~98%의 진한 황산(H_2SO_4)에 삼산화황(SO_3)을 흡수시킨 것으로 무색의 끈적끈적한 액체
※ 삼산화황(SO_3)의 흰 연기를 발생하므로 발연황산이다.

04 다음 중 $FeCl_3$과 반응하면 색깔이 보라색으로 되는 현상을 이용해서 검출하는 것은?

① CH_3OH
② C_6H_5OH
③ $C_6H_5NH_2$
④ $C_6H_5CH_3$

해설 벤젠핵에 붙어 있는 수산기를 페놀성 수산기라 하며, 페놀의 수용액에 $FeCl_3$ 용액 한 방울을 가하면 보라색으로 되어 정색반응을 한다.

05 다음의 평형계에서 압력을 증가시키면 반응에 어떤 영향이 나타나는가?

$$N_2(g)+3H_2(g)\rightleftarrows 2NH_3(g)$$

① 오른쪽으로 진행
② 왼쪽으로 진행
③ 무변화
④ 왼쪽과 오른쪽에서 모두 진행

해설 평형계의 압력이 증가하면 평형은 계의 부피가 작아지는 방향으로 이동하고, 압력이 감소하면 계의 부피가 커지는 방향으로 이동한다. 따라서 일정온도에서 계의 압력을 높이면 부피는 감소하므로(보일의 법칙) 평형은 오른쪽으로 진행한다.

06

물 100g에 황산구리 결정($CuSO_4 \cdot 5H_2O$) 2g을 넣으면 몇 % 용액이 되는가? (단, $CuSO_4$의 분자량은 160g/mol이다.)

① 1.25% ② 1.96%
③ 2.4% ④ 4.42%

해설

결정수가 있을 때
%농도, 용해도 → 결정수를 포함시키지 않는다.
M농도, N농도 → 결정수를 포함시킨다.
용액은 102g이며, $CuSO_4 \cdot 5H_2O$ 2g 속의 $CuSO_4$만의 양은 다음과 같다.

$$2 \times \frac{160}{250} = 1.28g$$

$$\frac{1.28}{100+2} \times 100 = 1.254\%$$

07

다음 중 유리기구 사용을 피해야 하는 화학반응은 어느 것인가?

① $CaCO_3 + HCl$ ② $Na_2CO_3 + Ca(OH)_2$
③ $Mg + HCl$ ④ $CaF_2 + H_2SO_4$

해설

공업적으로 CaF_2(형석)에 황산을 가하면 황산칼슘과 불산이 만들어진다.
$CaF_2 + H_2SO_4 \rightarrow CaSO_4 + 2HF$
이때 생성된 불산은 유리를 녹이는 성질이 있기 때문에 유리기구를 사용해서는 안 된다.

08

원소의 주기율표에서 같은 족에 속하는 원소들의 화학적 성질에는 비슷한 점이 많다. 이것과 관련 있는 설명은?

① 같은 크기의 반지름을 가지는 이온이 된다.
② 제일 바깥의 전자궤도에 들어 있는 전자의 수가 같다.
③ 핵의 양 하전의 크기가 같다.
④ 원자번호를 8a+b라는 일반식으로 나타낼 수 있다.

해설

주기율표에서 족의 수=원자가 전자의 수

09

0℃의 얼음 20g을 100℃의 수증기로 만드는 데 필요한 열량은? (단, 융해열은 80cal/g, 기화열은 539cal/g이다.)

① 3,600cal ② 11,600cal
③ 12,380cal ④ 14,380cal

해설

얼음의 융해열 : 80cal/g
물의 비열 : 1cal/g · ℃
물의 기화열 : 539cal/g
㉠ 0℃ 얼음 10g이 물이 되는 열량(잠열)
㉡ 10g 물이 100℃ 물이 되는 열량(현열)
㉢ 10g 물이 수증기가 될 때의 열량(잠열)

• 잠열 : $Q = G \cdot r$
　　　　(열량) (중량) (잠열)
• 현열 : $Q = G \cdot C \cdot \Delta T$
　　　　(열량) (중량) (비열) (온도차)

㉠ $Q = 20g \cdot 80cal/g = 1,600cal$
㉡ $Q = 20g \cdot 1cal/g \cdot ℃ \cdot (100-0)℃ = 2,000cal$
㉢ $Q = 20g \cdot 539cal/g = 10,780cal$
∴ ㉠+㉡+㉢ $= 14,380cal$

10

어떤 용액의 pH를 측정하였더니 4이었다. 이 용액을 1,000배 희석시킨 용액의 pH를 옳게 나타낸 것은?

① pH=3
② pH=4
③ pH=5
④ 6 < pH < 7

해설

pH=4라면, $[H^+] = 0.0001M$ 농도라는 것을 의미한다. 따라서, 이 용액을 1,000배 희석시켰다면 $0.0001 \times 1,000 = 10^{-7}$이며 pH=7이 된다.

11

다음 중 물이 산으로 작용하는 반응은?

① $3Fe + 4H_2O \rightarrow Fe_3O_4 + 4H_2$
② $NH_4^+ + H_2O \rightleftarrows NH_3 + H_3O^+$
③ $HCOOH + H_2O \rightarrow HCOO^- + H_3O^+$
④ $CH_3COO^- + H_2O \rightarrow CH_3COOH + OH^-$

해설 브뢴스테드-로우리 이론에 따르면 양성자(H^+)를 줄 수 있는 것은 산, 양성자를 받을 수 있는 것은 염기에 해당한다. 따라서 ④에서 물의 경우 양성자를 제공함으로서 CH_3COOH가 생성되므로 산에 해당한다.

12 Ca^{2+} 이온의 전자배치를 옳게 나타낸 것은?

① $1s^2 2s^2 2p^6 3s^2 3p^6 3d^2$

② $1s^2 2s^2 2p^6 3s^2 3p^6 4s^2$

③ $1s^2 2s^2 2p^6 3s^2 3p^6 4s^2 3d^2$

④ $1s^2 2s^2 2p^6 3s^2 3p^6$

해설 Ca은 원자번호 20번으로서 전자수가 20개였지만, 2개를 잃어서 Ca^{2+}가 되었으므로 전자수는 18개에 해당한다. 이때 전자배치는 $1s^2 2s^2 2p^6 3s^2 3p^6$이다.

13 콜로이드 용액 중 소수 콜로이드는?

① 녹말　　　　② 아교

③ 단백질　　　④ 수산화철

해설
• 소수 콜로이드 : 물과 친하지 않아 소량의 물분자로 둘러싸여 있는 콜로이드
　예 수산화철($Fe(OH)_2$), 수산화알루미늄($Al(OH)_3$)
• 친수 콜로이드 : 물과 친하여 다량의 물로 둘러싸여 있는 콜로이드
　예 전분, 젤라틴, 한천 등

14 다음 화합물 중 펩티드 결합이 들어 있는 것은?

① 폴리염화바이닐　② 유지

③ 탄수화물　　　　④ 단백질

해설 한 아미노산의 아미노기와 다른 아미노산의 카르복실기 사이에서 물이 한 분자 빠져 나오면서 결합이 일어나는데, 이를 '펩티드 결합(peptide bond)'이라고 한다. 이러한 펩티드 결합을 통해 아미노산이 여러 개 연결된 아미노산 사슬을 '폴리펩티드(polypeptide)'라고 하며, 이 폴리펩티드가 접히거나 꼬인 것이 여러 개 엉켜 덩어리를 이룬 형태를 '단백질'이라고 한다.

15 0℃, 1기압에서 1g의 수소가 들어 있는 용기에 산소 32g을 넣었을 때 용기의 총 내부 압력은? (단, 온도는 일정하다.)

① 1기압

② 2기압

③ 3기압

④ 4기압

해설
$$V = \frac{nRT}{P}$$
$$= \frac{0.5mol \times 0.082L \cdot atm/K \cdot mol \times (0+273.15)K}{1atm}$$
$$= 11.2L$$

• 수소 1g의 압력
$$P_{H_2} = \frac{0.5mol \times 0.082L \cdot atm/K \cdot mol \times (0+273.15)K}{11.2L}$$
$$= 1atm$$

• 산소 32g의 압력
$$P_{O_2} = \frac{1mol \times 0.082L \cdot atm/K \cdot mol \times (0+273.15)K}{11.2L}$$
$$= 2atm$$

그러므로 각각의 분압을 더하면,
$$P_{H_2} + P_{O_2} = 1atm + 2atm = 3atm$$

16 축중합반응에 의하여 나일론-66을 제조할 때 사용되는 주원료는?

① 아디프산과 헥사메틸렌다이아민

② 이소프렌과 아세트산

③ 염화바이닐과 폴리에틸렌

④ 멜라민과 클로로벤젠

17 0.001N-HCl의 pH는?

① 2　　　　　　② 3

③ 4　　　　　　④ 5

해설
$$pH = -\log[H^+]$$
$$= -\log[1 \times 10^{-3}]$$
$$= 3 - \log 1$$
$$= 3$$

18 ns^2np^5의 전자구조를 가지지 않는 것은?

① F(원자번호 9)

② Cl(원자번호 17)

③ Se(원자번호 34)

④ I(원자번호 53)

해설

족	전자배치
1A	ns^1
2A	ns^2
3A	ns^2np^1
4A	ns^2np^2
5A	ns^2np^3
6A	ns^2np^4
7A	ns^2np^5
0A	ns^2np^6

원소 기호	원자 번호	족	전자배열
Se (셀레늄)	34	6A	$s^22s^22p^63s^23p^64s^23d^{10}4p^4$

19 다음 화학반응에서 밑줄 친 원소가 산화된 것은?

① $H_2 + \underline{Cl_2} \rightarrow 2HCl$

② $2\underline{Zn} + O_2 \rightarrow 2ZnO$

③ $2KBr + \underline{Cl_2} \rightarrow 2KCl + Br_2$

④ $2\underline{Ag}^+ + Cu \rightarrow 2Ag + Cu^{++}$

해설 보기 ②에서 Zn은 산화수＝0, ZnO에서 Zn의 산화수는 ＋2에 해당하므로 산화수는 0에서 ＋2로 증가해서 Zn은 산화된 것에 해당한다.

20 표준상태를 기준으로 수소 2.24L가 염소와 완전히 반응했다면 생성된 염화수소의 부피는 몇 L인가?

① 2.24   ② 4.48

③ 22.4   ④ 44.8

해설 기체반응의 법칙(Gay Lussac's law) : 화학반응이 기체 사이에서 일어날 때 같은 온도와 같은 압력에서 반응하는 기체와 생성되는 기체의 부피 사이에는 간단한 정수비가 성립한다는 법칙

$H_2 + Cl_2 \rightarrow 2HCl$

   1 : 1 : 2

2.24L : 2.24L : 2×2.24L

∴ HCl 부피는 4.48L이다.

제13회 과년도 출제문제

01 모두 염기성 산화물로만 나타낸 것은?

① CaO, Na₂O
② K₂O, SO₂
③ CO₂, SO₃
④ Al₂O₃, P₂O₅

해설 염기성 산화물 : 물과 반응하여 염기가 되거나 또는 산과 반응하여 염과 물을 만드는 산화물로서 보통 금속의 산화물은 염기성 산화물에 해당된다.

02 다음 이원자 분자 중 결합에너지 값이 가장 큰 것은?

① H₂
② N₂
③ O₂
④ F₂

해설 결합에너지란 분자 내의 화학적 결합을 깨뜨리는 데 요구되는 에너지를 의미한다. 결합에너지의 크기는 단일결합 < 이중결합 < 삼중결합 순이다. 보기에서 수소와 플루오린은 단일결합, 산소는 이중결합, 질소는 삼중결합에 해당하므로 질소의 결합에너지 값이 가장 크다.

03 액체 공기에서 질소 등을 분리하여 산소를 얻는 방법은 다음 중 어떤 성질을 이용한 것인가?

① 용해도
② 비등점
③ 색상
④ 압축률

해설 끓는점의 차이에 따라 공기 중에서 질소와 산소 등을 분리할 수 있다.

04 CH₄ 16g 중에는 C가 몇 mol 포함되었는가?

① 1
② 4
③ 16
④ 22.4

해설
$$\frac{16g-CH_4}{} \left| \frac{1mol-CH_4}{16g-CH_4} \right| \frac{1mol-C}{1mol-CH_4} = 1mol-C$$

05 KMnO₄에서 Mn의 산화수는 얼마인가?

① +3
② +5
③ +7
④ +9

해설 $(+1)+Mn+(-2)\times 4=0$에서 $Mn=+7$

06 황산구리 결정 CuSO₄·5H₂O 25g을 100g의 물에 녹였을 때 몇 wt% 농도의 황산구리(CuSO₄) 수용액이 되는가? (단, CuSO₄ 분자량은 160이다.)

① 1.28%
② 1.60%
③ 12.8%
④ 16.0%

해설
결정수가 있을 때
%농도, 용해도 → 결정수를 포함시키지 않는다.
M농도, N농도 → 결정수를 포함시킨다.
용액은 125g이며, CuSO₄·5H₂O 25g 속의 CuSO₄만의 양은 다음과 같다.
$$25 \times \frac{CuSO_4}{CuSO_4 \cdot 5H_2O} = 25 \times \frac{160}{250} = 16g$$
$$\% = \frac{16}{125} \times 100 = 12.8\%$$
∴ 12.8% CuSO₄ 용액

07 pH가 2인 용액은 pH가 4인 용액과 비교하면 수소이온 농도가 몇 배인 용액이 되는가?

① 100배
② 2배
③ 10⁻¹배
④ 10⁻²배

해설 pH $2 = 10^{-2}$, pH $4 = 10^{-4}$

∴ 100배

08 일정한 온도하에서 물질 A와 B가 반응을 할 때 A의 농도만 2배로 하면 반응속도가 2배가 되고, B의 농도만 2배로 하면 반응속도가 4배로 된다. 이 반응의 속도식은? (단, 반응속도 상수는 k이다.)

① $v = k[A][B]^2$ ② $v = k[A]^2[B]$

③ $v = k[A][B]^{0.5}$ ④ $v = k[A][B]$

09 $CH_3COOH \rightarrow CH_3COO^- + H^+$의 반응식에서 전리평형상수 K는 다음과 같다. K값을 변화시키기 위한 조건으로 옳은 것은?

$$K = \frac{[CH_3COO^-][H^+]}{[CH_3COOH]}$$

① 온도를 변화시킨다.
② 압력을 변화시킨다.
③ 농도를 변화시킨다.
④ 촉매 양을 변화시킨다.

해설 화학반응에 의한 평형상수가 아니라 전리평형상수이므로 온도변화에 의해서만 평형상수값이 달라진다. 촉매는 정반응 속도를 빠르게 하나 평형을 이동시키지 않고, 압력은 기체의 반응에는 기여하나 해리반응에는 무관하며, 농도를 변화시켜도 일정온도하에서의 해리속도는 동일하다.

10 다음 화합물 수용액 농도가 모두 0.5M일 때 끓는점이 가장 높은 것은?

① $C_6H_{12}O_6$(포도당)
② $C_{12}H_{22}O_{11}$(설탕)
③ $CaCl_2$(염화칼슘)
④ $NaCl$(염화나트륨)

해설 전해질 용액은 동일 농도의 비전해질 용액보다 끓는점이 높으므로 포도당과 설탕은 상대적으로 끓는점이 낮고, 전해질 용액인 염화칼슘과 염화나트륨 중에서는 이온의 수가 많은 것이 끓는점이 높으므로 염화칼슘은 3개의 이온, 염화나트륨은 2개의 이온으로 해리되므로 염화칼슘의 끓는점이 가장 높다.

11 C–C–C–C를 뷰테인이라고 한다면 C=C–C–C의 명명은? (단, C와 결합된 원소는 H이다.)

① 1–부텐 ② 2–부텐
③ 1, 2–부텐 ④ 3, 4–부텐

해설 첫 번째 탄소에서 이중결합이 시작되었으므로 1–부텐이다.

12 포화 탄화수소에 해당하는 것은?

① 톨루엔 ② 에틸렌
③ 프로페인 ④ 아세틸렌

해설 포화 탄화수소$=C_nH_{2n+2}$의 일반식을 만족시킨다. 프로페인의 경우 $n=3$일 때 C_3H_8에 해당한다.

13 염화철(Ⅲ)($FeCl_3$) 수용액과 반응하여 정색반응을 일으키지 않는 것은?

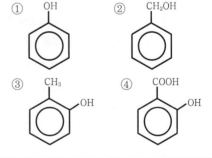

해설 페놀(phenol, 석탄산, C_6H_5OH) : 벤젠핵에 붙어 있는 수산기(–OH)를 페놀성 수산기라 하며, 페놀의 수용액에 $FeCl_3$ 용액 한 방울을 가하면 보라색으로 되어 정색반응을 한다. 따라서 수산기가 없는 ②는 정색반응을 일으키지 않는다.

14 비누화 값이 작은 지방에 대한 설명으로 옳은 것은?

① 분자량이 작으며, 저급 지방산의 에스테르이다.

② 분자량이 작으며, 고급 지방산의 에스테르이다.

③ 분자량이 크며, 저급 지방산의 에스테르이다.

④ 분자량이 크며, 고급 지방산의 에스테르이다.

해설 비누화 값은 지방 1g을 비누화시키는 수산화나트륨의 양(mg)을 의미하므로 이 값은 지방에 들어 있는 알킬기가 길수록 작아지므로 분자량이 크고 고급 지방산을 의미하는 것이다.

15 p오비탈에 대한 설명 중 옳은 것은?

① 원자핵에서 가장 가까운 오비탈이다.

② s오비탈보다는 약간 높은 모든 에너지 준위에서 발견된다.

③ X, Y의 2방향을 축으로 한 원형 오비탈이다.

④ 오비탈의 수는 3개, 들어갈 수 있는 최대 전자수는 6개이다.

16 기체 A 5g은 27℃, 380mmHg에서 부피가 6,000mL이다. 이 기체의 분자량(g/mol)은 약 얼마인가? (단, 이상기체로 가정한다.)

① 24   ② 41

③ 64   ④ 123

해설

$$M = \frac{wRT}{PV}$$

$$= \frac{5g \cdot (0.082 \text{atm} \cdot \text{L/K} \cdot \text{mol}) \cdot (27+273.15)\text{K}}{\left(\frac{380}{760}\right)\text{atm} \cdot 6\text{L}}$$

$$= 41.43 \text{g/mol}$$

17 다음 중 완충용액에 해당하는 것은?

① CH_3COONa와 CH_3COOH

② NH_4Cl와 HCl

③ CH_3COONa와 $NaOH$

④ $HCOONa$와 Na_2SO_4

해설 약산에 그 약산의 염을 혼합한 수용액에 소량의 산이나 염기를 가해도 pH는 그다지 변화하지 않는다. 이런 용액을 완충용액이라 한다.

18 다음 분자 중 가장 무거운 분자의 질량은 가장 가벼운 분자의 몇 배인가? (단, Cl의 원자량은 35.5이다.)

$$H_2, \ Cl_2, \ CH_4, \ CO_2$$

① 4배   ② 22배

③ 30.5배   ④ 35.5배

해설
- $H_2 = 1 \times 2 = 2$
- $Cl_2 = 35.5 \times 2 = 71$
- $CH_4 = 12 + 1 \times 4 = 16$
- $CO_2 = 12 + 16 \times 2 = 44$이므로 $\frac{71}{2} = 35.5$

19 다음 물질의 수용액을 같은 전기량으로 전기분해해서 금속을 석출한다고 가정할 때 석출되는 금속의 질량이 가장 많은 것은? (단, 괄호 안의 값은 석출되는 금속의 원자량이다.)

① $CuSO_4(Cu=64)$

② $NiSO_4(Ni=59)$

③ $AgNO_3(Ag=108)$

④ $Pb(NO_3)_2(Pb=207)$

해설 농도, 온도, 물질의 종류와 관계없이 1패럿의 전기량으로 1g당량 원소가 석출되므로 1g당량은 $\frac{원자량}{원자가}$ 이므로

① Cu는 원자가가 2가이므로 $\dfrac{64}{2}=32$

② Ni은 2가이므로 $\dfrac{59}{2}=29.5$

③ Ag의 경우 1가이므로 $\dfrac{108}{1}=108$

④ Pb은 2가이므로 $\dfrac{207}{2}=103.5$

20 25℃에서 Cd(OH)$_2$ 염의 몰용해도는 1.7×10^{-5}mol/L 이다. Cd(OH)$_2$ 염의 용해도곱 상수, K_{sp}를 구하면 약 얼마인가?

① 2.0×10^{-14}　　② 2.2×10^{-12}

③ 2.4×10^{-10}　　④ 2.6×10^{-8}

해설

$Cd(OH)_2 \rightarrow Cd^{2+} + 2OH^-$

용해도곱 상수 $K_{sp}=[Cd^{2+}][OH^-]_2$인데

Cd(OH)$_2$ 염의 몰용해도를 S라 하면

$[Cd^{2+}]=S$, $[OH^-]=2S$

$\therefore K_{sp}=4S^3$

$\qquad =4 \times (1.7 \times 10^{-5})^3$

$\qquad =1.97 \times 10^{-14}$

$\qquad \fallingdotseq 2.0 \times 10^{-14}$

제 **14**회 과년도 출제문제

01 산성 산화물에 해당하는 것은?

① CaO　　② Na_2O

③ CO_2　　④ MgO

해설
산성 산화물(무수산) : 물과 반응하여 산이 되거나 또는 염기와 반응하여 염과 물을 만드는 비금속 산화물을 산성 산화물이라 한다.

02 다음 화합물의 0.1mol 수용액 중에서 가장 약한 산성을 나타내는 것은?

① H_2SO_4

② HCl

③ CH_3COOH

④ HNO_3

해설
$HCl > H_2SO_4 > HNO_3 > CH_3COOH$

03 다음 반응식에서 브뢴스테드의 산·염기 개념으로 볼 때 산에 해당하는 것은?

$$H_2O + NH_3 \rightleftarrows OH^- + NH_4^+$$

① NH_3와 NH_4^+

② NH_3와 OH^-

③ H_2O와 OH^-

④ H_2O와 NH_4^+

해설
브뢴스테드-로우리(Bronsted-Lowry)의 산과 염기
• 산 : H^+를 내놓는 물질
• 염기 : H^+를 받아들이는 물질
• 짝산과 짝염기 : H^+의 이동에 의하여 산과 염기로 되는 한 쌍의 물질
그러므로 주어진 반응식에서 H_2O와 NH_4^+는 H^+를 내놓아서 산이 된다.

04 같은 몰 농도에서 비전해질 용액은 전해질 용액보다 비등점 상승도의 변화추이가 어떠한가?

① 크다.

② 작다.

③ 같다.

④ 전해질 여부와 무관하다.

해설
1분자가 2개의 이온으로 전리하는 전해질 용액의 전리도를 α라 하면, 전해질 1mol은 비전해질의 $(1+\alpha)$mol에 해당한다. 따라서, 전해질 용액은 같은 몰수의 비전해질 용액보다 $(1+\alpha)$배 끓는점이 높고 어는점이 낮다.

05 다음 화학반응식 중 실제로 반응이 오른쪽으로 진행되는 것은?

① $2KI + F_2 \longrightarrow 2KF + I_2$

② $2KBr + I_2 \longrightarrow 2KI + Br_2$

③ $2KF + Br_2 \longrightarrow 2KBr + F_2$

④ $2KCl + Br_2 \longrightarrow 2KBr + Cl_2$

해설
이온화에너지의 크기는 할로젠족 원소의 경우 $F > Cl > Br > I$ 순이다. ①항은 정반응으로 진행되지만 나머지는 모두 역반응으로 진행된다.

06 다음 중 나일론(Nylon 6, 6)에는 어느 결합이 들어 있는가?

① $-S-S-$　　② $-O-$

③ $\begin{matrix} O \\ \parallel \\ -C-O- \end{matrix}$　　④ $\begin{matrix} O \quad H \\ \parallel \quad \mid \\ -C-N- \end{matrix}$

해설
나일론 6, 6은 헥사메틸렌다이아민과 아디프산을 축중합하여 만든 것으로서 펩티드 결합(두 아미노산 분자 사이에서 한 쪽의 아미노기와 다른 쪽의 카르복시기가 물분자를 잃고 이루어진 결합)으로 되어 있다.

07 0.1N $KMnO_4$ 용액 500mL를 만들려면 $KMnO_4$ 몇 g이 필요한가? (단, 원자량은 K : 39, Mn : 55, O : 16이다.)

① 15.8g ② 7.9g
③ 1.58g ④ 0.89g

해설 노르말 농도(N) : 용액 1L(1,000mL) 속에 녹아 있는 용질의 g당량수를 나타낸 농도

$$N농도 = \frac{용질의\ 당량수}{용액\ 1L} = \frac{\dfrac{g}{D}}{\dfrac{V}{1,000}}$$

$$0.1 = \frac{\dfrac{g}{158}}{\dfrac{500}{1,000}}$$

$$\therefore\ g = 7.9g$$

08 황산구리 수용액을 Pt 전극을 써서 전기분해하여 음극에서 63.5g의 구리를 얻고자 한다. 10A의 전류를 약 몇 시간 흐르게 하여야 하는가? (단, 구리의 원자량은 63.5이다.)

① 2.36 ② 5.36
③ 8.16 ④ 9.16

해설 전기량 1F에 의해 석출되는 Cu의 양은 $\dfrac{63.5}{2} = 31.75g$ 이다.

따라서, $96,500 : 31.75 = x : 63.54$에서
$x = 193,000C$이다.
그러므로 $q = it$에서
$$t = \frac{q}{i} = \frac{193,000C}{10A} = 19,300s$$

$$\frac{19,300s}{} \left| \frac{1hr}{3,600s} \right. = 5.36hr$$

09 물 2.5L 중에 어떤 불순물이 10mg 함유되어 있다면 약 몇 ppm으로 나타낼 수 있는가?

① 0.4 ② 1
③ 4 ④ 40

해설
$$ppm = \frac{\dfrac{10}{1,000}}{\dfrac{2,500}{1,000,000}} = 4$$

10 표준상태에서 기체 A 1L의 무게는 1.964g이다. A의 분자량은?

① 44
② 16
③ 4
④ 2

해설
$$PV = nRT, \quad n = \frac{w}{M}, \quad PV = \frac{w}{M}RT$$
$$M = \frac{wRT}{PV}$$
$$= \frac{1.964 \times 0.082 \times (0 + 273.15)}{1 \times 1} = 43.99 \fallingdotseq 44$$

11 C_3H_8 22.0g을 완전연소시켰을 때 필요한 공기의 부피는 약 얼마인가? (단, 0℃, 1기압 기준이며, 공기 중의 산소량은 21%이다.)

① 56L ② 112L
③ 224L ④ 267L

해설 $C_3H_8 + 5O_2 \rightarrow 3CO_2 + 4H_2O$

$$\frac{22g\ C_3H_8}{} \left| \frac{1mol\ C_3H_8}{44g\ C_3H_8} \right| \frac{5mol\ O_2}{1mol\ C_3H_8} \left| \frac{100mol\ Air}{21mol\ O_2} \right| \frac{22.4L\ Air}{1mol\ Air}$$
$$= 266.67L - Air$$

12 화약제조에 사용되는 물질인 질산칼륨에서 N의 산화수는 얼마인가?

① +1 ② +3
③ +5 ④ +7

해설 KNO_3에서 $(+1) + x + (-2) \times 3 = 0$
$\therefore\ x = +5$

13 이온결합 물질의 일반적인 성질에 관한 설명 중 틀린 것은?

① 녹는점이 비교적 높다.
② 단단하며 부스러지기 쉽다.
③ 고체와 액체상태에서 모두 도체이다.
④ 물과 같은 극성용매에 용해되기 쉽다.

해설 이온결합성 물질일 때 고체인 경우 부도체에 해당한다.

14 전형 원소 내에서 원소의 화학적 성질이 비슷한 것은?

① 원소의 족이 같은 경우
② 원소의 주기가 같은 경우
③ 원자번호가 비슷한 경우
④ 원자의 전자수가 같은 경우

해설 족이 같을 경우 화학적 성질이 비슷하다.

15 다음 중 볼타전지에 관한 설명으로 틀린 것은 어느 것인가?

① 이온화 경향이 큰 쪽의 물질이 (−)극이다.
② (+)극에서는 방전 시 산화반응이 일어난다.
③ 전자는 도선을 따라 (−)극에서 (+)극으로 이동한다.
④ 전류의 방향은 전자의 이동 방향과 반대이다.

해설 산화반응이 일어나는 (−)극은 왼쪽에, 환원반응이 일어나는 (+)극은 오른쪽에 표시하며, 고체 전극과 수용액이 서로 상태가 다르다는 것을 단일 수직선(|)으로 나타낸다.

16 탄소와 모래를 전기로에 넣어서 가열하면 연마제로 쓰이는 물질이 생성된다. 이에 해당하는 것은 어느 것인가?

① 카보런덤
② 카바이드
③ 카본블랙
④ 규소

17 어떤 금속 1.0g을 묽은황산에 넣었더니 표준상태에서 560mL의 수소가 발생하였다. 이 금속의 원자가는 얼마인가? (단, 금속의 원자량은 40으로 가정한다.)

① 1가
② 2가
③ 3가
④ 4가

해설 $M + H_2SO_4 \rightarrow MSO_4 + H_2$
M의 원자량이 40이라면 주기율표상 2족에서 Ca을 예측할 수 있다. Ca은 +2가 지향적인 원소이다.

18 다음 중 불꽃반응 시 보라색을 나타내는 금속은 어느 것인가?

① Li
② K
③ Na
④ Ba

해설 금속원소의 불꽃반응색

Li	K	Na	Ba	Rb	Cs
빨강	보라	노랑	황록	빨강	청자

19 다음 화학식의 IUPAC 명명법에 따른 올바른 명명법은?

$$CH_3 - CH_2 - CH - CH_2 - CH_3$$
$$| $$
$$CH_3$$

① 3−메틸펜테인
② 2, 3, 5−트라이메틸 헥세인
③ 이소뷰테인
④ 1, 4−헥세인

20 주기율표에서 원소를 차례대로 나열할 때 기준이 되는 것은?

① 원자의 부피
② 원자핵의 양성자수
③ 원자가 전자수
④ 원자 반지름의 크기

해설   원자번호＝양성자수＝전자수

01 밑줄 친 원자의 산화수가 +5인 것은?

① H₃PO₄ → $H_3\underline{P}O_4$
② KMnO₄ → $K\underline{Mn}O_4$
③ K₂Cr₂O₇ → $K_2\underline{Cr}_2O_7$
④ K₃[Fe(CN)₆] → $K_3[\underline{Fe}(CN)_6]$

해설

① H_3PO_4
$(+1 \times 3) + x + (-2 \times 4) = 0, \ 3 + x - 8 = 0$
$\therefore \ x = +5$

② $KMnO_4$
$+1 + x + (-2 \times 4) = 0, \ +1 + x - 8 = 0$
$\therefore \ x = +7$

③ $K_2Cr_2O_7$
$(+1 \times 2) + 2x + (-2 \times 7) = 0,$
$2 + 2x - 14 = 0, \ 2x = +12$
$\therefore \ x = +6$

④ $K_3[\underline{Fe}(CH)_6]$
$+1 \times 3 + [x + (-1 \times 6)] = 0, \ +3 + x - 6 = 0$
$\therefore \ x = +3$

02 탄소와 수소로 되어 있는 유기화합물을 연소시켜 CO_2 44g, H_2O 27g을 얻었다. 이 유기화합물의 탄소와 수소 몰비율(C : H)은 얼마인가?

① 1 : 3
② 1 : 4
③ 3 : 1
④ 4 : 1

해설

$$\frac{44g-CO_2}{} \left| \frac{1mol-CO_2}{44g-CO_2} \right| \frac{1mol-C}{1mol-CO_2} = 1mol-C$$

$$\frac{27g-H_2O}{} \left| \frac{1mol-H_2O}{18g-H_2O} \right| \frac{2mol-H}{1mol-H_2O} = 3mol-H$$

그러므로 C : H = 1 : 3이다.

03 미지농도의 염산용액 100mL를 중화하는 데 0.2N NaOH 용액 250mL가 소모되었다. 이 염산의 농도는 몇 N인가?

① 0.05
② 0.2
③ 0.25
④ 0.5

해설

$NV = N'V'$
$0.2 \times 0.25 = N' \times 0.1$
$\therefore \ N' = 0.5$

04 탄소수가 5개인 포화 탄화수소 펜테인의 구조 이성질체 수는 몇 개인가?

① 2개
② 3개
③ 4개
④ 5개

해설

펜테인(pentane ; C_5H_{12})의 이성질체

펜테인 (n-pentane)	
iso - 펜테인 (2-methyl -butanne)	
neo - 펜테인 (2.2dimehyl -propane)	

이성질체(異性質體) : 분자식은 같지만 서로 다른 물리·화학적 성질을 갖는 분자들을 이르는 말이다. 이성질체인 분자들은 원소의 종류와 개수는 같으나 구성 원자단이나 구조가 완전히 다르거나, 구조가 같더라도 상대적인 배열이 달라서 다른 성질을 갖게 된다.

• 구조 이성질체 : 원자의 연결순서가 다른 이성질 현상
• 입체 이성질체 : 결합의 순서와는 관계없이 결합의 기하적 위치에 의하여 차이를 보이는 이성질체
• 광학 이성질체 : 카이랄성 분자가 갖는 이성질체이며 거울상 이성질체라고도 한다.

※ 카이랄성[= 키랄성(Chirality)] : 수학, 화학, 물리학, 생물학 등 다양한 과학분야에서 비대칭성을 가리키는 용어이다.

05

25℃의 포화용액 90g 속에 어떤 물질이 30g 녹아 있다. 이 온도에서 이 물질의 용해도는?

① 30
② 33
③ 50
④ 63

해설 용해도 : 용매 100g 속에 녹아 들어갈 수 있는 용질의 최대 g수(25℃)

포화용액(90g) ┌ 용매(90g−30g=60g)
　　　　　　　 └ 용질(30g)

$60 : 30 = 100 : x$

$x = 50$

∴ 용해도=50

06

다음 물질 중 산성이 가장 센 물질은?

① 아세트산
② 벤젠술폰산
③ 페놀
④ 벤조산

해설 ① 아세트산(CH_3COOH)
② 벤젠술폰산($C_6H_5SO_3H$)
③ 페놀(C_6H_5OH)
④ 벤조산(C_6H_5COOH)

산의 세기를 정하는 요인으로는 알킬기가 많이 치환된 물질일수록 산성이 떨어지며, 공명구조를 가지는 물질일수록 (쉽게 양성자가 떨어져서 안정화되고자 함) 산성이 크며, 벤젠고리에 결합된 산소의 수가 많을수록 전자(비공유전자쌍)의 치우침이 심해져 산의 세기가 강해진다. 따라서 ②번이 답이다.

07

다음 중 침전을 형성하는 조건은?

① 이온곱 > 용해도곱
② 이온곱 = 용해도곱
③ 이온곱 < 용해도곱
④ 이온곱 + 용해도곱 = 1

해설 포화용액은 이온곱, 즉 알맞게 제곱승한 이온농도들의 곱이 엄밀하게 K_{SP}와 같을 때만 존재할 수 있다. 이온곱이 K_{SP}보다 작을 때는 이것과 같아질 때까지 더 많은 염이 녹아서 이온농도를 증가시키므로 불포화용액이다.

반면에 이온곱이 K_{SP}보다 클 때는 이온농도를 낮추려고 염의 일부가 침전되며 과포화용액이라 한다.

08

어떤 기체가 탄소원자 1개당 2개의 수소원자를 함유하고 0℃, 1기압에서 밀도가 1.25g/L일 때 이 기체에 해당하는 것은?

① CH_2
② C_2H_4
③ C_3H_6
④ C_4H_8

해설 증기밀도 = $\dfrac{\text{기체의 분자량}}{22.4L}$이므로 각각에 대한 증기밀도를 구하면 다음과 같다.

① $\dfrac{14g}{22.4L} = 0.625g/L$

② $\dfrac{28g}{22.4L} = 1.25g/L$

③ $\dfrac{42g}{22.4L} = 1.875g/L$

④ $\dfrac{56g}{22.4L} = 2.5g/L$

09

집기병 속에 물에 적신 빨간 꽃잎을 넣고 어떤 기체를 채웠더니 얼마 후 꽃잎이 탈색되었다. 이와 같이 색을 탈색(표백)시키는 성질을 가진 기체는?

① He
② CO_2
③ N_2
④ Cl_2

해설 염소기체는 소독, 표백작용을 한다.

10

방사선에서 γ선과 비교한 α선에 대한 설명 중 틀린 것은?

① γ선보다 투과력이 강하다.
② γ선보다 형광작용이 강하다.
③ γ선보다 감광작용이 강하다.
④ γ선보다 전리작용이 강하다.

해설 투과작용은 $\alpha < \beta < \gamma$이다.

11 탄산음료수의 병마개를 열면 거품이 솟아오르는 이유를 가장 올바르게 설명한 것은 어느 것인가?

① 수증기가 생성되기 때문이다.
② 이산화탄소가 분해되기 때문이다.
③ 용기 내부압력이 줄어들어 기체의 용해도가 감소하기 때문이다.
④ 온도가 내려가게 되어 기체가 생성물의 반응이 진행되기 때문이다.

해설 헨리의 법칙은 용해도가 작은 기체이거나 무극성 분자일 때 잘 적용된다. 차가운 탄산음료수의 병마개를 뽑으면 거품이 솟아오르는데, 이는 탄산음료수에 탄산가스가 압축되어 있다가 병마개를 뽑으면 압축된 탄산가스가 분출되어 용기 내부압력이 내려가면서 용해도가 줄어들기 때문이다.
예 H_2, O_2, N_2, CO_2 등 무극성 분자

12 어떤 주어진 양의 기체의 부피가 21℃, 1.4atm에서 250mL이다. 온도가 49℃로 상승되었을 때의 부피가 300mL라고 하면 이때의 압력은 약 얼마인가?

① 1.35atm ② 1.28atm
③ 1.21atm ④ 1.16atm

해설
$$\frac{P_1 V_1}{T_1} = \frac{P_2 V_2}{T_2}$$
여기서, $P_1 = 1.4\text{atm}$
$P_2 = ?$
$V_1 = 0.25\text{L}$
$V_2 = 0.3\text{L}$
$T_1 = (21 + 273.15)\text{K}$
$T_2 = (49 + 273.15)\text{K}$
$$\frac{1.4\text{atm} \cdot 0.25\text{L}}{(21 + 273.15)\text{K}} = \frac{P_2 \cdot 0.3\text{L}}{(49 + 273.15)\text{K}}$$
$$\therefore P_2 = \frac{1.4\text{atm} \cdot 0.25\text{L} \cdot (49 + 273.15)\text{K}}{0.3\text{L} \cdot (21 + 273.15)\text{K}}$$
$$\fallingdotseq 1.28\text{atm}$$

13 다음과 같은 순서로 커지는 성질이 아닌 것은?

$$F_2 < Cl_2 < Br_2 < I_2$$

① 구성원자의 전기음성도
② 녹는점
③ 끓는점
④ 구성원자의 반지름

해설 전기음성도 : F > Cl > Br > I

14 다음 금속의 특징에 대한 설명 중 틀린 것은 어느 것인가?

① 고체 금속은 연성과 전성이 있다.
② 고체상태에서 결정구조를 형성한다.
③ 반도체, 절연체에 비하여 전기전도도가 크다.
④ 상온에서 모두 고체이다.

해설 수은은 상온에서 유일하게 액체인 금속에 해당한다.

15 다음 중 산소와 같은 족의 원소가 아닌 것은 어느 것인가?

① S ② Se
③ Te ④ Bi

해설 산소족 : O, S, Se, Te, Po
Bi는 5족(질소족)에 해당한다.

16 공기 중에 포함되어 있는 질소와 산소의 부피비는 0.79 : 0.21이므로 질소와 산소의 분자수의 비도 0.79 : 0.21이다. 이와 관계있는 법칙은?

① 아보가드로의 법칙
② 일정성분비의 법칙
③ 배수비례의 법칙
④ 질량보존의 법칙

해설 아보가드로의 법칙 : 모든 기체는 같은 온도, 같은 압력, 같은 부피 속에서는 같은 수의 분자가 존재한다.

17 다음 중 두 물질을 섞었을 때 용해성이 가장 낮은 것은?

① C_6H_6과 H_2O
② $NaCl$과 H_2O
③ C_2H_5OH과 H_2O
④ C_2H_5OH과 CH_3OH

해설 벤젠(C_6H_6)은 비수용성으로 물에 녹지 않는다.

18 다음 물질 1g을 각각 1kg의 물에 녹였을 때 빙점 강하가 가장 큰 것은?

① CH_3OH ② C_2H_5OH
③ $C_3H_5(OH)_3$ ④ $C_6H_{12}O_6$

해설 어는점 내림(ΔT_f)은 용액의 몰랄농도(m)에 비례한다. 본 문제에서는 <u>분자량이 작은 물질이 빙점 강하가 가장 크다.</u>

$\Delta T_f = k_f m$

(k_f : 몰랄 내림상수, 물의 $k_f = 0.52$이다.)

① $\Delta T_f = m \cdot k_f = \dfrac{1g/32}{1kg} \times 0.52 = 0.01625\,℃$

② $\Delta T_f = m \cdot k_f = \dfrac{1g/46}{1kg} \times 0.52 = 0.0113\,℃$

③ $\Delta T_f = m \cdot k_f = \dfrac{1g/92}{1kg} \times 0.52 = 0.00565\,℃$

④ $\Delta T_f = m \cdot k_f = \dfrac{1g/180}{1kg} \times 0.52 = 0.00288\,℃$

19 $[OH^-]=1 \times 10^{-5}$mol/L인 용액의 pH와 액성으로 옳은 것은?

① pH=5, 산성
② pH=5, 알칼리성
③ pH=9, 산성
④ pH=9, 알칼리성

해설 $pOH = -\log(1 \times 10^{-5}) = 5$
그러므로 pH=14-pOH=14-5=9이므로 액성은 알칼리성이다.

20 원자번호 11이고, 중성자수가 12인 나트륨의 질량수는?

① 11   ② 12
③ 23   ④ 24

제16회 과년도 출제문제

01 1기압에서 2L의 부피를 차지하는 어떤 이상기체를 온도의 변화없이 압력을 4기압으로 하면 부피는 얼마가 되겠는가?

① 8L
② 2L
③ 1L
④ 0.5L

해설 보일(Boyle)의 법칙 : 등온의 조건에서 기체의 부피는 압력에 반비례한다.

$P_1 V_1 = P_2 V_2$

1atm · 2L = 4atm · V_2

$V_2 = \dfrac{1\text{atm} \cdot 2\text{L}}{4\text{atm}} = 0.5\text{L}$

02 반투막을 이용해서 콜로이드 입자를 전해질이나 작은 분자로부터 분리·정제하는 것을 무엇이라 하는가?

① 틴들현상
② 브라운 운동
③ 투석
④ 전기영동

해설
① 틴들(tyndall)현상 : 콜로이드 용액에 강한 빛을 통하면 콜로이드 입자가 빛을 산란하기 때문에 빛의 통로가 보이는 현상을 말한다.
　예 · 어두운 곳에서 손전등으로 빛을 비추면 먼지가 보인다.
　　· 흐린 밤 중에는 자동차 불빛의 진로가 보인다.
② 브라운 운동(Brownian motion) : 콜로이드 입자들이 불규칙하게 움직이는 것
③ 투석(dialysis) : 콜로이드 입자는 거름종이를 통과하나 반투막(셀로판지, 황산지, 원형질막)은 통과하지 못하므로 반투막을 이용하여 보통 분자나 이온과 콜로이드를 분리·정제하는 것(콜로이드 정제에 이용)
④ 전기영동(electrophoresis) : 전기를 통하면 콜로이드 입자가 어느 한쪽 극으로 이동한다.
　예 집진기를 통해 매연 제거

03 불순물로 식염을 포함하고 있는 NaOH 3.2g을 물에 녹여 100mL로 한 다음 그 중 50mL를 중화하는 데 1N의 염산이 20mL 필요했다. 이 NaOH의 농도(순도)는 약 몇 wt%인가?

① 10
② 20
③ 33
④ 50

해설
· 50mL 속에 있는 NaOH량
　$NV = N'V'$
　1N×0.02L = N'×0.05L
　NaOH의 N농도 = 0.4N
　$0.4\text{N} = \dfrac{\dfrac{x}{40\text{g}}}{\dfrac{50\text{mL}}{1,000\text{mg}}}$
　$x = 0.8\text{g}$
· 100mL 속에 있는 순수한 NaOH량
　2×0.8g = 1.6g
　∴ 중량비 = $\dfrac{1.6\text{g}}{3.2\text{g}} \times 100 = 50\text{wt}\%$

04 지시약으로 사용되는 페놀프탈레인 용액은 산성에서 어떤 색을 띠는가?

① 적색
② 청색
③ 무색
④ 황색

해설 페놀프탈레인 : 산과 염기를 구별하는 지시약으로 염기성에서 붉은색, 산성과 중성에서 무색을 나타낸다.

05 다음 중 배수비례의 법칙이 성립하는 화합물을 나열한 것은?

① CH_4, CCl_4
② SO_2, SO_3
③ H_2O, H_2S
④ NH_3, BH_3

해설

배수비례의 법칙 : 두 종류의 원소가 화합하여 여러 종류의 화합물을 구성할 때, 한 원소의 일정 질량과 결합하는 다른 원소의 질량비는 항상 간단한 정수비로 나타난다는 법칙이다.

[예] • 질소의 산화물 : NO, NO_2
    • 탄소의 산화물 : CO, CO_2
    • 유황의 산화물 : SO_2, SO_3

06 결합력이 큰 것부터 작은 순서로 나열한 것은 어느 것인가?

① 공유결합 > 수소결합 > 반 데르 발스 결합
② 수소결합 > 공유결합 > 반 데르 발스 결합
③ 반 데르 발스 결합 > 수소결합 > 공유결합
④ 수소결합 > 반 데르 발스 결합 > 공유결합

해설

결합력의 세기 : 공유결합 > 이온결합 > 금속결합 > 수소결합 > 반 데르 발스 결합

07 다음 중 CH_3COOH와 C_2H_5OH의 혼합물에 소량의 진한황산을 가하여 가열하였을 때 주로 생성되는 물질은?

① 아세트산에틸
② 메테인산에틸
③ 글리세롤
④ 다이에틸에터

08 다음 중 비극성 분자는 어느 것인가?

① HF
② H_2O
③ NH_3
④ CH_4

해설

극성 : 공유결합에서 전기음성도가 큰 쪽으로 전자가 치우쳐진 분자를 말한다.
• 극성 공유결합 : 불균등하게 전자들을 공유하는 원자들 사이의 결합

• 무(비)극성 공유결합 : 전기음성도가 같은 두 원자가 전자를 내어 놓고 그 전자쌍을 공유하여 이루어진 결합으로 전하의 분리가 일어나지 않는 결합

① H—F
② (H—O—H 구조)
③ H—N̈—H (with H below N)
④ (H—C—H with H above and below C)

09 구리를 석출하기 위해 $CuSO_4$ 용액에 0.5F의 전기량을 흘렸을 때 약 몇 g의 구리가 석출되겠는가? (단, 원자량은 Cu : 64, S : 32, O : 16이다.)

① 16
② 32
③ 64
④ 128

해설

$$CuSO_4 \rightarrow Cu^{2+} + SO_4^{2-}$$
$$Cu^{2+} + 2e^- \rightarrow Cu$$

Cu 1mol을 석출하는 데 2F의 전기량이 필요하다.
$2F : 64g = 0.5F : x$
$\therefore x = 16$

10 다음 물질 중 비점이 약 197℃인 무색 액체이고, 약간 단맛이 있으며 부동액의 원료로 사용하는 것은?

① CH_3CHCl_2
② CH_3COCH_3
③ $(CH_3)_2CO$
④ $C_2H_4(OH)_2$

해설

에틸렌글리콜에 대한 설명이다.

11 다음 중 양쪽성 산화물에 해당하는 것은?

① NO_2
② Al_2O_3
③ MgO
④ Na_2O

해설

양쪽성 산화물 : 양쪽성 원소의 산화물로서 산, 염기에 모두 반응하는 산화물
[예] ZnO, Al_2O_3, SnO, PbO 등

12 다음 중 아르곤(Ar)과 같은 전자수를 갖는 양이온과 음이온으로 이루어진 화합물은?

① NaCl   ② MgO

③ KF   ④ CaS

해설 아르곤은 원자번호 18번으로서 전자수 18개에 해당한다.
④ CaS의 경우 Ca은 원자번호 20번으로 전자 20개를 가지고 있으나, S이 −2가에 해당하므로 전체적으로 18개가 된다.

13 다음 중 방향족 화합물이 아닌 것은?

① 톨루엔   ② 아세톤

③ 크레졸   ④ 아닐린

해설
- 방향족 화합물(방향족 탄화수소) : 분자 속에 벤젠고리를 가진 유기화합물로서 벤젠의 유도체를 명칭한다.
  예 톨루엔, 크레졸, 아닐린
- 지방족 탄화수소 : 탄소원자와 수소원자만으로 구성되어 있는 화합물 중 탄소원자가 사슬모양으로 결합하고 있는 것
  예 아세톤

화학명	화학식	구조식
톨루엔	$C_6H_5CH_3$	
아세톤	CH_3COCH_3	
m −크레졸	$C_6H_4CH_3OH$	
아닐린	$C_6H_5NH_2$	

14 산소의 산화수가 가장 큰 것은?

① O_2 ② $KClO_4$

③ H_2SO_4 ④ H_2O_2

해설 산화수 : 원자가에 (+)나 (−)부호를 붙인 것으로 물질이 산화 또는 환원된 정도를 나타낸 수이다.
- 단체의 산화수는 "0"이다.
- 수소의 산화수는 "+1"이다.
- 산소의 산화수는 "+2"이다.
  (예외 : 과산화물의 산소의 산화수는 "−1"이다)
- 이온의 산화수는 그 이온의 전하와 같다.
- 화합물의 원자의 산화수 총합은 "0"이다.
① 0   ② −2   ③ −2   ④ −1

15 에탄올 20.0g과 물 40.0g을 함유한 용액에서 에탄올의 몰분율은 약 얼마인가?

① 0.090   ② 0.164

③ 0.444   ④ 0.896

해설
- 물 : $\frac{40}{18} = 2.222\,mol$
- 에탄올 : $\frac{20}{46} = 0.435\,mol$

∴ 에탄올 몰분율 $= \frac{0.435}{2.222 + 0.435} = 0.164$

16 다음 중 밑줄 친 원자의 산화수 값이 나머지 셋과 다른 하나는?

① $\underline{Cr}_2O_7{}^{2-}$ ② $H_3\underline{P}O_4$

③ $H\underline{N}O_3$ ④ $HCl\underline{O}_3$

해설
① $2x + (-2) \times 7 = -2$ ∴ $x = +6$
② $3 + x + (-2) \times 4 = 0$ ∴ $x = +5$
③ $1 + x + (-2) \times 3 = 0$ ∴ $x = +5$
④ $1 + x + (-2) \times 3 = 0$ ∴ $x = +5$

17 어떤 금속(M) 8g을 연소시키니 11.2g의 산화물이 얻어졌다. 이 금속의 원자량이 140이라면 이 산화물의 화학식은?

① M_2O_3 ② MO

③ MO_2 ④ M_2O_7

해설

금속	+	산소	→	금속 산화물
8g		3.2g		11.2g

$$\underline{8g} : \underline{3.2g} = \underline{x} : \underline{8g}$$

금속의 질량　산소의 질량　　금속의 당량　산소의 당량

$$3.2g \times x = 8 \times 8g$$

$$x = \frac{64g}{3.2g} = 20g$$

원자가 $= \dfrac{원자량}{당량} = \dfrac{140}{20} = 7$가

$$\therefore M^{+7} + O^{-2} \rightarrow M_2O_7$$

※ 금속 산화물 → 이온결합(금속＋비금속)

---

18 다음 중 전리도가 가장 커지는 경우는?

① 농도와 온도가 일정할 때
② 농도가 진하고, 온도가 높을수록
③ 농도가 묽고, 온도가 높을수록
④ 농도가 진하고, 온도가 낮을수록

해설
전리도는 농도가 묽을수록, 온도가 높을수록 커진다.
※ 전리도 : 전해질 용액 속에서 용질 중 이온으로 분리된
(해리) 것의 비율

---

19 Rn은 α선 및 β선을 2번씩 방출하고 다음과 같이 변했다. 마지막 Po의 원자번호는 얼마인가? (단, Rn의 원자번호는 86, 원자량은 222이다.)

$$Rn \xrightarrow{\alpha} Po \xrightarrow{\alpha} Pb \xrightarrow{\beta} Bi \xrightarrow{\beta} Po$$

① 78　　　　② 81
③ 84　　　　④ 87

해설
• α선 방출 : 원자번호 2 감소, 질량 4 감소
• β선 방출 : 원자번호 1 증가
α에서 원자번호가 4 감소하고, β에서 원자번호가
2 증가했으므로

$$\therefore 86 \xrightarrow{-2} 84 \xrightarrow{-2} 82 \xrightarrow{+1} 83 \xrightarrow{+1} 84$$

---

20 어떤 기체의 확산속도가 $SO_2(g)$의 2배이다. 이 기체의 분자량은 얼마인가? (단, 원자량은 S= 32, O=16이다.)

① 8　　　　② 16
③ 32　　　　④ 64

해설
그레이엄의 확산속도 법칙

$$\frac{U_A}{U_B} = \sqrt{\frac{M_B}{M_A}}$$

여기서, U_A, U_B : 기체의 확산속도
M_A, M_B : 분자량

$$\frac{2SO_2}{SO_2} = \sqrt{\frac{64g/mol}{M_A}}$$

$$M_A = \frac{64g/mol}{2^2} = 16g/mol$$

제 **17** 회 과년도 출제문제

01 A는 B이온과 반응하나 C이온과는 반응하지 않고, D는 C이온과 반응한다고 할 때 A, B, C, D의 환원력 세기를 큰 것부터 차례대로 나타낸 것은? (단, A, B, C, D는 모두 금속이다.)

① A>B>D>C   ② D>C>A>B
③ C>D>B>A   ④ B>A>C>D

해설 금속의 이온화 경향

K > Ca > Na > Mg > Al > Zn > Fe > Ni > Sn > Pb > (H) > Cu > Hg > Ag > Pt > Au

02 1패럿(Farad)의 전기량으로 물을 전기분해하였을 때 생성되는 기체 중 산소 기체는 0℃, 1기압에서 몇 L인가?

① 5.6   ② 11.2
③ 22.4   ④ 44.8

해설 물(H_2O)의 전기분해

• (−)극 : $2H_2O + 2e \rightarrow H_2 + 2OH^-$ (염기성)
• (+)극 : $2H_2O \rightarrow O_2 + 4H^+ + 4e$ (산성)

양극(+)에서 생성되는 산소 기체(O_2)는 4몰(mol)의 전자가 생성된다.

따라서 1F(패럿)의 전기량으로 물을 전기분해했을 때 생성되는 산소 기체(O_2)는 다음과 같다.

$$\frac{1F-전자(e^-)}{} \Big| \frac{1mol-O_2}{4F-전자(e^-)} \Big| \frac{22.4L-O_2}{1mol-O_2} = 5.6L-O_2$$

[참고] 패러데이의 법칙(Faraday's law)

전기분해를 하는 동안 전극에 흐르는 전하량(전류×시간)과 전기분해로 인해 생긴 화학변화의 양 사이의 정량적인 관계를 나타내는 법칙(전기분해될 때 생성 또는 소멸되는 물질의 양은 전하량에 비례한다.)

$$Q = I \times t$$

전하량   전류   시간
[C]   [A]   [s]

1A의 전기가 1초 동안 흘러갔을 때의 전하량 1C

※ ㉠ 전자 1개의 전하량 $= -1.6 \times 10^{-19}C$
㉡ 전자 1몰(mol)의 전하량
$= -1.6 \times 10^{-19}C \times 6.02 \times 10^{23}$개(아보가드로수)
$= 96,500C = 1F$

03 메테인에 직접 염소를 작용시켜 클로로폼을 만드는 반응을 무엇이라 하는가?

① 환원반응
② 부가반응
③ 치환반응
④ 탈수소반응

해설 알케인의 할로젠화 : 보통의 조건하에서 알케인은 할로젠에 의하여 할로젠화(halogenation)되지 않는다. 그러나 알케인 및 할로젠을 가열하거나 자외선(ultraviolet ray)을 비쳐주면 반응이 개시되고 알케인의 수소 1원자가 할로젠 1원자와 치환반응(substitution reaction)이 일어난다. 이때에 할로젠화 수소가 1분자 생성된다.

$$-\overset{|}{\underset{|}{C}}-H + X_2 \xrightarrow{\text{가열 또는}}_{\text{자외선}} -\overset{|}{\underset{|}{C}}-X + HX$$

알케인   할로젠   할로젠화수소

여기에서 X는 할로젠을 나타내며, 알케인이 할로젠 분자와 반응하는 속도는 $F_2 \gg Cl_2 > Br_2 > I_2$의 순이다.

04 다음 물질 중 감광성이 가장 큰 것은?

① HgO   ② CuO
③ $NaNO_3$ ④ AgCl

해설 염화은(AgCl)은 감광성을 가지므로 사진기술에 응용된다.

※ 감광성이란 필름이나 인화지 등에 칠한 감광제(感光劑)가 각 색에 대해 얼마만큼 반응하느냐 하는 감광역을 말한다.

05 다음 중 산성 산화물에 해당하는 것은?

① BaO ② CO_2

③ CaO ④ MgO

해설 산성 산화물(무수산) : 물과 반응하여 산이 되거나 또는 염기와 반응하여 염과 물을 만드는 비금속 산화물을 말한다.

06 배수비례의 법칙이 적용 가능한 화합물을 옳게 나열한 것은?

① CO, CO_2 ② HNO_3, HNO_2

③ H_2SO_4, H_2SO_3 ④ O_2, O_3

해설 배수비례의 법칙 : 두 종류의 원소가 화합하여 여러 종류의 화합물을 구성할 때, 한 원소의 일정 질량과 결합하는 다른 원소의 질량비는 항상 간단한 정수비로 나타난다는 법칙이다.
예 질소의 산화물 : NO, NO_2
　 탄소의 산화물 : CO, CO_2

07 다음 중 엿당을 포도당으로 변화시키는 데 필요한 효소는?

① 말타아제 ② 아밀라아제

③ 치마아제 ④ 리파아제

해설 ② 아밀라아제 : 녹말 → 엿당
③ 치마아제 : 효모의 알코올 발효소의 복합물
④ 리파아제 : 지방 → 지방산, 글리세롤

08 다음 중 가수분해가 되지 않는 염은 어느 것인가?

① $NaCl$ ② NH_4Cl

③ CH_3COONa ④ CH_3COONH_4

해설 가수분해가 되지 않는 염 : 강산과 강염기로 이루어진 염은 가수분해를 하지 못하고 이온화 반응만 한다.
예 $NaCl$, KNO_3, $CaCl_2$
※ 가수분해란 무기염류가 물의 작용으로 산과 알칼리로 분해되는 작용을 말한다.

09 다음의 반응 중 평형상태가 압력의 영향을 받지 않는 것은?

① $N_2 + O_2 \leftrightarrow 2NO$

② $NH_3 + HCl \leftrightarrow NH_4Cl$

③ $2CO + O_2 \leftrightarrow 2CO_2$

④ $2NO_2 \leftrightarrow N_2O_4$

해설 반응물과 생성물이 모두 고체나 액체일 경우 이들은 비압축성이므로 압력변화가 평형의 위치에 영향을 미치지 않는다. 또한, 반응 전후의 기체몰수의 변화가 없는 경우, $\Delta n = 0$인 경우도 마찬가지이다.

10 공업적으로 에틸렌을 $PdCl_2$ 촉매하에 산화시킬 때 주로 생성되는 물질은?

① CH_3OCH_3 ② CH_3CHO

③ $HCOOH$ ④ C_3H_7OH

해설 아세트알데하이드는 공업적으로 염화팔라듐을 촉매로 하여 에틸렌을 산화시켜 얻는 대표적인 알데하이드이다. 상온에서 무색 액체로 아세트산, 아세트산무수물 등 유기공업 제품의 원료로 쓰인다.

11 다음과 같은 전자배치를 갖는 원자 A와 B에 대한 설명으로 옳은 것은?

- A : $1s^2 2s^2 2p^6 3s^2$
- B : $1s^2 2s^2 2p^6 3s^1 3p^1$

① A와 B는 다른 종류의 원자이다.

② A는 홀원자이고, B는 이원자 상태인 것을 알 수 있다.

③ A와 B는 동위원소로서 전자배열이 다르다.

④ A에서 B로 변할 때 에너지를 흡수한다.

해설 둘 다 원자번호 12번으로 Mg에 해당하고, 전자배치상 A에서 B로 변할 때 에너지를 흡수한다.

12 1N-NaOH 100mL 수용액으로 10wt% 수용액을 만들려고 할 때의 방법으로 가장 적합한 것은?

① 36mL의 증류수 혼합
② 40mL의 증류수 혼합
③ 60mL의 수분 증발
④ 64mL의 수분 증발

해설

$$N농도 = \frac{용질의 당량수}{용액 1L} = \frac{\frac{g}{D}}{\frac{V}{1,000}}$$

그러므로 $1N = \dfrac{\frac{g}{40}}{\frac{100}{1,000}}$ 에서 $g = 4$이다.

$$퍼센트 농도(\%) = \frac{용질의 질량(g)}{(용매+용질)의 질량(g)} \times 100$$

$10\% = \dfrac{4}{x+4} \times 100$ 에서 $x = 36$이다.

따라서 100mL 중 64mL의 수분이 증발해야 한다.

13 다음 반응식에 관한 사항 중 옳은 것은?

$$SO_2 + 2H_2S \rightarrow 2H_2O + 3S$$

① SO_2는 산화제로 작용
② H_2S는 산화제로 작용
③ SO_2는 촉매로 작용
④ H_2S는 촉매로 작용

해설

SO_2는 산화제인 동시에 자신에게는 환원제로 작용하고, H_2S는 환원작용을 한다.

14 주기율표에서 3주기 원소들의 일반적인 물리·화학적 성질 중 오른쪽으로 갈수록 감소하는 성질들로만 이루어진 것은?

① 비금속성, 전자흡수성, 이온화에너지
② 금속성, 전자방출성, 원자 반지름
③ 비금속성, 이온화에너지, 전자친화도
④ 전자친화도, 전자흡수성, 원자 반지름

해설

원소주기율표 상의 같은 주기에서 원자번호가 증가함에 따라 원자가 전자수, 비금속성, 이온화에너지는 증가하나, 원자 반지름은 감소한다.

15 30wt%인 진한 HCl의 비중은 1.1이다. 진한 HCl의 몰농도는 얼마인가? (단, HCl의 화학식량은 36.5이다.)

① 7.21
② 9.04
③ 11.36
④ 13.08

해설

중량백분율 $a(\%)$인 용액의 몰농도 x를 구해 보면 이 용액의 비중을 S라 하면 용질의 질량 $w(g)$은 다음과 같다.

$$w = 1,000 \times S \times \frac{a}{100} (g)$$

용질 $w(g)$의 몰수는 용질의 분자량(식량) M으로부터 $\dfrac{w}{M}$이다.

$$\therefore \ 몰농도 \ x = 1,000 \times S \times \frac{a}{100} \times \frac{1}{M}$$
$$= 1,000 \times 1.1 \times \frac{30}{100} \times \frac{1}{36.5}$$
$$= 9.04$$

16 방사성 원소에서 방출되는 방사선 중 전기장의 영향을 받지 않아 휘어지지 않는 선은?

① α선
② β선
③ γ선
④ α, β, γ선

해설

방사선의 종류와 작용
- α선 : 전기장을 작용하면 (-)쪽으로 구부러지므로 (+)전기를 가진 입자의 흐름이다.
- β선 : 전기장의 (+)쪽으로 구부러지므로 그 자신은 (-)전기를 띤 입자의 흐름, 즉 전자의 흐름이다.
- γ선 : 전기장에 대하여 영향을 받지 않고 곧게 나아가므로 그 자신은 전기를 띤 입자가 아니며 광선이나 X선과 같은 일종의 전자파이다.

17 다음 중 산성염으로만 나열된 것은?

① $NaHSO_4$, $Ca(HCO_3)_2$

② $Ca(OH)Cl$, $Cu(OH)Cl$

③ $NaCl$, $Cu(OH)Cl$

④ $Ca(OH)Cl$, $CaCl_2$

해설
- 산성염 : H^+를 포함하는 염
- 염기성염 : OH^-를 포함하는 염

18 어떤 기체의 확산속도는 SO_2의 2배이다. 이 기체의 분자량은 얼마인가? (단, SO_2의 분자량은 64이다.)

① 4　　　　② 8

③ 16　　　　④ 32

해설
그레이엄의 확산속도 법칙

$$\frac{U_A}{U_B} = \sqrt{\frac{M_B}{M_A}}$$

여기서, U_A, U_B : 기체의 확산속도

M_A, M_B : 분자량

$$\frac{2SO_2}{SO_2} = \sqrt{\frac{64g/mol}{M_A}}$$

$$\therefore M_A = \frac{64g/mol}{2^2} = 16g/mol$$

19 한 분자 내에 배위결합과 이온결합을 동시에 가지고 있는 것은?

① NH_4Cl　　　② C_6H_6

③ CH_3OH　　　④ $NaCl$

해설
암모늄이온(Ammonium ion, NH_4^+) : 암모니아 (Ammonia, NH_3) 가스를 염산 용액에 통할 때 염화암모늄이 생기는 반응

$$NH_3 + HCl \rightarrow NH_4Cl$$

이것을 이온 방정식으로 표시하면

$$NH_3 + H^+ + Cl^- \rightarrow NH_4^+ + Cl^-$$

즉, $NH_3 + H^+ \rightarrow NH_4^+$로 된다.

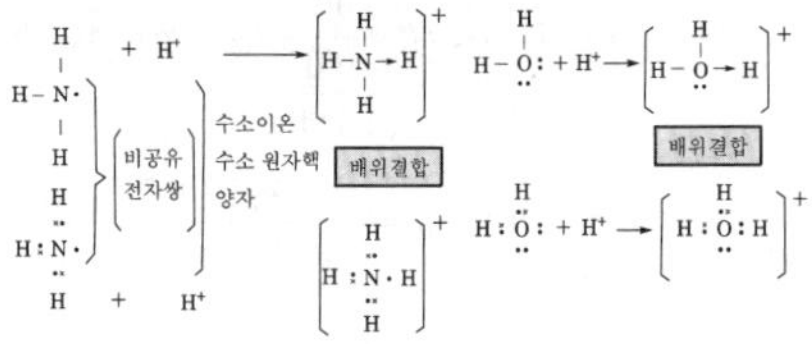

20 다음 중 물의 끓는점을 높이기 위한 방법으로 가장 타당한 것은?

① 순수한 물을 끓인다.

② 물을 저으면서 끓인다.

③ 감압하에 끓인다.

④ 밀폐된 그릇에서 끓인다.

해설
물의 끓는점은 압력이 낮아질수록 낮아진다. 즉, 압력이 증가하면 끓는점은 높아진다.

정답　17. ①　18. ③　19. ①　20. ④

제18회 과년도 출제문제

01 물 450g에 NaOH 80g이 녹아 있는 용액에서 NaOH의 몰분율은? (단, Na의 원자량은 23이다.)

① 0.074 ② 0.178
③ 0.200 ④ 0.450

> **해설**
>
> · 용액 530g ┌ 용매(H_2O) : 450g
>   └ 용질(NaOH) : 80g
>
> · 450g − H_2O(용매) → 25mol − H_2O
>
> $$\frac{450g-H_2O}{}\,\bigg|\,\frac{1mol-H_2O}{18g-H_2O}=25mol-H_2O$$
>
> · 80g − NaOH(용질) → 2mol − NaOH
>
> $$\frac{80g-NaOH}{}\,\bigg|\,\frac{1mol-NaOH}{40g-NaOH}=2mol-NaOH$$
>
> 따라서, NaOH의 몰분율은 다음과 같다.
>
> $$X_{NaOH}=\frac{2mol}{25mol+2mol}≒0.074$$

02 다음 할로젠족 분자 중 수소와의 반응성이 가장 높은 것은?

① Br_2 ② F_2
③ Cl_2 ④ I_2

> **해설** 할로젠족 원소 중 전자껍질이 작은 원소일수록 수소와의 반응성이 높다. 즉, F > Cl > Br > I > At의 순이다.

03 1몰의 질소와 3몰의 수소를 촉매와 같이 용기 속에 밀폐하고 일정한 온도로 유지하였더니 반응물질의 50%가 암모니아로 변하였다. 이때의 압력은 최초 압력의 몇 배가 되는가? (단, 용기의 부피는 변하지 않는다.)

① 0.5 ② 0.75
③ 1.25 ④ 변하지 않는다.

> **해설**
>
> $N_2(g)+3H_2(g) \rightarrow 2NH_3(g)$
>
> 질소(N_2)와 수소(H_2)를 이용해 암모니아를 제조하는 반응으로 이 반응계의 압력을 높이면 변화를 억제하는 방향, 즉 압력이 낮아지는 방향으로 평형이 이동한다는 것이 르 샤틀리에의 원리이다. 문제에서는 반응물질의 50%가 암모니아로 변하였다고 했으므로 결국 생성물인 암모니아는 1몰이 생성된 걸로 봐야 한다. 따라서 4몰이 반응하여 1몰이 생성되었으므로 최종압력은 최초압력에 대해 1/4이 줄어든 3/4(=0.75)배가 남는다.

04 다음 pH값에서 알칼리성이 가장 큰 것은?

① pH=1 ② pH=6
③ pH=8 ④ pH=13

> **해설** pH(수소이온 농도)
>
> 산성   중성   염기성
> 1   7   14

05 다음 화합물 가운데 환원성이 없는 것은 어느 것인가?

① 젖당 ② 과당
③ 설탕 ④ 엿당

> **해설**
>
> | 종류 | 분자식 | 명칭 | 가수분해 생성물 | 환원작용 |
> |---|---|---|---|---|
> | 단당류 | $C_6H_{12}O_6$ | 포도당 과당 갈락토오스 | 가수분해 되지 않는다. | 있다. |
> | 이당류 | $C_{12}H_{22}O_{11}$ | 설탕 맥아당 젖당 | 포도당+과당 포도당+포도당 포도당+갈락토오스 | 없다. 있다. 있다. |
> | 다당류 (비당류) | $(C_6H_{10}O_5)_n$ | 녹말 셀룰로오스 글리코겐 | 포도당 포도당 포도당 | 없다. |

06 주기율표에서 제2주기에 있는 원소 성질 중 왼쪽에서 오른쪽으로 갈수록 감소하는 것은 다음 중 어느 것인가?

① 원자핵의 하전량

② 원자가 전자의 수

③ 원자 반지름

④ 전자껍질의 수

해설 원자 반지름을 결정짓는 인자들

• 전자껍질 : 많을수록 원자 반지름이 크다.

• 양성자수 : 전자껍질이 같으면 양성자수가 많을수록 전자를 잡아당기는 정전기적 인력이 증가하므로 원자 반지름이 작다.

• 전자수 : 전자껍질과 양성자수가 같으면 전자수가 많을수록 전자들 간의 반발력에 의해 원자 반지름이 크다.

전자껍질 효과 > 핵 하전량 효과 > 전자의 반발력 효과

※ 원자 반지름의 주기성

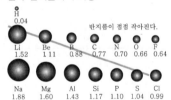

㉠ 같은 주기에서는 원자번호가 증가할수록 원자 반지름은 감소한다. → 같은 주기에서는 원자번호가 증가할수록 유효핵 전하량이 증가하여 전자를 수축하기 때문이다.

㉡ 같은 족에서는 원자번호가 증가할수록 원자 반지름은 증가한다. → 전자껍질이 증가하여 핵으로부터 멀어지기 때문이다.

07 95wt% 황산의 비중은 1.84이다. 이 황산의 몰 농도는 약 얼마인가?

① 8.9

② 9.4

③ 17.8

④ 18.8

해설
$$M농도 = 1,000 \times S \times \frac{a}{100} \times \frac{1}{M_W}$$

$$= 1,000 \times 1.84 \times \frac{95}{100} \times \frac{1}{98} = 17.84M$$

(여기서, S : 비중, a : 중량%, M_W : 분자량)

08 우유의 pH는 25℃에서 6.40이다. 우유 속의 수소이온농도는?

① $1.98 \times 10^{-7}M$ ② $2.98 \times 10^{-7}M$

③ $3.98 \times 10^{-7}M$ ④ $4.98 \times 10^{-7}M$

해설
$$pH = \log \frac{1}{[H^+]} = -\log[H^+]$$

$$= -\log[3.98 \times 10^{-7}]$$

$$= 6.4$$

09 20개의 양성자와 20개의 중성자를 가지고 있는 것은?

① Zr   ② Ca

③ Ne   ④ Zn

해설 20개의 양성자는 원자번호 20번인 Ca을 의미한다. Ca은 질량수 40으로 중성자 20개를 가지고 있다.

10 벤젠의 유도체인 TNT의 구조식을 옳게 나타낸 것은?

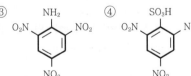

해설 TNT는 트라이나이트로톨루엔으로 제5류 위험물 중 나이트로화합물류에 해당한다.

---

11 다음 물질 중 동소체의 관계가 아닌 것은 어느 것인가?

① 흑연과 다이아몬드
② 산소와 오존
③ 수소와 중수소
④ 황린과 적린

해설 동소체란 같은 원소로 되어 있으나 원자배열이 다른 것으로 성질이 다르다. 보기 ③의 수소는 동위원소관계이다.
• 수소(H)의 동위원소
^1_1H(수소), ^2_1H(중수소), ^3_1H(삼중수소)

---

12 헥세인(C_6H_{14})의 구조 이성질체의 수는 몇 개인가?

① 3개   ② 4개
③ 5개   ④ 9개

해설 이성질체(異性質體) : 분자식은 같지만 서로 다른 물리·화학적 성질을 갖는 분자들을 이르는 말이다. 이성질체인 분자들은 원소의 종류와 개수는 같으나 구성 원자단이나 구조가 완전히 다르거나, 구조가 같더라도 상대적인 배열이 달라서 다른 성질을 갖게 된다.

• C－C－C－C－C－C
• C－C－C－C－C
　　　｜
　　　C
• C－C－C－C
　　　｜
　　　C
　　　｜
　　　C
• C－C－C－C－C
　　　　｜
　　　　C
• C－C－C－C
　　　｜　｜
　　　C　C

[참고]
탄소수가 늘어날수록 이성질체 수는 증가한다.

명칭	가능한 이성질체의 수
메테인(methane)	－
에테인(ethane)	－
프로페인(propane)	－
뷰테인(butane)	2
펜테인(pentane)	3
헥세인(hexane)	5
헵테인(heptane)	9
옥테인(octane)	18
노네인(nonane)	35
데케인(decane)	75

---

13 다음과 같은 반응에서 평형을 왼쪽으로 이동시킬 수 있는 조건은?

$$A_2(g) + 2B_2(g) \rightleftarrows 2AB_2(g) + 열$$

① 압력 감소, 온도 감소
② 압력 증가, 온도 증가
③ 압력 감소, 온도 증가
④ 압력 증가, 온도 감소

해설 르 샤틀리에의 법칙 : 평형상태에 있는 물질계의 온도나 압력을 바꾸었을 때 평형상태가 어떻게 이동하는가의 원리이다.
온도를 높이면 열을 써버리고(흡열방향), 압력을 증가시킬 경우 압력이 줄어드는 쪽(분자수가 감소하는 방향)으로 이동한다. 농도가 증가할 경우도 농도 감소 방향으로 이동한다.

---

14 이상기체상수 R값이 0.082라면 그 단위로 옳은 것은?

① $\dfrac{atm \cdot mol}{L \cdot K}$

② $\dfrac{mmHg \cdot mol}{L \cdot K}$

③ $\dfrac{atm \cdot L}{mol \cdot K}$

④ $\dfrac{mmHg \cdot L}{mol \cdot K}$

해설 이상기체 상태방정식에서의 기체상수 R값은 0℃, 1atm 기준, 22.4L에서 6.02×10^{23}개를 1몰로 가정해서 구한 값이다.

$$R = \frac{PV}{nT} \xrightarrow{V = kn(\text{S.T.P.}) \, 0℃, \, 1\text{atm}, \, 22.4\text{L}}$$

$$\frac{1\text{atm} \cdot 22.4\text{L}}{1\text{mol} \times (0 + 273.15)\text{K}} = 0.082\text{atm} \cdot \text{L/mol} \cdot \text{K}$$

15 $K_2Cr_2O_7$에서 Cr의 산화수를 구하면?

① +2 ② +4
③ +6 ④ +8

해설 $K_2Cr_2O_7$
$(+1) \times 2 + 2x + (-2 \times 7) = 0$
$+2 + 2x - 14 = 0$
$\therefore \ x = +6$

16 NaOH 1g이 물에 녹아 메스플라스크에서 250mL의 눈금을 나타낼 때 NaOH 수용액의 농도는?

① 0.1N ② 0.3N
③ 0.5N ④ 0.7N

해설
$$\text{N농도} = \frac{\text{용질의 당량수}}{\text{용액 1L}} = \frac{\frac{g}{D}}{\frac{V}{1,000}} = \frac{\frac{1}{40}}{\frac{250}{1,000}}$$
$$= 0.1$$

17 방사능 붕괴의 형태 중 $^{226}_{88}Ra$이 α붕괴할 때 생기는 원소는?

① $^{222}_{86}Rn$ ② $^{232}_{90}Th$
③ $^{231}_{91}Pa$ ④ $^{238}_{92}U$

해설 $_{88}Ra^{226} \rightarrow \ _2He^4 + \ _{86}Rn^{222}$
$\quad\quad\quad\quad\quad \alpha$선
α붕괴에 의하여 원자번호 2, 질량수가 4 감소된다.

18 pH=9인 수산화나트륨 용액 100mL 속에는 나트륨이온이 몇 개 들어 있는가? (단, 아보가드로 수는 6.02×10^{23}이다.)

① 6.02×10^9개 ② 6.02×10^{17}개
③ 6.02×10^{18}개 ④ 6.02×10^{21}개

해설 pH=9는 [OH]=10^{-5}에 해당하며, 이 농도에서의 100mL를 1,000mL로 환산하면 10^{-6}에 해당한다. 따라서 Na 이온의 개수는 $6.02 \times 10^{23} \times 10^{-6}$이므로 결국 6.02×10^{17}이 된다.

19 다음 반응식에서 산화된 성분은?

$$MnO_2 + 4HCl \rightarrow MnCl_2 + 2H_2O + Cl_2$$

① Mn ② O
③ H ④ Cl

해설
• 산화 : 산화수가 증가
• 환원 : 산화수가 감소
  $Cl^- \rightarrow Cl_2$ 산화수 $-1 \rightarrow 0$ 증가 : 산화

20 다음 중 기하 이성질체가 존재하는 것은 어느 것인가?

① C_5H_{12}
② $CH_3CH = CHCH_3$
③ C_3H_7Cl
④ $CH \equiv CH$

해설 알켄화합물 중 2중결합에 대하여 치환기 또는 치환원자가 공간적으로 서로 다른 위치에 있는 이성질체로서 이것을 기하 이성질체(geometric isomer)라고 한다.

제 **19**회 과년도 출제문제

01 할로젠화 수소의 결합에너지 크기를 비교하였을 때 옳게 표시된 것은?

① HI > HBr > HCl > HF
② HBr > HI > HF > HCl
③ HF > HCl > HBr > HI
④ HCl > HBr > HF > HI

해설
- 할로젠족 원소의 전기음성도(화학적 활성)
  $F_2 > Cl_2 > Br_2 > I_2$
- 할로젠화 수소산의 결합력
  $HF > HCl > HBr > HI$
- 할로젠화 수소산의 세기(산성의 세기)
  $HI > HBr > HCl > HF$
- ※ 할로젠족 원소는 원자번호가 작을수록 원자 반지름이 작아 핵과 원자 사이의 인력이 강하여 전기음성도(전자를 끌어당기는 힘)가 크기 때문에 결합력이 강할수록 H^+(수소이온)을 잘 내어놓지 못하고 결합력이 약할수록 H^+(수소이온)을 잘 내어놓아 강한 산이 된다.

02 다음 중 반응이 정반응으로 진행되는 것은 어느 것인가?

① $Pb^{2+} + Zn \rightarrow Zn^{2+} + Pb$
② $I_2 + 2Cl^- \rightarrow 2I^- + Cl_2$
③ $2Fe^{3+} + 3Cu \rightarrow 3Cu^{2+} + 2Fe$
④ $Mg^{2+} + Zn \rightarrow Zn^{2+} + Mg$

해설
① 납(Pb)보다 아연(Zn)의 이온화 경향이 크기 때문에 정반응으로 진행된다.
[참고] 금속의 이온화 경향
$K > Ca > Na > Mg > Al > Zn > Fe > Ni > Sn > Pb > H > Cu > Hg > Ag > Pt > Au$

03 메틸알코올과 에틸알코올이 각각 다른 시험관에 들어있다. 이 두 가지를 구별할 수 있는 실험방법은?

① 금속나트륨을 넣어 본다.
② 환원시켜 생성물을 비교하여 본다.
③ KOH와 I_2의 혼합용액을 넣고 가열하여 본다.
④ 산화시켜 나온 물질에 은거울반응을 시켜 본다.

해설
에틸알코올은 수산화칼륨과 아이오딘을 가하여 아이오도폼의 황색 침전이 생성되는 반응을 한다.

04 다음 중 수용액의 pH가 가장 작은 것은 어느 것인가?

① 0.01N HCl
② 0.1N HCl
③ 0.01N CH_3COOH
④ 0.1N NaOH

해설
① pH=2
② pH=1
③ pH=2
④ pOH=1, ∴ pH=14−1=13

05 다음 중 동소체 관계가 아닌 것은?

① 적린과 황린
② 산소와 오존
③ 물과 과산화수소
④ 다이아몬드와 흑연

해설
동소체란 같은 원소로 되어 있지만 원자의 배열이 다르거나, 같은 화학조성을 갖지만 결합양식이 다른 물질을 말한다.

06 질산칼륨 수용액 속에 소량의 염화나트륨이 불순물로 포함되어 있다. 용해도 차이를 이용하여 이 불순물을 제거하는 방법으로 가장 적당한 것은?

① 증류　　　　② 막분리
③ 재결정　　　　④ 전기분해

> **해설**
> 재결정(분별결정법)이란 용해도 차이에 의해 결정을 석출하여 분리하는 방법이다.

07 다음 반응식은 산화 – 환원반응이다. 산화된 원자와 환원된 원자를 순서대로 옳게 표현한 것은?

$$3Cu + 8HNO_3 \rightarrow$$
$$3Cu(NO_3)_2 + 2NO + 4H_2O$$

① Cu, N　　　　② N, H
③ O, Cu　　　　④ N, Cu

> **해설**
> 반응물에서 Cu의 산화수는 0이고 생성물에서 Cu의 산화수는 +2이므로 산화된 상태이고, 반응물에서 N의 산화수는 +5이고 생성물에서 N의 산화수는 +2이므로 환원된 상태이다.

08 물이 브뢴스테드산으로 작용한 것은?

① $HCl + H_2O \rightleftharpoons H_3O^+ + Cl^-$
② $HCOOH + H_2O \rightleftharpoons HCOO^- + H_3O^+$
③ $NH_3 + H_2O \rightleftharpoons NH_4^+ + OH^-$
④ $3Fe + 4H_2O \rightleftharpoons Fe_3O_4 + 4H_2$

> **해설**
> 산과 염기의 개념
>
> | 구분 | 산 | 염기 |
> |---|---|---|
> | Arrhenius 이론 | 수용액 중에서 H^+ 또는 H_3O^+ 이온을 줄 수 있는 물질 | 수용액 중에서 OH^- 이온을 줄 수 있는 물질 |
> | Brønsted –Lowry 이론 | H^+(양성자)를 줄 수 있는 물질 | H^+(양성자)를 받을 수 있는 물질 |
> | Lewis 이론 | 비공유 전자쌍을 받을 수 있는 물질 | 비공유 전자쌍을 줄 수 있는 물질 |

09 분자식이 같으면서도 구조가 다른 유기화합물을 무엇이라고 하는가?

① 이성질체　　　　② 동소체
③ 동위원소　　　　④ 방향족 화합물

> **해설**
> ② 동소체 : 같은 원소로 되어 있지만 원자 배열이 다르거나, 같은 화학조성을 갖지만 결합양식이 다른 물질
> ③ 동위원소 : 양성자수는 같으나 중성자수가 다른 원소, 즉 원자번호는 같으나 질량수가 다른 원소 또한 전자수가 같아서 화학적 성질은 같으나 물리적인 성질이 다른 원소
> ④ 방향족 화합물 : 벤젠 고리나 나프탈렌 고리를 가진 탄화수소

10 27℃에서 부피가 2L인 고무풍선 속의 수소 기체 압력이 1.23atm이다. 이 풍선 속에 몇 mole의 수소 기체가 들어 있는가? (단, 이상기체라고 가정한다.)

① 0.01　　　　② 0.05
③ 0.10　　　　④ 0.25

> **해설**
> 이상기체 상태방정식 $PV = nRT$에서
> $$n = \frac{PV}{RT}$$
> $$= \frac{1.23atm \times 2L}{0.082L \cdot atm/K \cdot mol \times (27 + 273.15)}$$
> $$\fallingdotseq 0.10$$

11 수산화칼슘에 염소가스를 흡수시켜 만드는 물질은?

① 표백분　　　　② 수소화칼슘
③ 염화수소　　　　④ 과산화칼슘

> **해설**
> 주로 표백제로 사용되는 차아염소산칼슘[$Ca(OCl)_2$]은 수산화칼슘[$Ca(OH)_2$]을 염소와 반응시켜 얻는데, 보통은 반응생성물을 분리하지 않고 그대로 표백분으로 사용하여 천의 표백, 수돗물과 수영장 물의 살균 · 소독, 탈취제, 곰팡이와 조류(藻類)의 번식억제제 등으로 사용된다.
> $$2Ca(OH)_2 + 2Cl_2 \rightarrow Ca(OCl)_2 + CaCl_2 + 2H_2O$$

12 20℃에서 600mL의 부피를 차지하고 있는 기체를 압력의 변화없이 온도를 40℃로 변화시키면 부피는 얼마로 변하겠는가?

① 300mL ② 641mL

③ 836mL ④ 1,200mL

해설 등압조건에서 기체의 부피는 절대온도에 비례한다(샤를의 법칙).

$$\frac{V_1}{T_1} = \frac{V_2}{T_2}$$

이때, $T_1 = 20℃ + 273.15K = 293.15K$

$T_2 = 40℃ + 273.15K = 313.15K$

$V_1 = 600mL$

$$\therefore V_2 = \frac{V_1 T_2}{T_1} = \frac{600mL \cdot 313.15K}{293.15K} \fallingdotseq 641mL$$

13 다음 중 불균일 혼합물은 어느 것인가?

① 공기 ② 소금물

③ 화강암 ④ 사이다

해설 불균일 혼합물 : 혼합물이 용액 전체에 걸쳐 일정한 조성을 갖지 못하는 것

예 우유, 찰흙, 화강암, 콘크리트 등

14 물 500g 중에 설탕($C_{12}H_{22}O_{11}$) 171g이 녹아 있는 설탕물의 몰랄농도(m)는?

① 2.0 ② 1.5

③ 1.0 ④ 0.5

해설 몰랄농도란 용매 1kg에 녹아 있는 용질의 몰수를 나타낸 농도를 말한다.

몰랄농도(m) = $\dfrac{\text{용질의 몰수(mol)}}{\text{용매의 질량(kg)}}$

따라서, 설탕물의 몰랄농도는 다음과 같다.

$$m = \frac{\left(\dfrac{171}{342}\right)mol}{\left(\dfrac{500}{1,000}\right)kg} = 1m(mol/kg)$$

※ 설탕($C_{12}H_{22}O_{11}$)의 분자량 = 342g/mol
※ 원자량 : C=12, H=1, O=16

15 기체상태의 염화수소는 어떤 화학결합으로 이루어진 화합물인가?

① 극성 공유결합

② 이온결합

③ 비극성 공유결합

④ 배위 공유결합

해설 극성 공유결합 : 서로 다른 종류의 원자 사이에서의 공유결합으로, 전자쌍이 한쪽으로 치우쳐 부분적으로 (−)전하와 (+)전하를 띠게 된다. 주로 비대칭 구조로 이루어진 분자이다.

예 HCl, HF 등

16 다음 반응식을 이용하여 구한 $SO_2(g)$의 몰 생성열은?

• $S(s) + 1.5O_2(g) \rightarrow SO_3(g)$

  $\Delta H° = -94.5kcal$

• $2SO_2(g) + O_2(g) \rightarrow 2SO_3(g)$

  $\Delta H° = -47kcal$

① −71kcal ② −47.5kcal

③ 71kcal ④ 47.5kcal

해설 표준 생성열($H°$)이란 일정한 압력일 때 각 원소의 홑원소 물질로부터 한 화합물 1mol을 만들 때 흡수 또는 발생하는 열량이다. 성분원소의 엔탈피 총합에서 화합물의 엔탈피를 뺀 값이며, 이때 표준 생성열은 표준 연소열로부터 헤스의 법칙을 이용하여 추산한다.

$S(s) + O_2(g) \rightarrow SO_2(g)$

㉠ $S(s) + 1.5O_2(g) \rightarrow SO_3(g)$

  $\Delta H° = -94.5kcal$

㉡ $2SO_2(s) + O_2(g) \rightarrow 2SO_3(g)$

  $\Delta H° = -47kcal$

㉡´ $SO_2(s) + 0.5O_2(g) \rightarrow SO_3(g)$

㉠−㉡´ $S + O_2 \rightarrow SO_2$

  $\Delta H° = -71kcal$

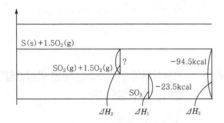

S(s)+1.5O₂(g)

SO₂(g)+1.5O₂(g) ? −94.5kcal

SO₃ −23.5kcal

ΔH_2 ΔH_1 ΔH_3

17 다음 물질 중 벤젠 고리를 함유하고 있는 것은?

① 아세틸렌 ② 아세톤
③ 메테인   ④ 아닐린

해설
① C_2H_2
② CH_3COCH_3
③ CH_4
④ $C_6H_5NH_2$

18 용매분자들이 반투막을 통해서 순수한 용매나 묽은 용액으로부터 좀 더 농도가 높은 용액 쪽으로 이동하는 알짜이동을 무엇이라 하는가?

① 총괄이동 ② 등방성
③ 국부이동 ④ 삼투

해설
용액 중 작은 분자의 용매는 통과시키지만 분자가 큰 용질은 통과시키지 않는 막을 반투막이라 하며, 반투막을 경계로 하여 동일 용매의 농도가 다른 용액을 접촉시키면 양쪽의 농도가 같게 되려고 묽은 쪽 용매가 반투막을 통하여 진한 용액 쪽으로 침투하는 현상을 삼투라고 한다.

19 다음은 원소의 원자번호와 원소기호를 표시한 것이다. 전이원소만으로 나열된 것은?

① $_{20}Ca$, $_{21}Sc$, $_{22}Ti$

② $_{21}Sc$, $_{22}Ti$, $_{29}Cu$

③ $_{26}Fe$, $_{30}Zn$, $_{38}Sr$

④ $_{21}Sc$, $_{22}Ti$, $_{38}Sr$

해설
Ca, Sr은 2족으로 전형원소에 해당한다.

20 20%의 소금물을 전기분해하여 수산화나트륨 1몰을 얻는 데는 1A의 전류를 몇 시간 통해야 하는가?

① 13.4   ② 26.8
③ 53.6   ④ 104.2

해설
$NaCl+H_2O \rightarrow NaOH+HCl$
1F=96,500C=전자 1mol당량
C=전류(A)×초(s)
NaOH 1mol을 얻는 데 Na^+의 1당량이 필요하다.
96,500C=1A×초(s)
∴ $\dfrac{96,500}{3,600}$ =26.86시간

제 **20**회 과년도 출제문제

01 NH_4Cl에서 배위결합을 하고 있는 부분을 옳게 설명한 것은?

① NH_3의 $N-H$ 결합
② NH_3와 H^+과의 결합
③ NH_4^+과 Cl^-과의 결합
④ H^+과 Cl^-과의 결합

해설 암모니아(Ammonia, NH_3) 가스를 염산 용액에 통할 때 염화암모늄이 생기는 반응은 다음과 같다.

$NH_3 + HCl \rightarrow NH_4Cl$

이것을 이온방정식으로 표시하면

$NH_3 + H^+ + Cl^- \rightarrow NH_4^+ + Cl^-$

즉, $NH_3 + H^+ \rightarrow NH_4^+$로 된다.

02 다음 중 자철광 제조법으로 빨갛게 달군 철에 수증기를 통할 때의 반응식으로 옳은 것은 어느 것인가?

① $3Fe + 4H_2O \rightarrow Fe_3O_4 + 4H_2$
② $2Fe + 3H_2O \rightarrow Fe_2O_3 + 3H_2$
③ $Fe + H_2O \rightarrow FeO + H_2$
④ $Fe + 2H_2O \rightarrow FeO_2 + 2H_2$

해설
① 자철광(Fe_3O_4) : 자색
② 갈철광($2Fe_2O_3 \cdot H_2O$) : 갈색
③ 적철광(Fe_2O_3) : 붉은색
④ 능철광($FeCO_3$) : 담갈색, 암갈색

03 불꽃반응 결과 노란색을 나타내는 미지의 시료를 녹인 용액에 $AgNO_3$ 용액을 넣으니 백색 침전이 생겼다. 이 시료의 성분은?

① Na_2SO_4
② $CaCl_2$
③ $NaCl$
④ KCl

해설 불꽃반응 결과 노란색이라는 사실에서 Na 성분이 있다는 것을 알 수 있고, $AgNO_3$(질산은) 용액 반응에서 백색 침전이 생긴 것으로부터 할로젠족 원소 중 Cl 성분이 있음을 알 수 있다. 그러므로 이 시료의 성분은 NaCl이다.

[참고] 주요 원소별 불꽃반응 색깔

원소	Li	Na	K	Rb	Cs
불꽃반응 색깔	빨강	노랑	보라	진한 빨강	청록

04 AgCl의 용해도가 0.0016g/L일 때 AgCl의 용해도곱(solubility product)은 약 얼마인가? (단, 원자량은 각각 Ag 108, Cl 35.5이다.)

① 1.24×10^{-10}
② 2.24×10^{-10}
③ 1.12×10^{-5}
④ 4×10^{-4}

해설
AgCl의 용해도 $= 0.0016$g/L
포화용액이므로 AgCl의 농도는 일정하다.

$\dfrac{0.0016\text{g/L}}{143.5\text{g/mol}} = 1.1149 \times 10^{-5}$mol/L

$AgCl(s) \rightleftarrows Ag^+ + Cl^-$

$K = \dfrac{[Ag^+][Cl^-]}{[AgCl]}$, $K \times [AgCl] = [Ag^+][Cl^-]$

$K_{sp} = [Ag^+][Cl^-]$

순수한 고체의 농도는 존재하는 고체의 양과 무관하고 고체의 농도는 일정하며 상수 K 속에 포함시킬 수 있다.

∴ AgCl의 용해도곱
$= [Ag^+][Cl^-]$
$= (1.1149 \times 10^{-5})(1.1149 \times 10^{-5})$
$= 1.243 \times 10^{-10}$
$≒ 1.24 \times 10^{-10}$

정답 01. ② 02. ① 03. ③ 04. ①

05 다음 화학반응 중 H_2O가 염기로 작용한 것은?

① $CH_3COOH + H_2O \longrightarrow CH_3COO^- + H_3O^+$

② $NH_3 + H_2O \longrightarrow NH_4^+ + OH^-$

③ $CO_3^{-2} + 2H_2O \longrightarrow H_2CO_3 + 2OH^-$

④ $Na_2O + H_2O \longrightarrow 2NaOH$

해설 브뢴스테드-로우리의 정의에 의하면 양성자(H^+)를 받아들이는 물질이 염기이다.
①에서는 H_2O가 H_3O^+가 되었으므로 염기로 작용한 경우이다.

06 황이 산소와 결합하여 SO_2를 만들 때에 대한 설명으로 옳은 것은?

① 황은 환원된다.
② 황은 산화된다.
③ 불가능한 반응이다.
④ 산소는 산화되었다.

해설 황이 산소와 결합했으니 황은 산화된다.

07 다음 화합물 중에서 밑줄 친 원소의 산화수가 서로 다른 것은?

① $\underline{C}Cl_4$　　② $\underline{Ba}O_2$

③ $\underline{S}O_2$　　④ $\underline{O}H^-$

해설
① $\underline{C}Cl_4$
　$x + (-1 \times 4) = 0$
　$\therefore x = +4$
② $\underline{Ba}O_2$
　$x + (-2 \times 2) = 0$
　$\therefore x = +4$
③ $\underline{S}O_2$
　$x + (-2 \times 2) = 0$
　$\therefore x = +4$
④ $\underline{O}H^-$
　$x + (+1) = -1$
　$\therefore x = -2$

08 먹물에 아교나 젤라틴을 약간 풀어주면 탄소입자가 쉽게 침전되지 않는다. 이때 가해준 아교는 무슨 콜로이드로 작용하는가?

① 서스펜션　　② 소수
③ 복합　　④ 보호

해설 콜로이드의 구분
• 친수 콜로이드 : 물과의 결합력이 강해서 다량의 전해질에 의해서만 침전되는 콜로이드
　예 단백질, 녹말, 비눗물, 아교 등
• 소수 콜로이드 : 물과의 결합력이 약해서 소량의 전해질에 의해 쉽게 침전되는 콜로이드
　예 $Fe(Cl)_3$, C, 찰흙 등
• 보호 콜로이드 : 소수 콜로이드의 침전을 막기 위해 친수 콜로이드를 첨가한 것

09 황의 산화수가 나머지 셋과 다른 하나는?

① Ag_2S　　② H_2SO_4
③ SO_4^{2-}　　④ $Fe_2(SO_4)_3$

해설
① Ag_2S
　$(+1) \times 2 + x = 0$
　$\therefore x = -2$
② H_2SO_4
　$(+1) \times 2 + x + (-2 \times 4) = 0$
　$\therefore x = +6$
③ SO_4^{2-}
　$x + (-2 \times 4) = -2$
　$\therefore x = +6$
④ $Fe_2(SO_4)_3$: SO_4는 -2가에 해당하므로,
　$x + (-2) \times 4 = -2$
　$\therefore x = +6$

10 다음 물질 중 이온결합을 하고 있는 것은?

① 얼음　　② 흑연
③ 다이아몬드　　④ 염화나트륨

해설 이온결합(금속 + 비금속)은 금속의 양이온(+)과 비금속 음이온(−)의 정전기적 인력에 의한 결합을 말한다.
④ 염화나트륨(NaCl)은 금속과 비금속의 결합으로 이온결합에 해당한다.

11 H_2O가 H_2S보다 끓는점이 높은 이유는?

① 이온결합을 하고 있기 때문에
② 수소결합을 하고 있기 때문에
③ 공유결합을 하고 있기 때문에
④ 분자량이 적기 때문에

해설 수소결합(Hydrogen bond) : F, O, N과 같이 전기음성도가 큰 원자와 수소(H)가 결합되어 있고, 그 주위에 다시 F, O, N 원자가 위치하게 되면 이들 사이에는 강력한 인력이 작용하는데, 이를 수소결합이라고 한다.
※ 물(H_2O)의 경우 수소결합으로 인해 녹는점과 끓는점이 높게 나타난다.

12 황산구리 용액에 10A의 전류를 1시간 통하면 구리(원자량＝63.54)를 몇 g 석출하겠는가?

① 7.2g   ② 11.85g
③ 23.7g   ④ 31.77g

해설 석출되는 물질의 양

$$= 흘려준\ 전하량(F) \times \frac{원자량}{물질\ 1몰이\ 석출되기\ 위한\ 전하량(F)}$$

• 흘려준 전하량
$$= 10A \times \frac{1C/s}{1A} \times (1hr \times 3,600s/hr)$$
$$= 36,000C \times \left(\frac{1F}{96,500C}\right) = 0.373F$$

• $CuSO_4 \rightarrow Cu^{2+} + SO_4^{2-}$
$Cu^{2+} + 2e^- \rightarrow Cu$
2F 전하량에 의해 Cu 1몰이 석출된다.
즉, 1F의 전하량에 의해 석출되는 Cu의 양은
$$\frac{63.54}{2} = 31.77g이다.$$
따라서, 석출되는 구리의 양은 다음과 같다.
$0.373F \times 31.77g/F = 11.85g$

13 실제 기체는 어떤 상태일 때 이상기체 방정식에 잘 맞는가?

① 온도가 높고 압력이 높을 때
② 온도가 낮고 압력이 낮을 때
③ 온도가 높고 압력이 낮을 때
④ 온도가 낮고 압력이 높을 때

해설 실제 기체가 이상기체에 가까워지는 조건
이상기체와 실제 기체 사이의 차이는 분자 간 인력의 영향과 분자 자체의 크기에 의한 것이다. 따라서 다음과 같은 영향을 줄이면 실제 기체와 이상기체가 가까워질 수 있다.
• 온도가 높은 상태 : 기체 분자의 평균 속도가 증가하여 인력의 영향을 줄일 수 있다.
• 압력이 낮은 상태 : 기체 분자 간의 평균 거리가 커지므로 인력의 영향을 줄일 수 있고, 기체 자체 부피의 영향을 줄일 수 있다(압력이 낮고 온도가 높다는 것은 부피가 커야 한다는 것을 의미하며, 부피가 크면 분자 간의 인력이 작아져서 이상기체에 가까워진다).
• 분자의 크기(분자량)가 작은 상태 : 분자량이 작으면 자신의 크기를 무시하기가 쉽다.
• 끓는점이 낮은 상태 : 끓는점이 낮은 기체일수록 분자 간의 인력이 약해져서 이상기체에 가까워진다.

14 네슬러 시약에 의하여 적갈색으로 검출되는 물질은 어느 것인가?

① 질산이온   ② 암모늄이온
③ 아황산이온   ④ 일산화탄소

해설 네슬러 시약(Nessler's reagent) : 아이오딘화수은(Ⅱ)과 아이오딘화칼륨을 수산화칼륨 수용액에 용해한 것으로, 암모니아 및 암모늄이온의 검출과 비색 분석에 쓰이는 고감도 시약이다.
※ 암모니아 및 암모늄이온에는 소량인 경우 황갈색이 되고, 다량인 경우에는 적갈색 침전을 생성한다.

15 다음 중 산(acid)의 성질을 설명한 것으로 틀린 것은?

① 수용액 속에서 H^+을 내는 화합물이다.
② pH값이 작을수록 강산이다.
③ 금속과 반응하여 수소를 발생하는 것이 많다.
④ 붉은색 리트머스 종이를 푸르게 변화시킨다.

해설 산은 푸른색 리트머스 종이를 붉게 변화시킨다.

16 다음 반응속도식에서 2차 반응인 것은?

① $v = k[A]^{\frac{1}{2}}[B]^{\frac{1}{2}}$

② $v = k[A][B]$

③ $v = k[A][B]^2$

④ $v = k[A]^2[B]^2$

> **해설** 반응차수란 화학반응의 반응속도식에서 각 물질의 농도 차수를 말한다. 그러므로 2차 반응이란 차수가 2인 화학 반응식이다. 2차 반응인 것은 반응속도가 농도 [A]와 농도 [B]의 곱에 비례하는 반응이다. 즉, $k[A][B]$에서 [A], [B] 차수의 합이 2인 것이다. 그러므로 답은 $v = k[A][B]$이다.

17 0.1M 아세트산 용액의 해리도를 구하면 약 얼마 인가? (단, 아세트산의 해리상수는 1.8×10^{-5} 이다.)

① 1.8×10^{-5}　　② 1.8×10^{-2}

③ 1.3×10^{-5}　　④ 1.3×10^{-2}

> **해설**
> $$\alpha = \left(\frac{K_a}{c}\right)^{\frac{1}{2}}$$
> 여기서, α : 해리도
> 　　　　K_a : 해리상수
> 　　　　c : 몰농도
> $$\therefore \alpha = \left(\frac{1.8 \times 10^{-5}}{0.1}\right)^{\frac{1}{2}} = 0.013 = 1.3 \times 10^{-2}$$

18 순수한 옥살산($C_2H_2O_4 \cdot 2H_2O$) 결정 6.3g을 물 에 녹여서 500mL의 용액을 만들었다. 이 용액 의 농도는 몇 M인가?

① 0.1　　② 0.2

③ 0.3　　④ 0.4

> **해설**
> $$몰농도(M) = \frac{용질의\ 몰수}{용액의\ 부피(L)}$$
> $$= \frac{\frac{g}{M}}{\frac{V}{1,000}} = \frac{\frac{6.3}{126}}{\frac{500}{1,000}} = 0.1M$$

19 비금속 원소와 금속 원소 사이의 결합은 일반적 으로 어떤 결합에 해당되는가?

① 공유결합

② 금속결합

③ 비금속결합

④ 이온결합

> **해설** 문제는 이온결합에 대한 설명이다.
> ① 공유결합 : 비금속 원자들이 각각 원자가전자를 내 놓아 전자쌍을 만들고, 이 전자쌍을 공유함으로써 형성되는 결합
> ② 금속결합 : 금속의 양이온과 자유전자 사이의 정전 기적 인력에 의한 결합

20 화학반응 속도를 증가시키는 방법으로 옳지 않 은 것은?

① 온도를 높인다.

② 부촉매를 가한다.

③ 반응물 농도를 높게 한다.

④ 반응물 표면적을 크게 한다.

> **해설** 부촉매란 화학반응의 진행을 방해하는 물질이다.

제21회 과년도 출제문제

01 질산나트륨의 물 100g에 대한 용해도는 80℃에서 148g, 20℃에서 88g이다. 80℃의 포화용액 100g을 70g으로 농축시켜서 20℃로 냉각시키면, 약 몇 g의 질산나트륨이 석출되는가?

① 29.4   ② 40.3
③ 50.6   ④ 59.7

해설 용해도란 용매 100g에 용해하는 용질의 g수, 즉 포화용액에서 용매 100g에 용해한 용질의 g수를 그 온도에서의 용해도라고 한다.
80℃에서의 용해도가 148이라 함은 용매 100g에 대해 용질 148g이 용해한 경우이므로 포화용액은 248g이 된다. 따라서 80℃에서 포화용액 100g 속의 용매와 용질은 비례식으로 구할 수 있다.
즉, $248 : 148 = 100 : X$에서 $X ≒ 59.67$이다.
용질이 59.67g이므로 용매는 포화용액 100g−용질 59.7g ≒ 40.3g에 해당한다.
80℃에서 포화용액 100g을 70g으로 농축시키면 용매는 40.3g에서 10.3g으로 감소한다.
($\because$ 포화용액 70g−용질 59.7g=용매 10.3g)
따라서, 20℃로 냉각시키면 용매 100g에 88g을 용해시킬 수 있고, 10.3g에는 약 9.1g을 용해시킬 수 있으므로 용질 59.7−9.1=50.6g의 질산나트륨이 석출된다.

02 n그램(g)의 금속을 묽은 염산에 완전히 녹였더니 m 몰의 수소가 발생하였다. 이 금속의 원자가를 2가로 하면 이 금속의 원자량은?

① $\dfrac{n}{m}$ ② $\dfrac{2n}{m}$
③ $\dfrac{n}{2m}$ ④ $\dfrac{2m}{n}$

해설 원자가가 2가인 금속의 묽은 염산과의 반응식은 다음과 같다.
$M + 2HCl \rightarrow MCl_2 + H_2$

반응한 금속의 몰(mol)과 생성된 수소의 몰(mol)은 같다. 따라서, n그램(g)의 금속이 묽은 염산과 반응하여 생성된 수소는 m몰이고, 금속의 원자량 $= \dfrac{n}{m}$ 이다.

03 금속은 열, 전기를 잘 전도한다. 이와 같은 물리적 특성을 갖는 가장 큰 이유는?

① 금속의 원자 반지름이 크다.
② 자유전자를 가지고 있다.
③ 비중이 대단히 크다.
④ 이온화에너지가 매우 크다.

해설 금속결합 물질은 자유전자로 인해 전기를 잘 통한다.

04 어떤 원자핵에서 양성자의 수가 3이고, 중성자의 수가 2일 때 질량수는 얼마인가?

① 1
② 3
③ 5
④ 7

해설 양성자수＋중성자수＝질량수
$\therefore 3+2=5$

05 상온에서 1L의 순수한 물에는 H^+과 OH^-가 각각 몇 g 존재하는가? (단, H의 원자량은 1.008×10^{-7} g/mol이다.)

① 1.008×10^{-7}, 17.008×10^{-7}
② $1,000 \times \dfrac{1}{18}$, $1,000 \times \dfrac{17}{18}$
③ 18.016×10^{-7}, 18.016×10^{-7}
④ 1.008×10^{-14}, 17.008×10^{-14}

해설 물이 이온화하면 $H_2O \rightleftarrows H^+ + OH^-$
물의 이온곱 상수는 $1.0 \times 10^{-14} mol/L$
$[H^+] = [OH^-] = 1.0 \times 10^{-7} mol/L$
$[H^+] = (1.0 \times 10^{-7} mol/L) \times (1.008 \times 10^{-7} g/mol)$
$\qquad = 1.008 \times 10^{-14} g$
$[OH^-] = (1.0 \times 10^{-7} mol/L) \times (17.008 \times 10^{-7} g/mol)$
$\qquad = 17.008 \times 10^{-14} g$

※ 문제에서 수소의 원자량이 주어지지 않았다면 정답은 ①이 될 수도 있지만, 여기서 수소의 원자량이 1.008×10^{-7}으로 주어졌기 때문에 정답은 ④가 된다.

06 다음과 같은 경향성을 나타내지 않는 것은?

> Li < Na < K

① 원자번호
② 원자 반지름
③ 제1차 이온화에너지
④ 전자수

해설 주기율표상 같은 족에서는 원자번호가 증가할수록 원자 반지름도 증가하며, 전자수 역시 증가한다. 다만, 이온화에너지의 경우 원자껍질이 증가하므로 핵으로부터 전자가 멀어지기 때문에 감소한다.

07 프로페인 1kg을 완전 연소시키기 위해서는 표준상태의 산소 약 몇 m^3가 필요한가?

① 2.55
② 5
③ 7.55
④ 10

해설 $C_3H_8 + 5O_2 \longrightarrow 3CO_2 + 4H_2O$

$$\frac{1kg-C_3H_8}{} \left| \frac{10^3 g-C_3H_8}{1kg-C_3H_8} \right| \frac{1mol-C_3H_8}{44g-C_3H_8}$$

$$\frac{5mol-O_2}{1mol-C_3H_8} \left| \frac{22.4L-O_2}{1mol-O_2} \right| \frac{10^{-3}m^3-O_2}{1L-O_2}$$

$= 2.55 m^3 - O_2$

08 콜로이드 용액을 친수 콜로이드와 소수 콜로이드로 구분할 때 소수 콜로이드에 해당하는 것은?

① 녹말
② 아교
③ 단백질
④ 수산화철(Ⅲ)

해설 콜로이드의 구분
• 친수 콜로이드 : 물과의 결합력이 강해서 다량의 전해질에 의해서만 침전되는 콜로이드
⑩ 단백질, 녹말, 비눗물, 아교 등
• 소수 콜로이드 : 물과의 결합력이 약해서 소량의 전해질에 의해 쉽게 침전되는 콜로이드
⑩ $Fe(Cl)_3$, C, 찰흙, 수산화물 등
• 보호 콜로이드 : 소수 콜로이드의 침전을 막기 위해 친수 콜로이드를 첨가한 것

09 다음의 염을 물에 녹일 때 염기성을 띠는 것은?

① Na_2CO_3
② $NaCl$
③ NH_4Cl
④ $(NH_4)_2SO_4$

해설 산성 산화물은 비금속의 산화물, 염기성 산화물은 금속의 산화물이다.
① Na_2CO_3의 경우 강한 염기성에 해당한다.

10 기하 이성질체 때문에 극성 분자와 비극성 분자를 가질 수 있는 것은?

① C_2H_4
② C_2H_3Cl
③ $C_2H_2Cl_2$
④ C_2HCl_3

해설 기하 이성질체(geometric isomer) : 알켄화합물 중 2중결합에 대하여 치환기 또는 치환원자가 공간적으로 서로 다른 위치에 있는 이성질체

③ $\underset{Cl}{\overset{H}{\diagdown}}C=C\underset{H}{\overset{Cl}{\diagup}} \qquad \underset{H}{\overset{H}{\diagdown}}C=C\underset{Cl}{\overset{Cl}{\diagup}}$

11 메테인에 염소를 작용시켜 클로로폼을 만드는 반응을 무엇이라 하는가?

① 중화반응
② 부가반응
③ 치환반응
④ 환원반응

해설 알케인과 할로젠을 가열하거나 자외선(ultraviolet ray)을 비쳐주면 반응이 개시되고, 알케인의 수소 1원자가 할로젠 1원자와 치환반응(substitution reaction)이 일어난다. 이때 할로젠화 수소가 1분자 생성된다.

12 제3주기에서 음이온이 되기 쉬운 경향성은? (단, 0족(18족) 기체는 제외한다.)

① 금속성이 큰 것
② 원자의 반지름이 큰 것
③ 최외각 전자수가 많은 것
④ 염기성 산화물을 만들기 쉬운 것

해설 ① 금속성이 큰 것은 전자를 잃어서 양이온이 되려고 한다.
② 같은 주기에서 원자 반지름이 큰 경우 금속성에 가깝다.
③ 최외각 전자수가 많은 경우 옥텟 규칙을 만족시키기 위해 전자를 채워서 음이온이 되고자 한다.
④ 금속의 경우 염기성 산화물을 만들기 쉽다.

13 황산구리(Ⅱ) 수용액을 전기분해할 때 63.5g의 구리를 석출시키는 데 필요한 전기량은 몇 F인가? (단, Cu의 원자량은 63.50이다.)

① 0.635F
② 1F
③ 2F
④ 63.5F

해설 1F = 1g당량이므로

Cu의 1g당량 $= \dfrac{63.5}{2} ≒ 31.75g$

$Cu_2SO_4 \rightarrow Cu^{2+} + SO_4{}^{2-}$
$Cu^{2+} + 2e^- \rightarrow Cu$
$31.75g : 1F = 63.5g : x$
$\therefore x = 2F$

14 수성가스(water gas)의 주성분을 옳게 나타낸 것은?

① CO_2, CH_4
② CO, H_2
③ CO_2, H_2, O_2
④ H_2, H_2O

해설 수성가스의 성분비
- 수소가스(H_2) : 49% ⎤ 주성분
- 일산화탄소(CO) : 42% ⎦
- 질소가스(N_2) : 4.5%
- 이산화탄소(CO_2) : 4%
- 메테인(CH_4) : 0.5%

15 다음 내용은 열역학 제 몇 법칙에 대한 설명인가?

0K(절대영도)에서 물질의 엔트로피는 0이다.

① 열역학 제0법칙 ② 열역학 제1법칙
③ 열역학 제2법칙 ④ 열역학 제3법칙

해설 ① 열역학 제0법칙 : 어떤 계의 물체 A와 B가 열적 평형상태에 있고 B와 C도 열적 평형상태에 있으면, A와 C도 열평형 상태에 있다.
② 열역학 제1법칙 : 공급되는 열량은 외부에 해준 일에 내부에너지의 변화량을 더한 값과 같다(에너지 보존의 법칙).
③ 열역학 제2법칙 : 고립계에서 무질서도의 변화는 항상 증가하는 방향으로 일어난다.

16 다음과 같은 구조를 가진 전지를 무엇이라 하는가?

$(-)\ Zn \parallel H_2SO_4 \parallel Cu\ (+)$

① 볼타전지   ② 다니엘전지
③ 건전지   ④ 납축전지

해설 전지는 이온화 경향이 큰 쪽의 금속이 음극, 작은 쪽이 양극이 된다.
- (+)극 : Cu, (−)극 : Zn
- (−)극 : $Zn \rightarrow Zn^{2+} + 2e^-$ (산화)
- (+)극 : $Cu^{2+} + 2e^- \rightarrow Cu$(환원)

※ 볼타전지

$(-)\ Zn \parallel H_2SO_4 \parallel Cu\ (+),\ E° = 1.1V$

㉠ (−)극(아연판) : 질량 감소
  $Zn \rightarrow Zn^{2+} + 2e^-$(산화)
㉡ (+)극(구리판) : 질량 불변
  $Cu^{2+} + 2e^- \rightarrow Cu$(환원)
㉢ 전체 반응
  $Zn + 2H^+ \rightarrow Zn^{2+} + H_2$

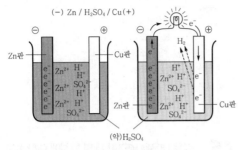

(−) Zn / H₂SO₄ / Cu(+)

〈 볼타전지의 원리 〉

17 다음 중 20℃에서의 NaCl 포화용액을 잘 설명한 것은? (단, 20℃에서 NaCl의 용해도는 36이다.)

① 용액 100g 중에 NaCl이 36g 녹아 있을 때
② 용액 100g 중에 NaCl이 136g 녹아 있을 때
③ 용액 136g 중에 NaCl이 36g 녹아 있을 때
④ 용액 136g 중에 NaCl이 136g 녹아 있을 때

해설
용해도 : 용매 100g에 녹을 수 있는 용질의 최대 g수
용액=용매+용질
136g=100g+36g

18 다음 중 KMnO₄에서 Mn의 산화수는?

① +1　　② +3
③ +5　　④ +7

해설
$KMnO_4$
$+1+x(-2\times4)=0$
$+1+x-8=0$
$\therefore x=+7$

19 다음 중 배수비례의 법칙이 성립하지 않는 것은?

① H_2O와 H_2O_2
② SO_2와 SO_3
③ N_2O와 NO
④ O_2와 O_3

해설
④ O_2와 O_3는 동소체 관계이다.
[참고] 배수비례의 법칙
두 종류의 원소가 화합하여 여러 종류의 화합물을 구성할 때, 한 원소의 일정 질량과 결합하는 다른 원소의 질량비는 항상 간단한 정수비로 나타난다는 법칙
예 · 질소의 산화물 : NO, NO_2
　· 탄소의 산화물 : CO, CO_2
　· 유황의 산화물 : SO_2, SO_3

20 $[H^+]=2\times10^{-6}$M인 용액의 pH는 약 얼마인가?

① 5.7　　② 4.7
③ 3.7　　④ 2.7

해설
H^+이온은 가수가 +1가이므로 N=M이다.
$$pH=-\log[H^+]$$
$$=-\log(2\times10^{-6})$$
$$=6-\log2$$
$$=5.699 \fallingdotseq 5.7$$

제22회 과년도 출제문제

01 구리줄을 불에 달구어 약 50℃ 정도의 메탄올에 담그면 자극성 냄새가 나는 기체가 발생한다. 이 기체는 무엇인가?

① 폼알데하이드
② 아세트알데하이드
③ 프로페인
④ 메틸에터

해설 메탄올(CH_3OH, 메틸알코올)의 산화반응으로 자극성 냄새가 나는 폼알데하이드가 생성된다.
$CH_3OH + CuO \rightarrow HCHO \rightarrow Cu + H_2O$
※ 메탄올은 산화구리에 의해 산화된다.

02 다음과 같은 기체가 일정한 온도에서 반응을 하고 있다. 평형에서 기체 A, B, C가 각각 1몰, 2몰, 4몰이라면 평형상수 K의 값은?

$A + 3B \rightarrow 2C + 열$

① 0.5 　　　　　② 2
③ 3 　　　　　　④ 4

해설
$$K = \frac{[C]^2}{[A][B]^3} = \frac{[4]^2}{[1][2]^3} = 2$$

03 "기체의 확산속도는 기체의 밀도(또는 분자량)의 제곱근에 반비례한다."라는 법칙과 연관성이 있는 것은?

① 미지의 기체 분자량을 측정에 이용할 수 있는 법칙이다.
② 보일-샤를이 정립한 법칙이다.
③ 기체상수값을 구할 수 있는 법칙이다.
④ 이 법칙은 기체상태방정식으로 표현된다.

해설 그레이엄(Graham)의 확산법칙
일정한 온도에서 기체의 확산속도는 그 기체 분자량의 제곱근에 반비례한다.
$$\frac{u_B}{u_A} = \sqrt{\frac{M_A}{M_B}}$$
여기서, u_A, u_B : 기체의 확산속도
M_A, M_B : 분자량

04 다음 중 파장이 가장 짧으면서 투과력이 가장 강한 것은?

① α-선
② β-선
③ γ-선
④ X-선

해설 투과작용의 크기는 $\alpha < \beta < \gamma$ 이다.
γ선은 전기장에 대하여 영향을 받지 않고 곧게 나아가므로 그 자신은 전기를 띤 알맹이가 아니며 광선이나 X선과 같은 일종의 전자파로, γ선의 파장은 X선보다 더 짧으면서 X선보다 투과력이 더 크다.

05 98% H_2SO_4 50g에서 H_2SO_4에 포함된 산소원자 수는?

① 3×10^{23}개
② 6×10^{23}개
③ 9×10^{23}개
④ 1.2×10^{24}개

해설

50g-H_2SO_4	1mol-H_2SO_4	4mol-O
	98g-H_2SO_4	1mol-H_2SO_4

$$\frac{6.02 \times 10^{23}개-O}{1mol-O} \quad \frac{98}{100} = 1.2 \times 10^{24}개-O$$

06 질소와 수소로 암모니아를 합성하는 반응의 화학반응식은 다음과 같다. 암모니아의 생성률을 높이기 위한 조건은?

$$N_2 + 3H_2 \rightarrow 2NH_3 + 22.1kcal$$

① 온도와 압력을 낮춘다.
② 온도는 낮추고, 압력은 높인다.
③ 온도를 높이고, 압력은 낮춘다.
④ 온도와 압력을 높인다.

해설 암모니아의 합성(synthesis of ammonia)
$N_2(g) + 3H_2(g) \rightarrow 2NH_3(g)$
질소(N_2)와 수소(H_2)를 이용해 암모니아를 제조하는 반응은 발열반응이다. 따라서 주변의 온도가 낮을수록 역반응보다 정반응이 우세하게 일어나기 때문에 더 많은 양의 암모니아를 제조할 수 있다.

07 다음 그래프는 어떤 고체물질의 온도에 따른 용해도 곡선이다. 이 물질의 포화용액을 80℃에서 0℃로 내렸더니 20g의 용질이 석출되었다. 80℃에서 이 포화용액의 질량은 몇 g인가?

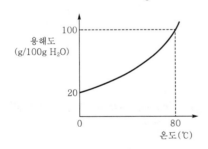

① 50g ② 75g
③ 100g ④ 150g

해설 용해도란 용매 100g 속에 녹아 들어갈 수 있는 용질의 최대 g수이다.
80℃에서는 물 100g에 용질 100g이 용해되므로 포화용액은 200g이다.
80℃에서 0℃로 내리면 그래프상으로 80g이 석출량인데 20g이 석출되었고 이는 1/4에 해당하므로 $200 \times (1/4) = 50g$이다.

08 1패럿(Farad)의 전기량으로 물을 전기분해하였을 때 생성되는 수소기체는 0℃, 1기압에서 얼마의 부피를 갖는가?

① 5.6 ② 11.2
③ 22.4 ④ 44.8

해설
산화반응 (+)극 : $2H_2O \rightarrow O_2 + 4H^+ + 4e^-$
환원반응 (−)극 : $4H^+ + 4e^- \rightarrow 2H_2$
전체 반응 : $2H_2O \rightarrow 2H_2 + O_2$
따라서, 2mol의 H_2가 생성될 때 이동한 전자수는 4mol이므로, 1mol의 H_2가 생성될 때 이동한 전자수는 2mol이다.
1F의 전기량 = 전자 1mol의 전기량
그러므로,

$$\frac{1F}{} \cdot \frac{\cancel{전자(e^-)}}{2F} \cdot \frac{1mol-H_2}{\cancel{전자(e^-)}} \cdot \frac{22.4L-H_2}{1mol-H_2} = 11.2L-H_2$$

[참고] 패러데이의 법칙(Faraday's law)
전기분해를 하는 동안 전극에 흐르는 전하량(전류×시간)과 전기분해로 인해 생긴 화학변화의 양 사이의 정량적인 관계를 나타내는 법칙(전기분해될 때 생성 또는 소멸되는 물질의 양은 전하량에 비례한다.)

$$Q = I \times t$$
전하량 전류 시간
[C]   [A]   [s]

1A의 전기가 1초[s] 동안 흘러갔을 때의 전하량 1C
※ 전자 1개의 전하량 = -1.6×10^{-19}C
전자 1몰(mol)의 전하량 = -1.6×10^{-19}C × 6.02×10^{23}개(아보가드로수)
= 96,500C
= 1F

09 물 200g에 A물질 2.9g을 녹인 용액의 어는점은 몇 ℃인가? (단, 물의 어는점 내림상수는 1.86℃·kg/mol이고, A물질의 분자량은 58이다.)

① −0.017℃
② −0.465℃
③ −0.932℃
④ −1.871℃

해설

$$\frac{\dfrac{2.9}{58}\,\text{mol}}{\dfrac{200}{1,000}\,\text{kg}} = 0.25\text{m}$$

$\Delta T_f = m \cdot k_f = 0.25 \times 1.86 = 0.465$

따라서, $-0.465℃$이다.

10 다음 물질 중에서 염기성인 것은?

① $C_6H_5NH_2$

② $C_6H_5NO_2$

③ C_6H_5OH

④ C_6H_5COOH

해설

① $C_6H_5NH_2$(아닐린) : 염기성

② $C_6H_5NO_2$(나이트로벤젠) : 중성

③ C_6H_5OH(페놀) : 산성

④ C_6H_5COOH(벤조산) : 산성

11 다음은 표준수소전극과 짝지어 얻은 반쪽 반응 표준환원전위값이다. 이들 반쪽 전지를 짝지었을 때 얻어지는 전지의 표준전위차 $E°$는?

$$\boxed{\begin{array}{l} Cu^{2+} + 2e^- \rightarrow Cu,\ E° = +0.34V \\ Ni^{2+} + 2e^- \rightarrow Ni,\ E° = -0.23V \end{array}}$$

① $+0.11V$ ② $-0.11V$

③ $+0.57V$ ④ $-0.57V$

해설

이온화경향 서열상 Ni>Cu이므로,

$$\begin{array}{l} Ni \rightarrow Ni^{2+} + 2e^-,\ E° = +0.23V \\ Cu^{2+} + 2e^- \rightarrow Cu,\ E° = +0.34V \end{array} \Big\} +$$

$\overline{Ni + Cu^{2+} \rightarrow Ni^{2+} + Cu,\ E° = 0.57V}$

산화   환원

12 0.01N CH_3COOH의 전리도가 0.01이면 pH는 얼마인가?

① 2   ② 4

③ 6   ④ 8

해설

전리도 = $\dfrac{\text{이온화된 몰수}}{\text{전해질의 총 몰수}}$

$0.01 = \dfrac{x}{0.01}$

$x = 0.0001\text{mol/L} = 1 \times 10^{-4}\text{mol/L}$

$pH = -\log[H^+]$이므로

$pH = -\log(1 \times 10^{-4})$

$\quad = 4 - \log 1 = 4$

13 다음 중 액체나 기체 안에서 미소 입자가 불규칙적으로 계속 움직이는 것을 무엇이라 하는가?

① 틴들 현상

② 다이알리시스

③ 브라운 운동

④ 전기영동

해설

① 틴들(tyndall) 현상 : 콜로이드 용액에 강한 빛을 통하면 콜로이드 입자가 빛을 산란하기 때문에 빛의 통로가 보이는 현상

예 어두운 곳에서 손전등으로 빛을 비추면 먼지가 보이는 현상, 흐린 밤중에 자동차 불빛의 진로가 보이는 현상

② 다이알리시스(dialysis, 투석) : 콜로이드 입자는 거름종이를 통과하나 반투막(셀로판지, 황산지, 원형질막)은 통과하지 못하므로 반투막을 이용하여 보통 분자나 이온과 콜로이드를 분리·정제하는 것(콜로이드 정제에 이용)

③ 브라운 운동(Brownian motion) : 콜로이드 입자들이 불규칙하게 움직이는 것

④ 전기영동(electrophoresis) : 전기를 통하면 콜로이드 입자가 어느 한쪽 극으로 이동하는 현상

예 집진기를 통해 매연 제거

14 다음 중 ns^2np^5의 전자구조를 가지지 않는 것은 어느 것인가?

① F(원자번호 9)

② Cl(원자번호 17)

③ Se(원자번호 34)

④ I(원자번호 53)

해설 족에 따른 전자배치

족	전자배치
1A	ns^1
2A	ns^2
3A	ns^2np^1
4A	ns^2np^2
5A	ns^2np^3
6A	ns^2np^4
7A	ns^2np^5
0A	ns^2np^6

셀레늄(Se)의 전자배열

원소기호	원자번호	족	전자배열
Se	34	6A	$1s^22s^22p^63s^23p^64s^23d^{10}4p^4$

15 pH가 2인 용액은 pH가 4인 용액과 비교하면 수소이온농도가 몇 배인 용액이 되는가?

① 100배

② 2배

③ 10^{-1}배

④ 10^{-2}배

해설
pH=2는 $[H^+]=10^{-2}$
pH=4는 $[H^+]=10^{-4}$

∴ $\dfrac{10^{-2}}{10^{-4}}=100$배

16 다음의 반응에서 환원제로 쓰인 것은?

$$MnO_2+4HCl \rightarrow MnCl_2+2H_2O+Cl_2$$

① Cl_2

② $MnCl_2$

③ HCl

④ MnO_2

해설

환원
$MnO_2+4HCl \longrightarrow MnCl_2+2H_2O+Cl_2$
산화

- MnO_2에서 Mn의 산화수
  $Mn+(-2)\times2=0$에서, $Mn=+4$
- $MnCl_2$에서 Mn의 산화수
  $Mn+(-1)\times2=0$에서, $Mn=+2$

Mn의 경우, 산화수가 +4에서 +2로 감소하였으므로 환원에 해당한다.
HCl의 경우, Cl의 산화수는 −1이고, Cl_2는 0이므로 산화수가 −1에서 0으로 증가하였기 때문에 산화에 해당한다. 본인은 산화되면서 다른 물질은 환원시키는 물질이 환원제이므로 HCl은 환원제이다.

17 중성원자가 무엇을 잃으면 양이온으로 되는가?

① 중성자

② 핵전하

③ 양성자

④ 전자

해설
이온 : 중성인 원자가 전자를 잃거나(양이온), 얻어서(음이온) 전기를 띤 상태를 이온이라 하며, 양이온, 음이온, 라디칼(radical)이온으로 구분한다.

㉠ 양이온 : 원자가 전자를 잃으면 (+)전기를 띤 전하가 되는 것

예 · Na 원자 $\longrightarrow Na^++e^-$
(양성자 11개, 전자 11개) (양성자 11개, 전자 10개)

· Ca 원자 $\longrightarrow Ca^{2+}+2e^-$
(양성자 20개, 전자 20개) (양성자 20개, 전자 18개)

㉡ 음이온 : 원자가 전자를 얻으면 (−)전기를 띤 전하가 되는 것

예 · Cl 원자$+e^- \longrightarrow Cl^-$ 이온
(양성자 17개, 전자 17개) (양성자 17개, 전자 18개)

· O 원자$+2e^- \longrightarrow O^{2-}$ 이온
(양성자 8개, 전자 8개) (양성자 8개, 전자 10개)

18 2차 알코올을 산화시켜서 얻어지며 환원성이 없는 물질은?

① CH_3COCH_3

② $C_2H_5OC_2H_5$

③ CH_3OH

④ CH_3OCH_3

해설
2차 알코올을 산화시키면 케톤이 된다.

R−CH−OH $\xrightarrow[-H_2]{산화}$ R−C=O
  | ‖
  R′   R′
2차 알코올   케톤

$CH_3-CH-OH$ $\xrightarrow[-H_2]{산화}$ $CH_3-C=O$
  | ‖
  CH_3 CH_3
2−프로판올   아세톤

19 다이에틸에터는 에탄올과 진한 황산의 혼합물을 가열하여 제조할 수 있는데, 이것을 무슨 반응이라고 하는가?

① 중합반응
② 축합반응
③ 산화반응
④ 에스터화반응

해설
알코올의 축합반응 : 알코올에 진한 황산을 넣고 가열하여 제조한다.

$$R - O \boxed{H + HO} - R' \xrightarrow[130\degree\text{C}]{\text{진한 } H_2SO_4} R - O - R' + H_2O$$
에터

$$C_2H_5 \boxed{OH + H} OC_2H_5 \xrightarrow{\text{진한 } H_2SO_4} C_2H_5OC_2H_5 + H_2O$$
에틸에터

20 다음의 금속원소를 반응성이 큰 것부터 순서대로 나열한 것은?

> Na, Li, Cs, K, Rb

① $Cs > Rb > K > Na > Li$
② $Li > Na > K > Rb > Cs$
③ $K > Na > Rb > Cs > Li$
④ $Na > K > Rb > Cs > Li$

해설
주기율표상 같은 족에서는 아래로 내려갈수록 원자핵으로부터 전자의 거리가 멀어지므로 반응성은 커진다. 따라서 원자번호가 가장 큰 Cs(원자번호 55)이 반응성이 가장 크며, Li(원자번호 3)이 가장 작다.

제23회 과년도 출제문제

 01 액체 0.2g을 기화시켰더니 그 증기의 부피가 97℃, 740mmHg에서 80mL였다. 이 액체의 분자량에 가장 가까운 값은?

① 40 ② 46
③ 78 ④ 121

해설

$$PV = nRT = \frac{WRT}{M}$$

$$M = \frac{WRT}{PV}$$

$$= \frac{0.2g \cdot 0.082atm \cdot L/K \cdot mol \cdot (97+273.15)K}{\left(\frac{740}{760}\right)atm \cdot \left(\frac{80}{1,000}\right)L}$$

$$\fallingdotseq 77.93g/mol$$

$$\fallingdotseq 78g/mol$$

 02 백금 전극을 사용하여 물을 전기분해할 때 (+)극에서 5.6L의 기체가 발생하는 동안 (−)극에서 발생하는 기체의 부피는?

① 2.8L ② 5.6L
③ 11.2L ④ 22.4L

해설

- (+)극 : $H_2O \rightarrow \frac{1}{2}O_2(g) + 2H^+(aq) + 2e^-$
- (−)극 : $2H_2O + 2e^- \rightarrow H_2(g) + 2OH^-(aq)$

전체 반응식 : $H_2O(l) \rightarrow H_2(g) + \frac{1}{2}O_2(g)$

∴ O_2가 5.6L 발생했다면, H_2는 $5.6 \times 2 = 11.2$L의 기체가 발생한다.

03 원자량이 56인 금속 M 1.12g을 산화시켜 실험식이 M_xO_y인 산화물 1.60g을 얻었다. 이때 x, y는 각각 얼마인가?

① $x=1, y=2$ ② $x=2, y=3$
③ $x=3, y=2$ ④ $x=2, y=1$

해설

$$금속 + 산소 \rightarrow 금속산화물$$
(질량) 1.12g 0.48g 1.60g

(몰수) $\frac{1.12g}{56g/mol} = 0.02mol$, $\frac{0.48g}{32g/mol} = 0.015mol$

산소(O)의 당량 $= \frac{원자량}{원자가} = \frac{16g}{2} = 8g당량$

$$\frac{8g-산소}{32g-산소} \bigg| \frac{1mol-산소}{} \bigg| \frac{0.02mol-금속}{0.015mol-산소}$$

$$\frac{56g-금속}{1mol-금속} = 18.67g-금속$$

금속(M)의 원자가 $= \frac{원자량}{g당량} = \frac{56g}{18.67g} = 3$

∴ $M^{+3} + O_2^{-2} \rightarrow M_2O_3$

04 방사성 원소인 U(우라늄)이 다음과 같이 변화되었을 때의 붕괴 유형은?

$$^{238}_{92}U \rightarrow {}^{234}_{90}Th + {}^4_2He$$

① α붕괴 ② β붕괴
③ γ붕괴 ④ R붕괴

해설

㉠ α붕괴 : 원자번호 2 감소, 질량수 4 증가
㉡ β붕괴 : 원자번호 1 증가

05 다음 중 방향족 탄화수소가 아닌 것은?

① 에틸렌 ② 톨루엔
③ 아닐린 ④ 안트라센

해설

방향족 탄화수소(방향족 화합물) : 분자 속에 벤젠고리를 가진 유기화합물로서, 벤젠의 유도체를 명칭한다.
예 톨루엔, 아닐린, 안트라센 등
※ 지방족 탄화수소
 탄소원자와 수소원자만으로 구성되어 있는 화합물 중 탄소원자가 사슬모양으로 결합하고 있는 것이다.
 예 에틸렌 등

06 전자배치가 $1s^2 2s^2 2p^6 3s^2 3p^5$인 원자의 M껍질에는 몇 개의 전자가 들어 있는가?

① 2 ② 4
③ 7 ④ 17

<mark>해설</mark>
Cl의 전자배열 : $\underset{\text{K껍질}}{1s^2}$ $\underset{\text{L껍질}}{2s^2 2p^6}$ $\underset{\text{M껍질}}{3s^2 3p^5}$

∴ M껍질의 전자개수=2+5=7개

07 다음 보기의 벤젠 유도체 가운데 벤젠의 치환반응으로부터 직접 유도할 수 없는 것은?

| ㉮ $-Cl$ |
| ㉯ $-OH$ |
| ㉰ $-SO_3H$ |

① ㉮ ② ㉯
③ ㉰ ④ ㉮, ㉯, ㉰

<mark>해설</mark>
벤젠(C_6H_6)은 할로젠($-Cl$)과 나이트로화($-NO_2$), 술폰화($-SO_3H$) 등의 치환반응이 쉽게 일어난다.

08 황산 수용액 400mL 속에 순황산이 98g 녹아 있다면 이 용액의 농도는 몇 N인가?

① 3 ② 4
③ 5 ④ 6

<mark>해설</mark>
$$N농도 = \frac{\dfrac{g}{D}}{\dfrac{V}{1{,}000}} = \frac{\dfrac{98}{49}}{\dfrac{400}{1{,}000}} = 5N$$

09 다음 각 화합물 1mol이 완전연소할 때 3mol의 산소를 필요로 하는 것은?

① CH_3-CH_3 ② $CH_2=CH_2$
③ C_6H_6 ④ $CH \equiv CH$

<mark>해설</mark>
② $CH_2=CH_2$는 에텐(C_2H_4)으로, 연소반응은 다음과 같다.

$$C_2H_4 + 3O_2 \rightarrow 2CO_2 + 2H_2O$$

10 원자번호가 7인 질소와 같은 족에 해당되는 원소의 원자번호는?

① 15 ② 16
③ 17 ④ 18

<mark>해설</mark>
5B족 : N(7), P(15), As(33), Sb(51), Bi(83)
※ 같은 족 원소들은 화학적 성질이 비슷하다.

11 1패럿(Farad)의 전기량으로 물을 전기분해하였을 때 생성되는 기체 중 산소기체는 0℃, 1기압에서 몇 L인가?

① 5.6 ② 11.2
③ 22.4 ④ 44.8

<mark>해설</mark>
산소 1몰=22.4L=4당량 → 4F(패럿)

$$\therefore 1F = \frac{22.4L}{4} = 5.6L$$

12 다음 화합물 중에서 가장 작은 결합각을 가지는 것은?

① BF_3 ② NH_3
③ H_2 ④ $BeCl_2$

<mark>해설</mark>
암모니아(NH_3) 분자는 피라미드형(p^3형) 구조로, 결합각은 107°이고, 극성을 띤다.
① BF_3의 결합각 : 120°
③ H_2와 ④ $BeCl_2$의 결합각 : 180°

13 지방이 글리세린과 지방산으로 되는 것과 관련이 깊은 반응은?

① 에스터화 ② 가수분해
③ 산화 ④ 아미노화

해설 지방은 가수분해되어 글리세린과 지방산으로 분해된다.
※ 가수분해(hydrolysis) : 일반적으로 염이 물과 반응하여 산과 염기로 분해하는 반응

14 $[OH^-]=1\times10^{-5}$mol/L인 용액의 pH와 액성으로 옳은 것은?

① pH=5, 산성   ② pH=5, 알칼리성
③ pH=9, 산성   ④ pH=9, 알칼리성

해설 $pOH=-\log(1\times10^{-5})=5$
따라서, pH=14-pOH=14-5=9이므로, 액성은 알칼리성이다.

15 다음에서 설명하는 법칙은 무엇인가?

> 일정한 온도에서 비휘발성이며, 비전해질인 용질이 녹은 묽은 용액의 증기압력 내림은 일정량의 용매에 녹아 있는 용질의 몰수에 비례한다.

① 헨리의 법칙
② 라울의 법칙
③ 아보가드로의 법칙
④ 보일 - 샤를의 법칙

해설 문제의 내용은 라울의 법칙에 대한 설명이다.
① 헨리의 법칙 : 일정한 온도에서 기체의 용해도는 그 기체의 압력인 분압이 증가할수록 증가하고, 기체가 액체에 용해될 때에는 발열반응이므로 일정한 압력에서 온도가 낮을수록 증가한다.
③ 아보가드로의 법칙 : 모든 기체는 같은 온도, 같은 압력, 같은 부피 속에서는 같은 수의 분자가 존재한다.
④ 보일(Boyle) - 샤를(Charles)의 법칙 : 일정량의 기체가 차지하는 부피는 압력에 반비례하고, 절대온도에 비례한다.

16 질량수 52인 크로뮴의 중성자수와 전자수는 각각 몇 개인가? (단, 크로뮴의 원자번호는 24이다.)

① 중성자수 24, 전자수 24
② 중성자수 24, 전자수 52
③ 중성자수 28, 전자수 24
④ 중성자수 52, 전자수 24

해설 원자번호=양성자수=전자수
∴ 전자수=24
질량수=양성자수+중성자수이므로,
중성자수=질량수-양성자수=52-24=28
∴ 중성자수=28

17 다음 중 물이 산으로 작용하는 반응은?

① $NH_4^+ + H_2O \rightarrow NH_3 + H_3O^+$
② $HCOOH + H_2O \rightarrow HCOO^- + H_3O^+$
③ $CH_3COO^- + H_2O \rightarrow CH_3COOH + OH^-$
④ $HCl + H_2O \rightarrow H_3O^+ + Cl^-$

해설 Brönsted-Lowry설에 의하면 양성자(H^+)를 줄 수 있는 물질은 산이고, 양성자(H^+)를 받을 수 있는 물질은 염기이므로, ③에서 H_2O는 산으로 H^+를 CH_3COO^-에 제공한다.

18 다음 물질 1g을 1kg의 물에 녹였을 때 빙점강하가 가장 큰 것은? (단, 빙점강하 상수값(어느점 내림상수)은 동일하다고 가정한다.)

① CH_3OH ② C_2H_5OH
③ $C_3H_5(OH)_3$ ④ $C_6H_{12}O_6$

해설 어는점내림(ΔT_f)은 용액의 몰랄농도(m)에 비례한다. 이 문제에서는 분자량이 제일 작은 물질이 빙점강하가 가장 크다.
$\Delta T_f = mk_f$
여기서, k_f : 몰랄내림상수(물의 $k_f=0.52$)

① $\Delta T_f = m \cdot k_f = \dfrac{1g/32}{1kg}\times0.52=0.01625℃$
② $\Delta T_f = m \cdot k_f = \dfrac{1g/46}{1kg}\times0.52=0.0113℃$
③ $\Delta T_f = m \cdot k_f = \dfrac{1g/92}{1kg}\times0.52=0.00565℃$
④ $\Delta T_f = m \cdot k_f = \dfrac{1g/180}{1kg}\times0.52=0.00288℃$

19 일정한 온도하에서 물질 A와 B가 반응을 할 때 A의 농도만 2배로 하면 반응속도는 2배가 되고, B의 농도만 2배로 하면 반응속도는 4배로 된다. 이 경우 반응속도식은? (단, 반응속도상수는 k 이다.)

① $v = k[A][B]^2$

② $v = k[A]^2[B]$

③ $v = k[A][B]^{0.5}$

④ $v = k[A][B]$

해설
$v = k[A]^x[B]^y$
여기서, v : 반응속도
$\quad\quad\quad k$: 반응속도상수
$\quad\quad\quad$ A, B : 물질명
$\quad\quad\quad x, y$: 농도변화에 따른 반응속도차수

20 다음 밑줄 친 원소 중 산화수가 +5인 것은?

① $Na_2\underline{Cr}_2O_7$

② $K_2\underline{S}O_4$

③ $K\underline{N}O_3$

④ $\underline{Cr}O_3$

해설 ① $Na_2\underline{Cr}_2O_7$
$(+1\times2)+2x+(-2\times7)=0$
$2+2x-14=0$
$2x=+12$
$\therefore\ x=+6$

② $K_2\underline{S}O_4$
$(+1\times2)+x+(-2\times4)=0$
$+2+x-8=0$
$\therefore\ x=+6$

③ $K\underline{N}O_3$
$(+1)+x+(-2\times3)=0$
$1+x-6=0$
$\therefore\ x=+5$

④ $\underline{Cr}O_3$
$x+(-2)\times3=0[x+(-1\times6)]=0$
$x-6=0$
$\therefore\ x=+6$

※ 위험물산업기사 필기(일반화학)는 2020년 제4회부터 CBT(Computer Based Test)로 시행되고 있습니다. CBT는 문제은행에서 무작위로 추출되어 치러지므로 개인별 문제가 상이하여 기출문제 복원이 불가하며, 대부분의 문제는 이전의 기출문제에서 그대로 또는 조금 변형되어 출제됩니다.

핵심 위험물 일반화학

2008. 3. 10. 초판 1쇄 인쇄
2025. 1. 8. 개정 13판 1쇄(통산 20쇄) 발행

지은이 | 현성호
펴낸이 | 이종춘
펴낸곳 | **BM** ㈜도서출판 **성안당**

주소 | 04032 서울시 마포구 양화로 127 첨단빌딩 3층(출판기획 R&D 센터)
　　 | 10881 경기도 파주시 문발로 112 파주 출판 문화도시(제작 및 물류)
전화 | 02) 3142-0036
　　 | 031) 950-6300
팩스 | 031) 955-0510
등록 | 1973. 2. 1. 제406-2005-000046호
출판사 홈페이지 | **www.cyber.co.kr**
ISBN | 978-89-315-8439-4 (13570)
정가 | 30,000원

이 책을 만든 사람들
기획 | 최옥현
진행 | 이용화
전산편집 | 이지연
표지 디자인 | 박현정
홍보 | 김계향, 임진성, 김주승, 최정민
국제부 | 이선민, 조혜란
마케팅 | 구본철, 차정욱, 오영일, 나진호, 강호묵
마케팅 지원 | 장상범
제작 | 김유석